U0309416

国家出版基金项目
NATIONAL PUBLICATION FOUNDATION

高性能 MEMS 惯性器件技术

刘福民　王　巍　刘国文　徐宇新　著

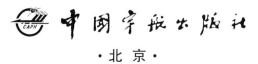

中国宇航出版社
·北京·

图书在版编目（CIP）数据

高性能MEMS惯性器件技术 / 刘福民等著. -- 北京 ：中国宇航出版社，2024. 10. -- ISBN 978-7-5159-2449-6

Ⅰ. TN965

中国国家版本馆CIP数据核字第2024N8Y543号

责任编辑　李鸿彬　　　封面设计　王晓武

出　版发　行	**中国宇航出版社**		
社　址	北京市阜成路8号　邮　编　100830	版　次	2024 年 10 月第 1 版
	(010)68768548		2024 年 10 月第 1 次印刷
网　址	www.caphbook.com	规　格	787×1092
经　销	新华书店	开　本	1/16
发行部	(010)68767386　(010)68371900	印　张	26
	(010)68767382　(010)88100613（传真）	字　数	633 千字
零售店	读者服务部　(010)68371105	书　号	ISBN 978 - 7 - 5159 - 2449 - 6
承　印	天津画中画印刷有限公司	定　价	158.00 元

本书如有印装质量问题，可与发行部联系调换

前　言

Preface

　　MEMS 惯性器件是基于微电子工艺加工制造的新型惯性仪表，是惯性技术与 MEMS 技术交叉融合的产物，是新一代惯性器件的重要发展方向之一。MEMS 陀螺仪属于哥氏振动陀螺仪的一种，MEMS 加速度计也是基于惯性原理的精密传感仪表，因而从工作原理上看，MEMS 惯性器件与传统机电式惯性仪表在本质上是一致的。使 MEMS 惯性器件有别于其他惯性器件的重要原因在于其制造方式的革命性变化，即它利用硅材料并通过微电子工艺进行批量制造，因而可以大幅降低惯性器件的尺寸、功耗和批量成本，并易于数字化、易于集成，使惯性器件的应用领域得以大幅拓展。随着设计水平和 MEMS 加工工艺水平的逐步提高及其检测控制电路和误差抑制方法的不断优化，MEMS 惯性器件的精度也在逐渐提高，目前已实现导航级精度水平。MEMS 惯性器件是航空制导炸弹、制导火箭弹、微小型武器平台、微纳卫星等惯性导航和姿态控制的重要传感仪器。世界发达国家积极发展 MEMS 惯性技术，将其作为常规战术武器制导化改造实现精确制导的优选方案之一，使其在国防领域发挥着重要的作用。

　　MEMS 陀螺仪和 MEMS 加速度计结构设计和制造工艺复杂，误差影响因素多，尽管我国经过近 30 年不断探索，已经研制出 MEMS 陀螺仪和 MEMS 加速度计工程化产品，并在多个工程任务中取得了成功应用，但较美国、西欧、日本等国家和地区的技术水平仍有一定差距，在中高精度、高动态、高稳定、适应复杂应用环境的高性能仪表的误差机理、控制方法以及专用集成电路等方面仍不够成熟。

　　本书作者团队长期从事 MEMS 惯性器件技术研究、产品研制与型号应用工作，立足国内条件，实现了 MEMS 陀螺仪、MEMS 加速度计工程化产品的自主研制，并在多个重点型号上得到了成功应用。为进一步推动高性能 MEMS 惯性器件的研制和工程应用，作者对多年来 MEMS 惯性器件研制和型号应用的认识体会进行总结与梳理，形成本书，以期为国内高性能 MEMS 惯性器件的研制提供一份参考。

　　本书的特点是注重研究内容的系统性、创新性和实用性，将理论研究与工程实践相结合。全书共 6 章，第 1 章为概述，第 2 章论述 MEMS 陀螺仪典型结构及误差机理，第 3 章论述高性能 MEMS 陀螺仪关键技术，第 4 章论述 MEMS 加速度计典型结构及误差机理，第 5 章论述高性能 MEMS 加速度计关键技术，第 6 章论述高性能 MEMS 惯性器件工艺技术。

本书第 1 章由王巍和刘福民撰写，第 2 章和第 3 章由刘福民和王巍撰写，第 4 章和第 5 章由刘国文和王巍撰写，第 6 章由刘福民和徐宇新撰写，全书由王巍和刘福民统稿。

在高性能 MEMS 惯性器件技术研究和本书撰写过程中，包为民院士、于登云院士、王国庆院士、王学锋研究员、阚宝玺研究员、任多立研究员、牛文韬研究员等提出了许多宝贵的意见和建议。此外，张乐民、刘宇、李兆涵、高乃坤、邢朝洋、高适萱、徐杰、王健鹏、贺彦东、范冬青、杨静、张树伟、崔尉、梁德春、吴浩越、马智康、张天祺、赵亭杰、孙鹏等同志分别参与了本书部分内容的研讨和实验工作。作者谨向这些专家及同事对本书的大力支持和帮助表示感谢。

本书的相关研究得到了中央军委装备发展部、国防科工局、中国航天科技集团有限公司和北京航天控制仪器研究所相关科研项目的大力支持，本书的出版得到了国家出版基金和航天科技图书出版基金的资助，作者一并谨表衷心的感谢！

由于作者水平有限，书中疏漏和不妥之处在所难免，恳请读者批评指正。

作者

2024 年 7 月

目 录

Contents

第6章　高性能 MEMS 惯性器件工艺技术 ·································· **309**

第1章 概 述

微小型惯性器件技术发展概况

▶ 1.1.1 惯性器件技术概述

惯性器件是对陀螺仪和加速度计及其组合而成的惯性测量装置的统称，它根据惯性原理或其他相关原理能够测量运动载体相对惯性空间的角运动和线运动，经过积分等运算处理可实时得到运动载体相对某一特定坐标系在连续时间段内的姿态、速度、位置等信息，进而实现运动载体的惯性制导、惯性导航与惯性稳定。惯性器件在惯性技术中是运动载体运动信息获取的源头，其精度具有基础性、决定性作用，因而在惯性技术中处于核心地位，是各类运动载体惯性导航和姿态控制的关键基础传感器。惯性器件的主要特点是其自主性，即在测量运动载体的运动参数时，不需要外界信息，也不向外界辐射能量，不受外界干扰，因此，在航天、航空、航海、兵器及许多民用领域有广泛和重要的应用[1]。

自 20 世纪 40 年代惯性器件在德国 V-Ⅱ火箭上获得成功应用以来，惯性器件技术得到了迅猛发展[2]。陀螺仪技术的发展基本代表了惯性技术的发展历程，并主导了惯性技术的水平。传统的转子式陀螺仪是基于转子定轴性和进动性原理工作的，包括气浮陀螺仪、液浮陀螺仪、磁悬浮陀螺仪、静电陀螺仪、挠性陀螺仪以及综合了动压气浮、液浮和磁悬浮技术的三浮陀螺仪等，其中静电陀螺仪的随机漂移可以达到 10^{-4} （°）/h 以下。激光陀螺仪和光纤陀螺仪是基于 Sagnac 效应原理工作的新型陀螺仪，其特点是低功耗、高精度、长寿命、高可靠等，目前已经实现大批量工程应用。振梁陀螺仪、音叉陀螺仪、半球谐振陀螺仪等基于哥氏效应原理实现角速率测量，其特点是微小型化、低功耗、长寿命、高可靠等，其中半球谐振陀螺仪可实现中高精度。MEMS（Micro-Electro-Mechanical System，微机电系统）陀螺仪也是一种基于哥氏效应原理的陀螺仪。随着量子技术的发展，基于原子量子效应的新型核磁共振陀螺仪、SERF（Spin Exchange Relaxation Free，无自旋交换弛豫）陀螺仪近年来也不断获得新的突破。

首次在德国 V-Ⅱ火箭中使用的加速度计是摆式积分陀螺加速度计，此后加速度计得到了快速发展。20 世纪 40 年代末到 60 年代，先后出现了液浮摆式加速度计、压电加速度计、石英挠性加速度计和振梁式加速度计。随着硅微加工技术的发展，1979 年出现了第一只硅 MEMS 加速度计，随后相继出现了基于不同检测原理的 MEMS 加速度计。目前，应用较多的加速度计有挠性加速度计、摆式积分陀螺加速度计、静电加速度计以及 MEMS 加速度计等。石英挠性加速度计质量轻、体积小、功耗低、价格相对便宜，因而得到广泛的应用；摆式积分陀螺加速度计的主要特点是动态范围宽、精度高，但结构复杂，质量与体积较大，主要用于远程火箭制导等领域；静电加速度计是在静电陀螺仪技术的基础上发展起来的，能够感知 $10^{-8}g$ 甚至更小的加速度，且功耗低、寿命长，适用于空间探测等领域。

当前，高精度、低成本、小型化、高可靠、数字化是惯性器件发展的总体趋势。基于微电子工艺加工制造的 MEMS 陀螺仪、MEMS 加速度计作为小型化、低成本、数字化惯性器件的代表，已经形成了惯性器件发展的新方向。MEMS 陀螺仪属于哥氏振动陀螺仪的一种，MEMS 加速度计也仍然是基于惯性原理的传感器，因而从工作原理上，MEMS 惯性器件与传统机电式惯性仪表在本质上是一致的。使 MEMS 惯性器件有别于其他惯性器件的是其制造方法的颠覆性变革，即它利用硅材料并通过半导体微纳加工工艺进行批量制造，因而 MEMS 惯性器件可以大幅降低惯性器件的尺寸、功耗、成本，并易于数字化、易于集成，使惯性器件的应用领域得以大幅拓展。早期的 MEMS 惯性器件性能较低，随着 MEMS 加工工艺水平的提高、控制回路的优化以及误差抑制方法的改进，MEMS 惯性器件的精度也逐渐提高，并已经达到导航级精度水平[3]。

● 1.1.2 微小型陀螺仪技术发展概况

以 MEMS 陀螺仪、MEMS 加速度计为代表的微小型惯性器件在工程应用中发挥着越来越重要的作用[4]。微小型陀螺仪主要包括硅 MEMS 陀螺仪、石英音叉陀螺仪、微半球谐振陀螺仪、基于量子效应的核磁共振陀螺仪以及基于 Sagnac 原理的集成光学陀螺仪等。其中，MEMS 陀螺仪根据敏感结构材料，可以分为硅 MEMS 陀螺仪[5,6] 和非硅材料MEMS 陀螺仪[7]，由于硅基 MEMS 陀螺仪（简称硅 MEMS 陀螺仪）在加工工艺上与微电子工艺兼容，并易于与专用集成电路实现集成，因而发展较快且应用更为普遍。本书中研究的 MEMS 陀螺仪主要是硅 MEMS 陀螺仪。

1.1.2.1 硅 MEMS 陀螺仪

（1）硅 MEMS 陀螺仪的特点及分类

硅 MEMS 惯性器件是以硅材料为衬底或主要敏感结构，通过半导体微纳加工技术制造、利用哥氏效应原理实现载体角运动自主测量的惯性仪表。与传统陀螺仪相比，硅MEMS 陀螺仪具有如下特点。

1）小体积、轻质量和低功耗。硅 MEMS 陀螺仪通过半导体工艺加工，敏感结构特征尺寸在微米量级，集成封装后器件尺寸通常在毫米量级，采用专用集成电路作为接口和控制电路，容易实现低功耗工作。

2）易集成。MEMS 陀螺仪采用硅作为加工材料，与集成电路制造工艺相兼容，既可以通过表面工艺将 MEMS 陀螺仪敏感结构与信号处理电路集成在一个芯片上，实现单片集成，也可以通过体硅工艺加工敏感结构，然后与处理电路进行集成封装；还可以在上述基础上，实现多轴陀螺仪与控制电路及加速度计等其他传感器集成，构成一个惯性微系统。

3）低成本。由于 MEMS 陀螺仪通过半导体工艺实现敏感结构的批量加工，能够显著降低单个陀螺仪的生产成本。

4）高可靠。振动式 MEMS 陀螺仪没有传统陀螺仪的高速转子，因而没有传统机械陀螺仪的磨损，可以实现长寿命工作。此外通过敏感结构优化设计，使其能够耐受严苛的振动、冲击等力学环境，工作可靠性高。

硅 MEMS 陀螺仪自面世以来发展十分迅速，成为惯性仪表的重要发展方向。目前，硅 MEMS 陀螺仪已在各类低成本战术武器、小卫星、自主无人飞行器等军用领域及汽车、消费电子等民用领域得到广泛应用。

根据 MEMS 陀螺仪的工作原理，检测质量需要相对于基座发生运动才能观测到哥氏加速度进而测量基座的旋转角速率，这种运动既可以是角运动也可以是线运动，通常为周期性振动以利于工程实现。按照不同的检测质量运动方式，MEMS 陀螺仪可以分为振动式、转子式和流体式。其中振动式硅 MEMS 陀螺仪是在传统振动式陀螺仪的基础上发展起来的，其在结构加工、信号检测等方面发展得相对成熟，是当前主流的 MEMS 陀螺仪形式。振动式硅 MEMS 陀螺仪按照振动方式可以分为角振动式、线振动式、固体波动式等，按照振动驱动方式可以分为电容驱动式、电磁驱动式等，按照检测方式可以分为电容检测、电流检测、频率检测、压阻检测、光学检测等。

（2）振动式硅 MEMS 陀螺仪的发展

振动式硅 MEMS 陀螺仪通过硅敏感结构的机械振动来感知旋转角速率，在哥氏力作用下，振动能量会从敏感结构的一个模态向另一个模态进行转移。角振动式 MEMS 陀螺仪是最早实现的 MEMS 陀螺仪，由美国 Draper 实验室于 1988 年提出[8]，并于 1991 年实现了基于体硅工艺的陀螺仪样机（图 1-1）[9]。陀螺仪结构采用双框架式结构，外框架为驱动框架，在静电力作用下沿着驱动轴（y 轴）产生扭转振动，沿着 z 轴的转动产生的哥氏力使内框架绕输出轴（x 轴）产生振动。整个陀螺仪结构在硅片上通过电铸镍构成敏感元件，其框架结构尺寸为 $300~\mu m \times 600~\mu m$。陀螺仪输出经过 1 Hz 带宽的滤波，其噪声决定的角速率检测极限为 4（°）/s。

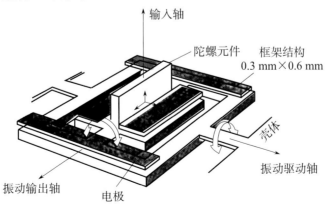

图 1-1　美国 Draper 实验室的双框架振动式 MEMS 陀螺仪

继美国 Draper 实验室之后，德国 HSG－IMIT 研究所于 1998 年报道了其研制的振动轮式 MEMS 陀螺仪[10,11]，其原理图及实物照片如图 1－2 所示。工作原理是使圆盘绕中心进行角运动，当在垂直方向输入角速率时，整个轮盘产生面外上下摇摆振荡，敏感结构与衬底之间距离发生变化。检测这一垂直方向的运动，即可测得输入角速率。MEMS 陀螺仪的工作频率为 1.2 MHz，在量程 ± 300（°）/s 范围内，陀螺仪灵敏度达到 8 mV/（°）/s，测量误差为 0.018（°）/s。角振动 MEMS 陀螺仪的另一典型代表是德国博世（Bosch）公司 2001 年推出的 DRS MM2 型 MEMS 陀螺仪[12]，该陀螺仪的敏感结构采用表面工艺加工而成[13]，MEMS 芯片与专用集成电路实现了集成封装（图 1－3）。

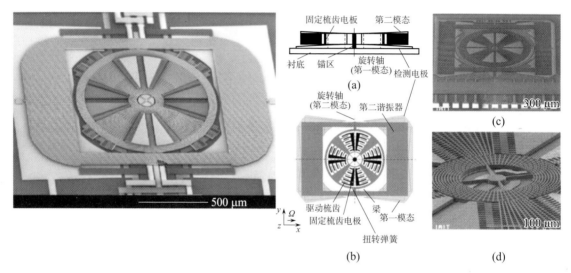

图 1－2　德国 HSG－IMIT 研发的振动轮式 MEMS 陀螺仪

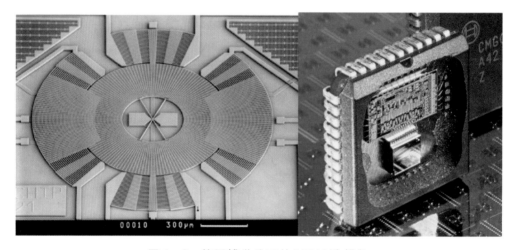

图 1－3　德国博世公司的 MEMS 陀螺仪

在线振动 MEMS 陀螺仪方面，Draper 实验室于 1993 年率先设计了音叉式 MEMS 陀螺仪[14,15]，成为线振动陀螺仪的经典案例，其结构如图 1－4 所示。该结构采用体硅溶片工艺加工，先通过氢氧化钾（KOH）腐蚀硅片形成敏感结构与衬底之间的间隙；然后进行浓硼扩散，形成扩散深度为 $5\sim10~\mu m$ 的 P 型重掺杂层作为最终硅结构层；利用干法刻蚀工艺在浓硼层上进行干法刻蚀形成 MEMS 陀螺仪梳齿结构；重掺杂器件层通过阳极键合技术与带有电极图形的衬底玻璃片键合在一起；最终通过 EDP（Ethylenediamine Pyrocatechol，乙二胺邻苯二酚）溶液湿法腐蚀去除未经浓硼扩散硅材料，重掺杂层作为腐蚀的截止层得以保留。该陀螺仪经测试，实现的标度因数为 40 mV/rad/s，零偏稳定性为 120（°）/h（1σ）[①]，陀螺仪在 60 Hz 的检测带宽下分辨率为 560（°）/h。在线振动式 MEMS 陀螺仪中，驱动模态和检测模态均为相对于基座的直线运动。其特点是结构设计灵活，设计自由度大，成为当前 MEMS 陀螺仪的典型结构形式之一。

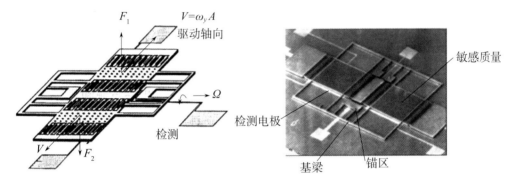

图 1-4 美国 Draper 实验室的音叉式振动 MEMS 陀螺仪

上述音叉振动结构被多国研究机构所采用，并不断进行结构改进。其中具有代表性的研究成果是美国佐治亚理工学院 M. F. Zaman 等人于 2004 年研制的基于 SOI（Silicon On Insulator，绝缘体上硅）晶圆加工的 MEMS 陀螺仪[16]，陀螺仪采用了双质量音叉对偶振动的结构形式。考虑到敏感质量两个方向振动频率差对陀螺仪机械灵敏度的影响，他们进行了结构参数优化设计，并于 2006 年提出模式匹配的设计理念[17]，即在驱动轴振动与检测轴振动的谐振频率保持一致的条件下，陀螺仪灵敏度可以得到显著提高，进而有效地提高输出信号的信噪比。其陀螺仪的工作频率为 15 kHz，谐振敏感结构的品质因数达到 40 000，陀螺仪的零偏不稳定性和随机游走系数分别达到 0.96（°）/h 和 0.045（°）/$\sqrt{h}$。在此基础上，进一步设计了能够自动保持模式匹配的 ASIC（Application Specific Integrated Circuit，专用集成电路）[18]，其敏感结构及 ASIC 如图 1-5 所示，仪表精度得到进一步提高，2007 年报道的零偏不稳定性达到 0.2（°）/h。

美国 Honeywell 公司引进 Draper 实验室的技术于 2000 年研制出了双质量音叉线振动 MEMS 陀螺仪，如图 1-6 左图所示，陀螺仪量程从 ±75（°）/7 s 至 ±300（°）/s，零偏稳定性为 1～10（°）/h，在此基础上开发出 GG5200 和 GG5300 双轴及三轴陀螺仪组合（图 1-6 右图）与 HG1900 系列 MIMU（Miniature Inertial Measurement Unit，微型惯性测量单元）系统。2004 年 Honeywell HG1900 系列惯组的陀螺仪精度水平为零偏稳定性

---

① 后文中在不出现歧义的前提下，均为 1σ。

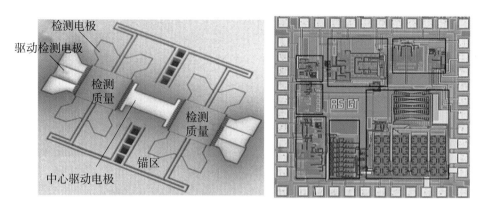

图 1-5　美国佐治亚理工学院的陀螺仪结构电镜照片及 ASIC 电路

1.6（°）/h，零偏重复性 12（°）/h，随机游走系数 0.047（°）/$\sqrt{h}$[19]。随着技术的进步，Honeywell 的陀螺仪已经实现导航级精度，图 1-7 为 Honeywell 公司于 2019 年推出的高精度导航级 MEMS 陀螺仪[20]，该 MEMS 陀螺仪采用 z 轴敏感的音叉结构，利用体硅工艺加工，其全温的零偏稳定性优于 0.2（°）/h，应用于 HG6900IMU 中。

图 1-6　美国 Honeywell 公司 GG1178 陀螺仪和 GG5300 三轴陀螺仪组合

图 1-7　美国 Honeywell 公司用于 IMU 中的 LCC20 和 LCC28 封装 MEMS 陀螺仪

在国内，2015 年南京理工大学提出了一种基于 SOI 工艺的双质量音叉结构 MEMS 陀螺仪[21]，采用高真空封装后陀螺驱动模态和检测模态的品质因数分别为 60 000 和 10 000，驱动频率和检测频率频差为 400 Hz。在 2018 年实现了 MEMS 陀螺仪芯片与 ASIC 的联调[22]，在 95 Hz 带宽下的角度随机游走为 0.008 $(°)/\sqrt{h}$，零偏不稳定性为 0.08 $(°)/h$。

在上述双质量块音叉结构的基础上，逐渐发展了四质量块 MEMS 陀螺仪结构。2014 年美国加州大学欧文分校 Shkel 课题组设计了高性能四质量块 MEMS 振动陀螺仪（图 1-8），该陀螺仪采用简并的反相对称工作模态，其品质因数接近两百万。此外该陀螺仪具有较高的哥氏耦合效率，哥氏耦合系数为 0.85。该陀螺仪既可以工作在速率积分模式，也可以工作在力反馈模式。在速率积分模式下，该陀螺仪量程为 1 350 $(°)/s$，角度随机游走为 0.02 $(°)/\sqrt{h}$，零偏不稳定性为 0.2 $(°)/h$[23]。2016 年报道的在力反馈模式下其角度随机游走为 0.015 $(°)/\sqrt{h}$，零偏不稳定性为 0.09 $(°)/h$[24]。

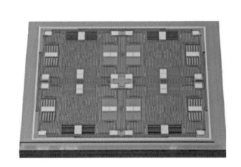

图 1-8　美国加州大学欧文分校设计的四质量块 MEMS 陀螺仪

除上述研究机构外，研究线振动 MEMS 陀螺仪的知名研究机构还有美国 Northrop Grumman[25]、德国博世公司[26]、意大利米兰理工大学、土耳其中东理工大学[27]，以及中国北京大学[28]、东南大学[29] 等单位。线振动 MEMS 陀螺仪以电容静电驱动、电容检测为主，这种检测方式适合 MEMS 敏感结构与 ASIC 的集成。这种工作方式需要设计尽可能多的检测梳齿以提高检测灵敏度，因而芯片的面积不能太小。2021 年米兰理工大学研制了一种电容静电驱动、压阻检测的音叉结构 MEMS 陀螺仪[30]，其敏感结构如图 1-9 所示。该陀螺仪集成了 NEMS（Nano Electro-Mechanical System，纳机电系统）压阻传感器，有效减小芯片的面积至 1.3 mm^2，同时减小了解调相位误差及寄生参数耦合，因而可以实现有效正交误差校正，其零偏稳定性可达到 0.02 $(°)/h$（1 000 s），陀螺仪的角度随机游走达到 0.004 $(°)/\sqrt{h}$，是目前见诸报道的最高精度的音叉式 MEMS 陀螺仪之一。2023 年，该团队又研制了基于 ASIC 的集成封装 MEMS 陀螺仪，在实现相同精度指标前提下，陀螺仪的功耗由原来的 1.5 W 降至 22.7 mW[31]。

振环式结构也是一种典型的 MEMS 陀螺仪结构方案，振环式 MEMS 陀螺仪的敏感结构是一个由若干径向弹性支撑梁支撑的圆环（图 1-10），支撑梁呈半圆形，驱动电极和检

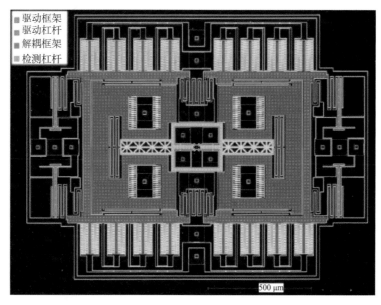

图 1-9　米兰理工大学研制的电容静电驱动、压阻检测的音叉陀螺仪结构

图 1-10　美国密歇根大学研制的振动环式陀螺仪

测电极分布在圆环的四周。其驱动模态和检测模态都是平面内的椭圆形振动，两个模态的振动方向夹角为 45°。敏感结构通过综合运用表面微加工技术和体硅微加工技术加工而成[32]。振环型陀螺仪的特点是易于实现高的谐振 Q 值，支撑结构方面可实现全对称进而易于减小温度、振动等导致的误差。由于结构本身的特点，振环式陀螺仪只能敏感垂直于基座方向的角速度，并且陀螺仪的工作模态为振环的高阶模态，设计难度大；驱动和检测兼容小，检测和控制难度大。振环陀螺仪在商业上比较成功的产品是日本 Silicon Sensing 公司的 CRH 系列振环式陀螺仪（图 1-11），该系列振环式陀螺仪已被成功应用于精确制导弹药等军事领域及汽车电子等民用领域，其新款 CRH03 型 MEMS 陀螺仪零偏不稳定性可优于 0.03 (°)/h。

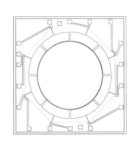

图 1-11　日本 Silicon Sensing 公司的振环式陀螺仪

基于振环式陀螺仪又发展出一种振动盘式（或称多环式、嵌套环式）MEMS 陀螺仪，由于可以实现更高的 Q 值，被认为是未来实现高精度 MEMS 陀螺仪很有潜力的结构方案。美国波音公司是最早开展振动盘式 MEMS 陀螺仪研究的代表[33]，其敏感结构芯片如图 1-12 所示，2014 年其产品的零偏不稳定性达到了 0.012（°）/h[34]。国内研究振动盘式陀螺仪的代表性单位有国防科技大学[35,36] 等单位。

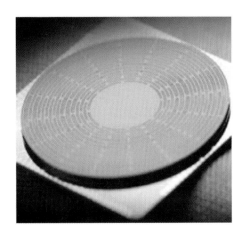

图 1-12　美国波音公司多环结构 MEMS 陀螺仪结构

此外，美国佐治亚理工学院于 2006 年提出了一种基于体声波振动的圆盘 MEMS 陀螺仪[37]，该陀螺仪的敏感结构是一个单晶硅圆盘结构，其上布有用于结构释放的微孔，圆盘采用体硅工艺加工，圆盘结构与周围的电极结构间隙为 250 nm，通过氧化层的气态腐蚀而成（图 1-13）。由于体声波频率可以工作在较高的频率，因此具有良好的抗振动和冲击性能，适于在恶劣环境下工作。基于上述工艺方案，美国麻省松下设备解决方案实验室于 2022 年研制出 MEMS 与 ASIC 集成封装的 MEMS 陀螺仪[38]，MEMS 陀螺仪基于模式匹配力平衡闭环工作模式，带宽可达 800 Hz，陀螺仪实现了 0.17（°）/$\sqrt{h}$ 的角度随机游走和 0.25（°）/h 的零偏不稳定。

2020 年，北京航天控制仪器研究所采用全对称的四质量敏感结构研制出工程化的 MEMS 陀螺仪产品（图 1-14）。通过开展 MEMS 陀螺仪驱动模态与检测模态的差分解耦

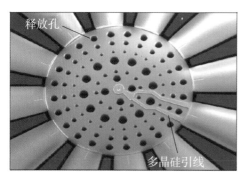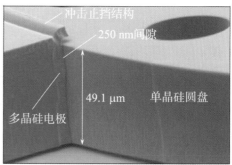

图 1-13　美国佐治亚理工学院研制的圆盘式陀螺仪

及正交耦合多级抑制结构设计，从结构层面降低了正交耦合；通过开展应力隔离框架设计，提高了结构全温性能稳定性；利用检测轴力平衡结构设计，实现陀螺仪闭环反馈控制；通过正交耦合误差刚度闭环控制，实现了陀螺仪输出全温稳定；开展面内和面外止挡结构设计，进一步提高了结构抗冲击特性。此外，在工艺加工、封装测试等方面突破了多项关键技术，MEMS 陀螺仪产品已开始在多个领域实现应用。

图 1-14　北京航天控制仪器研究所研制的 MEMS 陀螺仪

（3）转子式 MEMS 陀螺仪的发展

转子式 MEMS 陀螺仪的出现是传统转子式陀螺仪技术与 MEMS 微加工技术相结合的产物，转子式陀螺仪出现最早，相应的控制技术较为成熟，人们试图用 MEMS 工艺实现转子及传感器的加工，以解决转子式陀螺仪体积大、成本高的问题。转子式 MEMS 陀螺仪用旋转运动代替振动式线运动，在原理上可通过提高转子转速获得更加显著的陀螺效应，得到了国内外多家研究机构的关注，并开展了大量的研究工作。转子式 MEMS 陀螺仪根据转子的支撑方式，可以分为电磁悬浮转子式微陀螺仪和静电悬浮转子式微陀螺仪。

新加坡南洋理工大学 C. Shearwood 等人于 1995 年提出了可用于陀螺仪的电磁涡流效应悬浮微型马达[39]，并于 2000 年研制出电磁悬浮转子式微陀螺仪样机[40]。图 1-15 为其结构示意图，整个器件包括密封壳体、转子、定子线圈、检测电极以及磁性衬底层等部分。采用平面工艺在硅片上加工铝电极图形，形成陀螺仪的定子线圈，如图 1 - 16 所示。定子线圈按照功能可以分为悬浮线圈和侧向稳定线圈两部分，当线圈中通以电流时，悬浮线圈产生转子悬浮所需的浮力，后者则能够保持转子在横向位置的稳定。当定子线圈施加高频电流激励时，线圈在空间产生高频电磁场，进而在导电的铝转子上产生涡流，涡流磁场与定子线圈产生的磁场相互排斥，能够实现转子的悬浮。通过向多相线圈中施加一定方向交替变化的激励信号，则可以产生旋转的交变磁场，进而使转子发生旋转，产生陀螺仪效应。当载体存在角运动时，转子将相对于检测平面产生倾斜，通过电容检测的方式对这种倾斜进行检测，则可以得到载体的转动角速率。

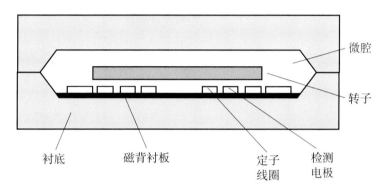

图 1 - 15　新加坡南洋理工大学研制的电磁悬浮转子式微陀螺仪截面示意图

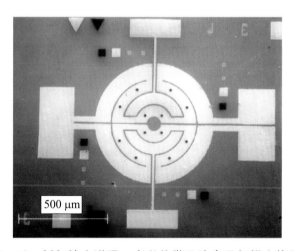

图 1 - 16　新加坡南洋理工大学的微马达定子扫描电镜图片

　　上海交通大学是国内电磁悬浮转子式微陀螺仪研究的主要单位[41-43]，在 2006 年提出了一种将悬浮线圈、稳定线圈和旋转线圈分开的陀螺仪结构，使得该陀螺仪可以进行闭环控制，其转子和定子通过准 LIGA（Lithographie - Galvanoformung - Abformung，光刻-电铸-注塑）工艺进行加工，结构如图 1 - 17 所示。该陀螺仪在真空中实现了 4 000 r/min 的转速，陀螺仪实现了 3（°）/s 的角速度分辨率。

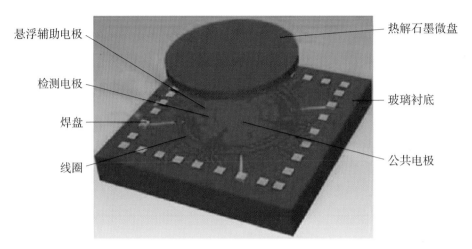

悬浮辅助电极

检测电极

焊盘

线圈

热解石墨微盘

玻璃衬底

公共电极

图 1-17　上海交通大学的微抗磁结构磁悬浮陀螺仪结构示意图

　　2010 年上海交通大学提出一种新的微抗磁结构磁悬浮陀螺仪[44]，如图 1-18 所示。该陀螺仪结构主要包括三部分：碟形转子、定子、永磁体。碟形转子被抗磁性力悬浮在定子上面，当陀螺仪在水平方向有角速度时，碟形转子受到哥氏力矩而产生垂直于输入角速度的进动。感应电极通过感知进动角而测得角速度。在此设计中用磁性相反的两个环形永磁铁产生的磁场力作为磁性转子的悬浮力。为了提高悬浮的稳定性，在基底上增加辅助悬浮线圈，通以直流电辅助控制悬浮磁场。

图 1-18　上海交通大学电磁稳定悬浮微马达俯视图

　　利用电磁涡流效应产生转子悬浮所需的支撑力以及转动所需的驱动力矩，其实现难度不大，但由于涡流在导体转子上会产生显著的热效应，使得系统温度过高，并且严重影响系统的稳定性，因而制约了此类转子式微陀螺仪性能的提高。静电悬浮转子式微陀螺仪可以有效克服上述缺点，成为转子式微陀螺仪又一主要支撑方式。

开展静电悬浮转子式 MEMS 陀螺仪研究的机构包括日本东机美（Tokimec）株式会社、东京大学、英国南安普敦大学等[45-47]。国内清华大学是最早开始并持续从事静电悬浮转子式微陀螺仪研究的单位，此外，上海交通大学在研究磁悬浮转子式 MEMS 陀螺仪的基础上开展了静电悬浮 MEMS 陀螺仪的研究工作[48]，取得了一些实验结果并实现了陀螺仪样机。

最早见诸报道的静电悬浮转子式微陀螺仪由日本东机美株式会社与东京大学于 2001 年合作研制[49,50]，如图 1-19 所示，其转子是一个利用深反应离子刻蚀加工而成、直径为 5 mm 的单晶硅圆盘，转子上下各有一层玻璃，通过阳极键合工艺，将转子密封在一个真空微腔内，腔内集成了吸气剂以减小转子受到的阻尼。上下两层玻璃上加工有电极结构，电极结构与转子的距离为 5 μm，转子与其两侧玻璃上的固定电极构成静电微马达，在静电力矩的驱动下做旋转运动，实现陀螺仪效应。转子的位移和偏转信息通过电容-位移传感器检测出来，并通过静电反馈结构实现其位置和姿态的闭环控制。该转子的转速可达到 10 000 r/min，并实现了陀螺仪效应。

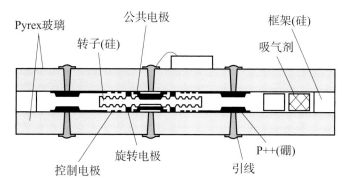

图 1-19　日本东机美株式会社与东京大学联合研制的圆盘转子式静电悬浮微陀螺仪结构剖面图

从 2003 年开始，日本东机美株式会社研发了一款静电悬浮环形转子式微陀螺仪[51,52]，与圆盘形转子相比，同质量和转速条件下环形结构转子具有更高的角动量，有利于获得更高的结构灵敏度以及更低的悬浮难度。此外，由于增加了径向检测和反馈控制结构，使得转子在径向上也能得到闭环控制，使得该器件具有同时测量两个径向上的旋转角速度和 3 个方向上的线加速度能力。该陀螺仪的量程为 200 (°)/s，分辨率为 0.05 (°)/s，本底噪声为 0.15 (°)/$\sqrt{h}$。后续经过不断改进，2012 年该公司报道了其通过优化转子控制技术后的陀螺仪结果，其本底噪声可以实现 0.03 (°)/$\sqrt{h}$。图 1-20 为该公司研发的一款环形转子式静电悬浮微陀螺结构图。

2008 年，清华大学研制了五自由度闭环控制的静电悬浮转子式微陀螺仪敏感结构[53,54]，并于 2011 年研制出该悬浮转子式微陀螺仪的试验样机[55]，其转子转速在标准气压下可达 73.3 r/min。2012 年，清华大学成功研制出闭环的静电悬浮转子式微陀螺仪系统，其结构如图 1-21 所示[56]。该静电悬浮转子式陀螺仪利用电容检测、静电伺服方法实现了陀螺仪悬浮运动的闭环控制，该陀螺仪转子转速达到 10 085 r/min，陀螺仪量程达到

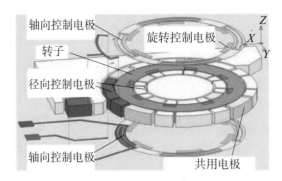

图 1-20　日本东机美株式会社研发的环形转子式静电悬浮微陀螺结构图

±100 (°)/s，检测灵敏度为 39.8 mV/s，背景噪声达到 0.015 (°)/s/$\sqrt{Hz}$，零偏稳定性为 50.95 (°)/h。2016 年，通过进一步优化转子控制技术，将转子的转速提高到 2.96×10^4 r/min，并通过真空封装，实现了 0.012 (°)/s 的分辨率[57]。

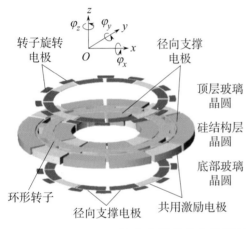

图 1-21　清华大学的静电悬浮转子式 MEMS 陀螺仪结构示意图及样机照片

转子式 MEMS 陀螺仪的微转子尺寸小，MEMS 工艺的相对加工误差过大，无法保证较高的装配精度，并且较小的转子本身就存在转动惯量不足以及难以实现稳定控制等问题，因而微转子的旋转稳定性以及陀螺器件的稳定性均难以保证，致使其整体性能始终不高。总体而言，目前转子式微陀螺仪性能不及成熟的 MEMS 振动陀螺仪。

（4）气流式 MEMS 陀螺仪的发展

气流式 MEMS 陀螺仪是利用气体介质代替固体作为运动和敏感载体，实现旋转角速率的检测。与传统陀螺仪相比，气流式 MEMS 陀螺仪由于没有悬挂质量块，结构大大简化，制作难度降低；更重要的是省去了复杂的活动部件，其抗冲击、抗振动能力大大提高，特别适合在高冲击、高振动环境中使用。

气流式 MEMS 陀螺仪的基本原理仍然是哥氏加速度原理，流动气体在旋转坐标系下受到哥氏加速度的作用，引起气体流速的变化进而导致温度场的变化，通过测量温度场的变化进而实现角速率的测量。产生气体流动的方式有两种：一种是压力驱动，依靠相对压差驱动流体运动；另一种是热驱动，气体分子加热后产生自然对流。

利用流体实现角速率的测量可以追溯到 20 世纪 60 年代至 80 年代，美国 Hercules 公司和 Martin Marietta 公司开始研究各种射流角速率陀螺仪的工作原理。Hercules 公司于 1966 年研制成功了压电射流角速率陀螺仪并应用在滑翔机试验研究中，1980 年该陀螺仪完成了耐 9 000 g 过载的飞行试验，并在 Martin Marietta 公司生产的制导炮弹中得到应用[58]。日本多摩川精机株式会社（TAMAGAWA）在 1981 年研发了一种压电射流角速度传感器，并逐渐应用 MEMS 技术加工气流式陀螺仪的敏感单元或整个陀螺仪结构。2004 年该机构利用 MEMS 技术加工压电射流角速度传感器的敏感单元，研制出双轴气流式 MEMS 陀螺仪[59]，其整个陀螺仪芯片如图 1-22 所示，其核心是 MEMS 热敏电阻阵列（共有 4 个热敏电阻）。将该芯片与一个压电射流泵组装于一个壳体中，形成陀螺仪样机。在无角速率时，MEMS 热敏电阻阵列上的温度分布是对称的，当有角速率时，射流气体受到哥氏加速度的作用产生偏转，进而改变热敏电阻敏感阵列上温度的对称性，通过接口电路将温度的不对称分布转化为正比于角速率的电信号输出。通过优化陀螺仪传感器设计，优化热敏电阻材料，该公司于 2006 年实现了 0.05 (°)/s 分辨率和 60 Hz 检测带宽[60]。

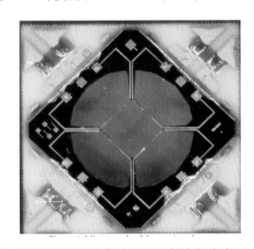

图 1-22　日本多摩川精机株式会社的压电射流气流式 MEMS 陀螺仪芯片

清华大学于 2001 年提出了一种带有 3 个微腔的单片式射流 MEMS 陀螺仪，其结构如图 1-23（a）所示[61]，其中位于中间的腔体为驱动腔体，利用压电效应将其中的气体通过喷嘴流向两侧的腔体，两侧的腔体为检测腔体，通过检测各自气流运动的变化来实现角速度的测量。两个腔体可以实现差分检测。在此基础上，2004 年清华大学又提出了一种只包含一个腔体更为紧凑的陀螺仪芯片设计，如图 1-23（b）所示。2013 年，该团队又研制出基于热膨胀的气流陀螺仪，其陀螺仪样机如图 1-23（c）所示，陀螺仪包括 3 个可以交替加热的电阻加热器和两对对称分布于 3 个加热器之间的热敏电阻。交替加热的加热器使周围的气体产生膨胀-收缩运动，当有角速度输入时，热敏电阻可以探测到由哥氏加速度引起的气流运动的变化，由此可以提取转动速度信息。该陀螺仪的加热器和热敏电阻由 Cr/Pt 薄膜所构成，并附着于悬空的氮化硅薄膜之上，以减少加热器或热敏电阻与衬底之间的热传导，芯片内密封有氮气作为工作介质。器件的设计能够避免角速度信号与加速度信号之间的交叉耦合。该陀螺仪的量程达到 3 000 (°)/s，g 敏感性低于 10 (°)/s/g。

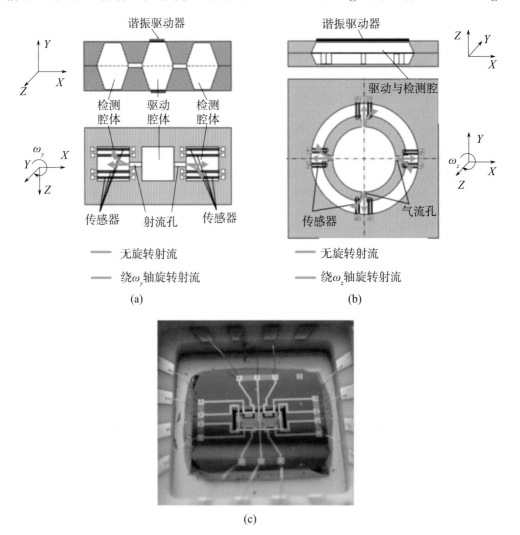

图 1-23 清华大学提出并研制的单片射流式 MEMS 陀螺仪

除清华大学外，国内研究射流式气流陀螺仪的还有西北工业大学等单位。2017 年，该校报道了一种基于双向热膨胀气流的三轴 MEMS 惯性传感器[62]（图 1-24），8 个加热器和 8 个热敏电阻形成"十字星网络"，产生双向热膨胀气流，用于每个热敏电阻的热阻传感，从而可以在 ±3 245 (°)/s 的范围内同时测量 Z 轴的角速率和 X/Y 轴的加速度，测量角速率灵敏度为 1.37 mV/(°)/s。

目前，气流式陀螺仪总体上仍处于技术探索阶段，已实现的精度还比较低。由于该类陀螺仪利用气体的流动来感知陀螺仪效应，气流的运动速度决定了陀螺仪的检测精度，射流式陀螺仪气流的流动速度典型值在 m/s 量级，热对流或热膨胀式陀螺仪中气体的运动速度更低。对于射流式陀螺仪而言，如果采用外部注入气体的方式，则不利于器件的小型

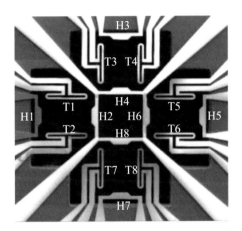

图 1-24　西北工业大学研制的三轴气流式 MEMS 惯性传感器的敏感结构

化，而利用 MEMS 技术集成超声射流发生器，则产生的射流速度又受到很大的限制。此外，气流式 MEMS 陀螺仪的另一特点是加速度信号与角速率信号的耦合，即便采取相应的解耦合设计，例如清华大学的方案，但其 g 敏感系数仍然不是一个可以忽略的量。因此，气流式 MEMS 陀螺仪很难形成可以批量制造的高精度的陀螺仪产品。

1.1.2.2　石英音叉陀螺仪

石英音叉陀螺仪是基于石英材料加工谐振结构的振动陀螺仪，是最早实现哥氏振动的陀螺仪之一。石英材料具有弹性模量高、全温范围内压电和机械特性稳定、材料损耗低的特点，用于制造振动陀螺仪，易于实现高 Q 值。石英音叉陀螺仪已形成成熟产品并得到了大量工程应用。

从 20 世纪 50 年代开始，国际上已经开始研究利用压电晶体加工振动陀螺仪，并于 60 年代研制出样机。音叉式结构是石英陀螺仪的主要结构形式。美国 BEI 公司是成功推动石英陀螺仪商业化应用的机构，其 QRS11 型石英速率陀螺仪于 1990 年投放市场，到 1996 年其报道的短期零偏稳定性为 7.2 (°)/h[63]。经过不断改进，其 QRS116 型模拟输出陀螺仪的零偏稳定性达到 3 (°)/h。

法国宇航研究院（ONERA）于 2012 年报道了其研制的石英陀螺仪[64]，其零偏稳定性（Allan 方差）达到 1.3 (°)/h，角度随机游走（Angle Random Walk，ARW）为 0.2 (°)/$\sqrt{h}$，此产品的性能与 BEI 公司的商用 QRS116 陀螺仪相当。

目前，石英音叉陀螺仪已经实现了导航级的精度。2020 年，美国 Emcore 公司的 S. Zotov 等人报道了基于石英陀螺仪和石英谐振加速度计的 IMU[65]。该 IMU 的石英陀螺仪可以实现角度随机游走低于 0.001 (°)/$\sqrt{h}$，恒温下零偏不稳定性为 0.005 (°)/h，常温下零偏不稳定性为 0.01 (°)/h。整个惯组的体积为 19 立方英寸。2022 年，ONERA 实验室报道的一种新型轴对称结构石英陀螺仪 Gytrix[66]，其零偏稳定性达到 0.1 (°)/h，角度随机游走达到 0.003 (°)/$\sqrt{h}$。

1.1.2.3　微半球谐振陀螺仪

微半球谐振陀螺仪（micro Hemispherical Resonator Gyroscope，μ-HRG）是在宏观半球谐振陀螺仪的基础上小型化而来，有望继承常规半球谐振陀螺仪动态高精度、高可靠、长寿命的性能优点，并同时具有体积小、成本低、功耗小等优异性能，其品质因数可达数百万以上，是下一代中高精度微陀螺仪的重要技术发展方向。μ-HRG 利用哥氏效应引起的谐振子径向驻波振动的旋转来实现角速度测量，该结构使其具有惯性级性能的潜力。基于 3D-MEMS 工艺的微型半球谐振陀螺仪，被认为是未来高精度 MEMS 惯性器件的重要发展方向之一，同时也是美国国防部高级研究计划局（Defense Advanced Research Projects Agency，DARPA）的"微型定位、导航、授时"（Micro Position，Navigation and Timing，Micro-PNT）项目的重要组成部分。

目前，微半球谐振陀螺仪材料主要采用硅[67]、熔融石英[68]、金刚石[69] 等，加工方法主要包括微模具法[70] 和玻璃吹制法[71]。2014 年，美国佐治亚理工学院[72] 采用多晶硅材料，制作出了完整的陀螺仪样机，其中谐振子直径 1.2 mm，壳体厚度 700 nm，对谐振子进行扫频、振动测试，谐振子品质因数为 8 500，谐振子的一、二阶模态频率差为 105 Hz，通过静电调谐实现模式匹配。研制的陀螺仪样机的标度因数为 4.4 mV/(°)/s。2016 年，美国加州大学伯克利分校基于脱模法制备了金刚石材质的圆柱形壳体谐振器[73]，该谐振器直径为 1.5 mm，厚度为 2.6～5.3 μm。谐振子的谐振频率为 18.96 kHz，在 20 微毛（μTorr）的真空压力下，Q 值达到 52.8 万。

2007 年，美国加州大学欧文分校通过在刻蚀有凹槽的硅片上键合 Pyrex7740 玻璃，在高温条件下使玻璃产生膨胀，加工出了半球形壳体结构，验证了利用玻璃吹制方法加工半球谐振结构的可行性。加工出的谐振结构表面粗糙度较小，对称度高，对陀螺仪样机进行扫频测试，二、三阶工作模态频率裂解仅为 0.15 Hz、0.2 Hz。2014 年，加州大学微系统实验室选用熔融石英，通过改进基底材料，将石英基底与熔融石英成功键合，采用类似工艺，在 1 700 ℃ 以上的高温加工出了带中心支撑结构的熔融石英谐振结构，并制作出完整的陀螺仪样机。谐振结构直径约 7 mm，工作模态频率为 105 kHz，品质因数高达 1 130 000，该谐振结构几何对称度高，一、二阶工作模态频率裂解 $\Delta f / f$ 仅为 132 ppm。

2020 年，美国密歇根大学在 DARPA 的 MRIG（Micro scale Rate Integrating Gyroscopes，微速率积分陀螺）和先进惯性微传感器项目支持下，研制了微半球陀螺仪[74]（图 1-25），其熔融石英半球直径为 1 cm，谐振 Q 值高达 520 万，角度随机游走为 0.000 16 (°)/$\sqrt{h}$，零偏不稳定性为 0.001 4 (°)/h，无需任何温度补偿，是目前精度最高的微陀螺仪之一。

国内开展微半球谐振陀螺仪研究的机构主要有国防科技大学[75]、东南大学[76]、中北大学[77] 等。国防科技大学从 2013 年开始开展微壳体振动陀螺仪探索研究，采用单晶金刚石、熔融石英等材料初步验证了微壳体振动陀螺仪加工工艺，如图 1-26 所示。2019 年，基于微喷灯玻璃吹制工艺研制的微半球谐振陀螺仪样机封装后的品质因数 Q 值为 150 000，在常温下的零偏不稳定性为 0.46 (°)/h，量程为 ±200 (°)/s，其性能在国内处于领先水平。

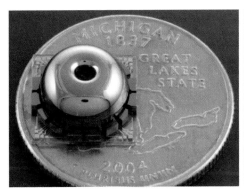

图 1-25　美国密歇根大学研制的微半球谐振陀螺仪样机

图 1-26　国防科技大学研制的微半球谐振陀螺仪样机

● 1.1.3　微小型加速度计技术发展概况

加速度计主要用来测量载体的加速度信息，通过对加速度进行积分可以提供速度和位移信息。在战术武器、智能炮弹、微小型卫星、汽车、机器人等的导航控制中，对微小型加速度计都有明确的需求。微小型加速度计包括硅 MEMS 加速度计和石英振梁加速度计（Quartz Vibrating Beam Acceleromter，QVBA）等。硅 MEMS 加速度计是以硅为材料通过微纳加工制造出挠性梁、检测质量、检测电容、谐振梁等的功能结构，进而实现加速度的检测。根据检测原理不同，MEMS 加速度计可以分为电容式[78]、谐振式、压阻式[79]、热流式[80] 等。石英振梁加速度计是一种基于振梁谐振和力频特性原理的新型全固态惯性传感器，它将检测质量在惯性力作用下的位移转换为一对差分的频率变化，其原理与硅谐振加速度计一致。在石英振梁加速度计中，石英振梁谐振器和挠性支撑检测质量结构通常单独完成加工，再进行装配。随着技术的进步，也出现了振梁、挠性支撑质量块和隔离框架在一片石英衬底上完成加工的一体式石英振梁加速度计[81]。

本节对电容式硅 MEMS 加速度计、谐振式硅 MEMS 加速度计、小型化石英振梁加速度计的发展概况进行介绍。尽管压阻式和热流式 MEMS 加速度计已经实现了产业化的应用，但由于其精度潜力不高，本节不再赘述。

1.1.3.1 电容式硅 MEMS 加速度计

电容式 MEMS 加速度计具有高灵敏度、高精度、高动态范围的特点，目前在 MEMS 加速度计中占据主导地位。MEMS 加速度计的研究最早可以追溯到 1970 年，美国 Kulite 公司利用 MEMS 工艺制造了第一个硅加速度计，MEMS 加速度计成为 MEMS 领域最早研究的器件之一。此后，国内外各研究机构在 MEMS 加速度计的结构设计、加工与封装工艺、处理电路等方面竞相开展研究，促进了 MEMS 加速度计的发展。

单轴集成式 MEMS 加速度传感器经过多年的发展，技术方案、产品已经十分成熟。瑞士 Colibrys 公司（现被法国赛峰集团收购）的高性能 MEMS 加速度计采用了"三明治"式的 MEMS 敏感结构，是国外主流战术级 MEMS 加速度计的代表；美国 ADI 公司（Analog Devices Inc.，亚诺德半导体公司）采用的是梳齿结构，是世界首家将电容式 MEMS 加速度计商业化的公司[82]。

Colibrys 公司的 MEMS 加速度计典型产品如图 1-27 所示，产品量程覆盖 $\pm 2\ g$～$\pm 200\ g$，采用陶瓷基板对敏感结构与专用集成电路进行气密封装，具有优良的长期稳定性，其开环加速度计 RS9000 系列产品的一次通电稳定性在 100 μg，其闭环加速度计 SF1500 系列产品的一次通电稳定性在 10 μg。其抗高冲击加速度计 MS9000、MS8000 和 HS8000 系列产品能抗 20 000 g 冲击，在英国"海狼"舰载防空导弹和瑞典萨博 NLAW 反坦克导弹等武器装备上得到应用[83]。

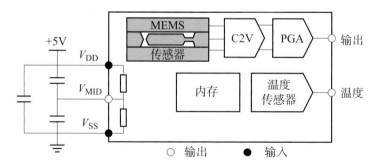

图 1-27　瑞士 Colibrys 9000 系列加速度传感器及其系统架构

近年来，国内外对电容式硅 MEMS 加速度计的研究倾向于精度的提高或新结构的应用等方面。2015 年，葡萄牙伊比利亚国际纳米技术实验室提出了一种基于静电吸合时间的闭环加速度计[84]，其敏感结构如图 1 - 28 所示。该加速度计采用吸合时间测量的方式，从而能够实现非常高的分辨率。实验测量表明，加速度计灵敏度为 61.3 V^2/g，动态范围为 110 dB，非线性度优于 1%FS。加速度计机械热噪声引起的噪声水平低于 3 $\mu g/\sqrt{Hz}$。在 ±1 ℃ 的温度控制下，在 48 小时内测得偏值稳定性优于 ±250 μg。该基于时间测量的加速度计能够满足导航级要求，可应用于倾斜控制、平台稳定、空间应用、地震监测等。

图 1 - 28　葡萄牙伊比利亚国际纳米技术实验室的基于静电吸合时间加速度计敏感结构

2017 年，日本京都大学报道了一种 10×10 阵列单轴加速度计[85]，每个加速度计单元检测面积为 80 μm×80 μm，单元尺寸是传统加速度计的 1/10，加速度计单元由检测质量块、四条弹性折叠梁以及梳齿式电极组成，检测电容间隙为 0.5 μm。其敏感结构如图 1 - 29 所示。测试结果表明，加速度计灵敏度为 0.99 fF/g，本底噪声为 5.3 $\mu g/\sqrt{Hz}$，零偏不稳定性为 30 mg。在 100 Pa 的压力下进行封装，热机械噪声可以降低至 3 $\mu g/\sqrt{Hz}$以下。

2017 年，加拿大西蒙·弗雷泽大学提出了一种高性能电容式加速度计[86]。该加速度计（图 1 - 30）使用移动框架来代替质量块，电极可以设置在质量块的内部边缘和外部边缘上。通过在移动框架的内部和外部添加锚点和弹性梁，可以调整模态形状，并使得其他模态频率远超工作带宽。通过设计低噪声电容电压转换接口电路，降低电气噪声等效加速度的影响。最终加速度计的噪声水平为 350 ng/$\sqrt{Hz}$，带宽为 4.5 kHz。

2017 年，德国弗劳恩霍夫微电子电路与系统研究所（Fraunhofer IMS）提出了一种电容式硅 MEMS 加速度计[87]（图 1 - 31），包括超低噪声 CMOS（Complementary Metal

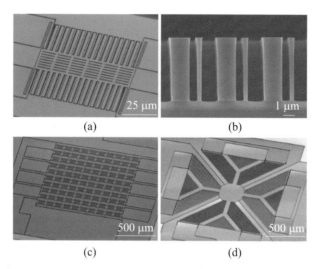

(a)   (b)

(c)   (d)

图 1-29 日本京都大学阵列单轴加速度计的敏感结构

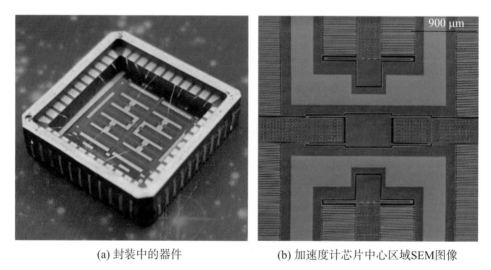

(a) 封装中的器件   (b) 加速度计芯片中心区域SEM图像

图 1-30 加拿大西蒙·弗雷泽大学研制的高性能电容式加速度计

Oxide Semiconductor，互补金属氧化物半导体）集成读出 IC（Integrated Circuit，集成电路）和高精度 MEMS 感测元件。加速度计通过 SOI 工艺制造，利用较大检测质量块实现高灵敏度和低噪声特性，"H"形检测质量块的各侧面都布置有梳齿式电极，质量块上下两侧的梳齿式电极构成约 10 pF 的检测电容，质量块左右两侧的梳齿式电极用于闭环控制。加速度计通过全差分四线接口连接到检测电路 ASIC 芯片。检测电路的核心为两级全差分斩波放大器，实现 C/V 转换和增益设置。最终实现的仪表芯片尺寸为 7 mm×9 mm×0.6 mm，灵敏度为 0.55 pF/g，达到的加速度等效噪声为 216 ng/$\sqrt{\text{Hz}}$，适用于地震测量。

    2019 年，华中科技大学提出了一种硅基弹簧-质量块 MEMS 开环电容式加速度计[88]。该加速度计采用变面积式电容检测机制，芯片倒装封装。加速度计敏感结构由

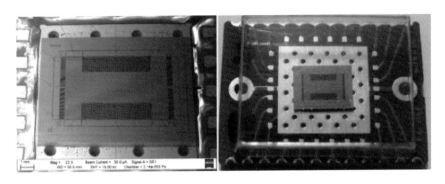

图 1–31　德国 Fraunhofer IMS 的电容式加速度计 MEMS 传感元件

悬架、检测质量块和传感器框架构成。加速度计检测质量块通过四条弹性折叠梁悬挂在传感器框架上，检测质量块布置有阵列式驱动电极，上玻璃盖板布置有阵列式检测电极。反相载波信号加在正负驱动电极上，正负驱动电极与检测电极构成周期阵列变面积电容位移传感器。样机测试结果表明：加速度计标度因数为 $510~\mathrm{mV}/g$，在 $100~\mathrm{Hz}$ 时的本底噪声为 $2~\mu g/\sqrt{\mathrm{Hz}}$，$1~\mathrm{s}$ 平均时间下达到的偏值不稳定性为 $4~\mu g$。

2020 年，土耳其中东理工大学研制了一种自组装式单片三轴电容式 MEMS 加速度计[89]。Z 轴检测质量块通过蟹腿型弹性梁悬挂在硅基板上，如图 1–32 所示，质量块与顶部电极和基板形成一对差分检测电容，基电容为 $12~\mathrm{pF}$。水平轴加速度计与 Z 轴加速度计在同一 SOI 晶片上进行制造，避免了独立加速度计在进行三轴组装时引起的交叉轴误差。SOI 晶片采用四掩模工艺共晶键合至硅衬底，SOI 晶片的顶层硅作为 Z 轴加速度计的顶部电极和水平轴加速度计的盖帽层。经测试，Z 轴加速度计的本底噪声为 $8~\mu g/\sqrt{\mathrm{Hz}}$，Allan 方差偏值不稳定性为 $4.8~\mu g$，电容灵敏度为 $155~\mathrm{fF/V}$。

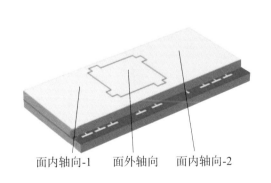

面内轴向-1　　面外轴向　　面内轴向-2　　　　　　面内敏感　　面外敏感

(a) 三轴加速度计示意图　　　　　　　(b) 面内敏感和面外敏感加速度计 SEM 图像

图 1–32　土耳其中东理工大学研制的单片三轴 MEMS 加速度计

1.1.3.2　谐振式硅 MEMS 加速度计

谐振式硅 MEMS 加速度计是一种基于 MEMS 技术加工，依据谐振频率随拉力/张力变化的原理检测外界加速度的惯性传感器，其敏感结构一般由质量块、微杠杆机构和谐振器组成。加速度引起的质量块惯性力经由杠杆放大施加在谐振器上，从而引起谐振器固有频率的偏移，通过检测频率偏移即可检测出加速度。它的主要特点是输出与输入加速度成比例的频率偏移信号，易于检测，抗干扰性好，直接输出准数字量，省略了 A/D 转换带来的误差，避免了传统电容式仪表位移检测极限精度的制约。同时，硅材料与半导体工艺的兼容性使其具有小型化、集成化与批量化生产的优势。

20 世纪 90 年代初，美国 Honeywell 公司[90]、加州大学伯克利分校[91]和 Draper 实验室开始进行硅微谐振式加速度计的研究。随着 MEMS 技术的发展，硅微谐振加速度计的性能从战术级向战略级精度迈进。由于硅微谐振加速度计在生产成本、性能指标和可靠性等方面存在很大的发展潜力，世界上其他研究机构也相继展开了硅微谐振式加速度计的技术研究，并取得一定进展。

美国 Draper 实验室于 2000—2005 年先后研制出两代谐振式硅加速度计，并报道已实现了高精度导航所需的 ppm 量级的标度因数稳定性和 μg 量级的零偏稳定性[92,93]。其第一代谐振式加速度计样机的敏感结构如图 1-33 所示，采用单质量块/双音叉谐振器结构，基于 SOG（Silicon on Glass，玻璃体上硅）工艺加工，其谐振器经真空封装后品质因数高达 10^5，其标度因数和零偏稳定性分别达到 3 ppm 和 5 μg。经过不断改进，Draper 实验室又分别针对战术导弹和弹道导弹核潜艇应用研制出第二代硅谐振式加速度计样机，其中，面向战术导弹应用的样机在 60 小时内的标度因数和零偏稳定性分别达到 0.56 ppm 和 0.92 μg，而面向弹道导弹核潜艇应用的第二代硅谐振式加速度计样机的标度因数和零偏稳定性分别达到 0.14 ppm 和 0.19 μg（60 小时）。这是迄今为止公开报道的最高性能的谐振式硅 MEMS 加速度计。

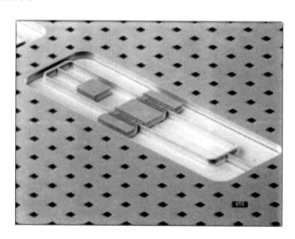

图 1-33　美国 Draper 实验室研制的硅谐振式加速度计

2017 年，法国 Thales 公司报道的硅谐振式加速度计采用平面双音叉谐振器结构方案[94]，如图 1-34 所示，基于多层绝缘体上硅（SOI）微纳加工和高真空封装工艺，Q 值达到 1.2×10^6。样机 18 个月加热老化条件下零偏和标度因数长期稳定性达到 50 μg、10 ppm，并完成力学、可靠性等验证，具备产品化条件。

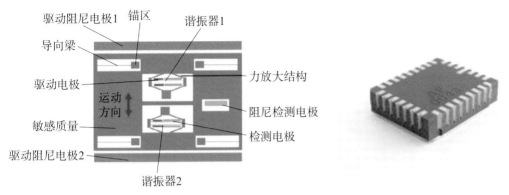

图 1-34 法国 Thales 公司研制的硅基 MEMS 谐振加速度计敏感结构和样机

2021 年，美国 Honeywell 公司推出了新的 MV60 型导航级谐振式硅 MEMS 加速度计（图 1-35），并被用于小型惯组 HG7930 中[95]。该加速度计属于单轴面内加速度传感器，量程为 ±60 g。通过差分结构设计，标度因数为 90 Hz/g，1 s 积分时间内的 Allan 方差小于 10 μg，抗冲击能力为 5 000 g，带宽大于 300 Hz。工作温度为 -55 ℃ 至 95 ℃。MV60 主要用于航空航天、国防以及其他需要导航级精度的工业及海洋探测应用领域。此外，为了实现更高精度，Honeywell 公司还研发了量程为 20 g 的 MV20，进一步降低噪声和零偏重复性。

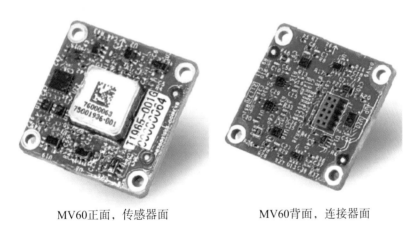

MV60正面，传感器面　　　　　　　MV60背面，连接器面

图 1-35 美国 Honeywell 公司研制的硅基 MEMS 谐振加速度计样机

国内的硅微谐振加速度计设计和研究稍晚于国外，但经过十余年的积累，也取得了一定成绩。主要研究单位包括清华大学、北京大学、北京航天控制仪器研究所、电科 55 所、东南大学等高校和研究所。清华大学 2021 年研制的 MEMS 谐振加速度计的结构如图 1-36 所示，采用带有放大杠杆的设计，谐振器工作频率为 20 000 Hz 左右，标度因数高达 876 Hz/g。通过高真空度（0.1 Pa）封装，Q 值达到 4.4×10^5，固有噪声为 0.15 $\mu g/\sqrt{\mathrm{Hz}}$，其性能指标在国内处于先进水平。

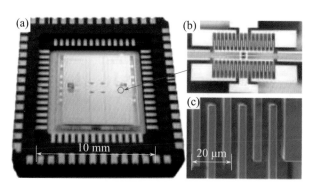

图 1-36   清华大学研制的谐振式硅 MEMS 加速度计样机

图 1-37 给出了国内外硅基 MEMS 谐振加速度计主要研制进展，通过对国内外谐振式 MEMS 加速度计的研究进展对比可发现，目前国内外谐振加速度计结构研究方案具有如下几个相似点：1）采用单质量块结构，此结构会导致死区的产生，但有利于稳定性指标；2）谐振器的驱动与检测电容大多采用分布式布局，一方面可以提高驱动与检测电容灵敏度，另一方面可使谐振器的两个梁间距减小，有利于提高谐振器的品质因数，但不利于谐振梁的非线性指标；3）谐振器的基频均在数十乃至上百 kHz，有利于在保证器件非线性指标的前提下，提高器件量程，但对后续电路的信号处理提出了更高要求。

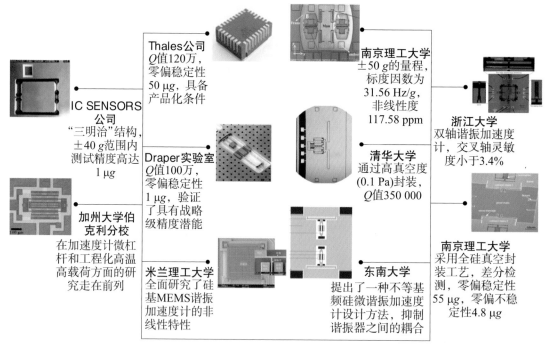

图 1-37   国内外硅基 MEMS 谐振加速度计主要研制进展

目前国内与国外在硅微谐振加速度计研制上的差距主要体现在：1）目前国内硅微谐振加速度计敏感结构在力学环境适应性及全温环境稳定性方面与国外产品还存在差距；2）国内加工工艺在封装真空度、工艺可靠性及长期稳定性等方面与国外仍有一定的差距；3）与 MEMS 敏感结构紧密结合的专用集成电路设计技术仍不成熟，国内尚未形成可量产的、可实现高精度硅微谐振加速度计的 ASIC 产品。

1.1.3.3　小型化石英振梁加速度计

石英振梁加速度计（QVBA）是一种基于振梁谐振和力频特性原理的新型全固态惯性传感器。石英振梁加速度计基于石英晶体材料，频率稳定度高，具有标度因数稳定性高的先天优势；相比于石英挠性加速度计，石英振梁加速度计无轴承等摩擦接触环节，也没有力矩器等模拟伺服控制环节，结构更为简单，设计可靠性高，是易于实现高可靠性和高精度的仪表；由于石英振梁加速度计采用频率输出，无须模数转换，可以避免模数转换带来的精度损失；石英振梁加速度计的热稳定性好，经温度补偿后可以实现全温度范围高稳定性工作。因此，石英振梁加速度计成为具有精度提升和产业化应用潜力的下一代加速度计产品。

国外的石英振梁加速度计研究始于 20 世纪 80 年代，发展到 90 年代后期基本成熟，并形成了不同的系列化产品，从飞行控制和制导等中低精度领域扩展到重力测量等高精度领域，研究机构以美国 Honeywell 公司和法国宇航研究院为代表。美国 Honeywell 公司 RBA500 型石英振梁加速度计，采用单检测质量和双振梁推挽结构，有效消除共模误差，同时为改善仪表温度特性，检测质量采用与石英材料热膨胀系数相近的合金材料，并增加仪表内部温度监测用于系统建模和补偿。RBA500 主要技术指标为：偏值年重复性优于 4 mg，标度因数 80 Hz/g，年重复性优于 450 ppm，年产量约 11.8 万只，该产品定位于中低精度战术武器，与激光陀螺仪或光纤陀螺仪配合应用于美国 HG1700、HG1900 惯导系统。法国宇航研究院通过增大质量和降低量程，于 2014 年研制成了 50 ng 高分辨率的一体式振梁加速度计样机，量程为 $\pm 10\ g$，标度因数达到 440 Hz/g；2018 年，该研究院又研制了一种达到导航级精度的一体式振梁加速度计样机[96]，如图 1 - 38 所示，通过在一片石英晶片上设计两个差分工作的敏感结构，其一阶模态频率提高到 3 100 Hz，以实现更好的力学环境特性。在 $-40 \sim +80$ ℃的范围内，经温度补偿后其偏值重复性为 33 μg，标度因数重复性 17 ppm，短期偏值稳定性达到了 1 μg。

▶ 1.1.4　高性能 MEMS 惯性器件的主要特征

本书主要针对高性能 MEMS 惯性器件开展研究，这里所谓"高性能"，是指在 MEMS 惯性器件中，具有如下主要特征。

（1）中高精度

高性能 MEMS 惯性器件的精度指标要达到战术级及以上水平。目前，MEMS 惯性器件的精度已经从早期的速率级发展到了战术级并开始步入导航级的精度范围，MEMS 陀螺仪在某些应用领域开始替代光纤陀螺仪。为实现卫星导航拒止条件下低成本战术武器自主导航，通常 MEMS 陀螺仪角度随机游走需要优于 0.05 $(°)/\sqrt{h}$，零偏稳定性需要优于

图 1-38 法国宇航研究院的导航级一体式石英振梁加速度计芯片及样机

1 (°)/h，MEMS 加速度计零偏稳定性需要优于 50 μg，全温零偏稳定性需要优于 0.5 mg；在机器人的姿态控制等高端工业应用中，基于 MEMS 陀螺仪姿态传感器角度控制精度需要达到 0.1°，MEMS 陀螺仪的零偏稳定性需要达到 0.3 (°)/h。在大地测量等领域，要求 MEMS 加速度计具有低噪声特性，通常要达到 ng/$\sqrt{\mathrm{Hz}}$ 的水平。目前，大量用于汽车和消费电子的低精度的速率级 MEMS 惯性器件在技术上和商业上比较成熟，因此不属于本书的讨论范围。

（2）高动态

用于工程上的 MEMS 惯性器件既需要有尽可能高的分辨率，又需要具有大的量程，动态范围通常要达到 $10^6 \sim 10^7$，例如高速旋转导弹的转速高达 25 r/s，用来测量转速的 MEMS 陀螺仪量程需要达到 9 000 (°)/s；同时，MEMS 惯性器件控制系统具有足够的带宽，进而能够实现载体大机动范围测量和控制，例如在导弹导引头和机载光电侦察吊舱应用中，通常要求 MEMS 惯性器件的带宽达到 400 Hz 以上，而在载体结构健康监测等应用中，MEMS 惯性器件的带宽能够覆盖载体的振动频谱，带宽会达到 kHz 量级。

（3）应用环境的特殊性

高性能 MEMS 惯性器件主要应用于导弹、制导炮弹等战术武器，火箭、卫星等宇航任务，无人机以及油井随钻姿态测量等高端民用领域。根据不同的应用领域，对 MEMS 惯性器件会有不同的环境适应性要求。在战术导弹应用中，特别是安装在导弹导引头上的 MEMS 惯性器件，其所受的振动环境是相当恶劣的，振动量级通常在 16 g 以上；在电磁弹射导弹中，其弹射过程中所承受的过载在 30 000 g 左右，这要求 MEMS 惯性器件具备抗高过载的特性；在油井随钻姿态测量等应用中，需要 MEMS 惯性器件能够长期工作在高温环境中；在空间应用中，对 MEMS 惯性器件特别是其中的 ASIC 电路又提出了抗辐照的要求。

（4）性能长期高稳定性

各类远程火箭、战术导弹武器为实现任务目标对惯导系统均提出了高稳定性的要求，通常要求惯性器件 10 年以上免标定。随着 MEMS 惯性器件的广泛应用，性能长期高稳定性也成为 MEMS 惯性器件的特性要求之一。这要求 MEMS 惯性器件的各类特性能够在经历材料、应力时效变化后仍能够保持其稳定性。因此，需要研究分析材料、应力变化对 MEMS 惯性器件输出特性的影响规律，开展相应的老炼试验，使其在应用前各种特性趋于稳定；同时需要优化 MEMS 惯性器件的控制回路及控制方法，使其能够消除或减小材料、应力等变化带来的影响。例如通过闭环控制，可以有效避免 MEMS 陀螺仪标度因数随 Q 值和频差的变化，通过正交耦合误差闭环控制，可以避免应力变化带来的陀螺仪长期零偏漂移。

（5）工程高可靠性

工程化 MEMS 惯性器件产品通常要求工艺性好、可批量制造，需要实现小尺寸、低功耗的特性，同时能够抗复杂的振动、冲击等力学环境和严酷的温度环境，此外还要求 MEMS 器件具有长寿命和高可靠性，即相关产品在精度指标、环境适应性和可靠性等方面均需满足工程需要。此外，相关的产品还需要满足系统化、模块化、规范化的要求，例如相关产品尽可能采用标准数据协议实现数字输出，以便于在系统中集成。同时，在产品设计上尽可能按照模块化、可复用的理念开展容差等优化设计，以便于通过敏感结构微调、控制参数调整等方法快速实现不同量程、不同环境适应性的系列化产品。另外，一类产品要进行标准化、规范化设计，特别是在封装形式、机械接口、电气接口方面尽可能保持一致。

具备上述特征的高性能 MEMS 惯性器件既有惯性器件的一般共性，又有其特殊性。本书重点从系统工程的角度，结合工程实际需求从机理上分析 MEMS 陀螺仪和加速度计误差影响因素以及多物理场作用机制，并考虑工艺实现性相应开展仪表优化设计，进而实现其综合工程性能。

1.2　MEMS 惯性器件关键技术

● 1.2.1　MEMS 惯性器件结构设计技术

由于 MEMS 器件的尺寸在微米甚至纳米量级，尺寸效应的存在将使其机械性能相较于宏观存在不同程度的改变，且器件工作时涉及多物理场的相互耦合，因此传统机电系统设计方法已经难以适应微机电系统器件的设计要求，需要在设计工作中对微结构的设计理论、结构材料、制造方法、能量的相互作用等知识进行综合运用。此外，MEMS 惯性器件加工周期长，如果在 MEMS 器件的研发阶段，仅通过反复试验来进行设计方案的验证和优化，则设计成本高、周期长，难以适应 MEMS 产品开发需求。需要借助计算机辅助集成设计与仿真环境，快速准确地实现 MEMS 器件或系统的设计与优化。

MEMS 产品获得市场的成功在很大程度上取决于有效借鉴和运用计算机辅助设计（Computer Aided Design，CAD）、计算机辅助工程分析（Computer Aided Engineering，CAE）和计算机辅助制造（Computer Aided Manufacturing，CAM）的方法和思想，从系统、器件、工艺等多个层次来实现微机电系统的仿真分析，从而实现 MEMS 设计的精准化与可视化，以缩短研制周期，提高器件性价比。美国、欧洲、日本等国家和地区的研发单位已经对此有了充分的认识，不少公司先后推出了自己的 MEMS CAD 产品[97,98]，典型代表有 Coventorware、Intellisuite、MEMSpro 等。该类产品的应用在有效降低 MEMS 器件开发成本和缩短研制周期的同时，显著提高了产品可靠性。

1.2.1.1 结构设计内容与流程

MEMS 惯性器件设计与仿真涉及器件敏感结构设计、振动特性分析、力学环境适应性分析、温度环境稳定性分析、驱动与检测能力分析等方面，涉及多学科多物理场耦合。因此，在 MEMS 惯性器件的设计中，对器件进行动力学、热力学、电磁环境仿真分析是必不可少的，通过仿真分析可以以较短的时间得到比较准确的器件结构参数，缩短设计周期及降低设计成本[99]。

MEMS 惯性器件的结构设计流程包括根据 MEMS 惯性器件的总体目标和总体设计方案，对 MEMS 惯性器件敏感结构进行参数化建模与分析，开展工艺版图设计和工艺模拟仿真，并根据设计结果修改设计参数，实现系统的总体目标。具体流程如图 1-39 所示。

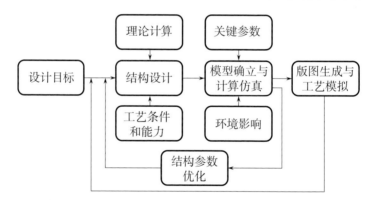

图 1-39 MEMS 惯性器件结构设计流程

1.2.1.2 结构设计准则

MEMS 惯性器件结构设计通常应满足如下准则。

（1）对称性准则

MEMS 陀螺仪通过检测哥氏加速度从而实现角速度检测，因此需要抑制线性加速度对其输出的影响。通过对称性设计，可以减小线性加速度的共模干扰。此外噪声是限制高精度 MEMS 惯性器件性能进一步提升的关键因素，一般通过对称差分的敏感结构设计来抑制 MEMS 惯性器件中热耦合、电耦合等共模噪声干扰。

（2）工艺加工健壮性准则

MEMS 惯性器件敏感结构的设计要充分考虑工艺加工能力，工艺加工能够较为精确地实现设计的结构尺寸，这是 MEMS 惯性器件设计指标得以实现的前提保证。MEMS 陀螺仪工艺加工特征线条在 μm 量级，线条控制精度通常在几十 nm，其加工相对精度通常不会优于 1%，因此即使是对称的敏感结构设计，在加工过程中也不可避免地会引起敏感结构各种梁的不等弹性，进而导致包括正交耦合误差在内的各种误差。因此，结构设计需充分考虑特征尺寸加工误差对器件性能的影响，并通过对局部结构尺寸和布局的优化来降低加工误差对器件性能的影响权重。

（3）全温与力学环境鲁棒性准则

由于硅是较脆的材料，且力学参数的温度效应明显，所以在设计过程中，要充分考虑结构在工程应用过程中的各类振动、冲击等力学环境下的适应性及变温环境下的可靠性，以及在变温环境下的性能稳定性，保证结构不会损坏、塑性形变。

（4）各向异性准则

在单轴 MEMS 惯性器件中，需要保证其敏感结构只对检测方向的信号敏感，对其他方向的信号保持钝性，通常需要优化敏感结构设计，消除或减小其他方向干扰信号的作用。

（5）灵敏性准则

MEMS 惯性器件的设计要求对微小量级的检测量变化具有较高的灵敏度和信噪比，且可有效地使用常用的电学物理量（如电容量）来测定。

（6）线性弹性准则

在硅 MEMS 惯性器件设计过程中，陀螺仪的最大输入造成的结构形变应处在陀螺仪结构的弹性形变范围内，这样测出来的信号才是线性的、可靠的。

1.2.1.3　结构参数优化方法

优化设计结构参数是 MEMS 惯性器件设计过程中的重要内容，其涉及的最优化设计问题是一般性约束优化问题。约束条件既有等式约束，也有不等式约束。微惯性器件的优化过程是包括动力学分析、材料力学分析以及电学分析等多个相关学科技术的综合分析过程，这类问题可以采用多学科优化方法进行。

对于 MEMS 惯性器件，设计参数为微结构的各项尺寸参数，例如谐振梁的长度、宽度、厚度，惯性质量的长度、宽度、厚度等。而约束参量即为等式、不等式约束确立过程中需要用到的常量，例如材料的密度、杨氏模量、空气阻尼的黏性系数等，优化的目标函数可以确立为代表微结构特性的指标。通过建立上述优化模型，可以对 MEMS 陀螺仪和 MEMS 加速度计的结构参数实现优化。特别对于 MEMS 陀螺仪而言，从理论上检测轴的输出会存在非哥氏力的干扰项，因此需要综合考虑其结构形式，以减小这些干扰误差。目前已经明确的是，采用双质量或四质量结构，可以有效减小非哥氏力干扰项的影响。同时需要采取结构解耦设计，减小驱动轴振动向检测轴的耦合。此外，需要优化各种支撑梁或谐振梁的结构，例如采取 U 型梁以提高其线性度。

MEMS 惯性器件是通过力、电、磁等能量之间的相互转换来实现角速度和加速度信号测量的器件，因此涉及多种物理场的相互耦合，且大多数 MEMS 器件几何结构复杂并存在非线性耦合情况，若设计不当，在多个物理场的综合作用下将导致性能劣化，甚至功能失效。因此，在结合高精度敏感结构理论设计的基础上，MEMS 器件设计技术的发展将主要集中在计算机辅助设计功能和设计准确性上的不断优化与迭代，以实现 MEMS 惯性器件在多物理场耦合环境下性能的精确设计。

▶ 1.2.2 MEMS 惯性器件工艺制造技术

MEMS 惯性器件的加工技术不仅对其性能起关键作用，而且在很大程度上决定了 MEMS 惯性器件的成本。与传统的机械加工工艺相比，MEMS 惯性器件工艺基于集成电路平面工艺，更易于实现机电集成和批量制造。成熟的集成电路工艺为 MEMS 惯性器件工艺的形成提供了重要的技术借鉴。MEMS 惯性器件芯片中除了与集成电路类似的金属互连之外，还包含大量的三维可动微结构，这些结构对器件的材料选择、结构设计、工艺技术等都有很高的要求。在 MEMS 工艺中，其难点在于各种悬浮结构、可动控制结构以及一些高深宽比结构的加工。目前，MEMS 制造工艺技术主要包括表面硅加工工艺、体硅加工工艺以及 LIGA 加工工艺。MEMS 加工技术的发展过程表明其正向着标准化、可加工高深宽比结构以及与微电子工艺兼容的方向发展。

1.2.2.1 表面硅加工工艺

表面硅加工工艺[100] 是一种类似于集成电路工艺的硅微加工技术，加工方法包括外延生长、热氧化、化学淀积、物理淀积、光刻、电镀等。图 1-40 为表面硅加工工艺原理示意图，首先在基体淀积结构薄膜，然后利用光刻技术图形化所需结构，最后释放牺牲层从而得到最终结构[101]。

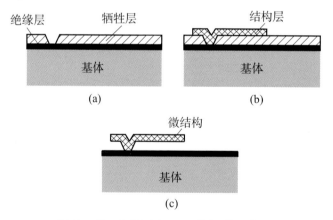

图 1-40 表面硅加工工艺原理示意图

表面硅加工工艺大量采用了与集成电路兼容的材料和工艺，可以将机械结构和电路集成于同一芯片内，便于集成和批量生产，可大大降低加工成本。早期表面硅加工的器件层厚度较薄，通常在 10 μm 左右，对于梳齿式电容检测的 MEMS 惯性器件而言，其电容与器件层厚度成正比，所以表面加工电容式 MEMS 惯性器件的结构灵敏度较低。随着技术的进步，表面硅加工所能实现器件层厚度也逐渐增加，目前已经能够实现 80 μm 的器件层厚度，并且可以通过工艺设计实现双层外延多晶硅敏感结构的加工[102]，使 MEMS 惯性器件的设计更加灵活。由于表面硅加工工艺采用薄膜淀积技术，加工出来的器件残余应力较大，器件层能达到的机械强度有限，在一定程度上限制了 MEMS 惯性器件性能的提高。

1.2.2.2　体硅加工工艺

体硅加工工艺是以单晶硅为原材料，沿着晶圆厚度方向进行有选择的刻蚀，从而生成所需三维结构的过程。按刻蚀方法可以分为干法刻蚀（利用反应离子来进行刻蚀）与湿法腐蚀（化学加工刻蚀法），MEMS 器件加工刻蚀通常为各向异性刻蚀[103]。体硅加工工艺通常会通过晶圆键合工艺实现器件层与衬底层的结合，根据衬底材质的不同，体硅加工工艺可以分为 SOI（Silicon - on - Insulator）工艺和 SOG（Silicon - on - Glass）工艺。其中，SOI 工艺采用全硅结构，加工精度高，温度特性好，且与 IC 工艺兼容，是未来的主流技术和发展趋势。

体硅加工工艺易于制备较大的质量块，对于 MEMS 惯性器件而言，大的质量块能够降低机械热噪声，相应提高机械灵敏度、分辨率和稳定性。一个基于 SOI 的体硅加工工艺流程如图 1-41 所示。

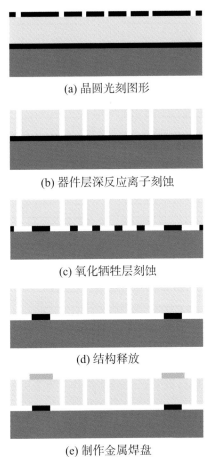

(a) 晶圆光刻图形

(b) 器件层深反应离子刻蚀

(c) 氧化牺牲层刻蚀

(d) 结构释放

(e) 制作金属焊盘

图 1-41　体硅加工工艺流程图

　　基于体硅工艺的全硅晶圆级真空封装（Wafer Level Vacuum Packaging，WLVP）MEMS 惯性器件制造工艺[104]，不仅可以避免 MEMS 微结构在后续的划切、封装过程中的污染和破坏，提高芯片的加工成品率，还可实现 MEMS 惯性器件的小型化与集成化，进一步提高 MEMS 惯性器件的环境适应性和可靠性。一个典型的工艺流程如图 1 - 42 所示，其关键性工艺包括高深宽比深硅刻蚀工艺、硅-二氧化硅直接键合工艺、键合片减薄抛光工艺、金硅键合工艺、薄膜吸气剂制备、基于键合的高 Q 值晶圆级真空封装等，形成的成套工艺方案和工艺方法不仅可以用于 MEMS 惯性器件的加工，还可以用于硅谐振器、MEMS 压力传感器等器件的加工。

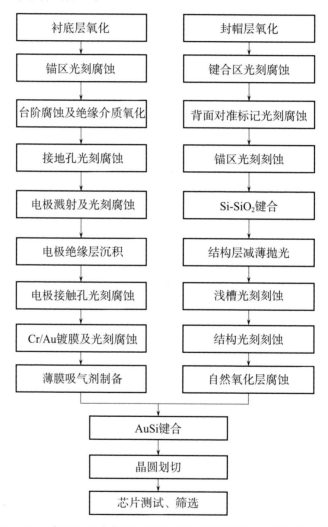

图 1 - 42　硅 MEMS 陀螺仪全硅结构晶圆级真空封装工艺流程图

1.2.2.3　LIGA 加工工艺

　　LIGA 是德文 Lithographie（光刻）、Galvanoformung（电铸）和 Abformung（注塑）3 个词的缩写，是完美整合了 X 射线光刻、微电铸和微复制工艺形成的一种特殊的微加工工艺[105]。LIGA 工艺由德国卡尔斯鲁厄研究中心（Karlsruhe Research Center）于 1985

年发明，这种工艺利用同步辐射 X 射线光源进行光刻制造三维微结构，由于这种 X 射线的波长短，聚焦能力高，所含能量大，穿透能力强，因此可以光刻出深宽比超过 100：1 的微结构，主要用于制造高深宽比的金属和塑料结构。

LIGA 加工的工艺过程包括 X 射线光刻、微电铸和微复制 3 个环节，具体如图 1-43 所示。首先进行 X 射线光刻，在导电衬底上覆盖 PMMA（Polymethyl Methacrylate，聚甲基丙烯酸甲酯）光刻胶，并用 X 射线光源透过 X 光掩模版进行曝光，经显影后形成光刻胶图形。第二步进行微电铸，在光刻空腔结构中电镀金属材料，去除光刻胶后得到所需的结构，该结构具有两种功能，其一作为器件所需的结构部分，其二为塑料或其他材料结构的铸模，由于 X 射线光刻的成本较高，通常是将其作为后续铸塑的铸模来使用，因此需要后续的微复制过程。微复制的方法主要有两种，一种是注塑成型，另一种是模压成型。其中，注塑成型适用于塑料结构的批量制造，而模压成型则适用于结合后续的电铸工艺进行金属结构的批量制造。这种可以反复利用的特性使它成为非硅材料三维立体高深宽比结构的首选工艺。

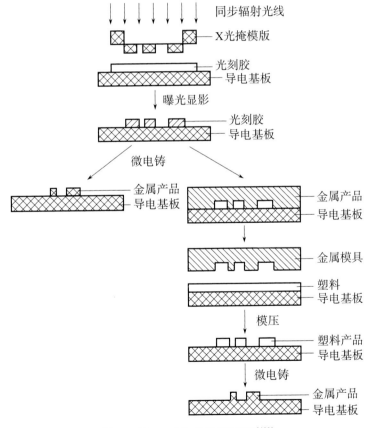

图 1-43　LIGA 工艺流程图[106]

尽管 LIGA 技术具有很多优点，但是在其工艺过程中需要使用同步辐射 X 射线机，而这种设备十分昂贵，因此大幅增加了工艺成本，限制了它的应用。后来人们逐渐研发了用紫外线光刻或激光光刻来代替同步辐射 X 射线光刻,称为准 LIGA 技术[107]。这些技术达到的技术指标低于同步辐射 LIGA 技术,但由于其成本低廉,特别是紫外线光刻对设备条件要求较低,与集成电路工艺兼容性好,实用性更强,因而大大扩展了 LIGA 技术的应用范围。在制作高深宽比的微金属结构时,准 LIGA 工艺虽然不能完全达到 LIGA 工艺的水平,但是仍然能够满足微机械制造的许多需要,因而目前对该技术的研究较 LIGA 技术更加广泛。

总体而言,LIGA 技术所涉及的材料主要是金属和塑料,因而 LIGA 技术加工制造的机械结构与电路结构的集成度不高,因而限制了其应用范围,很难在 MEMS 惯性器件中得到应用。

● 1.2.3 MEMS 惯性器件专用集成电路技术

MEMS 惯性器件专用集成电路具有体积小、成本低、寄生效应小、精度高以及可靠性高等优点,是实现 MEMS 惯性器件低功耗、小型化与集成化的关键技术之一。ASIC 既可以作为 MEMS 敏感结构的衬底与敏感结构集成在同一芯片上,也可以单独设计加工并与 MEMS 敏感结构通过引线键合集成封装,ASIC 的应用使 MEMS 惯性器件的批量化调测更易于实现。

1.2.3.1 MEMS 惯性器件 ASIC 设计涉及的关键技术

高性能 MEMS 惯性器件专用集成电路的设计主要涉及以下几方面的技术。

(1) ASIC 电路与 MEMS 敏感结构匹配设计技术

ASIC 电路与 MEMS 敏感结构进行匹配设计是实现 MEMS 惯性器件综合性能指标的关键。ASIC 是 MEMS 惯性器件控制系统的载体,闭环控制参数需要综合考虑敏感结构的刚度、阻尼等特性,ASIC 的噪声特性和激励电压等资源与 MEMS 敏感结构共同决定了仪表的精度和量程等指标。因此,为实现最优的 MEMS 惯性器件性能,需要基于总体目标进行 ASIC 和 MEMS 敏感结构的协同设计,实现二者的性能匹配。需开展 MEMS 结构的电特性理论研究,并建立 MEMS 结构的输出特性模型,随后开展 MEMS 敏感结构与电路的匹配验证,完成输入输出关键参数的确定及接口电路的设计。

(2) 低噪声设计与实现技术

高精度 MEMS 惯性器件对接口电路以及整表系统的噪声要求较为苛刻。因此需要对仪表噪声特性进行理论分析,建立噪声模型,然后把建立的噪声数学模型转换成可用于电路设计仿真的噪声电特性模型。利用噪声电特性模型,找出系统中各模块对于最终指标的影响,针对关键模块进行低噪声设计,然后对整表系统的噪声进行设计。典型的低噪声电容读出电路常采用开关电容结构,并采用相关双采样等技术降低电路的低频噪声。

(3) 高精度模数转换技术

MEMS 惯性器件输出数字化有利于提高惯性测量系统的集成度,便于应用数字化误差补偿算法提高其环境适应性和使用精度,是 MEMS 惯性器件发展的趋势所在。同时,MEMS 惯性器件信号解调和控制系统的数字化也有利于降低信号干扰,提高仪表输出的信噪比。高精度模数转换是 MEMS 惯性器件数字化控制和数字化输出的必备技术，是模拟传感器与数字控制模块的重要接口。目前，基于 $\Sigma\Delta$ 调制器原理的模数转换器以其低噪声的特点，成为 MEMS 惯性器件中广泛应用的模数转换技术。

（4）闭环回路设计技术

为了实现 MEMS 惯性器件的高精度，需开展高精度驱动闭环回路和低噪声检测闭环回路设计，对于 MEMS 陀螺仪还应开展正交耦合闭环抑制回路设计，在电路控制端抑制各种误差及噪声，提高仪表精度。

（5）温度补偿技术

MEMS 惯性器件输出特性随温度漂移是其重要的误差来源，为了降低温度漂移，进一步提高 MEMS 惯性器件的精度，需要在 ASIC 中内置温度传感器，建立 MEMS 惯性器件输出特性的温度模型。利用温度模型，开展温度补偿技术研究，进而提高系统的温度稳定性。

1.2.3.2　MEMS 惯性器件 ASIC 中的典型功能模块

一个典型的 ASIC 电路主要包括电荷转换放大器、同步检测器、相位检测器、幅度检测器、增益放大器、直接数字频率合成器（Direct Digital Synthesis，DDS）、模数/数模转换器（Digital‐to‐Analog Convertor，DAC）等[108]。

（1）电荷转换放大器

电荷转换放大器处于 ASIC 电路的最前端，是信号通路上重要的模块之一。它的作用是将 MEMS 陀螺仪驱动环路和检测环路工作时电容变化产生的电荷转变成电路可以处理的电压信号。电荷转换放大器除了实现电荷到电压的转换，还要实现对信号的处理：对信号进行放大、滤波和微调。

（2）同步检测器

同步检测器主要负责检测角速度的输出。MEMS 陀螺仪检测电容上产生的电荷经过电荷放大器之后，转化为固定频率的正弦信号送到同步检测器。角速度的大小决定正弦信号的幅值，同步检测器对信号进行同步解调后，将正弦信号解调为直流电平。

（3）相位检测器

相位检测器主要用于检测驱动环路的输出信号和 DDS 输出的驱动信号的相位关系。当传感器处于谐振状态时，DDS 输出的驱动信号经过传感器后会产生 $90°$ 的相移。通过检测相位关系可以判断 MEMS 陀螺仪的驱动模态是否处于谐振状态。相位检测器本身也是个积分器，结构与同步检测器相似，只有当两路输入信号的相位相差 $90°$ 时，输出为 0。

相位检测主要是检测频率十分相近的信号，当频率相差较大时，相位与频率呈非线性关系，系统环路就会失锁。影响相位检测器输出的除了输入信号的相位还有信号的幅度，当输入信号幅度变化时，会改变相位到输出电平的转化系数，进而影响系统环路的锁定。可以在数字处理部分加入调节系数，对相位检测器的输出进行调节，优化系统环路响应。

（4）幅度检测器

幅度检测器主要用于检测 MEMS 陀螺仪驱动模态的输出幅度，来判断驱动环路的运动状态。当驱动环路处于谐振状态时，一定幅值的驱动信号经过驱动模态得到的运动幅度信号最大。幅度检测主要是对输入信号相移 90°时进行幅度采样，经过多个周期的积分，最终输出直流电平。

（5）增益放大器

为了能在下一级 ADC（Analog‑to‑Digital Convertor，模数转换器）输入端得到适当的电压幅度，被检测到的信号需通过增益放大器进行合理放大。放大器的增益由输入端的电容和输出端的电容之比决定。

（6）直接数字频率合成器（DDS）

直接数字频率合成器的核心是相位累加器，由一个加法器和一个相位寄存器组成，每来一个时钟，相位寄存器增加一个步长，相位寄存器的输出与相位控制字相加，然后输入到正弦查询表地址上。正弦查询表包含一个周期正弦波的数字幅度信息，每个地址对应正弦波中 $0 \sim 2\pi$ 范围内的一个相位点。查询表把输入的地址相位信息映射成正弦波幅度的数字量信号，并驱动数模转换器，输出模拟的频率信号，用于驱动环路的驱动控制和检测环路的解调参考信号。

（7）模数转换器

为了便于与后端信号处理系统连接，需要通过模数转换器将电路输出的模拟信号变为数字信号。一般为表头的电容变化经 C/V 转换后被前端放大器放大，输入到模数转换器，经过数字抽取滤波并进行调制解调分别输入到驱动闭环控制和检测闭环控制两部分。

（8）数模转换器

数模转换器的作用是把数字信号转变为模拟信号，一般用于驱动闭环控制和检测闭环控制回路中，使检测到的信号反馈到表头的驱动和检测端。

1.2.3.3 MEMS 惯性器件 ASIC 的发展情况

国外开展硅微陀螺仪技术的研究较早，控制电路芯片集成随着硅陀螺仪技术共同发展，处于领先地位。目前国外 MEMS 硅陀螺仪接口电路几乎都是采用 ASIC 集成电路实现，可针对不同结构参数实现匹配设计，达到系统级优化，从而显著提高陀螺仪整机性能。控制电路的电容分辨率体现了结构电路的噪声极限，能够有效反映接口电路所能支持的精度极限，而角度随机游走体现了系统级噪声优化能力，决定陀螺仪整机的最终精度，这两个性能参数正是集成电路噪声优化的优势所在。其中较具代表性的是埃及的 Si‑ware 公司生产的 SWS61111，其噪声特性处于世界一流水平，在 420 Hz 以内、50 pF 等效寄生负载电容情况下，电容分辨率达到 $50\ \text{zF}/\sqrt{\text{Hz}}$。

由于集成电路设计技术复杂，开发成本较高，早期国内几乎很少开展相关研究，我国早期的硅陀螺仪控制电路主要采用印制电路板（Printed Circuit Board，PCB）集成，缺乏硅陀螺仪接口电路 ASIC 集成方向的研究经验。这在很大程度上限制了陀螺仪性能的进一步提升，制约了陀螺仪实用化进程。近年来，随着对高精度硅陀螺仪集成度需求的提升，国内少数研究单位积极开展了硅陀螺仪接口 ASIC 的研究，取得了一定的研究成果。图 1‑44 为典型的 ASIC 电路系统框图。

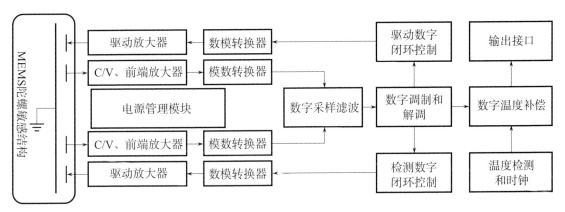

图 1-44　MEMS 陀螺仪 ASIC 电路整体方案系统框图

图 1-44 所示系统中包含了 MEMS 陀螺仪的 C/V 转换电路、前端放大器、驱动放大器、模数转换器、数模转换器、驱动数字闭环控制电路、检测数字闭环控制电路、数字采样滤波电路、数字调制和解调电路、数字温度补偿电路、温度检测和时钟模块以及电源管理模块。表头的电容变化被前端放大器放大，输入到模数转换器，经过数字采样滤波并进行调制解调分别输入到驱动数字闭环控制和检测数字闭环控制两部分，再经过数模转换器和驱动放大器反馈到表头的驱动和检测端，同时数字检测信号通过温度补偿模块形成输出。为了提高电路的温度稳定性，将在电路中集成温度检测电路，基于温度检测电路设计数字温度补偿模块，进一步提高电路的温度稳定性。

为了使驱动和检测模态达到良好的闭环控制，在系统中集成数字 PID（Proportional - Integral - Derivative，比例-积分-微分）控制器。数字 PID 控制器可以在调试时根据表头的参数对其进行相应的调节，相比模拟 PID 控制器需外接电容电阻的方式，数字 PID 控制器大大减小了体积和调试难度。

检测信号经过模数转换器在数字域进行采样和滤波，然后通过数字温度漂移补偿模块以数字形式输出，利于 MEMS 惯性器件在系统应用中实现多种传感器组合数字处理。

由于 MEMS 惯性器件正在加速向批量化、小体积、高精度方向发展，因此促使其专用集成电路向更低成本并可实现多种闭环控制方案集成的方向发展。此外，由于模拟处理电路本身存在的噪声、温漂等因素的限制，已经很难满足高精度 MEMS 惯性器件的需求，因而其专用集成电路正在向抗干扰性更强、可扩展性更高的高精度数字处理电路方向发展。

MEMS 惯性器件性能指标体系

MEMS 惯性器件的作用是在一定的使用条件下对载体相对惯性空间的角速度和视加速度进行测量，其指标体系包括满足使用要求的全部性能指标。一般而言，MEMS 惯性器件的指标体系主要包含常规物理特性、静态精度指标、动态性能指标、环境适应性、寿命与可靠性以及其他特殊使用要求等。对于用于战术武器的 MEMS 惯性器件而言，其精度指标主要强调其短期性能指标，不同应用环境对 MEMS 惯性器件的要求各异，例如要求 MEMS 惯性器件大动态、快速启动、大带宽、抗振动、抗冲击等。

▶ 1.3.1　常规物理特性指标

MEMS 惯性器件的常规物理特性指标包括机械接口和电气接口，机械接口包括外形尺寸、质量（重量）、安装方式等，电气接口包括 MEMS 惯性器件封装各个管脚定义、外围滤波器件要求、电源供电要求、通信协议等。由于 MEMS 惯性器件的功耗和输出极性与上级系统相互影响，因此功耗和输出极性也归入接口范畴。

▶ 1.3.2　静态精度指标

MEMS 惯性器件的静态精度指标是指在给定的输入下，MEMS 惯性器件的输出对输入量真实反映程度的度量，称为 MEMS 惯性器件的综合精度指标。在工程上，常根据 MEMS 陀螺仪和 MEMS 加速度计输出模型的多项式形式将其综合精度指标分解为零次项、一次项（标度因数）、二次项等分项精度指标。MEMS 惯性器件的输出可以表达为

$$f(x) = (K_0 + \sigma K_0) + (K_1 + \sigma K_1)x + (K_2 + \sigma K_2)x^2 + \cdots \tag{1-1}$$

式（1-1）中，x 表示角速度或加速度的输入；K_0 为零次项系数，也称零偏或偏值，即 MEMS 惯性器件在没有输入的情况下，由于结构制造偏差或其他耦合因素产生的传感器输出；K_1 为一次项系数，即标度因数，反映传感器输出对输入的灵敏程度；K_2 为二次项系数，是 MEMS 惯性器件标度因数非线性的量度；σK_0、σK_1、σK_2 分别为零次项系数、一次项系数、二次项系数的随机误差。此外，式（1-1）中还可以增加角速度/加速度相互耦合、角速度与其他因素的交叉耦合项和高阶误差项。

MEMS 惯性器件精度性能的本质要求之一是描述 MEMS 惯性器件的模型参数在使用和贮存周期时间内的变化特性，也即（时间）稳定性的概念。因此，在给定 MEMS 惯性器件的精度指标或讨论其精度时，还应当对该精度（指标）的时间范围予以限定或明确。工程上对加速度计精度指标的时间范围限定通常包括小时、日、周、月、半年、年等，短期和长期的精度差异可能会很大。此外，MEMS 惯性器件的精度指标又可分为一次（连续）通电稳定性和逐次通电稳定性，其中逐次通电由于经历的力、热等条件及环境因素更为复杂，其稳定性往往较一次通电稳定性低，两类精度指标应有所差异。从式（1-1）可以看出，MEMS 惯性器件的误差一类是零偏相关的，另一类是标度因数相关的。MEMS 惯性器件的主要静态精度指标如下。

（1）零偏

零偏是 MEMS 陀螺仪或加速度计在输入为零时输出的均值，也称为偏值，是仪表的常值性误差。与零偏相关的误差还包括零偏随机性误差、零偏环境敏感性误差等。

（2）零偏稳定性

零偏稳定性反映的是 MEMS 陀螺仪或加速度计零偏的随机性误差，是其零偏中非确定性随时间变化的分量，对应于式（1-1）的 σK_0 项，通常用 MEMS 惯性器件在一个工

作周期内零偏值的标准偏差来表示。零偏稳定性是一个综合性指标,反映了噪声和零偏漂移的综合水平。其中噪声源自于 MEMS 惯性器件的敏感结构和接口电路,其统计特性不随时间变化,接近于白噪声,常用表征白噪声统计特性的随机游走系数或采样周期较短的零偏稳定性来描述;漂移是由温度、应力、输入电源电压等环境因素引入的零偏缓慢变化,可以用采样周期较长的零偏稳定性来描述。零偏稳定性指标的高低与采样周期、平滑时间、样本长度等密切相关,当给定具体的零偏稳定性指标时,应对这些数据采集及处理条件加以说明。工程上零偏稳定性一般是采集 1 个小时的静态数据,每 1 s 或 10 s 求平均(抑制器件白噪声的影响)并计算标准差。零偏稳定性作为 MEMS 惯性器件工程化应用的关键技术指标之一,代表了仪表的精度水平。

(3)随机游走系数

MEMS 惯性器件的随机游走系数表示的是其零偏随机性误差中噪声的大小,是用 Allan 方差法数据处理得到的 MEMS 惯性器件输出噪声特性参数之一,是由白噪声产生的随时间累积的 MEMS 惯性器件输出误差系数。对于 MEMS 陀螺仪则称为角度随机游走系数,对于 MEMS 加速度计则称为速度随机游走系数。随机游走系数反映了 MEMS 惯性器件的研制水平,也反映了其极限检测能力。

(4)零偏不稳定性

零偏不稳定性表示的是 MEMS 惯性器件的零偏漂移误差,是用 Allan 方差法数据处理得到的 MEMS 惯性器件随机误差参数之一,是由陀螺仪自身参数的不稳定性或由环境噪声(如环境温度波动等)引起的低频零偏波动。采集足够长时间的静态数据(精度越高的器件所需采集时间越长),绘制 Allan 方差曲线,其低谷值即反映零偏不稳定性指标。零偏稳定性对惯导的实际表现有比较直接的影响,具有更现实的工程应用意义,而零偏不稳定性主要反映器件在理想条件下的性能极限。

(5)零偏重复性

零偏重复性是指在同等条件下规定时间间隔重复测量的零偏之间的一致程度,以零偏在多次通电状态下测量值的标准差来表示。零偏重复性反映的是零偏的逐次通电稳定性,给定这一指标时,需要对通电的时间间隔或测试的总时间长度进行说明。

(6)阈值和死区

输入阈值是指 MEMS 惯性器件所能感知到的最小角速度和加速度输入,即在零输入情况下,单方向增加输入时,引起 MEMS 惯性器件输出明显变化(通过瑞利判据进行确定)的最小输入量。这取决于无输入时的干扰信号大小。测试这一指标时,需要在正、负两个输入方向上进行测试,取两个方向上测得的阈值的最大绝对值。

死区是指不能对 MEMS 惯性器件产生明显输出的输入范围,其等于两个方向上测得的阈值绝对值之和。

(7)分辨率

分辨率是 MEMS 惯性器件能够测量的最小角速度或加速度的变化量,测试上是指在给定的输入情况下,能够引起输出产生明显变化(通过瑞利判据进行确定)的最小角速度或加速度的输入变化量。在没有明确规定具体输入的情况下，通常测试输入等于 30 倍阈值情况下的分辨率。

（8）标度因数

标度因数是 MEMS 惯性器件输出的变化量与对应输入变化量的比值，在文献中也被称为灵敏度，对应于式（1-1）中的 K_1 项。与标度因数相关的技术指标包括标度因数非线性、标度因数不对称性和标度因数重复性。

（9）标度因数非线性

标度因数非线性是指输入-输出关系与线性输入-输出之间的系统性偏差。标度因数非线性常用输入-输出测试数据进行线性拟合后的输出残差绝对值的最大值与仪表的最大输出范围的比值来表示。这种方法可以表示 MEMS 惯性器件在整个测量范围内的输出值相对其标称值的最大偏差情况，但难以确切表达具体的非线性情况。为此，在工程应用中多采用大输入量下的相对误差和小输入量下的绝对误差相结合的表示方法。

（10）标度因数非对称性

标度因数非对称性是 MEMS 惯性器件正向输入和反向输入两种情况下测得的标度因数与整个量程上测得标度因数之间的差别，用分别测得的标度因数与在整个量程上测得的标度因数的相对差别（百分比）来表示。

（11）标度因数重复性

标度因数重复性是指在同等条件下及规定时间间隔内重复上电测得的标度因数之间的一致程度，以标度因数多次测试的标准偏差与其平均值之比来表示。它反映了式（1-1）中 K_1 的时间维度上的稳定性概念。

（12）MEMS 陀螺仪 g 敏感性

MEMS 陀螺仪 g 敏感性反映的是外界加速度对角速度的耦合作用。通常需要测试在陀螺仪的 3 个方向上受 $1g$ 加速度作用下陀螺仪零偏的变化量。

▶ 1.3.3 动态性能指标

广义而言，工程上 MEMS 惯性器件的动态特性通常含有以下 4 方面的含义：1）分辨率与量程之比，这称为动态精度；反之，量程与分辨率之比则称为动态范围；2）控制系统的动态特性，即通频带（或带宽），对于数字输出 MEMS 惯性器件而言，实际通频带取决于控制系统本身，也取决于器件的数字输出滤波器；3）基座角运动以及惯性器件自身结构的不正交性引起的动态性；4）应用环境因素的动态性，包括温度、振动等随时间的变化，设计时需要考虑材料的导热性能，考虑结构放大与谐振的影响，应使结构的谐振频率远离环境的振动频率。

MEMS 惯性器件常见的动态性能指标主要包括以下几个。

（1）量程

量程描述 MEMS 惯性器件对角速度或视加速度的有效感知范围。量程越大，MEMS 惯性器件的动态适应范围越广。大多数情况下，MEMS 惯性器件的量程和分辨率存在一定的相互制约关系，单纯实现高分辨率或大量程是较容易的，但同时实现难度很大，两者比值称为动态精度。工程上通常以 MEMS 惯性器件的标度因数非线性度满足规定的要求来定义其量程。

（2）带宽

MEMS 惯性器件的带宽是指能够感知到的角速度和加速度变化的频率范围，反映的是其对输入的角速度或加速度变化的跟踪能力，即动态响应能力。一般而言，带宽越大，跟踪响应越快，很多控制系统往往都追求获得较大的带宽，相应的 MEMS 惯性器件也要求具有大的带宽。工程上规定在 MEMS 惯性器件的输入输出频率特性测试中，在测得的幅频特性曲线中幅值大于 $1/\sqrt{2}$ 时所对应的频率范围，即为其带宽。对于闭环模式工作的 MEMS 惯性器件，通过调整其控制参数可以使其固有带宽很宽，此时 MEMS 惯性器件的实际带宽通常取决于其输出数字滤波器的带宽。

（3）输出延迟时间

输出延迟时间是 MEMS 惯性器件输出信号相对输入信号的响应时间，也是 MEMS 陀螺仪的一项重要的动态特性指标，这也会影响到控制系统的控制性能。

（4）温度滞环

MEMS 惯性器件的滞环特性反映了输出与其经历的热过程的相关性，通常用一定温变速率下升温过程与降温过程中，器件在同一温度下输出差值的最大值来表示。MEMS 惯性器件的温度滞环与材料热传导特性、蠕变特性以及工艺加工所产生的应力相关，需要在设计、加工以及控制回路系统中综合采取措施，尽可能减小其温度滞环特性。

▶ 1.3.4　环境适应性指标

高性能 MEMS 惯性器件根据不同的应用场合，需要满足相应的环境适应性指标，主要包括温度环境、振动环境、冲击环境、湿度环境、电磁场环境、辐照环境、气压环境等，其中温度环境、振动环境和冲击环境是 MEMS 陀螺仪常见的工作环境。MEMS 惯性器件的环境适应性指标包括使其性能不发生变化或变化在一定范围内所允许的环境边界条件，以及在可用性能水平下所处的环境边界条件。

（1）全温环境适应性

MEMS 惯性器件的工作温度通常为 $-55 \sim 85$ ℃，特殊应用场合甚至高达 125 ℃。对于全温环境适应性，通常用零偏温度灵敏度和标度因数灵敏度进行描述，前者表示相对于室温零偏，由温度变化引起的零偏变化量与温度变化量之比，一般取绝对值的最大值表示；后者表示 MEMS 惯性器件相对于室温标度因数，由温度变化引起的标度因数的变化程度。此外，在高温和温变环境应力作用下，作用在 MEMS 惯性器件上的应力是随时间变化的动应力，可能造成 MEMS 器件的疲劳损伤，最终导致 MEMS 惯性器件因疲劳损伤的积累而失效，因此一般需要对 MEMS 惯性器件开展疲劳寿命试验。

（2）抗过载能力

抗过载能力表征微机电陀螺仪性能变化在指标允许范围内可承受的冲击脉宽和强度。

在航天应用和军事等领域，MEMS 惯性器件需要承受较大过载应力，在较大冲击载荷的作用下，易导致 MEMS 惯性器件断裂、分层、微粒污染及粘附等模式失效。高过载的 MEMS 惯性器件一般都应用于军事方面，如各种榴弹炮、迫击炮、舰载近程防空火炮及电磁轨道炮等，该类型炮弹通常具有直径小、发射环境恶劣（部分炮弹发射冲击在 10 000 g 以上，且持续时间长达 10 ms 以上）的特点，要求制导系统必须具有抗高动态、抗高过载性能。

（3）振动特性

通常用 MEMS 惯性器件在经历一定带宽和振幅下的随机振动前后零偏变化及振中噪声大小来表征其振动环境下的稳定性。在航天应用和军事等领域，MEMS 惯性器件通常工作在振动环境中，长期的振动环境容易导致陀螺仪内部结构往复运动而发生疲劳失效，产生断裂、粘附、微粒污染、金属键合引线接触不良甚至脱落等模式失效。

在振动条件下，整流误差是反映 MEMS 惯性器件振动特性的重要指标，该误差是指 MEMS 惯性器件在直线振动或角振动条件下，器件输出信号中出现虚假的直流分量。该分量会引起零偏漂移和标度因数改变，并导致整个惯性系统的测量误差。振动整流误差越小，器件输出越稳定。

（4）抗辐照特性

在宇航应用中，MEMS 惯性器件需要特别关注抗辐照环境特性，太空环境中存在的各种射线会造成 MEMS 惯性器件电路失效或退化，其抗辐照环境特性主要用 MEMS 惯性器件在经历特定辐照剂量后的零偏及标度因数的变化来表征。

（5）其他环境特性

在 MEMS 惯性器件应用中，太空的真空环境条件以及高空低气压会造成 MEMS 惯性器件封装应力的变化，此外 MEMS 器件也会存在敏感结构阻尼的变化，因而影响器件的输出特性。通常通过热真空试验前后 MEMS 惯性器件性能的变化进行评价。

此外，MEMS 惯性器件的环境适应性指标还包括其对电磁、湿热、盐雾、霉菌等环境的耐受程度，通常可将 MEMS 惯性器件组成惯性系统后进行评价。

1.4 MEMS 惯性器件发展及应用趋势

近年来，MEMS 惯性器件在微电子技术发展的推动和各类微小型制导弹药和无人系统等需求牵引下，发展十分迅速，随着军民领域对先进导航和制导、控制系统要求的不断提高，对高性能 MEMS 惯性器件的综合性要求也日益提高。概括起来，MEMS 惯性器件的未来发展及应用趋势主要有以下几个方面。

1）向更高精度方向发展。精度作为惯性技术的核心指标，始终指引着 MEMS 惯性器件的发展。如美国国防高级研究计划局（Defense Advanced Research Projects Agency，DARPA）弹用精确鲁棒惯性制导（Precise, Robust Inertial Guidance for Munitions，PRIGM）项目下的新一代高精度 HG7930 惯性测量单元已完成原型研制，精度较目前广泛使用的 HG1930 惯性测量单元高出 1 个数量级。该惯性测量单元使用基于新一代 MEMS 技术的惯性传感器来实现高精度测量，后续研究工作将在保持尺寸、质量和功耗的同时，使惯性器件精度提升 2～3 个数量级。该惯性测量单元可用于导弹、航空制导炸弹、无人机等装备，在不增加有效载荷的情况下，大幅度提高制导性能。在应用需求的牵引下，必然会在现有 MEMS 惯性器件研制基础上，通过创新敏感结构设计、提高制造工艺水平以及优化控制回路，进一步抑制陀螺仪的误差，挖掘精度潜力，同时发展基于新的检测原理的 MEMS 惯性器件，实现导航级甚至更高的检测精度。

2）向多轴集成方向发展。MEMS 惯性器件所组成的惯性微系统需要在尽可能小的体积内集成更多的传感器，以满足装备小体积、低功耗、多功能的需求。在单轴高性能 MEMS 惯性器件的基础上发展双轴、三轴及六轴 MEMS 惯性器件是实现惯性系统进一步微型化的必然方向。意法半导体（ST）公司在一颗 MEMS 单晶片上实现了六轴惯性测量单元的研制，包含三轴陀螺仪和三轴加速度计，使得此六轴功能的尺寸比先前采用两颗裸芯的方案缩小了 30％以上。尽管多轴 MEMS 惯性器件的性能与单轴 MEMS 惯性器件之间存在一定的差距，但随着技术的进步，高性能的多轴 MEMS 惯性器件一定能够实现。例如，2016 年美国仙童半导体公司报道了其第一款六轴惯性测量单元：FIS1100IMU。该测量单元在单个芯片上集成了一个三轴陀螺仪和一个三轴加速度计，采用 TSV（Through Silicon Via，硅通孔）工艺加工。传感器芯片和 ASIC 芯片采用堆叠形式并进行栅格阵列（Land Grid Array，LGA）封装，封装尺寸为 3.3 mm×3.3 mm×1 mm。其陀螺仪在 3 个轴向的零偏不稳定性均优于 8（°）/h。

3）向系统集成方向发展。MEMS 惯性器件敏感结构芯片、ASIC 电路芯片以及其他传感器芯片可以通过系统集成的方式，构成多芯片模组，提升综合性能。从系统应用的角度来看，需要多个轴向的 MEMS 惯性器件组成惯性组合，同时还需要与其他传感器如磁传感器、气压传感器以及卫星导航芯片进行集成，构成 GNC（Guidance，Navigation and Control，导航、制导与控制）微系统。MEMS 惯性器件及微电子技术使多功能芯片一体化、智能多源传感、异质异构集成、堆叠式系统集成封装等先进技术实现综合运用，实现进一步小型化、集成化的 GNC 微系统成为可能。GNC 微系统特别适合在微小型无人机、微纳卫星、微小型制导炸弹等领域应用。在空间微系统方面，我国率先开展了微纳航天器技术创新与工程实践，研制的 NS‑2（10 kg 量级）MEMS 技术试验卫星，成功开展了基于 MEMS 的空间微型化器组件试验研究。NS‑2 卫星的有效载荷包括纳型星敏感器、低功耗 MEMS 太阳敏感器、硅基 MEMS 陀螺仪、MEMS 石英音叉陀螺仪、MEMS 磁强计、北斗‑Ⅱ/GPS（Global Positioning System，全球定位系统）接收机等自主研发的 MEMS 器件及微系统。

4）向工程化方向发展。需求牵引是推动 MEMS 惯性器件研究的内生动力，产品一经研发会快速投入应用。为此，MEMS 惯性器件的研究必然要注重其应用可靠性、可测试性和环境适应性，尽快形成工程化产品，实现工程化应用。广泛的市场需求和技术进步必然会形成一系列工艺性好、可批量制造的 MEMS 惯性工程化产品，各大 MEMS 惯性器件供应商会按照标准化和规范化设计形成自己的系列化产品，同时不断进行技术迭代。例如，博世公司面向汽车和消费电子应用先后发布了 DRS‑MM1、DRS‑MM2 和 DRS‑MM3 共 3 代 MEMS 陀螺仪产品，其中 DRS‑MM3 零偏稳定性达到 1.5 (°)/h。

5）向批量制造和低成本方向发展。基于微纳加工技术批量制造、低成本是 MEMS 惯性器件的本质特征之一，也是其未来的发展方向。随着制造技术的逐步成熟，MEMS 惯性器件芯片面积也会进一步减小，相应的制造良品率也会进一步提高，带来制造成本的降低。同时随着应用的增加，批量制造过程必然也会降低摊薄产品开发成本，相应带来价格的降低。未来 MEMS 惯性器件必然会呈现量增价低的趋势。

6）向更广的应用方向发展。MEMS 惯性器件的应用从功能角度讲主要有惯性导航、姿态测量与控制、定位定向以及结构健康监测等。从应用领域上包括消费电子、汽车自动驾驶、工业机器人、地震监测、微小型无人系统、战术导弹武器、微小型卫星等领域。目前，中低精度的 MEMS 惯性器件已广泛应用在消费电子、汽车、工业自动化等领域，随着智能时代的到来，MEMS 陀螺仪和 MEMS 加速度计将在消费类电子产品中有着新的广泛应用，基于 MEMS 惯性器件的拍照防抖、屏幕锁屏、定位导航、环境照相、计步、体感游戏等功能逐渐成为智能手机的标准配置，赋予消费电子产品更多的智能体验。在工业机器人领域，基于 MEMS 惯性器件的姿态传感器必不可少，特别是人形机器人的研制更需高精度、小型化、智能化的姿态传感器。在这样的应用中，高精度的 MEMS 惯性器件成为首选。在地震监测、地质资源探测等领域，对高灵敏度、噪声低至 $ng/\sqrt{Hz}$ 的加速度计提出明确的需求；在微小型无人系统中，MEMS 惯性器件通常会用于卫星导航拒止条件下的导航和姿态控制，通过其基于 MEMS 惯性器件的控制系统，多旋翼无人机可以实现平稳飞行以及悬停、旋转和翻滚等各种特技功能。在各类战术武器中，MEMS 惯性器件将主要用于惯性导航和导引头的控制等，例如英国 BAE 公司的 MEMS 谐振环陀螺仪大量用于高速旋转导弹、中程导弹和美国 155 mm 制导神箭炮弹等武器系统，美国 Honeywell 公司的音叉结构 MEMS 陀螺仪大量应用于 JDAM 制导炸弹等武器系统。在空间领域，以星链计划为代表的微小型卫星为 MEMS 惯性器件提供了广阔的应用空间，MEMS 惯性器件主要实现在轨飞行和变轨过程中的姿态测量和控制。此外，还可以用于太阳能帆板的振动测量。除上述领域外，还有单兵导航、石油钻探、无人驾驶、增强现实/虚拟现实/混合现实（Augmented Reality/Virtual Reality/Mixed Reality，AR/VR/MR）等诸多应用。随着 MEMS 惯性技术的进步和各类系统无人化智能化需求的增长，小体积、低功耗、低成本、高可靠、易于集成的 MEMS 惯性器件必然会在各个领域得到越来越广泛的应用。

第 2 章　MEMS 陀螺仪典型结构及误差机理

MEMS 陀螺仪的敏感结构是其敏感角速度的核心部件,在很大程度上决定了仪表的检测极限和可靠性。典型的 MEMS 陀螺仪敏感结构可以设计为线振动式、角振动式或振动环式等,通常要采用对称性设计理念进行结构优化以减小模态间的非预期耦合和能量损耗,实现高性能 MEMS 陀螺仪的高灵敏检测,同时减小环境敏感性。此外,还需要对 MEMS 陀螺仪的典型误差进行系统深入的分析,并采用先进的信号处理和闭环控制技术以及数字误差补偿技术,减小其系统误差进而确保其检测精度。总之,高性能 MEMS 陀螺仪工程化产品实现的重点在于基于误差机理分析,通过结构创新和控制回路优化,对误差源予以消除或补偿进而实现 MEMS 陀螺仪综合精度的提升。

本章在介绍 MEMS 陀螺仪工作原理、典型敏感结构设计方法的基础上,分析 MEMS 陀螺仪的误差机理,并探讨各种误差的抑制方法,以提高 MEMS 陀螺仪的综合性能。

2.1　MEMS 陀螺仪工作原理

▶ 2.1.1　哥氏效应原理

MEMS 陀螺仪基于哥氏效应原理实现对载体角速度的测量,该原理由法国科学家哥里奥利(G. G. Coriolis)于 1835 年提出,在描述旋转坐标系中质点的运动规律时,通过引入一个哥氏加速度,使牛顿运动定律仍然能够适用于旋转坐标系中质点的运动。在一个相对于惯性坐标系以角速度 ω 旋转的旋转坐标系中,质量为 m 的质点 M 相对旋转坐标系以速度 v 运动,则在旋转坐标系中进行观测时,会发现质点偏离原来的速度方向运动,质点似乎受到了力的作用而产生了一个垂直于 v 的加速度,这一个虚拟的力被定义为哥氏力,其产生的加速度被定义为哥氏加速度。哥氏加速度理论推导如下。

如图 2-1 所示,动坐标系 $O'X'Y'Z'$ 绕静坐标系 $OXYZ$ 转动,其瞬时角速度为 ω,质点 M 在动坐标系中做相对运动,则 M 点在静坐标系下的绝对速度 v_a 等于其牵连速度 v_e 与动坐标系下的相对速度 v_r 之和,即

$$v_a = v_e + v_r \tag{2-1}$$

动点的牵连速度为

$$v_e = \omega \times r' \tag{2-2}$$

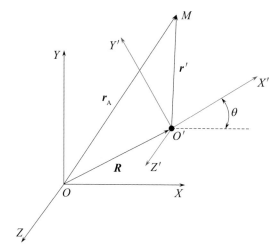

图 2-1　惯性参考系与旋转参考系中的位置矢量

式（2-1）对时间求一阶绝对导数，有

$$\frac{\mathrm{d}\boldsymbol{v}_a}{\mathrm{d}t} = \frac{\mathrm{d}\boldsymbol{v}_e}{\mathrm{d}t} + \frac{\mathrm{d}\boldsymbol{v}_r}{\mathrm{d}t} \qquad (2-3)$$

式（2-3）左边表示点 M 的绝对加速度 $\boldsymbol{a}_a$。右边第一项，据式（2-2）有

$$\frac{\mathrm{d}\boldsymbol{v}_e}{\mathrm{d}t} = \frac{\mathrm{d}\boldsymbol{\omega}}{\mathrm{d}t} \times \boldsymbol{r}' + \boldsymbol{\omega} \times \boldsymbol{v}_e + \boldsymbol{\omega} \times \boldsymbol{v}_r \qquad (2-4)$$

式（2-4）右边第一项和第二项合起来为牵连加速度，记作 $\boldsymbol{a}_e$，于是有

$$\frac{\mathrm{d}\boldsymbol{v}_e}{\mathrm{d}t} = \boldsymbol{a}_e + \boldsymbol{\omega} \times \boldsymbol{v}_r \qquad (2-5)$$

式（2-3）右边第二项

$$\frac{\mathrm{d}\boldsymbol{v}_r}{\mathrm{d}t} = \boldsymbol{a}_r + \boldsymbol{\omega} \times \boldsymbol{v}_r \qquad (2-6)$$

将式（2-5）和式（2-6）代入式（2-3）有

$$\boldsymbol{a}_a = \boldsymbol{a}_e + \boldsymbol{a}_r + 2\boldsymbol{\omega} \times \boldsymbol{v}_r \qquad (2-7)$$

观察式（2-5）和式（2-6）可看出：对牵连速度的绝对导数并不等于牵连加速度，多了一项 $\boldsymbol{\omega} \times \boldsymbol{v}_r$，对相对速度的绝对导数也不等于相对加速度，同样多了一项 $\boldsymbol{\omega} \times \boldsymbol{v}_r$。$\boldsymbol{\omega} \times \boldsymbol{v}_r$ 的产生是由于相对运动和旋转牵连运动同时存在的结果，由于旋转牵连运动与相对运动的互相影响，从而使动点的绝对加速度除了牵连加速度和相对加速度这两个分量外，还要增加一项加速度分量，将附加的加速度称为哥氏加速度，用 $\boldsymbol{a}_c$ 表示，则有

$$\boldsymbol{a}_c = -2\boldsymbol{\omega} \times \boldsymbol{v}_r \qquad (2-8)$$

哥氏加速度的大小与转动角速度的大小及质点速度成正比，且与质点运动速度和转动角速度方向垂直，因此通过测量哥氏加速度和运动物体的速度就可得到系统转动的角速度 $\boldsymbol{\omega}$。这是振动式 MEMS 陀螺仪的基本工作原理。

2.1.2　MEMS 陀螺仪动力学方程

MEMS 陀螺仪工作时，哥氏效应使其敏感结构的振动能量从驱动模态转移到检测模态。在驱动梳齿上施加带有直流偏置的交流电压，产生沿驱动轴交变的静电驱动力，使驱动结构连同质量块沿驱动轴（x 轴）做线振动，采用闭环控制回路使敏感结构在驱动轴向保持稳幅谐振状态。当壳体绕输入轴（z 轴）以角速度 Ω 相对惯性空间转动时，检测质量块将受到沿 y 轴方向哥氏力作用，由此引起质量块做沿 y 轴方向受迫振动，通过 y 轴方向梳齿电容检测振动幅度，可求出输入的角速度 Ω。其工作模型框图如图 2 - 2 所示。

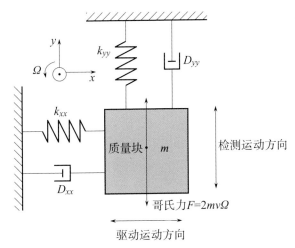

图 2 - 2　MEMS 陀螺仪工作模型框图

考虑 MEMS 陀螺仪工作过程中的正交耦合和阻尼耦合，MEMS 陀螺仪数学模型为

$$\begin{bmatrix} m_x & 0 \\ 0 & m_y \end{bmatrix} \begin{bmatrix} \ddot{x} \\ \ddot{y} \end{bmatrix} + \begin{bmatrix} D_{xx} & D_{xy} \\ D_{yx} & D_{yy} \end{bmatrix} \begin{bmatrix} \dot{x} \\ \dot{y} \end{bmatrix} + \begin{bmatrix} k_{xx} & k_{xy} \\ k_{yx} & k_{yy} \end{bmatrix} \begin{bmatrix} x \\ y \end{bmatrix} = \begin{bmatrix} 0 & 2\Omega_z m_y \\ -2\Omega_z m_x & 0 \end{bmatrix} \begin{bmatrix} \dot{x} \\ \dot{y} \end{bmatrix} + \begin{bmatrix} F_x \\ F_y \end{bmatrix}$$

$$(2-9)$$

式（2 - 9）中，m_x、m_y 分别为驱动模态和检测模态的质量，D_{xx}、D_{yy} 分别为驱动模态和检测模态的阻尼系数，D_{xy}、D_{yx} 为正交耦合阻尼系数，k_{xx}、k_{yy} 分别为驱动模态和检测模态的刚度系数，k_{xy}、k_{yx} 为正交耦合刚度系数，Ω_z 为沿 z 向输入的角速度，F_x、F_y 分别为驱动方向和检测方向施加的驱动力。

由式（2 - 9）得出 MEMS 陀螺仪驱动模态的运动方程

$$m_x \cdot \ddot{x} + D_{xx} \cdot \dot{x} + k_{xx} \cdot x = F_x + (2\Omega_z m_y - D_{xy}) \cdot \dot{y} - k_{xy} \cdot y \quad (2-10)$$

当 MEMS 陀螺仪开环工作时，驱动力为恒幅的正弦波 $F_x = F_d \sin(\omega_d t)$，且检测轴上的驱动力为 0，此时检测轴运动可忽略不计。

驱动模态的运动位移可表示为

$$x(t) = \frac{F_d / m_x}{\sqrt{(\omega_{0x}^2 - \omega_d^2)^2 + \omega_{0x}^2 \omega_d^2 / Q_x^2}} \sin(\omega_d t + \varphi_x) \quad (2-11)$$

式（2-11）中，$\varphi_x = -\arctan\left[\dfrac{\omega_{0x}\omega_d}{(\omega_{0x}^2 - \omega_d^2)Q_x}\right]$，$\omega_{0x}$、$\omega_d$ 和 Q_x 分别为驱动模态的本征角频率、驱动力的角频率和驱动模态的品质因数。可看出，当 $\omega_d = \omega_{0x}\sqrt{1 - \dfrac{1}{2Q_x^2}}$ 时，驱动轴方向的振动幅值达到最大，由于驱动轴谐振品质因数 $Q_x \gg 1$，$\omega_{0x} \approx \omega_d$，此时 $\varphi_x \approx \pi/2$，则式（2-11）可化为

$$x(t) = \frac{F_d Q_x}{\omega_{0x}^2 m_x}\sin(\omega_{0x}t + \varphi_x) = A_x\sin(\omega_{0x}t + \varphi_x) \tag{2-12}$$

式（2-12）中，$A_x = \dfrac{F_d Q_x}{\omega_{0x}^2 m_x}$ 表示驱动幅值，对式（2-12）求导数得到检测质量的运动速度，进而可根据式（2-8）求得哥氏力。哥氏力将作为检测模态的驱动力。参考式（2-11），检测模态的位移可表示为

$$y(t) = -\frac{2A_x\omega_{0x}\Omega_z}{\sqrt{(\omega_{0y}^2 - \omega_{0x}^2)^2 + \omega_{0x}^2\omega_{0y}^2/Q_y^2}}\sin(\omega_{0x}t + \varphi_x + \pi/2 + \varphi_y) \tag{2-13}$$

式（2-13）中，$\varphi_y = -\arctan\left[\dfrac{\omega_{0y}\omega_{0x}}{(\omega_{0y}^2 - \omega_{0x}^2)Q_y}\right]$，$\omega_{0y}$ 和 Q_y 分别为检测模态的本征角频率和品质因数。在检测轴开环检测模式下，为了确保陀螺仪的工作带宽，通常使驱动轴和检测轴之间保持一定的频差，同时真空封装后检测轴实现高的 Q 值，因此 φ_y 较小，近似为 0。因此式（2-13）可简化为

$$y(t) = \frac{A_x\Omega_z}{|\omega_{0y} - \omega_{0x}|}\sin(\omega_{0x}t) = A_y\sin(\omega_{0x}t) \tag{2-14}$$

式（2-14）中，A_y 是检测模态的振幅，则 MEMS 陀螺仪敏感结构的机械灵敏度为

$$S = \frac{A_y}{\Omega_z} = \frac{A_x}{|\omega_{0y} - \omega_{0x}|} = \frac{A_x}{|\Delta\omega|} \tag{2-15}$$

式（2-15）中，$\Delta\omega$ 为驱动轴和检测轴的角频率之差。可看出，为了提高 MEMS 陀螺仪的机械灵敏度，需要提高驱动轴的振动幅值，并减小驱动和检测频率之差。此外，低的驱动模态频率也有助于机械灵敏度的提高，但此时陀螺仪易受外界的振动干扰，所以通常需要适当牺牲一定的机械灵敏度从而实现陀螺仪的高抗振性能。为减小 MEMS 陀螺仪在力学环境下的误差，应保证驱动轴的结构刚度，提高驱动轴的谐振频率。表 2-1 是国外典型 MEMS 陀螺仪产品的谐振频率，可见国外典型的 MEMS 陀螺仪产品驱动轴谐振频率在 8 kHz 以上。为保证力学性能，一般可考虑选择 MEMS 陀螺仪工作频率为 10 kHz 以上。

表 2-1　国外典型 MEMS 陀螺仪产品的谐振频率

序号	生产商	型号	谐振频率
1	Melexis	MLX90609	8.2 kHz
2	ADI	ADXRS300	14 kHz
3	ADI	ADXRS649	18 kHz

续表

序号	生产商	型号	谐振频率
4	Silicon Sensing Systems	CRG20	13.4～14.6 kHz
5	Silicon Sensing Systems	CRM100,CRM200	22 kHz
6	Systron Donner	LCG50	25 kHz
7	Sensonor	STIM210	9.3 kHz

▶ 2.1.3　静电驱动原理

　　静电梳齿微驱动器因其结构简单、功耗低、灵敏度高、受温度影响小，是硅 MEMS 陀螺仪常采用的驱动方式。静电梳齿微驱动器通常由固定梳齿和与可动质量块相连的活动梳齿组成，如图 2-3 所示。活动梳齿接偏置电压 V_D，固定梳齿加驱动电压信号。

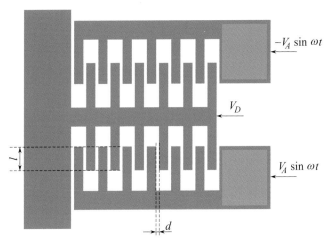

图 2-3　驱动梳齿结构图

梳齿之间形成的电容器储能为

$$W = -\frac{1}{2}CV^2 \tag{2-16}$$

　　式（2-16）中，C 为梳齿间形成的电容，V 为梳齿电容两侧的电压差，驱动力为

$$F = \frac{1}{2}\frac{\partial C}{\partial l}V^2 \tag{2-17}$$

　　式（2-17）中，C 为梳齿电容，l 为固定梳齿与活动梳齿之间重叠长度。梳齿电容主要由两部分组成：活动梳齿和固定梳齿的梳齿端面形成的齿端电容 C_f 以及活动梳齿与固定梳齿交错部分产生的电容 C_n。由于活动梳齿和固定梳齿的梳齿端面通常设计得较大，因此 C_f 可认为基本保持不变，而 C_n 与活动梳齿的位移成正比，因此有

$$\frac{\partial C}{\partial l} = \frac{\partial C_n}{\partial l} \tag{2-18}$$

计算其中一个梳齿的电容 C_n

$$C_n = 2\varepsilon \frac{h}{d} l \qquad (2-19)$$

式（2-19）中，ε 为介电常数，h 为梳齿厚度，d 为梳齿间隙。将该式代入式（2-17），可得

$$F = \varepsilon \frac{h}{d} V^2 \qquad (2-20)$$

在图 2-3 中，两个固定梳齿与活动梳齿之间的电压差 V_1、V_2 为带直流偏置的交流电压，分别为

$$V_1 = V_D + V_A \sin\omega t \ ; \ V_2 = V_D - V_A \sin\omega t \qquad (2-21)$$

则活动梳齿两侧受到的静电驱动力分别为

$$F_{d1} = N\varepsilon \frac{h}{d} (V_D + V_A \sin\omega t)^2 \ ; \ F_{d2} = N\varepsilon \frac{h}{d} (V_D - V_A \sin\omega t)^2 \qquad (2-22)$$

移动梳齿受到的静电驱动力合力为

$$F_d = F_{d1} - F_{d2} = 4\varepsilon N \frac{h}{d} V_D V_A \sin\omega t = A_F \sin\omega t \qquad (2-23)$$

式（2-22）中，N 为驱动梳齿单侧动齿数量，ω 为外加驱动电压频率，V_D 为直流偏置电压，V_A 为交流驱动电压幅值。静电驱动力幅度 $A_F = 4\varepsilon NhV_DV_A/d$，其大小与驱动梳齿结构参数及直流偏置电压和交流驱动电压幅值的乘积有关。

▶ 2.1.4　电容检测原理

硅 MEMS 陀螺仪的信号检测一般采用电容检测的方式，利用电容 2 个极板相对位置的变化来检测质量块位移情况。在 MEMS 陀螺仪中，一般是一个平板固定，另一个与检测质量块固连的平板可沿平行或垂直方向移动。

平板电容的简化模型如图 2-4 所示，移动平板的长和宽分别为 L 和 W，移动平板与固定平板之间的距离为 d，该电容器的电容为

$$C = \varepsilon \frac{WL}{d} \qquad (2-24)$$

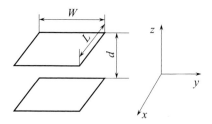

图 2-4　平板电容简化结构示意图

当移动平板在 x、y 和 z 方向有位移时，电容的变化量分别为

$$\Delta C_x = \varepsilon \frac{W}{d} \Delta L \tag{2-25}$$

$$\Delta C_y = \varepsilon \frac{L}{d} \Delta W \tag{2-26}$$

$$\Delta C_z = \varepsilon \frac{WL}{d(d + \Delta d)} \Delta d \approx - \varepsilon \frac{WL}{d^2} \Delta d \tag{2-27}$$

由式（2-24）～式（2-27）可看出，当移动平板在 x 和 y 方向有位移时，电容的变化量与位移成正比；而在 z 方向有位移时，电容的变化量与位移近似成正比，并且电容变化的灵敏度与电容间隙的平方成反正。

MEMS 陀螺仪的常见典型结构形式

MEMS 陀螺仪敏感结构驱动模态的驱动方式和检测模态的检测原理常见有以下 4 种情况：1）静电驱动与电容检测；2）电磁驱动与电容检测；3）电磁驱动与压阻检测；4）压电驱动与电容检测。其中静电驱动与电容检测 MEMS 陀螺仪因其加工和接口电路易于实现而得到广泛研究。MEMS 陀螺仪按照敏感结构及其振动形式可分为线振动式陀螺仪、角振动式陀螺仪、振动环式陀螺仪。从发展上看，线振动音叉陀螺仪、振动环式陀螺仪成为高性能工程化 MEMS 陀螺仪的主流。

▶ 2.2.1　线振动式 MEMS 陀螺仪

线振动 MEMS 陀螺仪的驱动模态为线性振动，是目前 MEMS 陀螺仪研究中较普遍的陀螺仪类型。按照哥氏质量块的数量，线振动 MEMS 陀螺仪的敏感结构可分为单质量块、音叉式双质量块、四质量块等形式。采用双质量块或四质量块陀螺仪的结构设计，能够采用对称性结构，利用双质量块陀螺仪或四质量块陀螺仪的反相工作模态，可以抑制结构受到外界振动或冲击时的共模误差，提高结构的力学性能。以下分别对单质量块陀螺仪、双质量块音叉式陀螺仪、四质量块音叉式陀螺仪的典型结构进行介绍。

2.2.1.1　单质量块 MEMS 陀螺仪

（1）单质量块 MEMS 陀螺仪解耦形式

MEMS 陀螺仪工作时，驱动模态的振动能量通过哥氏力向检测模态耦合，同时也会存在两个模态之间的直接耦合，这种直接耦合对于角速度的检测是一种误差，需要从结构设计上实现两个模态之间的解耦，从而抑制直接耦合误差[109]。单质量块 MEMS 陀螺仪敏感结构按照解耦形式一般分为非解耦结构、单解耦结构、双解耦结构，各解耦结构如图 2-5 所示[110]。在非解耦结构中，驱动模态和检测模态之间存在明显的耦合，如图 2-5（a）所示；单解耦结构是通过结构设计抑制驱动模态对检测模态（或者检测模态对驱动模态）的耦合，如图 2-5（b）所示；双解耦结构通过结构设计使驱动模态和检测模态的运动相隔离，从而显著降低了 2 个模态之间的相互耦合，如图 2-5（c）所示。

值得注意的是，单解耦结构虽然结构本身相对简单，但由于仍然存在模态的耦合，因此通常还需要增加额外的电学解耦手段；而双解耦结构虽然能够显著减小模态之间的耦合，但其整体结构相对复杂，往往是以降低机械灵敏度为代价。因此，在实际结构设计时需要综合考虑表头机械灵敏度、结构整体复杂度和实际解耦效果，来确定优化的解耦方案。一种常见的方案是结合机械解耦与电学解耦，即从机械结构上抑制检测模态到驱动模态的耦合，从电学结构上抑制驱动模态到检测模态的耦合。

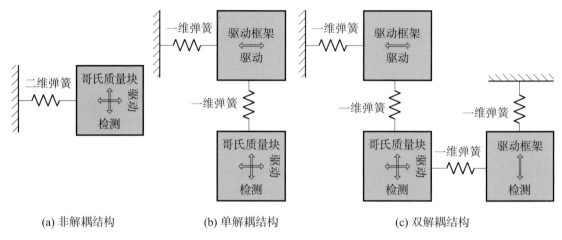

(a) 非解耦结构   (b) 单解耦结构   (c) 双解耦结构

图 2-5 单质量块 MEMS 陀螺仪解耦结构示意图

（2）单质量块 MEMS 陀螺仪结构与动力学方程

选取典型的单解耦结构作为研究对象进行动力学建模。图 2-6 所示为典型的单质量块 MEMS 陀螺仪结构示意图。假设 x 方向为驱动方向，y 方向为检测方向。

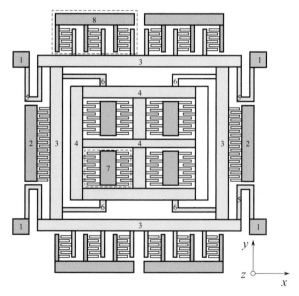

图 2-6 单质量块 MEMS 陀螺仪结构示意图

图 2-6 中，1 为固定锚点，2 为驱动模态激励梳齿，3 为驱动模态振动外框架，4 为

检测模态振动内框架，5 为驱动模态弹性梁，6 为检测模态弹性梁，7 为检测模态运动拾振梳齿，8 为驱动模态运动拾振梳齿。惯性质量分为驱动模态振动外框架质量和检测模态振动内框架质量，分别由不同的弹性梁支撑，形成可动结构。外框架由驱动弹性梁固定在固定锚点上，当在驱动模态激励梳齿电容上施加交变驱动电压时，整个结构沿着 x 方向产生简谐振动。内框架和外框架通过检测模态弹性梁 6 连接，内框架构成检测质量块。当有 z 方向输入角速度时，内框架会受到哥氏力的作用发生 y 方向位移，检测模态运动拾振梳齿电容可检测 y 方向位移的大小。由于电容变化值与输入角速度存在对应关系，因此通过检测电容变化可检测出角速度的大小。

单质量块 MEMS 陀螺仪工作原理示意图如图 2-7 所示。建立与陀螺仪基底固连的动坐标系 $Oxyz$，取动坐标系的原点为活动质量质心的平衡位置，x 轴为静电驱动力方向，z 轴为与基底垂直的方向，y 轴由右手法则确定，由陀螺仪受力情况，建立陀螺仪的动力学微分方程。

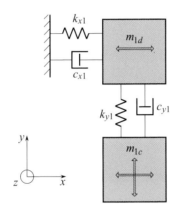

图 2-7　单质量块 MEMS 陀螺仪工作原理简化示意图

若动坐标系相对定坐标系有相对转动，并设其绕动坐标轴 Ox、Oy、Oz 的角速度分别为 Ω_x、Ω_y、Ω_z。用 $\boldsymbol{i}$、$\boldsymbol{j}$、$\boldsymbol{k}$ 表示任意时刻 t 动坐标系坐标轴方向的单位矢量，用 $\boldsymbol{r}_0$ 表示动坐标系坐标原点在定坐标系中的矢径（位置矢量），用 x、y、z 表示质量块质心点在动坐标系的坐标。根据本节式（2-7），则质心 m 在定坐标系中的加速度矢量如下

$$\boldsymbol{a}_m = \frac{\mathrm{d}\boldsymbol{V}_m}{\mathrm{d}t} = \ddot{\boldsymbol{r}}_0 + x\ddot{\boldsymbol{i}} + y\ddot{\boldsymbol{j}} + z\ddot{\boldsymbol{k}} + \ddot{x}\boldsymbol{i} + \ddot{y}\boldsymbol{j} + \ddot{z}\boldsymbol{k} + 2(\dot{x}\dot{\boldsymbol{i}} + \dot{y}\dot{\boldsymbol{j}} + \dot{z}\dot{\boldsymbol{k}}) \quad (2-28)$$

由 $\dot{\boldsymbol{i}} = \boldsymbol{\Omega} \times \boldsymbol{i}$，则有

$$\dot{\boldsymbol{i}} = \begin{vmatrix} \boldsymbol{i} & \boldsymbol{j} & \boldsymbol{k} \\ \Omega_x & \Omega_y & \Omega_z \\ 1 & 0 & 0 \end{vmatrix} = \begin{vmatrix} \Omega_y & \Omega_z \\ 0 & 0 \end{vmatrix}\boldsymbol{i} + \begin{vmatrix} \Omega_z & \Omega_x \\ 0 & 1 \end{vmatrix}\boldsymbol{j} + \begin{vmatrix} \Omega_x & \Omega_y \\ 1 & 0 \end{vmatrix}\boldsymbol{k} = \Omega_z\boldsymbol{j} - \Omega_y\boldsymbol{k}$$

$$(2-29)$$

同理有

$$\dot{\boldsymbol{j}} = \Omega_x\boldsymbol{k} - \Omega_z\boldsymbol{i} \quad (2-30)$$

$$\dot{\boldsymbol{k}} = \Omega_y \boldsymbol{i} - \Omega_x \boldsymbol{j} \tag{2-31}$$

根据式（2-29）、式（2-30）和式（2-31）得

$$\ddot{\boldsymbol{i}} = \frac{\mathrm{d}(\Omega_z \boldsymbol{j} - \Omega_y \boldsymbol{k})}{\mathrm{d}t} = \dot{\Omega}_z \boldsymbol{j} - \dot{\Omega}_y \boldsymbol{k} + \Omega_z \dot{\boldsymbol{j}} - \Omega_y \dot{\boldsymbol{k}} \tag{2-32}$$

$$= -(\Omega_y^2 + \Omega_z^2)\boldsymbol{i} + (\Omega_x\Omega_y + \dot{\Omega}_z)\boldsymbol{j} + (\Omega_x\Omega_z - \dot{\Omega}_y)\boldsymbol{k}$$

$$\ddot{\boldsymbol{j}} = \frac{\mathrm{d}(\Omega_x \boldsymbol{k} - \Omega_z \boldsymbol{i})}{\mathrm{d}t} = \dot{\Omega}_x \boldsymbol{k} - \dot{\Omega}_z \boldsymbol{i} + \Omega_x \dot{\boldsymbol{k}} - \Omega_z \dot{\boldsymbol{i}} \tag{2-33}$$

$$= (\Omega_x\Omega_y - \dot{\Omega}_z)\boldsymbol{i} - (\Omega_z^2 + \Omega_x^2)\boldsymbol{j} + (\Omega_z\Omega_y + \dot{\Omega}_y)\boldsymbol{k}$$

$$\ddot{\boldsymbol{k}} = \frac{\mathrm{d}(\Omega_y \boldsymbol{i} - \Omega_x \boldsymbol{j})}{\mathrm{d}t} = \dot{\Omega}_y \boldsymbol{i} - \dot{\Omega}_x \boldsymbol{j} + \Omega_y \dot{\boldsymbol{i}} - \Omega_x \dot{\boldsymbol{j}} \tag{2-34}$$

$$= (\Omega_x\Omega_z + \dot{\Omega}_y)\boldsymbol{i} + (\Omega_z\Omega_y - \dot{\Omega}_x)\boldsymbol{j} - (\Omega_x^2 + \Omega_y^2)\boldsymbol{k}$$

将式（2-29）～式（2-34）代入到式（2-28）有

$$\begin{aligned}
\boldsymbol{a}_m = \ddot{\boldsymbol{r}}_0 &+ [\ddot{x} - (\Omega_y^2 + \Omega_z^2)x - 2\Omega_y\dot{y} + (\Omega_x\Omega_y - \dot{\Omega}_z)y + 2\Omega_z\dot{z} + (\Omega_x\Omega_z + \dot{\Omega}_z)z]\boldsymbol{i} \\
&+ [\ddot{y} - (\Omega_x^2 + \Omega_z^2)y + 2\Omega_z\dot{x} + (\Omega_x\Omega_y + \dot{\Omega}_z)x - 2\Omega_x\dot{z} + (\Omega_y\Omega_z - \dot{\Omega}_x)z]\boldsymbol{j} \\
&+ [\ddot{z} - (\Omega_x^2 + \Omega_y^2)z - 2\Omega_y\dot{x} + (\Omega_x\Omega_z - \dot{\Omega}_y)x + 2\Omega_x\dot{y} + (\Omega_y\Omega_z + \dot{\Omega}_x)y]\boldsymbol{k}
\end{aligned} \tag{2-35}$$

当动坐标系的原点相对定坐标系为匀速直线运动时 $\ddot{\boldsymbol{r}}_0 = 0$，同时若将陀螺仪固定使其没有 $\boldsymbol{k}$ 方向的位移，式（2-35）加速度可写为

$$\begin{aligned}
\boldsymbol{a}_m = &[\ddot{x} - (\Omega_y^2 + \Omega_z^2)x - 2\Omega_y\dot{y} + (\Omega_x\Omega_y - \dot{\Omega}_z)y]\boldsymbol{i} \\
&+ [\ddot{y} - (\Omega_x^2 + \Omega_z^2)y + 2\Omega_z\dot{x} + (\Omega_x\Omega_y + \dot{\Omega}_z)x]\boldsymbol{j}
\end{aligned} \tag{2-36}$$

动质量在动坐标系 x 轴方向所受力的分量分别有弹簧提供的弹性力 $-k_x x$，其中 k_x 为驱动模态弹性梁（即 x 方向）的刚度；阻尼力为 $-c_x \dot{x}$，c_x 为 x 方向的阻尼系数；刚度耦合力为 $-k_{xy}y$，阻尼耦合力为 $-c_{xy}\dot{y}$；外界加速度引起的惯性力为 $m_x a_x$；而驱动力一般包括静电驱动力 f_d 和微观干扰力 M_x。设外框质量为 m_{1d}，内框质量为 m_{1c}，驱动质量为 $m_x = m_{1d} + m_{1c}$，检测质量为 $m_y = m_{1c}$，则由牛顿第二定律可得系统在 x 方向的运动方程为

$$\begin{aligned}
m_x\ddot{x} + c_x\dot{x} + [k_x - m_x(\Omega_y^2 + \Omega_z^2)]x &+ (c_{xy} - 2m_y\Omega_z)\dot{y} + m_y(\Omega_x\Omega_y - \dot{\Omega}_z)y + k_{xy}y \\
&= f_d + m_x a_x + M_x
\end{aligned} \tag{2-37}$$

同理 y 方向的运动微分方程为

$$\begin{aligned}
m_y\ddot{y} + c_y\dot{y} + [k_y - m_y(\Omega_y^2 + \Omega_z^2)]y &+ (c_{xy} + 2m_y\Omega_z)\dot{x} + m_y(\Omega_x\Omega_y + \dot{\Omega}_z)x + k_{xy}x \\
&= m_y a_y + M_y
\end{aligned} \tag{2-38}$$

式（2-38）中，m_y 为 y 方向的运动质量，c_y 为 y 方向的阻尼系数，k_y 为内框弹性梁（即 y 方向）的刚度，刚度耦合力为 $k_{xy}x$，阻尼耦合力为 $-c_{xy}\dot{x}$，外界加速度为 a_y，M_y 为 y 方向的微观干扰力。同样，由于 y 方向是感知或检测角速度的方向，因此常称 y 方向的运动系统（内框系统）为检测系统。

当陀螺仪所在的参考系只做 z 轴方向匀速转动，且不考虑微观干扰力时，即 $\Omega_x = \Omega_y = 0$，$\dot{\Omega}_z = 0$，$M_x = M_y = 0$。通常设计的驱动和检测固有频率 ω_x、ω_y 都比较大，而需要测量的角速度 Ω_z 相对上述的固有频率小很多，从而有 $k_x \gg m_x \Omega_z^2$，$k_y \gg m_y \Omega_z^2$。通常检测方向的位移量要比驱动方向的位移量小几个数量级以上，因此将检测振动引起的哥氏力、耦合阻尼力、耦合刚度力忽略。一般而言，驱动模态处于谐振状态时陀螺仪可达到更好的性能，驱动模态工作在谐振频率点时，可忽略外界振动引起的加速度对驱动轴的影响，陀螺仪的驱动模态和检测模态运动微分方程可分别化为式（2-39）和式（2-40）。

$$\ddot{x} + 2\xi_x \omega_x \dot{x} + \omega_x^2 x = \frac{f_d}{m_x} \tag{2-39}$$

$$\ddot{y} + 2\xi_y \omega_y \dot{y} + \omega_y^2 y = -2\Omega_z \dot{x} - \frac{c_{xy}}{m_y}\dot{x} - \frac{k_{xy}}{m_y}x + a_y \tag{2-40}$$

式（2-40）中，$\xi_x = \dfrac{c_x}{2 m_x \omega_x}$、$\xi_y = \dfrac{c_y}{2 m_y \omega_y}$ 分别为驱动模态和检测模态的阻尼比，从式（2-40）可看出，外界加速度引起的检测位移与哥氏力引起的检测位移难以区分，同时耦合阻尼力、耦合刚度力也会产生检测输出误差。这决定了单质量块 MEMS 陀螺仪的抗力学环境性能较差。

（3）单质量块线振动陀螺仪的研究现状

单质量块线振动 MEMS 陀螺仪按照解耦形式可分为非解耦结构、单解耦结构、双解耦结构。1996 年，美国加州大学伯克利分校提出了一种单质量块非解耦 MEMS 陀螺仪[111]，如图 2-8 所示。该结构包含一个哥氏质量块和一组弹性梁，通过静电驱动和电容检测实现角速度输出。该陀螺仪实现了敏感结构与处理电路的单片集成，在陀螺仪中集成了运算放大器来采集和处理信号，实现角速率分辨率 1 $(°)/s/\sqrt{Hz}$。韩国三星公司也开展了类似结构的 MEMS 陀螺仪研究[112,113]，对陀螺仪采用气密真空封装，实现封装真空度

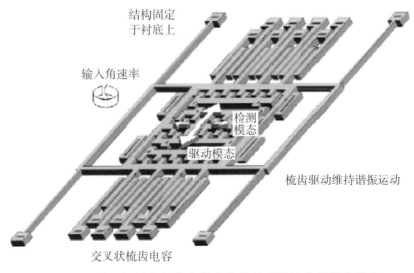

图 2-8　美国加州大学伯克利分校的单质量块非解耦陀螺仪

0.05 Torr，陀螺仪 2 Hz 下的分辨率为 0.1 (°)/s，带宽为 100 Hz，测量范围为 90 (°)/s。由于单解耦陀螺仪没有设计解耦结构，驱动轴的振动会向检测轴耦合，产生正交耦合误差，限制了其性能的提高。

1997 年，德国 HSG‐IMIT 研究所研究团队提出了一种单质量块单解耦陀螺仪[10]，如图 2‐9 所示，在 50 Hz 带宽下实现角速率分辨率 0.025 (°)/s，全温下的零偏稳定性为 0.3 (°)/s。美国加州大学伯克利分校[114]、韩国 Seoul 大学[115]、韩国 Korean 大学[116]，以及我国的浙江大学[117]、东南大学[118]、北京理工大学[119]、中北大学[120]、中科院上海微系统与信息技术研究所[99] 等也对单解耦结构进行了相关研究。

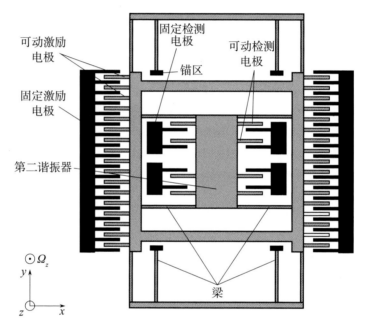

图 2‐9　德国 HSG‐IMIT 的单质量块单解耦陀螺仪

2001—2008 年，土耳其中东理工大学陆续提出了多款单质量块双解耦 MEMS 陀螺仪，典型结构如图 2‐10 所示。该团队早期的陀螺仪采用标准的三层表面硅微加工工艺（MUMPS）和电铸镍工艺[121,122]。2005 年提出了采用体硅溶片法制作的单晶硅材质单质量块对称双解耦 MEMS 陀螺仪[27]。2006 年和 2007 年提出了 SOI‐MEMS 工艺的对称双解耦陀螺仪[123,124]。2008 年，对驱动模态和检测模态的解耦结构进行进一步优化，制作了结构层厚度 100 μm 的对称双解耦 MEMS 陀螺仪[125]，在 5 mTorr 真空条件下该陀螺仪的启动零偏小于 0.1 (°)/s，零偏稳定性为 14.3 (°)/h。

2007 年，清华大学提出了一种单质量块双解耦 MEMS 陀螺仪[126]，如图 2‐11 所示。该陀螺仪的非线性度优于 0.012%，零偏稳定性为 20 (°)/h。德国 HSG‐IMIT 研究所[127]、美国加州大学欧文分校[128]，以及我国的北京大学[129]、哈尔滨工业大学[130,131]、东南大学[132]、北京理工大学[133]、西北工业大学[134] 等也都开展了单质量块双解耦 MEMS 陀螺仪的研究。

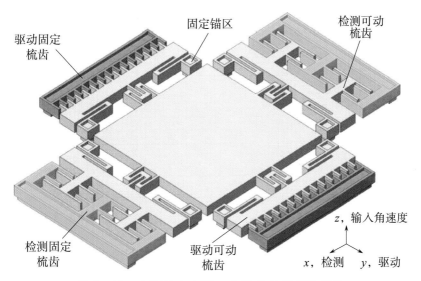

图 2 - 10 土耳其中东理工大学的双解耦陀螺仪

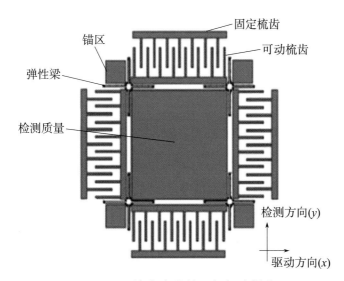

图 2 - 11 清华大学的双解耦陀螺仪

2.2.1.2 双质量块音叉式 MEMS 陀螺仪

（1）双质量块音叉式 MEMS 陀螺仪结构及动力学方程

双质量块音叉式 MEMS 陀螺仪由左右 2 个完全一样的单质量块组成，两质量块之间通过弹性梁进行耦合，其工作原理如图 2 - 12 所示[135]。假设 x 方向为驱动模态方向，比较简单的耦合形式是两质量块仅在驱动方向有耦合，检测方向无耦合，如图 2 - 12（a）所示，此种结构形式会受工艺误差带来的不对称影响，两质量块在检测方向上振动频率不同，在受到外界角速率时，在检测方向上产生的运动幅值和相位有差异，检测方向不易匹配，易受干扰；另外一种结构形式为驱动模态方向和检测模态方向两质量块都有耦合，如图 2 - 12（b）所示，此种结构形式可显著提高左右两质量块在检测方向上的匹配程度。

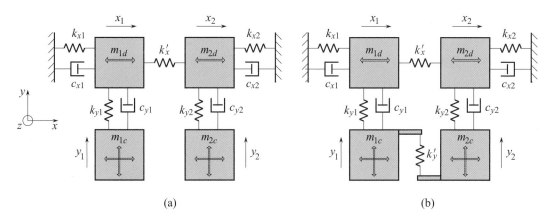

图 2-12 双质量块音叉式 MEMS 陀螺仪工作简化示意图

双质量块音叉式 MEMS 陀螺仪驱动模态动力学方程的一般形式可表示为

$$\boldsymbol{M}_x \begin{bmatrix} \ddot{x}_1 \\ \ddot{x}_2 \end{bmatrix} + \boldsymbol{C}_x \begin{bmatrix} \dot{x}_1 \\ \dot{x}_2 \end{bmatrix} + \boldsymbol{K}_x \begin{bmatrix} x_1 \\ x_2 \end{bmatrix} = \boldsymbol{F}_x \qquad (2-41)$$

式（2-41）中，$\boldsymbol{M}_x$、$\boldsymbol{C}_x$、$\boldsymbol{K}_x$、$\boldsymbol{F}_x$ 分别为驱动模态的质量矩阵、阻尼矩阵、刚度矩阵、驱动力矩阵。

双质量块音叉式 MEMS 陀螺仪的检测模态的动力学方程的一般形式可表示为

$$\boldsymbol{M}_y \begin{bmatrix} \ddot{y}_1 \\ \ddot{y}_2 \end{bmatrix} + \boldsymbol{C}_y \begin{bmatrix} \dot{y}_1 \\ \dot{y}_2 \end{bmatrix} + \boldsymbol{K}_y \begin{bmatrix} y_1 \\ y_2 \end{bmatrix} = -2\Omega_z \boldsymbol{M}_y \begin{bmatrix} \dot{x}_1 \\ \dot{x}_2 \end{bmatrix} - \boldsymbol{C}_{xy} \begin{bmatrix} \dot{x}_1 \\ \dot{x}_2 \end{bmatrix} - \boldsymbol{K}_{xy} \begin{bmatrix} x_1 \\ x_2 \end{bmatrix} + \boldsymbol{M}_y a_y$$

$$(2-42)$$

式（2-42）中，$\boldsymbol{M}_y$、$\boldsymbol{C}_y$、$\boldsymbol{K}_y$、a_y 分别为检测模态的质量矩阵、阻尼矩阵、刚度矩阵、外界加速度，$\boldsymbol{C}_{xy}$、$\boldsymbol{K}_{xy}$ 分别为驱动模态和检测模态间的阻尼耦合矩阵和刚度耦合矩阵，Ω_z 为输入角速度。

对图 2-12（b）所示的结构进行动力学分析，将式（2-41）、式（2-42）中各矩阵具体化并展开得到双质量块音叉式 MEMS 陀螺仪的动力学方程为

$$\begin{cases} m_{x1}\ddot{x}_1 + c_{x1}\dot{x}_1 + k_{x1}x_1 + k_x'(x_1 - x_2) = f_d \\ m_{y1}\ddot{y}_1 + c_{y1}\dot{y}_1 + k_{y1}y_1 + k_y'(y_1 - y_2) = -2m_{y1}\Omega_z\dot{x}_1 - c_{y1x1}\dot{x}_1 - k_{y1x1}x_1 + m_{y1}a_y \\ m_{x2}\ddot{x}_2 + c_{x2}\dot{x}_2 + k_{x2}x_2 + k_x'(x_2 - x_1) = -f_d \\ m_{y2}\ddot{y}_2 + c_{y2}\dot{y}_2 + k_{y2}y_2 + k_y'(y_2 - y_1) = -2m_{y2}\Omega_z\dot{x}_2 - c_{y2x2}\dot{x}_1 - k_{y2x2}x_2 + m_{y2}a_y \end{cases}$$

$$(2-43)$$

式（2-43）中，驱动质量 $m_{x1} = m_{1d} + m_{1c}$，$m_{x2} = m_{2d} + m_{2c}$；检测质量 $m_{y1} = m_{1c}$，$m_{y2} = m_{2c}$，理想情况下，左右质量块结构完全对称，左右质量、刚度系数、阻尼系数相等，$m_{x1} = m_{x2} = m_x$，$m_{y1} = m_{y2} = m_y$，$c_{x1} = c_{x2} = c_x$，$c_{y1} = c_{y2} = c_y$，$k_{x1} = k_{x2} = k_x$，$k_{y1} = k_{y2} = k_y$。由于对称性设计，在忽略制造误差的情况下刚度耦合系数、阻尼耦合系数为 0，公式可写为

$$\begin{cases} m_x\ddot{x}_1 + c_x\dot{x}_1 + k_x x_1 + k'_x(x_1 - x_2) = f_d \\ m_y\ddot{y}_1 + c_y\dot{y}_1 + k_y y_1 + k'_y(y_1 - y_2) = -2m_y\Omega_z\dot{x}_1 + m_y a_y \\ m_x\ddot{x}_2 + c_x\dot{x}_2 + k_x x_2 + k'_x(x_2 - x_1) = -f_d \\ m_y\ddot{y}_2 + c_y\dot{y}_2 + k_y y_2 + k'_y(y_2 - y_1) = -2m_y\Omega_z\dot{x}_2 + m_y a_y \end{cases} \qquad (2-44)$$

双质量块音叉式 MEMS 陀螺仪的质量块运动包括 2 个质量块向同一方向的同相运动和向相反方向的反相运动。工作时在驱动模态和检测模态中 2 个质量块均做反相运动，而在外界干扰力或结构加工不对称性等因素的影响下，2 个质量块也会产生同相运动，质量块的实际运动为反相运动和同相运动的叠加。同相运动模态为干扰模态，通常陀螺仪均采用差分电容检测的方式来抑制同相运动的影响，但由于加工工艺误差也会造成检测电容的非一致性，同相运动还是会对检测电容产生影响，因此应尽可能从设计上抑制同相模态。

在 2 个质量块之间增加弹性梁耦合结构，可以使同相模态和反相模态的刚度发生变化，使二者模态频率分离，进而抑制同相模态。依据两质量块之间有无弹性梁耦合结构，可分为无耦合音叉式 MEMS 陀螺仪（驱动方向和检测方向上两质量块都没有耦合结构）、单耦合音叉式 MEMS 陀螺仪（驱动方向和检测方向只有一个方向上两质量块有耦合结构）、双耦合音叉式 MEMS 陀螺仪（驱动方向和检测方向上两质量块都有耦合结构）。

与单质量块解耦形式类似，双质量块音叉式 MEMS 陀螺仪同样存在非解耦结构、单解耦结构、双解耦结构。

（2）双质量块音叉式 MEMS 陀螺仪研究现状

2007 年，美国加州大学欧文分校提出了一种单耦合单解耦 MEMS 陀螺仪结构[136,137]，如图 2-13（a）所示。陀螺仪在驱动方向上左右两质量块通过弹性梁耦合在一起，每个质量块为单解耦结构，检测模态 2 个质量块无耦合，为两自由度系统，驱动模态频率设置在检测同相模态和反相模态 2 个谐振频率中心的平坦区。该陀螺仪的灵敏度为 7.68 μV/(°)/s，冲击作用下的振动输出误差减小了 14 dB，当温度变化 50 ℃时灵敏度变化小于 3%。2009 年，该校提出了一种双耦合双解耦 MEMS 陀螺仪结构[138,139]，如图 2-13（b）所示。该陀螺仪在驱动方向上左右两质量块通过杠杆梁耦合在一起，检测方向上左右两质量块通过弹性梁耦合在一起，每个质量块均为双解耦结构。该陀螺仪采用真空封装工艺，驱动模态的品质因数为 67 000，检测模态的品质因数为 125 000。2011 年，该陀螺仪的驱动模态的品质因数为 310 000，检测模态的品质因数为 640 000[140]。

2009 年，东南大学研制了一种单耦合双解耦 MEMS 陀螺仪[141,142]，如图 2-14（a）所示。该陀螺仪驱动方向上左右两质量块通过中间弹性梁耦合在一起，每个质量块为双解耦结构，采用变面积差分驱动和检测，该陀螺仪的标度因数为 2.518 mV/(°)/s。2012 年，该陀螺仪实现标度因数为 22.041 8 mV/(°)/s，零偏为 0.264 1 (°)/s，零偏稳定性为 29.384 (°)/h[143]。2015 年，MEMS 陀螺仪通过改进形成双耦合双解耦结构[144,145]，如图 2-14（b）所示。驱动方向和检测方向上左右两质量块都通过中间弹性梁耦合在一起，常压封装下的正交误差为 158.65 (°)/s，零偏稳定性为 12.01 (°)/h。

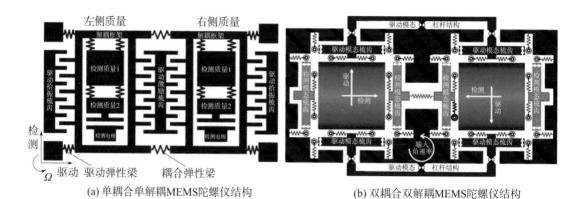

(a) 单耦合单解耦MEMS陀螺仪结构　　　(b) 双耦合双解耦MEMS陀螺仪结构

图 2-13　美国加州大学欧文分校的双质量 MEMS 陀螺仪结构示意图

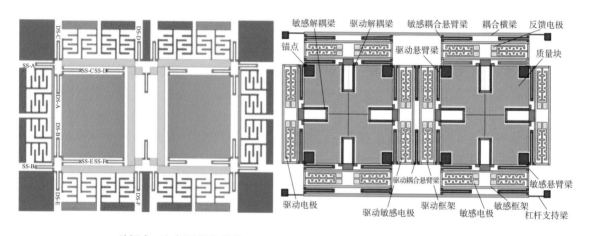

(a) 单耦合双解耦陀螺仪结构　　　(b) 双耦合双解耦陀螺仪结构

图 2-14　东南大学的双质量 MEMS 陀螺仪结构示意图

美国 Draper 实验室[146-148]、美国 ADI 公司[149,150]，德国 Bosch 公司[151]，美国佐治亚理工学院[16,17,152-155]，以及我国的中科院上海微系统与信息技术研究所[156-158]、清华大学[159]，以及北京大学[160-164]、上海交通大学[165,166]、同济大学[167]、南京理工大学[168] 也都开展了双质量 MEMS 陀螺仪的研究。

2.2.1.3　四质量块陀螺仪

（1）四质量块陀螺仪结构和运动学方程

四质量块陀螺仪包含 4 个对称分布质量块，其敏感结构可看作由 2 个双质量块陀螺仪结构组成，工作时驱动模态和检测模态上下及左右相邻两质量块均做反相运动。四质量块 MEMS 陀螺仪工作简化示意图如图 2-15 所示[135]。四质量块结构形式可更好地抑制质量块同相模态运动引起的输出误差。

四质量块 MEMS 陀螺仪驱动模态动力学方程的一般形式可表示为

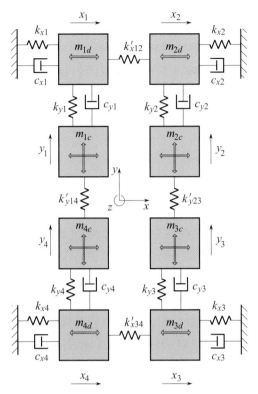

图 2 - 15　四质量块 MEMS 陀螺仪工作简化示意图

$$
\boldsymbol{M}_x
\begin{bmatrix}
\ddot{x}_1 \\
\ddot{x}_2 \\
\ddot{x}_3 \\
\ddot{x}_4
\end{bmatrix}
+\boldsymbol{C}_x
\begin{bmatrix}
\dot{x}_1 \\
\dot{x}_2 \\
\dot{x}_3 \\
\dot{x}_4
\end{bmatrix}
+\boldsymbol{K}_x
\begin{bmatrix}
x_1 \\
x_2 \\
x_3 \\
x_4
\end{bmatrix}
=\boldsymbol{F}_x
\tag{2-45}
$$

式（2 - 45）中，$\boldsymbol{M}_x$、$\boldsymbol{C}_x$、$\boldsymbol{K}_x$、$\boldsymbol{F}_x$ 分别为驱动模态的质量矩阵、阻尼矩阵、刚度矩阵、驱动力矩阵。

四质量块 MEMS 陀螺仪的检测模态的动力学方程的一般形式可表示为

$$
\boldsymbol{M}_y
\begin{bmatrix}
\ddot{y}_1 \\
\ddot{y}_2 \\
\ddot{y}_3 \\
\ddot{y}_4
\end{bmatrix}
+\boldsymbol{C}_y
\begin{bmatrix}
\dot{y}_1 \\
\dot{y}_2 \\
\dot{y}_3 \\
\dot{y}_4
\end{bmatrix}
+\boldsymbol{K}_y
\begin{bmatrix}
y_1 \\
y_2 \\
y_3 \\
y_4
\end{bmatrix}
=-2\Omega_z\boldsymbol{M}_y
\begin{bmatrix}
\dot{x}_1 \\
\dot{x}_2 \\
\dot{x}_3 \\
\dot{x}_4
\end{bmatrix}
-\boldsymbol{C}_{xy}
\begin{bmatrix}
\dot{x}_1 \\
\dot{x}_2 \\
\dot{x}_3 \\
\dot{x}_4
\end{bmatrix}
-\boldsymbol{K}_{xy}
\begin{bmatrix}
x_1 \\
x_2 \\
x_3 \\
x_4
\end{bmatrix}
+\boldsymbol{M}_y a_y
$$

$$
\tag{2-46}
$$

式（2 - 46）中，$\boldsymbol{M}_y$、$\boldsymbol{C}_y$、$\boldsymbol{K}_y$、a_y 分别为检测模态的质量矩阵、阻尼矩阵、刚度矩阵、外界加速度，$\boldsymbol{C}_{xy}$、$\boldsymbol{K}_{xy}$ 分别为驱动模态和检测模态间的阻尼耦合矩阵和刚度耦合矩阵。

对图 2-15 所示的结构进行具体的动力学分析，将式（2-45）与式（2-46）中各个矩阵具体化并展开，可得四质量陀螺仪结构运动的动力学方程为

$$
\begin{cases}
m_{x1}\ddot{x}_1 + c_{x1}\dot{x}_1 + k_{x1}x_1 + k'_{x12}(x_1-x_2) = f_d \\
m_{y1}\ddot{y}_1 + c_{y1}\dot{y}_1 + k_{y1}y_1 + k'_{y14}(y_1-y_4) = -2m_{y1}\Omega_z\dot{x}_1 - c_{y1x1}\dot{x}_1 - k_{y1x1}x_1 + m_{y1}a_y \\
m_{x2}\ddot{x}_2 + c_{x2}\dot{x}_2 + k_{x2}x_2 + k'_{x12}(x_2-x_1) = -f_d \\
m_{y2}\ddot{y}_2 + c_{y2}\dot{y}_2 + k_{y2}y_2 + k'_{y23}(y_2-y_3) = -2m_{y2}\Omega_z\dot{x}_2 - c_{y2x2}\dot{x}_2 - k_{y2x2}x_2 + m_{y2}a_y \\
m_{x3}\ddot{x}_3 + c_{x3}\dot{x}_3 + k_{x3}x_3 + k'_{x34}(x_3-x_4) = f_d \\
m_{y3}\ddot{y}_3 + c_{y3}\dot{y}_3 + k_{y3}y_3 + k'_{y23}(y_3-y_2) = -2m_{y3}\Omega_z\dot{x}_3 - c_{y3x3}\dot{x}_3 - k_{y3x3}x_3 + m_{y3}a_y \\
m_{x4}\ddot{x}_4 + c_{x4}\dot{x}_4 + k_{x4}x_4 + k'_{x34}(x_4-x_3) = -f_d \\
m_{y4}\ddot{y}_4 + c_{y4}\dot{y}_4 + k_{y4}y_4 + k'_{y14}(y_4-y_1) = -2m_{y4}\Omega_z\dot{x}_4 - c_{y4x4}\dot{x}_4 - k_{y4x4}x_4 + m_{y4}a_y
\end{cases}
$$

$$(2-47)$$

式（2-47）中，驱动质量 $m_{x1}=m_{1d}+m_{1c}$，$m_{x2}=m_{2d}+m_{2c}$，$m_{x3}=m_{3d}+m_{3c}$，$m_{x4}=m_{4d}+m_{4c}$；检测质量 $m_{y1}=m_{1c}$，$m_{y2}=m_{2c}$，$m_{y3}=m_{3c}$，$m_{y4}=m_{4c}$，式中其他符号参考式（2-43）中各参数定义。理想情况下，4 个质量块结构完全对称，四部分质量、刚度系数、阻尼系数相等，$m_{xi}(i=1,2,3,4)=m_x$，$m_{yi}(i=1,2,3,4)=m_y$，$c_{xi}(i=1,2,3,4)=c_x$，$c_{yi}(i=1,2,3,4)=c_y$，$k_{xi}(i=1,2,3,4)=k_x$，$k_{yi}(i=1,2,3,4)=k_y$，由于对称设计刚度耦合系数、阻尼耦合系数为 0。四质量块陀螺仪动力学方程可简化为

$$
\begin{cases}
m_x\ddot{x}_1 + c_x\dot{x}_1 + k_xx_1 + k'_x(x_1-x_2) = f_d \\
m_y\ddot{y}_1 + c_y\dot{y}_1 + k_yy_1 + k'_y(y_1-y_4) = -2m_y\Omega_z\dot{x}_1 + m_ya_y \\
m_x\ddot{x}_2 + c_x\dot{x}_2 + k_xx_2 + k'_x(x_2-x_1) = -f_d \\
m_y\ddot{y}_2 + c_y\dot{y}_2 + k_yy_2 + k'_y(y_2-y_3) = -2m_y\Omega_z\dot{x}_2 + m_ya_y \\
m_x\ddot{x}_3 + c_x\dot{x}_3 + k_xx_3 + k'_x(x_3-x_4) = f_d \\
m_y\ddot{y}_3 + c_y\dot{y}_3 + k_yy_3 + k'_y(y_3-y_2) = -2m_y\Omega_z\dot{x}_1 + m_ya_y \\
m_x\ddot{x}_4 + c_x\dot{x}_4 + k_xx_4 + k'_x(x_4-x_3) = -f_d \\
m_y\ddot{y}_4 + c_y\dot{y}_4 + k_yy_4 + k'_y(y_4-y_1) = -2m_y\Omega_z\dot{x}_2 + m_ya_y
\end{cases}
$$

$$(2-48)$$

（2）四质量块陀螺仪研究现状

2005 年，美国 ADI 公司研制了一种 z 轴敏感四质量块 MEMS 陀螺仪[169,170]，如图 2-16 所示。该陀螺仪的敏感结构包含 4 个单解耦质量块，由于 4 个质量块对称分布，该结构能够显著抑制结构同相运动模态造成的检测电容变化，不仅能够抵抗线振动也能抵抗角振动，在 14 kHz 的电机频率下加速度灵敏度为 0.03（°）/s/（m/s²），角加速度灵敏度为 0.000 6（°）/s/（rad/s²）。

2011 年，美国加州大学欧文分校提出了一种 z 轴敏感四质量块音叉式 MEMS 陀螺仪[171-174]，如图 1-8 所示。该陀螺为双耦合双解耦结构，相邻的质量块外部通过杠杆梁耦

合在一起，内部通过弹性梁耦合在一起，每个质量块均为双解耦结构。该陀螺仪驱动模态与检测模态采用相同的结构设计，驱动模态和检测模态一样，采用角速率积分模式工作，工作在全角模式，可直接测量角度。该陀螺仪的谐振频率为 2 kHz，品质因数为 1 200 000，受限于测试设备，该陀螺仪的实测的测量范围为 ±150 (°)/s，带宽为 100 Hz。

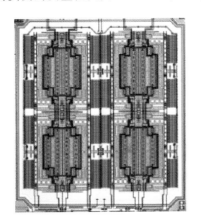

图 2 - 16　美国 ADI 公司的四质量块陀螺仪

2012 年，美国密歇根大学提出了一种水平轴敏感四质量块 MEMS 陀螺仪[175]，如图 2 - 17 所示。该陀螺仪采用对称结构设计，驱动方向上每个音叉的两质量块通过中间弹性梁耦合在一起，检测方向上每个音叉的两质量块通过框架耦合在一起，驱动检测模态频差 5 Hz，角度随机游走为 0.44 (°)/s/$\sqrt{\text{Hz}}$。

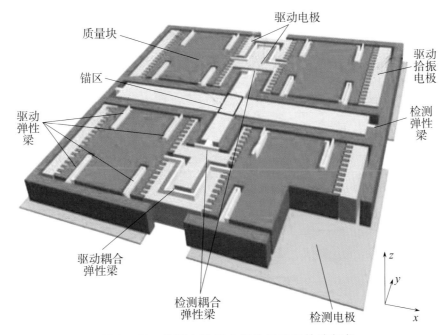

图 2 - 17　美国密歇根大学的四质量块陀螺仪

2016 年，清华大学提出了一种 z 轴敏感四质量块 MEMS 陀螺仪[176,177]，如图 2 - 18 所示。该陀螺仪为中心支撑对称结构，相邻的质量块通过 Y 形梁和 N 形梁耦合在一起，每个质量块为非解耦结构，左右质量块和上下质量块分别构成音叉结构，四对称轴结构使其工作模式类似于半球谐振陀螺仪，结合了音叉式陀螺和半球谐振陀螺仪的优点。该陀螺仪采用真空封装，真空度为 30 Pa，中心频率为 6.8 kHz，品质因数大于 8 000，Allan 方差稳定性为 0.12 （°）/h，白噪声基底为 0.72 （°）/h/$\sqrt{\text{Hz}}$。

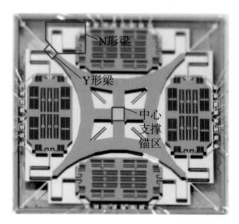

图 2 - 18　清华大学的四质量块 MEMS 陀螺仪

▶ 2.2.2　角振动式 MEMS 陀螺仪

角振动式 MEMS 陀螺仪的驱动模态为角振动，其结构通常采用框架支撑系统，如图 2 - 19 所示。陀螺仪工作过程中敏感结构绕通过结构中心的 x 轴进行角振动，当陀螺仪绕 z 轴转动时，敏感结构受到哥氏力作用沿 y 轴方向产生角振动，通过检测电容的变化感知 z 轴输入角速率。

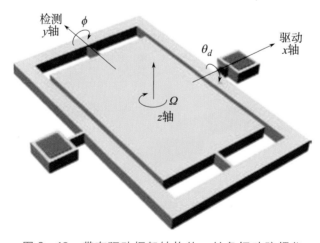

图 2 - 19　带有驱动框架结构的 z 轴角振动陀螺仪

（1）角振动式 MEMS 陀螺仪结构及动力学方程

图 2-19 为一个带有框架的 z 轴扭转角振动式 MEMS 陀螺仪的简化结构，通过将非惯性坐标系原点选取为检测质量块和衬底的质心，可很好地理解扭转振动陀螺仪系统中每个旋转检测质量块的动力学。在与质量块相关的坐标系中列出质量块的角动量方程，其中每个质量块的惯性矩是对角化的常量。通过适当的变换获得每个质量块的绝对角速度。质量块扭转振动的动力学方程为

$$I_d\dot{\boldsymbol{\omega}}_d^d + \boldsymbol{\omega}_d^d \times (I_d\boldsymbol{\omega}_d^d) = \boldsymbol{\tau}_{de} + \boldsymbol{\tau}_{dd} + \boldsymbol{M}_d \tag{2-49}$$

$$I_s\dot{\boldsymbol{\omega}}_s^s + \boldsymbol{\omega}_s^s \times (I_s\boldsymbol{\omega}_s^s) = \boldsymbol{\tau}_{se} + \boldsymbol{\tau}_{sd} \tag{2-50}$$

式（2-49）和式（2-50）中，I_d 和 I_s 分别表示相对于整体结构的驱动框架和检测质量块的对角化和时不变的惯性矩阵。类似地，$\boldsymbol{\omega}_d^d$ 和 $\boldsymbol{\omega}_s^s$ 分别是框架和检测质量块的绝对角速度，$\boldsymbol{\tau}_{sd}$ 和 $\boldsymbol{\tau}_{dd}$ 是作用在相关质量块上的阻尼扭矩，而 $\boldsymbol{M}_d$ 是施加到驱动框架的驱动静电扭矩，外部扭矩 $\boldsymbol{\tau}_{se}$ 和 $\boldsymbol{\tau}_{de}$ 是弹性扭矩。

将驱动框架的驱动方向偏转角度表示为 θ_d，则检测质量块的检测方向偏转角度为 ϕ（相对于衬底），并且衬底绕 z 轴的绝对角速度为 Ω_z，从衬底到驱动框架（$\boldsymbol{R}_{sub \to d}$）和从驱动框架到检测质量块（$\boldsymbol{R}_{d \to s}$）的均匀旋转矩阵分别变为

$$\boldsymbol{R}_{sub \to d} = \begin{bmatrix} 1 & 0 & 0 \\ 0 & \cos\theta_d & -\sin\theta_d \\ 0 & \sin\theta_d & \cos\theta_d \end{bmatrix} \tag{2-51}$$

$$\boldsymbol{R}_{d \to s} = \begin{bmatrix} \cos\phi & 0 & \sin\phi \\ 0 & 1 & 0 \\ -\sin\phi & 0 & \cos\phi \end{bmatrix} \tag{2-52}$$

经过坐标变换，驱动框架和检测质量块的总绝对角速度矢量可在非惯性检测质量块坐标系中表示为

$$\boldsymbol{\omega}_d^d = \begin{bmatrix} \dot{\theta}_d \\ 0 \\ 0 \end{bmatrix} + \boldsymbol{R}_{sub \to d} \begin{bmatrix} 0 \\ 0 \\ \Omega_z \end{bmatrix} \tag{2-53}$$

$$\boldsymbol{\omega}_s^s = \begin{bmatrix} 0 \\ \dot{\phi} \\ 0 \end{bmatrix} + \boldsymbol{R}_{d \to s} \begin{bmatrix} \dot{\theta}_d \\ 0 \\ 0 \end{bmatrix} + \boldsymbol{R}_{d \to s}\boldsymbol{R}_{sub \to d} \begin{bmatrix} 0 \\ 0 \\ \Omega_z \end{bmatrix} \tag{2-54}$$

将角速度矢量代入角动量微分方程并采取小角度近似，得到驱动框架绕驱动轴（x 轴）的动力学方程和关于检测轴（y 轴）的检测质量块方程为

$$(I_x^d + I_x^s)\ddot{\theta}_d + (D_x^d + D_x^s)\dot{\theta}_d + [K_x^d + (I_y^d - I_z^d + I_y^s - I_z^s)\Omega_z^2]\theta_d =$$
$$-(I_z^s + I_x^s - I_y^s)\dot{\phi}\Omega_z - I_x^s\phi\dot{\Omega}_z + M_d \tag{2-55}$$

$$I_y^s\ddot{\phi} + D_y^s\dot{\phi} + [K_y^s + (\Omega_z^2 - \dot{\theta}_d^2)(I_z^s - I_x^s)]\phi =$$
$$(I_z^s + I_y^s - I_x^s)\dot{\theta}_d\Omega_z + I_y^s\theta_d\dot{\Omega}_z + (I_z^s - I_x^s)\phi^2\dot{\theta}_d\Omega_z \tag{2-56}$$

式（2-55）和式（2-56）中，I_x^d、I_y^d 和 I_z^d 是驱动框架的惯性矩；I_x^s、I_y^s 和 I_z^s 表示检测板/质量块的惯性矩；D_x^s 和 D_x^d 是驱动方向阻尼系数，D_y^s 是检测质量块的检测方向阻尼系数；K_y^s 是将检测板连接到驱动框架的悬架梁的扭转刚度，K_x^d 是连接驱动框架和衬底的支撑梁的扭转刚度。

假设角速率输入是常数，即 $\dot{\Omega}_z = 0$，并且摆动/振动角度很小，可进一步简化旋转运动方程，得到

$$(I_x^d + I_x^s)\ddot{\theta}_d + (D_x^d + D_x^s)\dot{\theta}_d + K_x^d\theta_d = M_d \tag{2-57}$$

$$I_y^s\ddot{\phi} + D_y^s\dot{\phi} + K_y^s\phi = (I_z^s + I_y^s - I_x^s)\dot{\theta}_d\Omega_z \tag{2-58}$$

式（2-58）中，ϕ 是检测轴偏转角，$(I_z^s + I_y^s - I_x^s)\dot{\theta}_d\Omega_z$ 项是哥氏扭矩，其围绕检测轴驱使检测质量块运动。

角振动式陀螺仪的动态特性和基本工作原理类似于线振动式陀螺仪。不失一般性，线振动式陀螺仪所有获得的结果也可直接应用于角振动式陀螺仪。

（2）角振动式 MEMS 陀螺仪研究现状

美国 Draper 实验室研制的第一款 MEMS 陀螺仪[8] 就是一种角振动式 MEMS 陀螺仪，其样机如图 1-1 所示，此后美国加州理工学院、德国 HSG-IMIT 研究所等机构先后也开展了角振动式 MEMS 陀螺仪的研制。

1996 年，美国加州理工学院喷气推进实验室（Jet Propulsion Laboratory，JPL）提出了四叶式 MEMS 陀螺仪[178,179]，如图 2-20 所示。该陀螺仪也属于角振动陀螺仪，由 4 个叶片式振动结构、与叶片结构键合在一起的硅基板以及安装在叶片中间长度为 5 mm 的金属杆组成。该陀螺仪的工作原理与 Draper 实验室的双框架式陀螺仪类似，由 4 个叶片提供静电驱动和电容检测，金属杆部分用来提高陀螺仪的灵敏度。真空封装下该陀螺仪的标度因数为 24 mV/(°)/s，零偏稳定性为 70 (°)/h，角度随机游走为 6.3 (°)/$\sqrt{\text{Hz}}$[180,181]。

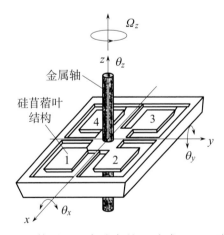

图 2-20 美国 JPL 实验室的四叶式 MEMS 陀螺仪

1998 年，德国 HSG-IMIT 研究所研制出一种基于表面硅加工工艺的振动轮式陀螺

仪[10,11]，如图 1-2 所示。陀螺仪采用梁-中心轴-扭杆结构，动梳齿与陀螺仪敏感极板通过一对扭杆隔离开，从而大大减小了驱动模态与检测模态之间的耦合，采用角振动式梳齿驱动，检测模态的偏转运动通过梳齿电容进行检测。该陀螺仪的标度因数为 10 mV/(°)/s，非线性＜0.2%，角度随机游走为 0.14 (°)/$\sqrt{h}$，零偏稳定性为 65 (°)/h（带宽 50 Hz）。2002 年，该陀螺仪所实现的性能为[110]：在 4 mbar 的真空下，量程为±200 (°)/s，非线性度小于 0.05%，在 50 Hz 带宽下 RMS（Root Mean Square，均方根）噪声角速率为 0.05 (°)/s，分辨率为 0.005 (°)/s，在全温下的零偏漂移为±0.5 (°)/s。

2001 年，清华大学研制出一种角振动式 MEMS 陀螺仪[182]，如图 2-21 所示。在常压封装条件下，该陀螺仪的标度因数为 15.8 mV/(°)/s，随机游走为 0.2 (°)/$\sqrt{h}$，25 Hz 带宽下分辨率 0.5 (°)/s。在真空封装条件及 10 Hz 带宽陀螺仪下实现了 100 (°)/h 的分辨率。

图 2-21　清华大学的角振式 MEMS 陀螺仪

2.2.3　振动环式 MEMS 陀螺仪

振动环式 MEMS 陀螺仪是高性能 MEMS 陀螺仪一个重要的研究方向。振动环式陀螺仪的核心部件是一个环形谐振器，它通过在旋转对称壳体中激发驻波来工作，利用这些驻波产生的惯性效应来进行测量。这种结构天然具备较小的驱动检测模态频差和较低的能量损耗，有利于提高谐振品质因数（Q 值），通过驱动检测模式匹配，可以显著提升传感器的灵敏度和分辨率。振动环式 MEMS 陀螺仪的敏感元件采用了一个中心对称的环形结构，结构仅由中心处的锚区独立支撑。结构的旋转对称特性保证了振环式 MEMS 陀螺仪的驱动模态和检测模态具有相同的谐振质量、刚度系数和阻尼参数，能够有效抑制外界环境振动导致的干扰信号，此外环形谐振结构采用面内四波腹的弯曲振动模态，两个工作模态对环境温度变化的敏感性是相同的，从而具备良好的温度稳定性。

（1）振动环式 MEMS 陀螺仪结构与动力学方程

振动环式 MEMS 陀螺仪依靠环形谐振子在外界旋转激励条件下形成的径向驻波哥氏效应引起的振型进动来检测外部旋转，其基本工作模态一般为波数为 2 的面内椭圆形振动模态，分别作为陀螺仪的驱动振动模态与检测振动模态。在一个理想对称的环形谐振结构中，这两种基本振动模态的振动波腹与波节是严格正交的，即驱动振动模态的径向振动主轴（波腹轴）对应于检测振动模态的径向振动从轴（波节轴），而且这两种基本振动模态的振动主轴（波腹轴）之间的夹角是 45°，如图 2-22 所示。

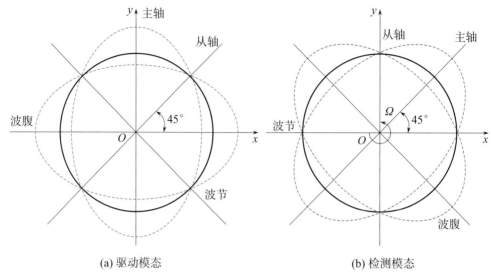

(a) 驱动模态　　　　　　　　　　　　　(b) 检测模态

图 2-22　环形谐振陀螺仪的工作模态

一种典型全对称电容式振动环式 MEMS 陀螺仪如图 2-23 所示[184]。该陀螺仪由一个中心锚点支撑的全对称环形谐振子与检测电极组成，其环形谐振子的中心锚点与检测电极的固定锚区通过阳极键合工艺键合在玻璃衬底上，检测电极通过玻璃衬底上的金属引线连接外围接口电路。该陀螺仪的设计主要有以下 3 个特点。

1）陀螺仪谐振子采用中心锚点支撑式的振动圆环结构，能够释放谐振结构的残余应力，降低外界环境变化对陀螺仪的影响，可显著提高陀螺仪的抗振动和抗冲击性能，同时降低锚区损耗，使其工作模态具有较高品质因数。

2）谐振子的 8 个"S"形弹性支撑梁在振动圆环内侧呈圆周对称排列：一方面可支撑产生陀螺效应的悬浮振动圆环，使之具有良好的低阶面内弯曲振动模态；另一方面也可降低环形谐振子弹性梁的刚度系数，使陀螺仪在较低静电驱动力的前提下，能够产生更大的驱动位移。

3）陀螺仪采用电容检测，具有结构简单、稳定性好、抗冲击性好、受温度变化影响小、工艺兼容性好、易于并行制造等优点。

该陀螺仪在振动圆环两侧设计了对称分布的 24 组电容电极，用于陀螺仪的静电驱动与电容检测、正交耦合校正、模态匹配与自适应控制等。建立环形谐振子模型，如图 2-24（b）所示。该环形谐振子主要几何参数有外环半径（R）、环宽（w_r）、梁宽（w_s）与结构高度（h）。

在环形谐振陀螺仪的驱动轴（0°电极轴）上施加角频率为 ω_0 的交变电压时，环形谐振子在静电力 F_d 的激励下激发驱动模态挠曲振动；当有垂直于环形谐振子平面的角速度

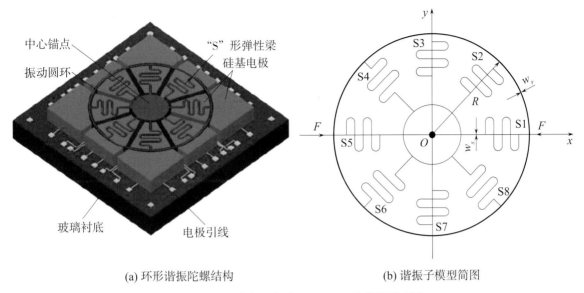

(a) 环形谐振陀螺结构　　　　　　　(b) 谐振子模型简图

图 2-23 全对称电容式 MEMS 环形谐振陀螺仪

Ω 输入时，由于陀螺效应，环形谐振子将在与驱动模态相交 $45°$ 的方向挠曲振动，其运动可表示为由哥氏力 F_c 耦合的 2 阶振动系统，其运动方程为

$$\begin{cases} m_1\ddot{q}_1 + c_1\dot{q}_1 + k_{11}q_1 + k_{12}q_2 = F_d + 2\eta m_2\dot{q}_2\Omega \\ m_2\ddot{q}_2 + c_2\dot{q}_2 + k_{22}q_2 + k_{21}q_1 = F_b - 2\eta m_1\dot{q}_1\Omega \end{cases} \tag{2-59}$$

式（2-59）中，m_1、q_1、c_1 和 m_2、q_2、c_2 分别为驱动模态与检测模态的谐振质量、位移广义坐标、阻尼系数；k_{ij} 为刚度矩阵的元素；η 为模态耦合常数；F_b 为电极平衡力，环形谐振陀螺仪工作在开环模式时，$F_b = 0$。设静电力 $F_d(t) = F_0\sin(\omega_0 t)$，则驱动模态的稳态位移为

$$q_1(t) = A_1\cos(\omega_0 t) = \frac{Q_1 F_0}{m_1\omega_0^2}\cos(\omega_0 t) \tag{2-60}$$

式（2-60）中，A_1 为驱动位移的幅值，Q_1 为驱动模态的品质因数。当检测模态的谐振角频率与驱动力角频率 ω_0 相等时（陀螺仪工作在频率匹配模式），由式（2-59）可解得检测模态的稳态位移为

$$q_2(t) = A_2\cos(\omega_0 t) = \frac{2\eta Q_1 Q_2 F_0 \Omega}{m_1\omega_0^3}\cos(\omega_0 t) \tag{2-61}$$

式（2-61）中，A_2 为检测模态位移幅值，Q_2 为检测模态品质因数。对于理想的环形谐振子，有 $m_1 = m_2$，$c_1 = c_2$，$k_{11} = k_{22}$，$k_{12} = k_{21} = 0$，所以开环模式下检测模态的稳态位移为

$$q_2(t) = A_1\frac{2\eta Q_2\Omega}{\omega_0}\cos(\omega_0 t) \tag{2-62}$$

环形谐振陀螺仪工作在力平衡模式时，检测模态的位移响应通过平衡力 F_b 的作用使

其置零，此时陀螺仪的输入角速率与零化检测模态振动的平衡力 F_b 的关系为

$$F_b(t) = F_0 \frac{2\eta Q_1 \Omega}{\omega_0} \sin(\omega_0 t) \tag{2-63}$$

因此，陀螺仪的输入角速度信息可通过检测电极的电容变化量解调或者通过平衡力电极的施力电压解调得到。

（2）振动环式陀螺仪工作模态频率的理论建模

环形谐振结构的工作振型是面内椭圆形弯曲振动，其弹性支撑梁主要受到径向拉伸和弯曲变形作用。根据材料力学与弹性力学知识可知，其应变能主要由轴向拉伸应变势能与弯曲应变势能组成，则弹性梁的应变能与径向位移为

$$U = \int \frac{N^2(x)}{2EA} \mathrm{d}x + \int \frac{M^2(x)}{2EI} \mathrm{d}x \tag{2-64}$$

$$\delta = \int \frac{N(x)}{EA} \frac{\partial N(x)}{\partial F} \mathrm{d}x + \int \frac{M(x)}{EI} \frac{\partial M(x)}{\partial F} \mathrm{d}x \tag{2-65}$$

式（2-64）和式（2-65）中，E 为硅材料的弹性模量；A 为弹性梁的截面积；$N(x)$ 为作用于弹性梁横截面的轴向拉力；$M(x)$ 为作用于弹性梁横截面的弯矩；I 为截面的惯性矩。以图 2-23（b）中 0°位置的支撑梁 S1 为例，将弹性梁左端固定，右端沿 x 方向施加外载荷 F，则 S1 可简化为图 2-24 所示的等效弹性梁，其中 w_s、h 分别为弹性梁的宽度与高度。

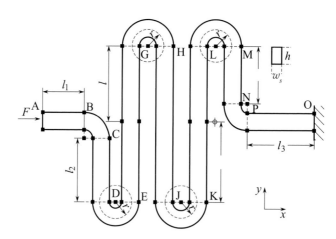

图 2-24　支撑梁的等效结构

在弹性梁的 AB 段，连接振动圆环长度为 l_1 的水平直梁的轴向拉力 $F_1(x)$ 与其 x 方向挠度 δ_1 为

$$F_1(x) = F, \quad 0 \leqslant x \leqslant l_1 \tag{2-66}$$

$$\delta_1 = \int \frac{F_1(x)}{EA} \frac{\partial F_1(x)}{\partial F} \mathrm{d}x = \frac{Fl_1}{EA} \tag{2-67}$$

在弹性梁的 BC 段，半径为 r 的圆弧梁的弯矩 $M_2(x)$ 与其 x 方向的挠度 δ_2 为

$$M_2(x) = Fr(1 - \sin\alpha), 0 \leqslant \alpha \leqslant \frac{\pi}{2} \tag{2-68}$$

$$\delta_2 = \int \frac{M_2(x)}{EI} \frac{\partial M_2(x)}{\partial F} \mathrm{d}x = \frac{Fr^2}{4EI}(3\pi r - 8r) \tag{2-69}$$

在弹性梁的 CD 段，长度为 l_2 的垂直梁的弯矩 $M_3(x)$ 与其在 x 方向的挠度 δ_3 为

$$M_3(x) = Fx, r \leqslant x \leqslant r + l_2 = l \tag{2-70}$$

$$\delta_3 = \int \frac{M_3(x)}{EI} \frac{\partial M_3(x)}{\partial F} \mathrm{d}x = \frac{F}{3EI}(l^3 - r^3) \tag{2-71}$$

在弹性梁的 DE 段，半径为 r 的圆弧梁的弯矩 $M_4(x)$ 与其在 x 方向挠度 δ_4 为

$$M_4(x) = F(l_2 + r + r\sin\alpha), 0 \leqslant \alpha \leqslant \pi \tag{2-72}$$

$$\delta_4 = \int \frac{M_4(x)}{EI} \frac{\partial M_4(x)}{\partial F} \mathrm{d}x = \frac{F}{2EI}(2\pi l^2 + 8rl + \pi r^2) \tag{2-73}$$

在弹性梁的 EG 段，长度为 $2l$ 的直梁的弯矩 $M_5(x)$ 与其在 x 方向挠度 δ_5 为

$$M_5(x) = Fx, -l \leqslant x \leqslant l \tag{2-74}$$

$$\delta_5 = \int \frac{M_5(x)}{EI} \frac{\partial M_5(x)}{\partial F} \mathrm{d}x = \frac{2Fl^3}{3EI} \tag{2-75}$$

弹性梁的 PO 段，长度为 l_3 的直梁的轴向拉力 $F_6(x)$ 与其在 x 方向的挠度 δ_6 为

$$F_6(x) = F, 0 \leqslant x \leqslant l_3 \tag{2-76}$$

$$\delta_6 = \int \frac{N_6(x)}{EA} \frac{\partial N_6(x)}{\partial F} \mathrm{d}x = \frac{Fl_3}{EA} \tag{2-77}$$

环形谐振子为超静定结构，在工作模态振动时，径向形变主要由弧形梁与纵向直梁的弯曲变形组成，水平直梁的拉伸形变可忽略不计。因此，根据线弹性理论，将弧形梁与纵向直梁的径向挠度分段叠加得到单个弹性梁的径向刚度系数为

$$k_s = \frac{Ehw_s^3}{32l^3 + 48\pi rl^2 + 192r^2l + 42\pi r^3 - 56r^3} \tag{2-78}$$

对于环向波数为 n 的振动圆环，其等效刚度 k_r 可表示为

$$k_r = \frac{E\pi w_r^3 hn^2(n^2 - 1)^2}{12R^3(1 - \nu^2)} \tag{2-79}$$

式（2-79）中，R 与 ν 分别为振动圆环的半径与材料的泊松比。根据图 2-22 中环形谐振子的振动模态，可将其驱动模态等效为弹性梁 S1、S3、S5、S7 受力发生径向形变产生的振动圆环径向振动，因此环形谐振子驱动模态的刚度系数为

$$k_{11} = k_r + 4k_s \tag{2-80}$$

同理，环形谐振子检测模态也可等效为弹性梁 S2、S4、S6、S8 受力发生径向形变而引起振动圆环的径向振动，因此环形谐振子检测模态的等效刚度系数为

$$k_{22} = k_r + 4k_s \tag{2-81}$$

环形谐振陀螺仪驱动模态与检测模态的固有频率可表示为

$$f_{\text{gyro1,2}} = \frac{1}{2\pi}\sqrt{\frac{k_r + 4k_s}{m_r + (16/3)m_s}} \tag{2-82}$$

式（2-82）中，m_r、m_s 分别为振动圆环和弹簧梁的质量。

（3）振动环式陀螺仪研究现状

1994 年，美国密歇根大学和通用汽车公司提出了一种振动环式 MEMS 陀螺仪[32,185]，如图 1-10 所示。该陀螺仪由振动圆环、驱动电极、控制电极及检测电极和 8 个完全一样的半圆支撑梁组成。陀螺仪采用圆周对称设计，驱动模态和检测模态具有相同的振动形式，均在平面内以椭圆形振动，2 个模态振动主轴夹角为 45°。结构的对称设计使得陀螺仪驱动模态和检测模态固有振动频率尽可能接近，并通过电调谐来补偿结构制造上的偏差。陀螺仪对外界振动信号不敏感，且受温度影响小，具有较稳定的灵敏度，2001 年提出了利用 HARPSS（High Aspect Ratio combined Poly and Single crystal Silicon，多晶硅-单晶硅复合的高深宽比）工艺加工的振动环式陀螺仪[186]，动态范围 ±250 (°)/s 下的开环灵敏度为 200 μV/(°)/s，噪声为 0.01 (°)/s/$\sqrt{\text{Hz}}$。2002 年提出了利用 SOG 工艺制作的振动环式陀螺仪[187]，品质因数为 12 000，非线性度为 0.02%，灵敏度为 132 mV/(°)/s，输出噪声为 10.4 (°)/h/$\sqrt{\text{Hz}}$。

2005 年，美国佐治亚理工学院提出了一种星形谐振式硅 MEMS 陀螺仪[188]，如图 2-25 所示。该陀螺仪也属于振动环式陀螺仪，通过 8 根弯曲弹性梁固定在结构中心点的锚区上。采用圆周对称设计，驱动模态和检测模态振动形式相同，具有相同的固有频率，振动主轴间的夹角为 45°。基于 HARPSS 工艺加工的 65 μm 厚多晶硅星形陀螺仪，灵敏度为 1.6 mV/(°)/s，机械热噪声基底为 0.03 (°)/s/$\sqrt{\text{Hz}}$。2009 年，基于 SOI 工艺加工的 40 μm 厚单晶硅星形陀螺仪[189]，灵敏度为 16.7 mV/(°)/s，Allan 方差零偏稳定性为 3.5 (°)/h。此种星形陀螺仪不仅具备振动环式陀螺仪的优点，而且比常规环形陀螺仪电极面积和谐振质量块的质量大 40%，从而具有更高的噪声分辨率和灵敏度。

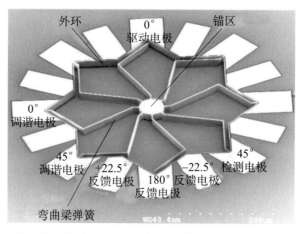

图 2-25　美国佐治亚理工学院星形谐振式 MEMS 陀螺仪结构

2010 年，中科院电子学研究所提出了一种采用电磁驱动的振动环形 MEMS 陀螺仪[190]，如图 2-26（a）所示。该陀螺仪由振动环、4 个驱动电极、4 个检测电极和 8 个完全一样的"M"形梁支撑组成，灵敏度为 8.9 mV/(°)/s，±200 (°)/s 量程下的非线性度为 0.23%，分辨率为 0.05 (°)/s。两年后，通过电调谐反馈控制实现驱动检测模态频差

6.4 Hz，空气中的品质因子从 522 提升到 821[191]。并在 2010 年，提出了一种静电驱动的振动环式 MEMS 陀螺仪[192]，如图 2 - 26 （b）所示。该陀螺仪由振动环、16 个完全一样的折叠梁以及 16 个位于环内的电极组成，模态频率间隔通过电调谐从 160 Hz 调整到 0.1 Hz，品质因数在真空中可达到 22 000，分辨率为 0.05 （°）/s，±50 （°）/s 量程下的非线性度为 0.06%。

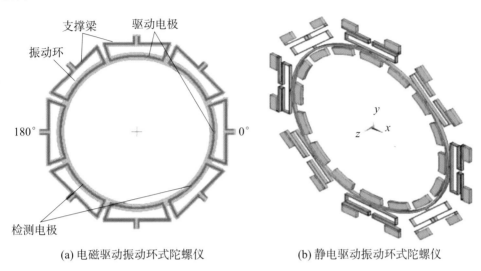

(a) 电磁驱动振动环式陀螺仪　　　　　(b) 静电驱动振动环式陀螺仪

图 2 - 26　中科院电子学研究所的振环陀螺仪结构

2.3　MEMS 陀螺仪典型结构设计

MEMS 陀螺仪敏感结构是决定其性能指标的关键因素之一，也对陀螺仪的可靠性、稳定性都有至关重要的影响，其重要性主要体现在以下方面。

1）结构设计是决定陀螺仪精度和灵敏度的基础。通过优化核心结构和支撑结构的形状和尺寸，可减小质量偏心和刚度不对称的影响，可减小驱动模态向检测模态的正交耦合误差，从而提高角速度测量的精度。

2）合理的结构设计可提高陀螺仪的可靠性。通过采用对称结构和弹性支撑，可减小核心结构在工作过程中产生的应力，从而降低结构损坏的风险。此外，良好的结构设计还可提高陀螺仪的抗冲击能力，使其能够在恶劣环境中正常工作。

3）结构设计还关乎制造的难易程度和成本。一些复杂的设计可能涉及特殊的制造工艺，如前述美国密歇根大学所采用的 HARPSS 工艺，这可能会增加制造成本。因此，需要在保证性能的前提下，尽可能简化设计并降低制造难度，以实现更具成本效益的生产。

4）结构设计对陀螺仪的寿命也有重要影响。一些设计可能会导致结构在长时间工作后产生疲劳损伤，从而缩短陀螺仪的使用寿命。因此，需要在设计中考虑结构的耐久性和维护性，以延长陀螺仪的使用寿命。

综上所述，MEMS 陀螺仪的结构设计在各种应用领域中都具有举足轻重的作用。对于设计师而言，需要充分考虑性能、可靠性、稳定性、成本和寿命等多个方面的因素，进行精心设计，以满足不同领域对陀螺仪的各种需求。

MEMS 陀螺仪的结构设计主要包括以下步骤。

1）确定整体结构方案。根据应用场景、产品或项目要求、陀螺仪敏感轴向，选择适合的陀螺仪类型，确定采用线振动式、角振动式还是振动环式。

2）确定核心结构尺寸等关键参数。根据产品及封装要求，确定陀螺仪核心结构整体尺寸、各主要模块尺寸等。

3）设计陀螺仪主要支撑结构、驱动检测解耦结构。支撑结构主要负责支撑核心敏感质量结构，支撑结构弹性梁的刚度直接影响陀螺仪工作谐振频率。驱动检测解耦结构可有效地将驱动质量和检测质量连接起来，使其能够更高效地传输角速度信号，并可尽可能地减少模态间的耦合，使得不同工作模态之间的相互干扰最小化。

4）利用仿真软件进行陀螺仪结构工作模态及温度变化、机械冲击等外界环境条件仿真分析。根据仿真结果，对设计方案进行优化和改进。

5）确定最终设计方案。根据仿真结果和实际加工条件，确定最终设计方案，并进行工艺版图设计。

6）从产品研发的角度来看，结构设计还应包括样件试制、测试后的改进等环节。

● 2.3.1 双质量块 MEMS 陀螺仪典型结构设计

线振动式 MEMS 陀螺仪中，单质量块线振动陀螺仪由于对力学环境敏感，该结构方案已经较少在高性能 MEMS 陀螺仪中被采用。相比之下，双质量块和四质量块线振动 MEMS 陀螺仪敏感结构因为具有更好的力学性能和更高的稳定性，得到了广泛的研究和应用。在双质量块和四质量块线振动 MEMS 陀螺仪敏感结构设计中，通过巧妙的力学设计和加工工艺，可有效抑制振动和冲击共模误差，提高仪表的精度和稳定性。

2.3.1.1 双质量块 MEMS 陀螺仪结构方案设计

（1）整体结构设计

一种双质量块 MEMS 陀螺仪敏感结构如图 2-27 所示。整个敏感结构由位于结构中央的 2 个敏感质量块、四周支撑框架、固定锚区以及驱动和检测梳齿电容结构组成。整个敏感结构通过应力释放弹性梁连接在结构四角和左右两侧的 6 个锚区上。敏感结构四周由宽度 300 μm 以上的硅结构层构成四周支撑框架，由框架支撑起左右 2 个 MEMS 敏感质量块结构。整个敏感结构相对竖直中轴线左右对称，相对水平中轴线上下对称，2 个质量块形状、质量、弹性梁尺寸、刚度、电容面积、间隙等参数均相同。

驱动模态工作过程中质量块相向运动且运动的位移和速度相同，因此质量块框架受到 2 个质量块的作用力，方向相反、大小相同，受力平衡。若不考虑加工工艺误差及温度应力影响，陀螺仪驱动工作过程中敏感结构锚区完全不受力，因此陀螺仪谐振过程中能量通过锚区耗散少。由于工作过程中敏感结构锚区不受力，键合锚区的蠕变、疲劳小，器件工作寿命长，且对于锚区键合强度的要求低。

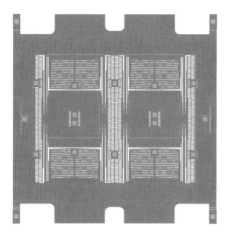

图 2-27 双质量线振动陀螺仪结构

（2）敏感结构弹性梁设计

双质量 MEMS 陀螺仪工作模态主要弹性梁如图 2-28 所示，包括驱动主梁、检测主梁、连接梁、驱动检测解耦梁。驱动主梁和检测主梁决定陀螺仪驱动模态和检测模态振动刚度的主要部分。连接梁在驱动模态过程中推（拉）动驱动质量块左右移动，不发生弯曲形变；在检测模态工作过程中连接梁弯曲，贡献部分检测模态刚度。解耦梁用于隔离驱动模态与检测模态，减小驱动质量块运动过程中检测电容的变化。驱动模态工作过程中解耦梁贡献部分运动刚度，检测模态工作过程中解耦梁推（拉）动检测梳齿运动，不提供检测运动刚度。由于解耦梁的横向弯曲刚度远低于检测主梁横向的拉压刚度，因此检测梳齿横向位移显著降低。解耦梁的设计显著降低了驱动模态工作时检测电容结构位移，从而实现更低的结构正交耦合。

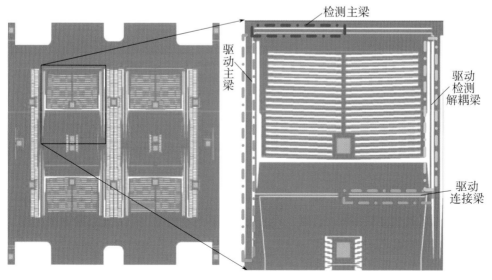

图 2-28 双质量陀螺仪弹性梁结构示意图

（3）应力释放弹性梁

陀螺仪全温稳定性是其重要的性能指标，由于不同材料具有不同热膨胀系数，温度变化时，不同材料的热膨胀量不同。MEMS 陀螺仪采用硅-二氧化硅和金-硅键合实现三层晶圆级封装（Wafer Level Packaging，WLP）结构，由于结构表面存在二氧化硅和金属薄膜，因此存在热膨胀系数差异。三层结构通过锚区键合在一起，温度变化时会在敏感结构上产生热应力。

为减小敏感结构热应力，在敏感键合锚区与敏感结构间设计应力释放结构，如图 2-29 所示，其中的主要结构参数如表 2-2 所示。整个敏感结构通过应力释放弹性梁连接在结构四角和左右两侧的 6 个锚区上。由于陀螺仪敏感结构上下对称，陀螺仪左右两侧位于竖直方向上结构中心位置的锚点仅受左右方向的热应力，不受上下方向的热应力。陀螺仪四角的锚区既受到左右方向的热应力，又受到上下方向的热应力。

 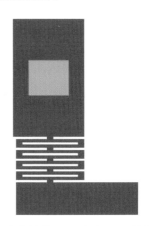

图 2-29　（a）敏感结构侧边应力释放结构　（b）敏感结构四角应力释放结构

表 2-2　陀螺仪应力释放结构参数

项目	侧边应力释放结构	四角应力释放结构
梁长	$200\ \mu m$	$40\ \mu m$
梁宽	$5.6\ \mu m$	$5.6\ \mu m$
并联组数	4	2
串联组数	1	8
水平方向刚度	900 N/m	约 15 000 N/m
竖直方向刚度	—	7 000 N/m

由于结构框架宽度在 $300\ \mu m$ 以上，因此应力释放结构刚度远小于结构框架刚度。热应力造成的结构变形集中在应力释放结构上。对陀螺仪敏感结构的热应力进行仿真分析，其中敏感结构热膨胀系数与结构衬底热膨胀系数差取 $2\times10^{-6}/℃$，结果表明，温度从 $-45\ ℃$ 变化至 $75\ ℃$ 时，采用应力释放结构后敏感结构上热应力由原来的 40 MPa 降至 0.3 MPa，即陀螺仪敏感结构上热应力变化降至原来的 1%。

2.3.1.2　MEMS 陀螺仪结构工作模态设计

采用 COMSOL 多物理场有限元仿真软件对结构振动模态进行仿真，得到结构前 6 阶振动模态如表 2-3 和图 2-30 所示，图中不同颜色表示仿真观测量（此处为位移）的大小（后文中类似图示与此相同）。第 3 阶模态 2 个质量块框架沿 x 轴反方向运动，为陀螺仪工作时驱动轴谐振模态，当在质量块左右两侧的驱动激励梳齿上施加相位相同的激励信号时，可驱动 2 个质量块沿 x 轴反方向运动，当激励信号的频率等于结构谐振频率时振动幅值达到最大。第 5 阶模态为陀螺仪检测模态，驱动质量块与检测框架沿 y 轴反方向振动。在陀螺仪工作过程中，陀螺仪质量块按第 3 阶模态沿 x 轴谐振，当有 z 轴方向输入角速度时，左右两侧质量块受到沿 y 轴方向相反的哥氏力，左右两侧质量块以第 5 阶模态谐振，且振动方向时刻相反。工作中第 5 阶模态的谐振频率受静电负刚度效应的影响会减小，接近驱动模态谐振频率。

第 1 阶模态与第 6 阶模态为面外振动模态，第 2 阶模态 2 个驱动质量块沿 x 轴同方向振动，在陀螺仪工作过程中，两侧受到相反方向的静电力作用，该模态被抑制，因此该模态非工作模态。第 4 阶模态陀螺仪驱动质量块与检测框架沿 y 轴同方向振动，陀螺仪工作过程中左右 2 个质量块向相反方向运动，当有输入角速度时 2 个质量块受到沿 y 轴相反方向的哥氏力作用，该模态被抑制，因此该模态为非工作模态。

表 2-3　双质量陀螺仪前 6 阶谐振模态

模态序号	模态频率/Hz	振动方向	备注
1	14 261	面外,结构框架沿 z 方向振动	非工作模态
2	15 176	面内,2 个驱动质量块沿 x 轴同方向振动	非工作模态
3	16 196	面内,2 个驱动质量块沿 x 轴反方向振动	驱动模态
4	18 017	面内,驱动质量块与检测框架沿 y 轴同方向振动	非工作模态
5	18 059	面内,驱动质量块与检测框架沿 y 轴反方向振动	检测模态
6	22 830	面外,结构框架沿 z 方向振动	非工作模态

2.3.1.3　MEMS 陀螺仪敏感结构动力学特性分析

（1）MEMS 陀螺仪抗冲击特性分析

MEMS 陀螺仪由于其小体积、批量化、低成本的特性，目前已广泛应用于各类微小型制导弹药，而这类制导弹药通常对于陀螺仪的抗冲击特性具有很高的要求。通过MEMS 陀螺仪敏感结构仿真，评估结构在冲击条件下受到的应力大小，分析 MEMS 陀螺仪面对冲击时的位移响应，在此基础上通过优化结构连接方式、弹性梁尺寸等参数使结构在受到大冲击时仍能保持较小的位移和应力，对于提高 MEMS 陀螺仪敏感结构的抗冲击性能具有重要意义。

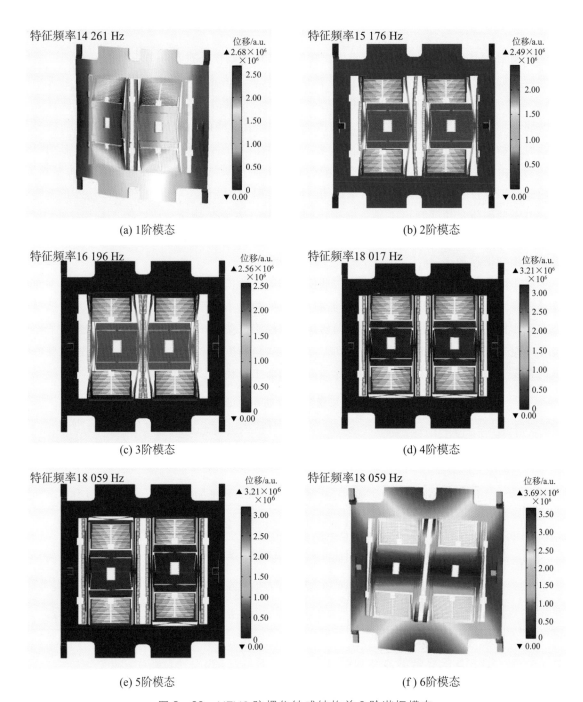

特征频率14 261 Hz
(a) 1阶模态

特征频率15 176 Hz
(b) 2阶模态

特征频率16 196 Hz
(c) 3阶模态

特征频率18 017 Hz
(d) 4阶模态

特征频率18 059 Hz
(e) 5阶模态

特征频率18 059 Hz
(f) 6阶模态

图 2 - 30　MEMS 陀螺仪敏感结构前 6 阶谐振模态

采用 COMSOL 仿真软件对双质量线振动陀螺仪结构建立有限元离散模型，对结构进行 10 000 g 冲击建模仿真，对该模型在 x、y、z 3 个方向分别施加 10 000 g 的惯性载荷，其质量块形变位移云图分别如图 2 - 31（a）、（b）、（c）所示，x、y、z 3 个方向在受到 10 000 g 惯性载荷时最大位移分别为 15.5 μm、8.16 μm、18.8 μm。当质量块受到大量级冲击产生机械位移时,可能会与结构内部产生碰撞。若碰撞位置(如梳齿顶端)接触面积较小或碰撞位置结构脆弱,可能产生结构损伤,需要合理设计止挡结构间隙、面积,采用弹性形变止挡结构能够降低碰撞冲击力,避免结构损伤。

从图 2-31 中可看出,MEMS 陀螺仪在受到外界惯性载荷时,其结构位移模式与陀螺仪同相振动模式也是一致的。陀螺仪结构在受到各方向载荷时,结构会产生相应的同相位移,其位移幅度与运动所对应同相模态谐振频率相关。陀螺仪敏感结构同相模态谐振频率可表示为

$$f = \frac{1}{2\pi}\sqrt{\frac{K}{M}} \tag{2-83}$$

式(2-83)中,K 为结构同相模态总有效刚度;M 为结构总有效质量。

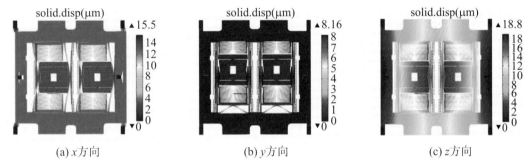

(a) x 方向　　　　　(b) y 方向　　　　　(c) z 方向

图 2-31　陀螺仪受到 x、y、z 3 个方向 10 000 g 惯性载荷时结构位移图

若敏感结构可近似为简单质量块弹簧系统(质量块各处位移相同、弹簧质量忽略不计),则敏感结构受到载荷时产生的位移可表示为

$$x = \frac{F}{K} = \frac{Ma}{4\pi^2 f^2 M} = \frac{a}{4\pi^2 f^2} \tag{2-84}$$

式(2-84)中,F 为载荷力;a 为载荷等效加速度,从其中可看出结构产生的位移与同相模态的谐振频率平方成反比。

陀螺仪同相模态反映了陀螺仪在该方向上的振动特性。当结构受到冲击时,如果陀螺仪同相模态振动频率与冲击的频率相近或一致,那么陀螺仪就容易受到冲击的影响,产生较大的位移和应力。通过提升同相模态谐振频率,能够显著降低结构冲击响应位移,提高结构抗冲击特性。

(2)MEMS 陀螺仪振动特性分析

MEMS 陀螺仪在使用环境中会受到不同振动的影响,例如制导弹药飞行过程中发动机颤动、弹体(如弹翼、尾翼)结构共振、弹体分离过程振动等。在陀螺仪设计过程中,需要对陀螺仪振动特性进行设计仿真,分析陀螺仪受到振动冲击时的影响。对于电容式 MEMS 陀螺仪,陀螺仪输出来源于陀螺仪检测电容尺寸参数(如电容间隙、正对面积)的变化,因此需要借助有限元分析软件对陀螺仪受到振动时结构的位移进行仿真,通过优化结构设计,降低陀螺仪受到振动时结构位移幅度,从而提升结构抗冲击特性。

MEMS 陀螺仪的随机振动仿真建立在陀螺仪模态仿真、频域仿真的基础之上，其本质为首先建立陀螺仪对应外界输入的传递函数矩阵来分析陀螺仪受到外界振动的响应。采用 COMSOL 对双质量线振动陀螺仪结构建立有限元离散模型，在进行陀螺仪模态和频域仿真后，对结构进行 $6.06\ g$ 随机振动建模仿真，对该模型在 x、y、z 3 个方向分别施加 $6.06\ g$ 随机振动载荷，如图 2 - 32 所示。

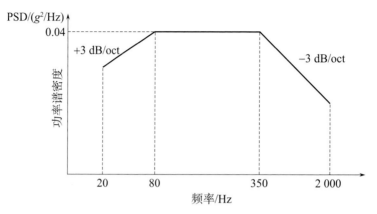

图 2 - 32　$6.06\ g$ 随机振动功率谱密度图

对陀螺仪敏感结构在 x、y、z 3 个方向分别受到 $6.06\ g$ 随机振动对应响应位移输出结果，对 $20\sim2\ 000$ Hz 频域范围内计算响应位移幅值均方差，位移幅值标准差分别为 $0.011\ \mu m$、$0.0053\ \mu m$、$0.0124\ \mu m$，其质量块形变位移云图分别如图 2 - 33（a）、（b）、（c）所示。

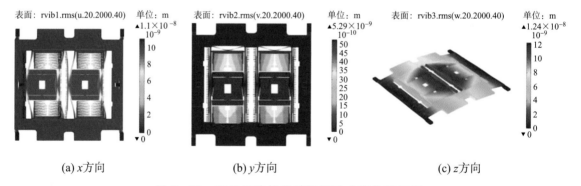

(a) x 方向　　　　　　　　(b) y 方向　　　　　　　　(c) z 方向

图 2 - 33　双质量陀螺仪随机振动响应位移云图

从图 2 - 34 中可看出，MEMS 陀螺仪在受到外界随机振动时，其结构位移模式与陀螺仪同相振动模式是一致的。MEMS 陀螺仪受到的外界随机振动，可分解为不同振动频率和相位载荷的叠加，结构产生的响应也为各振动分量振动响应的叠加。对应单一外界振动响应来说，提升陀螺仪同相模态振动频率，使其远高于外界输入的振动频率，能够显著降低振动响应，进而提升陀螺仪抗振动特性。

▶ 2.3.2　四质量块 MEMS 陀螺仪典型结构设计

四质量块线振动 MEMS 陀螺仪的敏感结构包括 4 个完全相同的质量块，并通过弹性支撑结构或杠杆力臂相连。在工作中，4 个质量块中相邻的 2 个质量块相向运动。如何实现不同质量块之间的振动耦合以及驱动检测模态之间的解耦是陀螺仪结构设计的关键。采用四质量块结构 MEMS 陀螺仪易于实现驱动检测双解耦，能够有效抑制驱动检测之间的耦合。四质量块线振动式 MEMS 陀螺仪可通过提升同相振动模态频率来抑制结构同相振动，同时通过对称布局实现差分检测使质量块的同相运动影响进一步抵消，这种设计可有效减小振动和冲击共模误差，从而提高仪表的精度和力学环境适应性。

2.3.2.1　四质量块 MEMS 陀螺仪结构方案设计

一种典型的四质量块 MEMS 陀螺仪敏感结构如图 2-34 所示。4 个质量块分别位于结构左上、右上、左下、右下 4 个区域，左右两侧的质量块通过结构竖直中心线处的菱形结构弹性梁相连，上下两侧的质量块通过结构两侧的扭转杠杆梁相连接。每个质量块的两侧通过对称设计的双侧 U 型折叠梁固定于锚区。

每个质量块由驱动框架和检测敏感质量块构成，驱动框架仅可在驱动方向（x 方向）运动，而检测敏感质量块既可随驱动框架在驱动方向运动（x 方向），又可在检测方向（y 方向）运动，实现从检测模态到驱动模态的解耦。陀螺仪检测模块由检测敏感质量块和检测框架组成，两者之间通过驱动检测解耦弹性梁结构相连，当陀螺仪检测敏感质量块沿驱动方向运动时，驱动检测解耦弹性梁抑制检测框架的运动，实现驱动模态到检测模态的解耦。

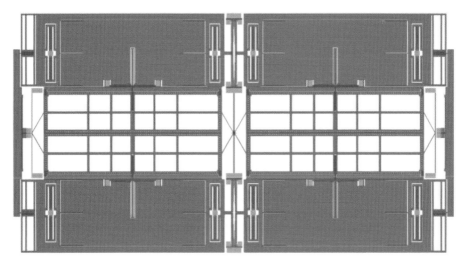

图 2-34　四质量块音叉式 MEMS 陀螺仪结构简图

2.3.2.2　四质量块 MEMS 陀螺仪结构工作模态设计

四质量块 MEMS 陀螺仪工作原理如第 2.2.1.3 节所述。对陀螺仪结构工作模态进行仿真分析，其前 4 阶模态如图 2-35 和表 2-4 所示。驱动模态（1 阶模态）4 个质量块沿 x 方向相向运动，四质量块的运动"左右反相，上下反相"，即位于结构上方（或下方）

的 2 个质量块沿 x 方向运动方向相反，位于结构左侧（或右侧）的 2 个质量块沿 x 方向运动方向相反。检测模态（2 阶模态）4 个质量块沿 y 方向相向运动，四质量块运动"左右反相，上下反相"，即位于结构上方（或下方）的 2 个质量块沿 y 方向运动方向相反，位于结构左侧（或右侧）的 2 个质量块沿 y 方向运动方向相反。3 阶模态与 4 阶模态为干扰模态，通过优化竖直中心线处的菱形结构弹性梁和结构两侧的扭转杠杆梁结构参数，提高 3 阶和 4 阶模态的频率，降低了其他模态对驱动模态的干扰。

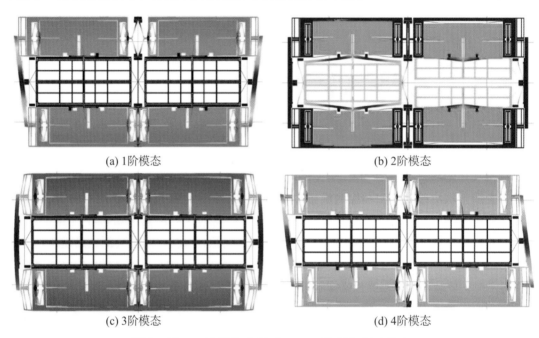

(a) 1阶模态　　　　　　　　　　　　　(b) 2阶模态

(c) 3阶模态　　　　　　　　　　　　　(d) 4阶模态

图 2 - 35　四质量块音叉式 MEMS 陀螺仪振动模态

表 2 - 4　四质量块陀螺仪振动模态

模态阶数	谐振频率	振动方式	模态说明
1 阶	13 257	4 个质量块沿 x 方向相向运动,四质量块运动左右反相,上下反相	驱动模态
2 阶	13 447	4 个质量块沿 y 方向相向运动,四质量块运动左右反相,上下反相	检测模态
3 阶	16 231	4 个质量块沿 x 方向相向运动,四质量块运动左右反相,上下同相	干扰模态
4 阶	19 929	4 个质量块沿 x 方向相向运动,四质量块运动左右同相,上下反相	干扰模态

2.3.2.3　四质量块 MEMS 陀螺仪敏感结构动力学特性分析

（1）四质量块 MEMS 陀螺仪抗冲击特性分析

为提升陀螺仪抗冲击特性，主要提升与陀螺仪冲击响应相对应的同相模态谐振频率，通过对四质量块陀螺仪结构的优化设计，提升四质量块陀螺仪同相工作模态谐振频率是抗冲击设计的关键。对四质量块陀螺仪质量块之间的连接结构采取杠杆式的连接结构，能够提升陀螺仪同相模态，本设计中陀螺仪受到 x 方向、y 方向和 z 方向冲击时结构运动分别如图 2-36（a）、（b）、（c）所示。陀螺仪在 x 方向、y 方向和 z 方向质量块同相运动频率分别为 22 093 Hz、23 673 Hz、24 885 Hz，远高于陀螺仪驱动谐振频率和检测轴谐振频率（13 kHz）。通过结构的优化设计，提高了结构在承受各方向冲击时所对应的四质量同相运动模态谐振频率，提高了结构的抗冲击和抗振动性能。陀螺仪检测框架与敏感质量块采用隔离设计，当结构受到冲击和振动时由于隔离结构的存在，有效降低了检测框架的运动幅度。隔离结构的设计也使得敏感结构在冲击运动相应模态频率较低的条件下，降低了检测框架运动幅度，避免了采用过高的冲击模态频率造成弹性梁内部冲击应力过大，导致弹性梁损伤的问题。

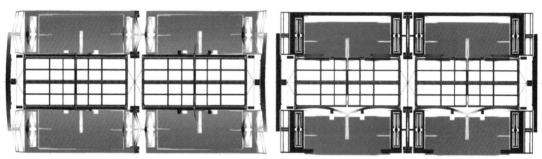

(a) x 方向冲击结构运动　　　　　　　　(b) y 方向冲击结构运动

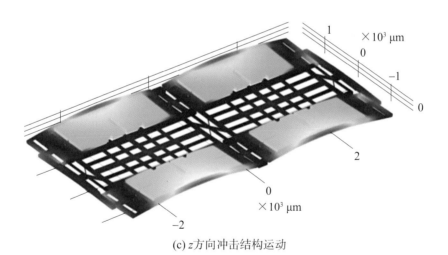

(c) z 方向冲击结构运动

图 2-36　四质量块陀螺仪冲击响应

（2）四质量块 MEMS 陀螺仪振动特性分析

采用 COMSOL 仿真软件对四质量块线振动陀螺仪结构建立有限元离散模型，在进行陀螺仪模态和频域仿真后，对结构进行 6.06 g 随机振动建模仿真，对该模型在 x、y、z 3 个方向分别施加 6.06 g 随机振动。对 x、y、z 3 个方向上随机振动响应位移输出结果，在 20～2 000 Hz 频域范围内计算响应位移幅值均方差，位移幅值标准差（1σ）分别为 0.003 5 μm、0.003 4 μm、0.005 6 μm，其质量块形变位移云图分别如图 2-37（a）、（b）、（c）所示。

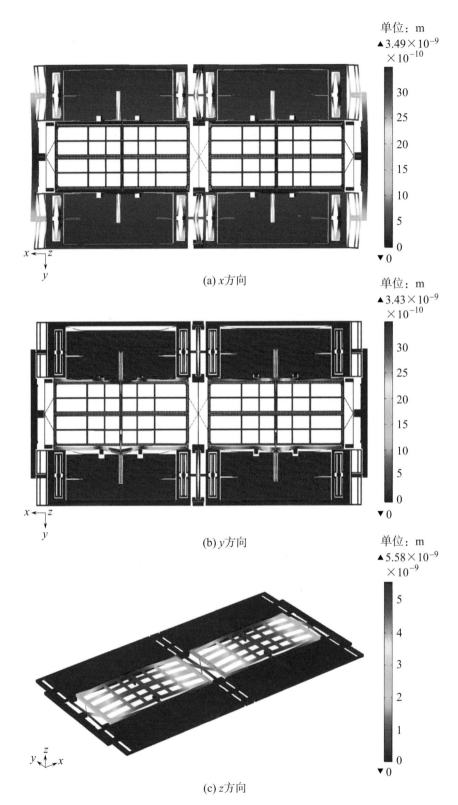

(a) x方向

(b) y方向

(c) z方向

图 2 - 37　四质量块陀螺仪随机振动响应位移云图

与前述双质量 MEMS 陀螺仪结构相比，四质量 MEMS 陀螺仪结构受到随机振动后，在 x、y、z 3 个方向上的响应位移显著减小，这是由于四质量陀螺仪通过质量块间的连接结构设计将陀螺仪的同相模态设计得更高，有利于提升陀螺仪的抗振动性能。

2.4　单片三轴 MEMS 陀螺仪典型结构

▶ 2.4.1　单片三轴 MEMS 陀螺仪概述

随着新产业变革的深化及演进，对小型化、微型化、集成化惯性导航与控制系统的需求迅速增加，研制集成化 MEMS 惯性仪表，提高系统集成化密度，降低成本、体积与功耗，提高其综合性能，成为惯性技术发展的一个重要方向。基于集成微纳技术制造的单片三轴微机电陀螺仪可有效减小惯性测量单元的体积，因而特别适用于各类微小型武器系统、智能弹药系统的惯性导航和姿态控制。目前，微机电陀螺仪研究在继续提高单轴仪表精度的同时，也已经广泛开始了多轴化系统一体化设计。微电子技术和 MEMS 技术的快速发展也为实现高性能单片三轴微机电陀螺仪提供了技术基础，单片三轴微机电陀螺仪已成为国内外重要研究方向之一。

国内外研制高度集成的单片多轴 MEMS 惯性器件已有 20 多年的历史，高校和研究所提出了多种陀螺仪结构设计方案，已经推出了相关产品并开始工程应用。目前，单片三轴微机电陀螺仪主要有 $x/y/z$ 三分离结构单片集成、z 轴结构与 x/y 轴双轴结构集成、三轴一体化集成 3 种技术方案。

▶ 2.4.2　三轴敏感结构相对独立的结构方案

三轴敏感结构相对独立的单片三轴 MEMS 陀螺仪是指在 1 个芯片上加工 3 个分别敏感 x、y、z 方向上的陀螺仪结构，各个结构之间相对独立，不存在相互串扰的问题，因而有利于分别提高每一个轴向的陀螺仪精度。其缺点是 3 个结构排布紧凑性差，芯片面积利用效率不足。

2007 年德国惯性传感器与微系统研究中心[193] 提出一种基于 SOI 工艺的单片 $x/y/z$ 三分离结构单片集成的三轴微机电陀螺仪（图 2 - 38），z 轴采用双质量框架解耦结构，驱动模态双质量块在 x 轴方向反相运动，检测模态敏感质量在 y 轴方向反相运动；x 轴、y 轴采用完全相同的水平轴敏感单质量块敏感结构垂直布置，其驱动模态中心质量块在水平方向运动，四周支撑框架保持不动，检测模态中心质量块带动四周支撑框架在 z 轴方向运动，在检测框架外侧设计梳齿检测电极，通过梳齿电极在 z 轴方向运动检测结构面外运动，实现驱动、检测模态解耦。

美国佛罗里达大学和中国北京大学、北京理工大学[194] 联合提出一种 CMOS - MEMS 集成的 IMU（Inertial Measurement Unit，惯性测量单元）（图 2 - 39），包括同片集成的 1 个三轴加速度计、1 个 z 轴陀螺仪和 1 个水平轴陀螺仪。z 轴陀螺仪的标度因数为 $0.3\ \mathrm{mV/(°)/s}$，噪声为 $0.2\ (°)/s/\sqrt{\mathrm{Hz}}$。尽管该工作中只集成一个水平轴陀螺仪，但水

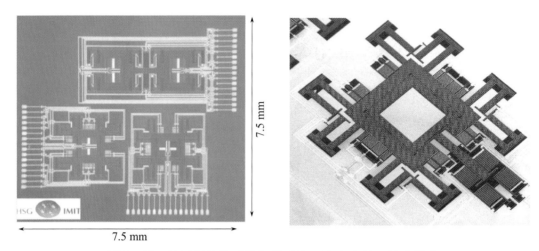

图 2 - 38　德国惯性传感器与微系统研究中心的三轴陀螺仪

平轴陀螺仪如果通过正交排布，即可实现三轴陀螺敏感。

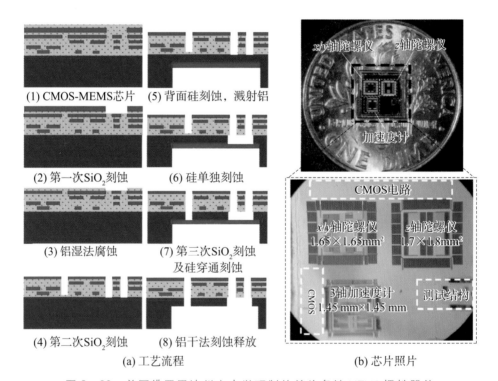

图 2 - 39　美国佛罗里达州立大学研制的单片多轴 MEMS 惯性器件

● 2.4.3　水平双轴敏感 + z 轴敏感的结构方案

z 轴敏感陀螺仪结构通常是敏感面内的哥氏力，x/y 轴则是敏感面外的哥氏力。可以设计一个敏感结构同时敏感 x 轴、y 轴角速度，而仍保持 z 轴敏感结构的独立，这样的设计一方面提高了结构的集成度，同时将面内和面外哥氏力分开处理，也降低了设计的难度。

新加坡微电子所[195] 提出一种单片集成的 IMU（图 2 - 40），包括同片集成的 3 个单轴加速度计、1 个 z 轴陀螺仪和 1 个水平轴陀螺仪，其中 z 轴陀螺仪采用线振动结构，x/y 水平轴陀螺仪采用扭转振动结构。敏感结构与 ASIC 通过 QFN（Quad Flat No‑lead package，方形无引脚封装）封装，总体积 5 mm×5 mm×1.3 mm。

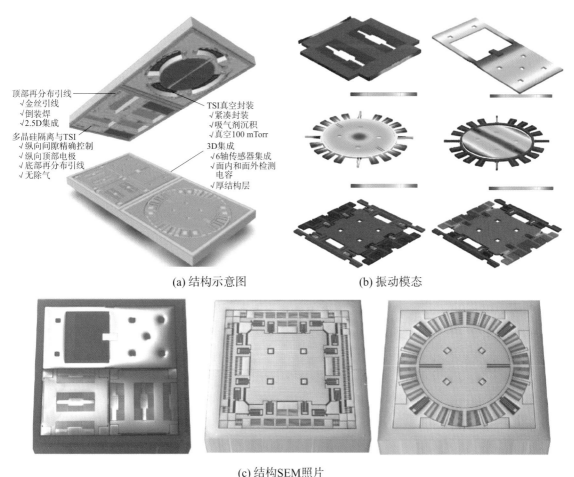

(a) 结构示意图　　　　　　(b) 振动模态

(c) 结构SEM照片

图 2 - 40　新加坡微电子所研制的单片集成 IMU

2015 年美国飞思卡尔公司[196] 提出了一种 6.8 mW 的低功耗三轴 MEMS 陀螺仪（FXAS21002C），该陀螺仪采用开环、多路时分复用的检测方式，驱动回路采用不连续的工作控制模式，大大降低了系统功耗。三轴陀螺仪芯片包括相对独立的 2 个部分，分别为振动轮式 x/y 轴敏感结构和线振动 z 轴敏感结构（图 2 - 41）。陀螺仪零偏温度系数±0.01（°）/s/℃。

2011 年美国佐治亚理工学院[197] 提出一种谐振频率为 0.9 MHz 的模式匹配双轴 MEMS 陀螺仪，敏感质量块为带空洞的振动盘，驱动模态沿 x 轴方向和 y 轴方向振动，

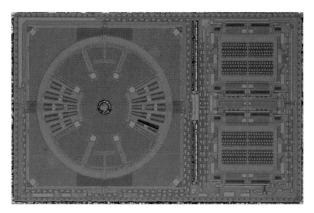

图 2-41　美国飞思卡尔公司的 FXAS21002C 型三轴陀螺仪敏感结构

当有 y 轴或 x 轴方向输入角速度时，敏感结构产生面外方向的倾斜和扭转（图 2-42）。陀螺仪采用 HARPSS 工艺制备，检测电容采用氧化硅牺牲层制备，电容间隙仅为 200 nm，零偏稳定性 x 轴 0.18（°）/s，y 轴 0.30（°）/s。

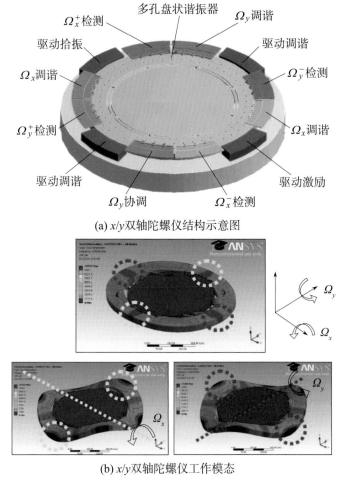

(a) x/y 双轴陀螺仪结构示意图

(b) x/y 双轴陀螺仪工作模态

图 2-42　美国佐治亚理工学院的 x/y 双轴陀螺仪

▶ 2.4.4　三轴一体化设计方案

为进一步提高结构的集成度，人们也开始研究可同时敏感 3 个方向角速度的三轴单结构集成 MEMS 陀螺仪方案。在这种结构中，如何避免 3 个轴向信号的相互耦合是重要的研究课题。

2016 年，美国仙童半导体公司[198] 提出了其第一款单片六轴惯性测量单元：FIS1100IMU。该测量单元在单个芯片上集成了 1 个三轴陀螺仪和 1 个三轴加速度计，三轴陀螺仪采用 1 个大的检测质量块，驱动模态为整个检测质量块绕着 z 轴的扭转振动，3 个轴向敏感模态如图 2 - 43 所示，采用 TSV 工艺加工。传感器芯片和 ASIC 芯片采用堆叠形式并进行栅格阵列（LGA）封装，封装尺寸为 3.3 mm×3.3 mm×1 mm。陀螺仪在 3 个轴向的零偏不稳定性均优于 8 (°)/h。

2016 年美国佐治亚理工学院[199] 提出一种单片三轴 MEMS 陀螺仪，陀螺仪敏感结构由四角的 4 个固定锚区支撑 4 个质量块。驱动模态工作时，4 个质量块同时向心运动或离心运动；当有 z 轴输入角速度时，4 个质量块在面内沿与驱动方向垂直的方向运动；当有 x 轴或 y 轴输入角速度时，前后或左右 2 个质量块产生面外方向运动（图 2 - 44）。陀螺仪 z 轴采用模式匹配的工作方式，灵敏度为 30.5 pA/(°)/s，x 轴和 y 轴采用模式分离的工作方式，灵敏度为 1.4 pA/(°)/s 和 1.21 pA/(°)/s，陀螺仪 x、y、z 3 个轴向零偏稳定性分别为 0.226 (°)/s、0.166 (°)/s、0.041 (°)/s。

美国加州大学欧文分校[200] 提出了一种包含倾斜、扭转、线振动多种运动方式的单片三轴 MEMS 陀螺仪（图 2 - 45）。陀螺仪敏感结构包括左右两侧的线振动质量块和结构中心转动质量块。驱动模态工作时，左右两侧质量块沿前后反相运动，带动中心质量块转动。当结构受到 z 轴输入角速度时，左右两侧质量块产生左右方向的运动，当结构受到 x 轴方向或 y 轴方向的输入角速度时，中心转动质量块中可上下扭转的敏感块产生面外的运动。陀螺仪采用晶圆级多晶硅外延封装工艺，实现结构层厚度 40 μm，电容检测间隙 1.5 μm，零偏稳定性为 z 轴 0.013 (°)/s，x 轴/y 轴 0.033 (°)/s。

2008 年，中国台湾成功大学[201] 提出了一种振动轮式单片三轴 MEMS 陀螺仪（图 2 - 46）。振动轮由中心处固定锚区、x 向弹性梁与转动轮前后锚区及 y 向弹性梁支撑，振动轮内部含有可在面内沿轴向运动的敏感框架。驱动模态振动轮沿轴向振动，当有 z 轴输入角速度时，敏感框架产生面内轴向运动；当有 x 轴输入角速度时，振动轮左右上下摆动；当有 y 轴输入角速度时，振动轮前后上下摆动。该结构可实现陀螺仪分辨率 0.42 (°)/s/$\sqrt{\text{Hz}}$。

2014 年，韩国蔚山大学[202] 提出了包含线振动、扭转、倾斜多种运动模式的单片三轴 MEMS 陀螺仪（图 2 - 47）。陀螺仪敏感结构整体为圆形，包括前后左右 4 个圆饼状结构。陀螺仪驱动模态工作时，4 部分分别沿结构 x 轴/y 轴轴线相对运动；当有 z 轴输入角速度时，结构产生与驱动轴运动方向垂直的面内运动；当有 x 轴/y 轴输入角速度时，陀螺仪前后/左右部分产生面外方向的扭转运动。

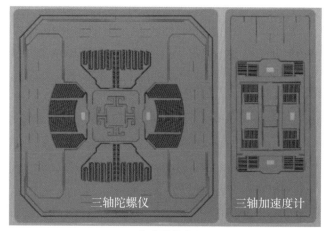

(a) 芯片结构布局

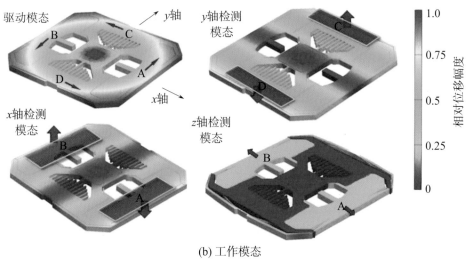

(b) 工作模态

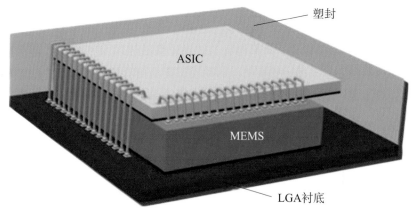

(c) 封装结构

图 2-43 美国仙童半导体研制的单片六轴 IMU

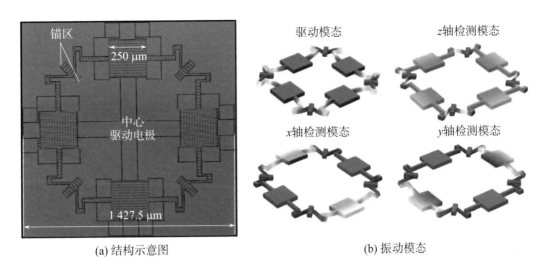

(a) 结构示意图　　　　　　　　　　(b) 振动模态

图 2-44　美国佐治亚理工学院的三轴 MEMS 陀螺仪

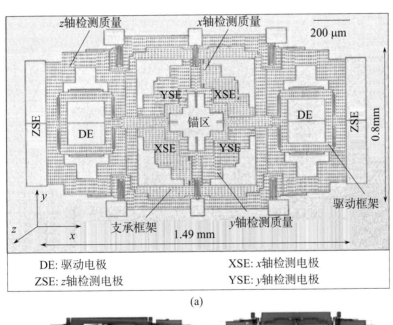

DE: 驱动电极　　　　　　　　　　　XSE: x轴检测电极

ZSE: z轴检测电极　　　　　　　　　YSE: y轴检测电极

(a)

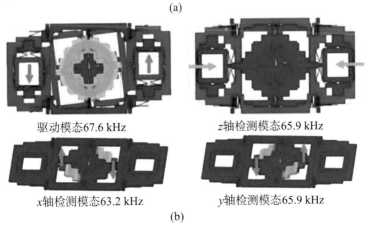

驱动模态 67.6 kHz　　　　　　　　z轴检测模态 65.9 kHz

x轴检测模态 63.2 kHz　　　　　　y轴检测模态 65.9 kHz

(b)

图 2-45　美国加州大学欧文分校的三轴陀螺仪

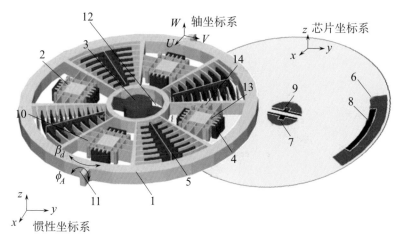

图 2-46 中国台湾成功大学的三轴陀螺仪

1—外环；2—平移检测质量；3—内部圆盘；4—平移检测质量的检测电极；5—驱动梳齿电极；
6—外环检测电极；7—内部圆盘检测电极；8—外部调谐电极；9—内部圆盘调谐电极；
10—锚区；11—S1 弹簧；12—S2 弹簧；13—S3 弹簧；14—S4 弹簧

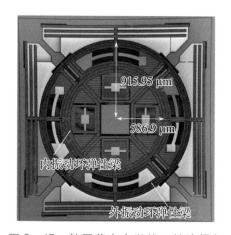

图 2-47 韩国蔚山大学的三轴陀螺仪

中国东南大学[203] 2017 年设计了一种四质量块线振动的单片三轴 MEMS 陀螺仪，包括左右两侧敏感框架结构和中心 2 个敏感质量块结构（图 2-48）。驱动模态工作时，左右两侧质量块左右运动，带动中心 2 个质量块前后运动。当有 z 轴输入角速度时，左右两侧质量块产生前后运动；当有 x 轴输入角速度时，中心 2 个质量块产生面外转动；当有 y 轴输入角速度时，左右两侧质量块产生面外运动。

2019 年，日本东芝公司[204] 提出一种单片三轴 MEMS 陀螺仪，采用 InvenSense CMOS-MEMS 惯性传感器工艺制备。陀螺仪敏感结构由 4 个三角形质量块组成，并在结构中心和四角连接（图 2-49）。驱动模态工作时，2 个质量块左右相对运动，2 个质量块前后相对运动。当陀螺仪受到 z 轴方向输入角速度时，前后运动的 2 个质量块内部的检测框架受左

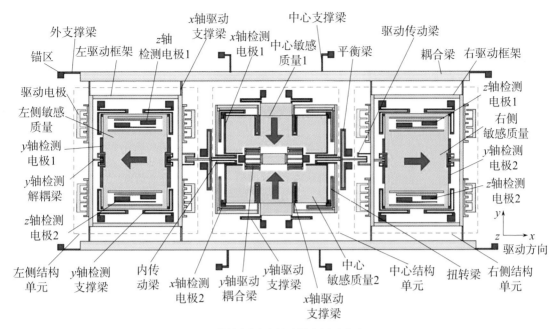

(a) 结构框图及驱动模态运动方向

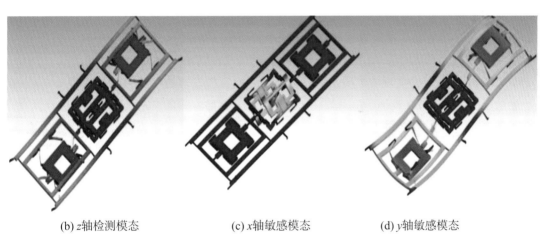

(b) z 轴检测模态　　　　(c) x 轴敏感模态　　　　(d) y 轴敏感模态

图 2-48　东南大学的三轴陀螺仪

右方向的哥氏力并在该方向运动；当陀螺仪受到 x 轴或 y 轴方向的输入角速度时，质量块产生水平方向运动。陀螺仪可驱动电极调节，陀螺仪 3 个轴的灵敏度达到 0.3～0.6 aF/(°)/s，交叉轴耦合 2%。

2016 年，韩国科技大学[205] 提出了一种单片三轴 MEMS 陀螺仪（图 2-50），陀螺仪敏感结构整体为正方形，结构以正方形对角线分为 4 部分结构。驱动模态工作过程中，四部分结构在面内沿结构轴线相对运动；陀螺仪左右两部分结构内包含可前后运动的 z 轴敏感结构框架，当有 z 轴方向输入角速度时，该 z 轴结构框架产生前后运动；当有 x 轴/y 轴输入角速度时，陀螺仪前后/左右部分产生面外方向的扭转运动。基于该结构形式，进行了各种不同形式陀螺仪结构优化设计及仿真。

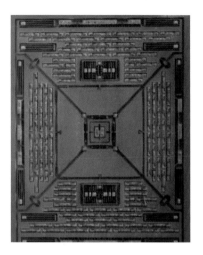

驱动频率/kHz
测试结果：20.6
仿真结果：20.0

z轴检测频率/kHz
测试结果：24.2
仿真结果：21.7

x轴检测频率/kHz
测试结果：24.2
仿真结果：22.3

y轴检测频率/kHz
测试结果：24.8
仿真结果：23.5

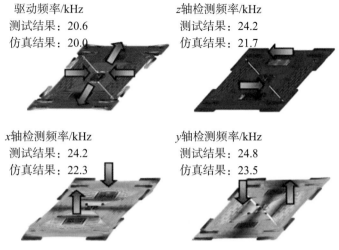

(a) 敏感结构　　　　　　　　　　　　　　(b) 振动模态

图 2-49　日本东芝公司的三轴陀螺仪

2011 年，意法半导体公司提出一种四质量块结构的单片三轴陀螺仪[206]（图 2-51），4 个质量块在面内进行前后或左右运动，在面内检测 z 方向输入角速度，在面外检测 x 方向或 y 方向的输入角速度。陀螺仪控制电路采用单驱动单检测回路，驱动工作模式 x 方向和 y 方向的电极并联，采用闭环 AGC（Automatic Gain Control，自动增益控制）和 PLL（Phase Locked Loop，锁相环）实现 4 个质量块稳幅振动，检测模态通过多路选择器实现 x、y、z 3 个轴向分时复用，开环检测，显著简化了陀螺仪控制回路，降低了陀螺仪功耗和芯片体积。陀螺仪敏感结构采用多晶硅外延表面牺牲层工艺，芯片面积 3.2 mm×3.2 mm，ASIC 采用 0.13 μm CMOS 工艺，芯片面积 2.5 mm×2.5 mm，零偏稳定性达到 0.004（°）/s。

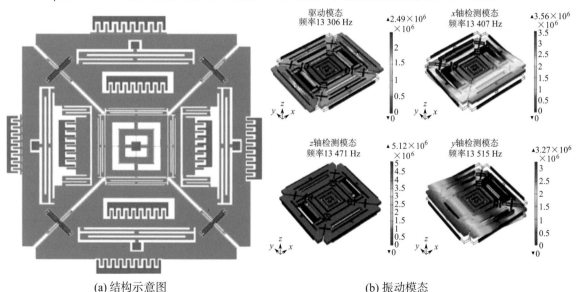

(a) 结构示意图　　　　　　　　　　　　　(b) 振动模态

图 2-50　韩国科技大学的三轴陀螺仪

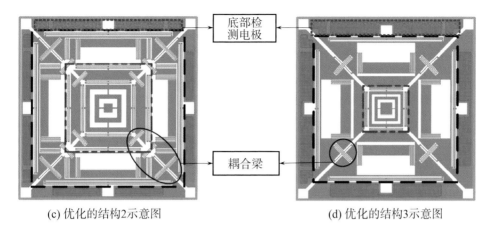

(c) 优化的结构2示意图　　　　　　(d) 优化的结构3示意图

图 2-50　韩国科技大学的三轴陀螺仪（续）

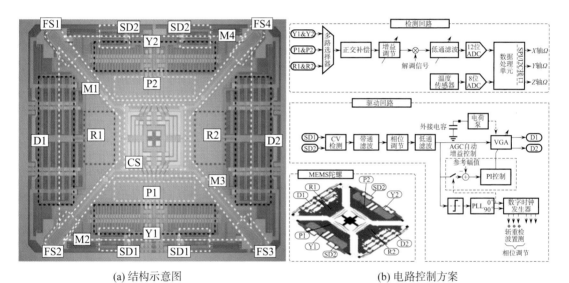

(a) 结构示意图　　　　　　　　(b) 电路控制方案

图 2-51　意法半导体公司的三轴陀螺仪

2.5 典型 MEMS 陀螺仪误差机理分析

MEMS 陀螺仪通过检测梳齿结构感知哥氏加速度，即检测信号与输入的角速度成正比。在实际工程实现中，陀螺仪的输出不可避免地存在各种误差。陀螺仪的输出可表示为

$$G = (K_1 + \Delta K_1)\Omega + K_0 + \Delta K_0 + \varepsilon \tag{2-85}$$

式（2-85）中，ΔK_0、ΔK_1 分别表示陀螺仪的零偏误差和标度因数误差，ε 表示陀螺仪的随机误差。

MEMS 陀螺仪的误差从产生来源上主要分为两类。第一类是原理性的固有误差，也称为本征性误差，这种误差是由陀螺仪设计方案及其实现过程决定的。这些误差主要包括微结构及电路的各种随机误差、与陀螺仪驱动轴谐振同频的正交耦合误差（与哥氏信号存

在 90°相位差)、同相耦合误差(与哥氏信号同相位)以及 g 敏感性误差等。第二类误差是由使用及环境因素引入的,这类误差包括 MEMS 陀螺仪在工作过程中所处的各种环境物理场对其输出产生影响的动态误差。这两类误差都包含常值和随机部分,表现为零偏和标度因数的各种误差。MEMS 陀螺仪各种误差源分析如图 2－52 所示。

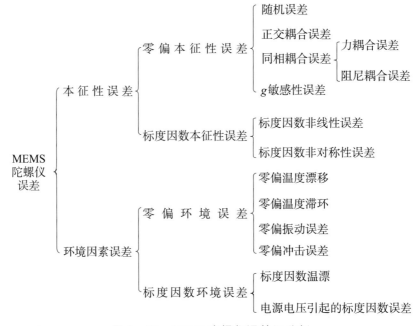

图 2－52　MEMS 陀螺仪误差源分析

总而言之,MEMS 陀螺仪的误差来源主要是各种设计和加工缺陷、环境干扰和物理场影响等。在陀螺仪结构及控制回路设计中,需要明确上述误差的产生机理及变化规律,以便通过优化设计减小各类误差的影响,确保陀螺仪的综合精度。

▶ 2.5.1　MEMS 陀螺仪随机误差

MEMS 陀螺仪随机误差部分相对复杂,且变化具有随机性,难以确定误差的具体表达式,通常运用数学统计的方法获取其基本的变化规律。MEMS 陀螺仪随机误差主要包括量化噪声、角度随机游走、角速率随机游走、零偏不稳定性、(角)速率斜坡等误差。这五种噪声在 $\sigma(\tau) \sim \tau$ 双对数图中具有不同的斜率,如图 2－53 所示。零偏不稳定性和角速率随机游走是力平衡模式陀螺仪的主要性能指标,当对角速率信号进行积分时,角度误差的标准差开始由角度随机游走占主导,当积分时间变大,零偏不稳定性成为主要因素[207]。

(1) 量化噪声

量化噪声是 MEMS 陀螺仪输出数字化固有的噪声,对模拟信号采样进行数字量化编码,真实值与编码值之间会存在一定的差别。量化噪声代表了 MEMS 陀螺仪的最小分辨率水平。对于采样频率为 $f_0 = 1/\tau_0$ 的 MEMS 陀螺仪输出,其功率谱密度为

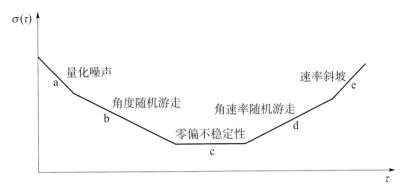

图 2-53　Allan 方差各误差源

$$S_\omega(f) = \frac{4Q^2}{\tau}\sin^2(\pi f \tau_0) = (2\pi f)^2 \tau_0 Q^2 \quad \left(f < \frac{1}{2\tau_0}\right) \tag{2-86}$$

式（2-86）中，Q 为量化噪声系数。Allan 方差与功率谱密度之间关系如下

$$\sigma^2(\tau) = 4\int_0^\infty S_\omega(f)\frac{\sin^4(\pi f \tau)}{(\pi f \tau)^2}\mathrm{d}f \tag{2-87}$$

将式（2-86）代入式（2-87），得到

$$\sigma^2(\tau) = \frac{3Q^2}{\tau^2} \tag{2-88}$$

量化噪声的标准差在 $\sigma(\tau) \sim \tau$ 双对数图中的斜率为 -1。量化噪声的带宽通常较大，如载体运动的带宽较低，宽带噪声将会被滤掉。因此，量化噪声在陀螺仪中不是主要的误差源，只有当采样频率较高时，量化噪声产生的影响才不能忽略[208]。

（2）角度随机游走

角度随机游走由角速率随机噪声引起，具有随机游走的特点，即角速率白噪声在不同采样间隔内，积分互不相关。角度随机游走是对宽带噪声积分的结果，是影响姿态控制系统精度的主要误差。角度随机游走具有常值角速率功率谱，具体如下

$$S_w(f) = N^2 \tag{2-89}$$

式（2-89）中，N 为角度随机游走系数，将其代入式（2-87）中，可得

$$\sigma^2(\tau) = \frac{N^2}{\tau} \tag{2-90}$$

在 $\sigma(\tau) \sim \tau$ 双对数图中，角度随机游走 Allan 标准差的斜率为 $-1/2$。

MEMS 陀螺仪及电路中的热噪声决定了角度随机游走，由于硅微谐振式陀螺仪结构尺寸非常小，封装腔内气体分子的无规则运动会对可动结构，如检测质量块、谐振梁等产生碰撞，从而形成机械热噪声。机械热噪声会产生在敏感检测方向的振动，作用效果与哥氏力相同，会被接口电路检测为角速度输入。1993 年 T. B. Gabrielson[209] 研究了机械热噪声，并应用等效电学模型来分析，他阐述了机械热噪声是一种白噪声，只取决于温度和机械阻尼的大小，其功率谱密度在整个频带内是均匀的，可以等效为沿着阻尼方向施加的力

$$F_{\text{thermal}} = \sqrt{4k_B T c_0} = \sqrt{4k_B T \frac{m\omega_0}{Q}} \tag{2-91}$$

式 (2-91) 中，k_B 为玻耳兹曼常数，T 为绝对温度，c_0 为阻尼系数，Q 为品质因数，m 为陀螺仪结构质量，ω_0 为谐振角频率。电路中的电阻和晶体管也会由于内部带电载流子的无规则运动，向电路引入热噪声。电阻热噪声可以用一个电压源来模拟，晶体管热噪声主要在沟道中产生，可以用一个连接源漏两端的电流源来模拟，两者的功率谱密度为

$$S_R(f) = 4k_B T R \tag{2-92}$$

$$S_M(f) = 4k_B T \gamma g_m \tag{2-93}$$

式 (2-92) 与式 (2-93) 中，R 为电阻值；γ 为沟道深宽比相关的常系数，长沟道晶体管为 2/3；g_m 为晶体管跨导；f 为频率。

（3）零偏不稳定性

陀螺仪零偏不稳定性主要由 $1/f$ 噪声决定，主要是指低频零偏抖动，是由电子器件或其他部件的随机波动引起的，其功率谱密度为

$$S(f) = B^2/(2\pi f)^2 \tag{2-94}$$

式 (2-93) 中，B 为零偏不稳定系数，将其代入 Allan 方差与原始数据的功率谱密度关系式，得

$$\sigma^2(\tau) = \frac{4B^2}{9} \tag{2-95}$$

零偏不稳定性具有低频特性，在 MEMS 惯性器件中表现为零偏随时间的波动，零偏不稳定性的 Allan 标准差在 $\sigma(\tau) \sim \tau$ 双对数图中，是斜率为 0 的直线。

（4）角速率随机游走

角速率随机游走是角加速度白噪声的积分，同样具有随机游走的特性。角速率随机游走是对宽带（角）加速度信号的功率谱密度积分的结果。这一噪声的（角）速率功率谱密度，即角加速度的功率谱为

$$S(f) = K^2 \tag{2-96}$$

式 (2-96) 中，K 为角速率随机游走系数，根据随机积分关系，得到角速率的功率谱为

$$S(f) = K^2/(2\pi f)^2 \tag{2-97}$$

将式 (2-97) 代入 Allan 方差与原始数据的功率谱密度关系式，可得

$$\sigma^2(\tau) = \frac{K^2 \tau}{3} \tag{2-98}$$

因此，在 $\sigma(\tau) \sim \tau$ 双对数图中，角速率随机游走的 Allan 标准差斜率为 1/2。

（5）速率斜坡

速率斜坡源于角速率输出随时间的缓慢变化，这种变化由温度等外界环境引起。假设角速率 $\Omega(t)$ 与测试时间 t 之间呈线性关系，即

$$\Omega(t) = Rt + \Omega(0) \tag{2-99}$$

式 (2-99) 中，R 为速率斜坡系数，直接进行 Allan 方差分析，可得

$$\sigma^2(\tau) = \frac{R^2\tau^2}{2} \qquad\qquad (2-100)$$

从式（2-100）可看出，速率斜坡噪声在 $\sigma(\tau)\sim\tau$ 双对数图中，斜率为 1。实际上速率斜坡更像一种确定性的误差，而不是随机误差。

设随机漂移的误差信号主要有以上五种，且各噪声之间相互独立。Allan 方差可表示为

$$\sigma^2(\tau) = \frac{3Q^2}{\tau^2} + \frac{N^2}{\tau} + \frac{4B^2}{9} + \frac{K^2\tau}{3} + \frac{R^2\tau^2}{2} = \sum_{k=-2}^{2} A_k\tau^k \qquad (2-101)$$

根据不同采样间隔 τ 的 Allan 方差，利用最小二乘法可求出各噪声系数，见表 2-5。

表 2-5　随机噪声对应的斜率

随机噪声项	Allan 标准差	转换关系	单位
量化噪声 Q	$\dfrac{\sqrt{3}\,Q}{\tau}$	$\dfrac{\sqrt{A_{-2}}}{\sqrt{3}}$	$(°)/\mathrm{h}\cdot\mathrm{s}$
角度随机游走 N	$\dfrac{N}{\sqrt{\tau}}$	$\dfrac{\sqrt{A_{-1}}}{60}$	$(°)/\sqrt{\mathrm{h}}$
零偏不稳定性 B	$\dfrac{2B}{3}$	$\dfrac{3\sqrt{A_0}}{2}$	$(°)/\mathrm{h}$
角速率随机游走 K	$\dfrac{K\sqrt{\tau}}{\sqrt{3}}$	$60\sqrt{3A_1}$	$(°)/\mathrm{h}/\sqrt{\mathrm{h}}$
速率斜坡 R	$\dfrac{R\tau}{\sqrt{2}}$	$3\,600\sqrt{2A_2}$	$(°)/\mathrm{h}^2$

● 2.5.2　MEMS 陀螺仪正交耦合误差

MEMS 陀螺仪工作过程中，检测质量块在哥氏力的作用下产生检测模态运动，进而实现角速率的检测。哥氏力正比于角速度与驱动模态运动的速度的乘积。当没有角速度输入时，哥氏力为 0，因此理论上检测模态没有驱动力不会产生运动。然而在陀螺仪实际工作中，检测模态会受到驱动模态的耦合作用而产生相应振动，这种振动正比于驱动模态的位移并与之保持同相。由于驱动模态的运动速度和位移在相位上相差 90°，因而这种耦合运动与哥氏运动的相位相差 90°，相应的误差称为正交耦合误差。从来源上可以分为原理性正交耦合误差和工艺性正交耦合误差。

（1）原理性正交耦合误差

MEMS 陀螺仪原理性正交耦合误差是由 MEMS 陀螺仪的工作原理所决定的，因此推导完整的 MEMS 陀螺仪动力学方程可得到其原理性误差。对于如图 2-2 所示 z 轴敏感的陀螺仪敏感结构，当存在 x、y、z 3 个方向上的角速度输入时，其完整的驱动模态动力学方程可表示为

$$m_x\ddot{x} + D_{xx}\dot{x} + k_{xx}x = F_d + 2m_x\Omega_z\dot{y} - 2m_x\Omega_y\dot{z} + m_x(\Omega_y^2 + \Omega_x^2)x$$
$$- m_x(\Omega_x\Omega_y - \dot{\Omega}_z)y - m_x(\Omega_z\Omega_x + \dot{\Omega}_y)z$$

$$(2-102)$$

式（2-102）中，m_x、D_{xx}、k_{xx} 分别为驱动质量、驱动方向上的阻尼系数、弹性系数。x、y、z 分别为 3 个方向上的位移，Ω_x、Ω_y、Ω_z 分别为输入角速率在 x、y、z 3 个轴向上的分量，F_d 为驱动力。式（2-105）忽略了刚度矩阵和阻尼矩阵中的非对角项，这便于分析 MEMS 陀螺仪原理性正交误差。

式（2-102）右边第二项和第三项是哥氏力，$m_x\dot{\Omega}_z y$ 和 $-m_x\dot{\Omega}_y z$ 项是存在角加速度时的牵连切向惯性力项，$m_x(\Omega_y^2 + \Omega_x^2)x$、$-m_x\Omega_x\Omega_y y$、$-m_x\Omega_z\Omega_x z$ 项是牵连向心惯性力项。在 z 轴敏感陀螺仪中，通过优化结构设计，使 z 方向的结构刚度远大于 x、y 方向的刚度，从而 z 方向的运动可忽略，即 $z=0$，$\dot{z}=0$，则式（2-102）可简化为

$$m_x\ddot{x} + D_{xx}\dot{x} + k_{xx}x = F_d + 2m_x\Omega_z\dot{y} + m_x(\Omega_y^2 + \Omega_x^2)x - m_x(\Omega_x\Omega_y - \dot{\Omega}_z)y$$

$$(2-103)$$

由于 $\dot{y}=\omega_y y$，ω_y 是陀螺仪检测轴振动频率，通常为 kHz 量级，而输入角速率在几千（°）/s 以下，对应旋转频率在 30 Hz 以内，因此式（2-103）右边第四项相对于第二项而言，可忽略。

对于检测模态，其动力学方程可表示为

$$m_y\ddot{y} + D_{yy}\dot{y} + k_{yy}y = 2m_z\Omega_x\dot{z} - 2m_y\Omega_z\dot{x} + m_y(\Omega_z^2 + \Omega_y^2)y$$
$$- m_y(\Omega_y\Omega_z - \dot{\Omega}_x)z - m_y(\Omega_x\Omega_y + \dot{\Omega}_z)x$$

$$(2-104)$$

式（2-104）中，等式右边第一项和第二项是哥氏力项，$m_y\dot{\Omega}_x z$ 项和 $-m_y\dot{\Omega}_z x$ 是存在角加速度时的牵连切向惯性力项，$m_y(\Omega_z^2 + \Omega_y^2)y$、$-m_y\Omega_y\Omega_z z$、$-m_y\Omega_x\Omega_y x$ 项是牵连向心惯性力项。

根据上述分析，仍有 $z=0$，$\dot{z}=0$，式（2-104）可简化为

$$m_y\ddot{y} + D_{yy}\dot{y} + k_{yy}y = -2m_y\Omega_z\dot{x} - m_y(\Omega_x\Omega_y + \dot{\Omega}_z)x + m_y(\Omega_z^2 + \Omega_y^2)y$$

$$(2-105)$$

式（2-105）中，$m_y(\Omega_z^2 + \Omega_y^2)y$ 项会影响敏感模态的频率，但由于输入角速率相对于陀螺仪敏感轴的谐振角频率而言，相差至少在 3 个量级以上，因此敏感模态受其影响不大。

式（2-105）中，等式右边第二项是与驱动位移 x 成正比的力，它与哥氏力之间存在 90° 的相移，由此产生的陀螺仪输出是陀螺仪的正交误差来源之一。正交力与哥氏力之比为

$$\left|\frac{F_Q}{F_c}\right| = \left|\frac{(\Omega_x\Omega_y + \dot{\Omega}_z)x}{2\Omega_z\dot{x}}\right| = \frac{\Omega_x\Omega_y + \omega_z\Omega_z}{2\Omega_z\omega_d}$$

$$(2-106)$$

式（2-106）中，ω_z 为输入角速率变化的角频率，ω_d 为驱动频率。由式（2-106）进一步推导，可得到由陀螺仪工作原理导致的正交误差等效输入角速率

$$\Omega_Q = \left| \frac{F_Q}{K_1} \right| = \left| \frac{F_Q}{F_c / \Omega_z} \right| = \frac{\Omega_x \Omega_y + \omega_z \Omega_z}{2\omega_d} \qquad (2-107)$$

式（2-107）中，K_1 为陀螺的标度因数，当 $\Omega_z = 0$ 时，陀螺仪的正交误差等效输入角速率为

$$\Omega_Q = \frac{\Omega_x \Omega_y}{2\omega_d} \qquad (2-108)$$

陀螺仪的驱动频率通常在几 kHz 到十几 kHz，即便是在高速旋转载体中，载体旋转频率通常不超过 30 Hz［对应角速率 10 800（°）/s］，因此陀螺仪原理性正交误差等效角速率通常比输入角速率小 3 个量级，原理性误差远小于有用信号。

除上述原理性导致的误差外，陀螺仪结构作为一个刚体，驱动方向的运动也会不同程度地引起检测方向的运动，同样也会引起陀螺仪输出一个与驱动位移成正比的正交误差信号。可通过驱动、检测模态结构设计和参数优化进而减小该正交误差。

（2）工艺性正交耦合误差

MEMS 陀螺仪在理想情况下，刚度矩阵是对角化的，即 $k_{xy} = k_{yx} = 0$。MEMS 陀螺仪工艺加工中，MEMS 结构的特征线条在 μm 量级，其线条的控制精度通常在几十 nm，其加工的相对精度不会优于 1%；因此加工的相对误差是比较大的，即便对于对称的结构设计，这些难以避免存在的加工误差会引起质量块的不平衡或谐振梁的不等弹性[210]，进而导致刚度矩阵中非对角项的出现。刚度矩阵中非对角项的出现，则会引起哥氏质量块产生与哥氏运动同频但相差 90°相位的运动，该运动造成陀螺仪在零转速下的输出误差，称为正交误差。

刚度矩阵中非对角项的一个结果是，质量块驱动模态和检测模态不再保持垂直，因而驱动模态的运动位移在检测模态方向出现一定的分量，敏感方向的位移和加速度分别为

$$y_Q = \alpha x = \alpha x_0 \sin(\omega_d t) \qquad (2-109)$$

$$\ddot{y}_Q = -\alpha x_0 \omega_d^2 \sin(\omega_d t) = -\alpha \omega_d^2 x \qquad (2-110)$$

式（2-110）中，α 为陀螺仪质量块运动的偏移角度；x_0 为驱动模态的振幅；ω_d 为驱动模态的角频率。由上式可知，当存在角速度 Ω_z 时，在驱动模态谐振状态下，哥氏加速度为

$$\ddot{y}_c = 2\Omega_z \dot{x} = 2\Omega_z x_0 \omega_d \cos(\omega_d t) \qquad (2-111)$$

由式（2-110）、式（2-111）可知，驱动模态振动偏移引起的检测模态振动加速度与驱动位移成正比，而哥氏加速度与检测模态的振动速度成正比，因此，二者之间存在 90°的相移，该信号也被称为正交误差。

由此可求得正交误差信号与哥氏信号的比值

$$\left| \frac{\ddot{y}_Q}{\ddot{y}_c} \right| = \frac{\alpha \omega_d}{2\Omega_z} \qquad (2-112)$$

式（2-112）两边同时乘以 Ω_z，可得到 MEMS 陀螺仪的正交误差等效输入角速率

$$\Omega_Q = \left| \frac{\ddot{y}_Q \Omega_z}{\ddot{y}_c} \right| = \left| \frac{\ddot{y}_Q}{K_1} \right| = \frac{\alpha \omega_d}{2} \qquad (2-113)$$

式（2-113）中，K_1 为陀螺仪的标度因数。由上式可知，正交误差等效输入角速率与陀螺仪质量块的运动偏移角度、驱动模态谐振频率成正比。在本章图 2-27 中所给的陀螺仪设计中，驱动模态的频率为 16 kHz，因此当 $\alpha = 0.0001$ 时，$\Omega_Q = 288$（°）/s。由此可见，即便加工误差引起的驱动模态向检测模态的耦合很小，但所产生的正交误差信号远大于有用的陀螺仪信号。

● 2.5.3 MEMS 陀螺仪同相耦合误差

MEMS 陀螺仪的同相耦合误差是指解调信号中与陀螺仪哥氏响应同相位干扰信号，其主要是通过力耦合、阻尼耦合等途径产生的，是在无角速率输入时驱动模态运动向检测模态的运动耦合，其特征是耦合运动与哥氏运动同相。这会直接影响陀螺仪的零偏值。

（1）MEMS 陀螺仪的力耦合误差

由于工艺加工误差的存在，例如驱动电极板间距不相等，造成静电驱动力与驱动方向不完全重合，因而驱动力在激励驱动梳齿时，也会激励检测梳齿运动。设驱动力偏离驱动轴的夹角为 β，由于 β 很小，因而驱动力在驱动和检测方向上的分量分别为

$$F_d \approx F$$
$$F_s \approx \beta F \tag{2-114}$$

式（2-114）中，F_d 和 F_s 分别为驱动和检测方向上的静电力，F 为总的静电力，很显然

$$F_s \approx \beta F_d \tag{2-115}$$

当有角速率 Ω_z 输入时，产生的哥氏力为

$$F_c = \frac{2\Omega_z Q_x F_d}{\omega_d} \tag{2-116}$$

式（2-116）中，Q_x 为陀螺仪驱动模态的品质因数，ω_d 为驱动频率。由上述两式可得

$$\left| \frac{F_s}{F_c} \right| = \frac{\beta \omega_d}{2\Omega_z Q_x} \tag{2-117}$$

由式（2-117）进而可得到力耦合误差等效输入角速率

$$\Omega_F = \left| \frac{F_s}{K_1} \right| = \left| \frac{F_s}{F_c / \Omega_z} \right| = \frac{\beta \omega_d}{2Q_x} \tag{2-118}$$

式（2-118）中，K_1 为陀螺仪的标度因数。式（2-118）表明，提高驱动模态的品质因数，可有效降低力耦合陀螺仪误差。对于图 2-35 所示的陀螺仪结构设计，驱动模态的频率为 13 kHz，假设 $Q_x = 20000$，当 $\beta = 0.001$ 时，可计算得到力耦合误差等效输入角速率为 0.117（°）/s。由于在驱动轴谐振状态下，驱动力与驱动位移的相位相差 90°，因此加载检测轴上的误差驱动力与哥氏力是同相的信号，并且二者同频，因此很难将力耦合误差信号与哥氏信号分离。

（2）MEMS 陀螺仪阻尼耦合误差

MEMS 陀螺仪中工艺加工误差除了产生不等弹性而出现刚度耦合外，还会造成梳齿尺寸和间距不相等，引起陀螺仪结构的阻尼不对称而使驱动和检测模态的阻尼主轴与惯性

主轴不重合，进而引起相应的阻尼耦合误差。

阻尼耦合的结果将导致阻尼矩阵中非对角项的出现，即在式（2-9）中，$D_{xy} \neq 0$，$D_{yx} \neq 0$，检测模态的动力学方程可表示为

$$m_y \ddot{y} + D_{yy} \dot{y} + k_{yy} y = (-2\Omega_z m_x - D_{yx}) \dot{x} - k_{yx} x \tag{2-119}$$

阻尼不对称所产生的干扰力为

$$F_D = -D_{yx} \dot{x} \tag{2-120}$$

检测质量块所产生哥氏力为

$$F_C = -2\Omega_z m_x \dot{x} \tag{2-121}$$

阻尼不对称所产生的干扰力与哥氏力之比为

$$\left| \frac{F_D}{F_c} \right| = \frac{D_{yx}}{2\Omega_z m_x} \tag{2-122}$$

由上式可得到阻尼不对称导致的陀螺仪误差等效输入角速率

$$\Omega_D = \left| \frac{F_D}{K_1} \right| = \left| \frac{F_D}{F_c / \Omega_z} \right| = \frac{D_{yx}}{2m_x} \tag{2-123}$$

设阻尼不对称所导致的阻尼主轴与惯性主轴的夹角为 γ，则有

$$D_{yx} = D_{xy} \approx (D_{xx} - D_{yy}) \gamma \tag{2-124}$$

考虑到 Q 值与阻尼系数之间的关系

$$D_{xx} = \frac{\omega_d m_x}{Q_x} \ , \ D_{yy} = \frac{\omega_s m_y}{Q_y} \tag{2-125}$$

式（2-123）可写成

$$\Omega_D = \frac{D_{xx} - D_{yy}}{2m_x} \gamma = \frac{1}{2} \left(\frac{\omega_d}{Q_x} - \frac{\omega_s}{Q_y} \frac{m_y}{m_x} \right) \gamma \tag{2-126}$$

式（2-125）和式（2-126）中，ω_d 为驱动频率，Q_x、Q_y 为驱动模态和检测模态的品质因数。对于驱动模态而言，通常将驱动模态的激励梳齿设计为滑膜阻尼，经过真空封装后其 Q 值可达到几万的量级；而对于检测模态而言，其检测梳齿可设计为压膜阻尼，也可设计为滑膜阻尼，具有压膜阻尼的检测模态谐振 Q 值明显低于滑膜阻尼，会显著增大阻尼不对称所导致的陀螺仪误差，且主要决定于检测轴的 Q 值。采用 2.3.1 节所设计的双质量的设计参数，陀螺仪驱动频率为 16.2 kHz，谐振 Q 值为 20 000，考虑工作时检测模态的静电负刚度效应，检测轴谐振频率取为 16.5 kHz，检测轴压膜阻尼的谐振 Q 值为 1 000，考虑到驱动质量和检测质量近似相等，当 $\gamma = 0.000\ 1$ 时，$\Omega_D \approx -0.28(°)/s$，当检测轴采用滑膜阻尼时，可显著降低阻尼不对称所导致的陀螺仪误差。由于在真空封装状态下，陀螺仪的阻尼本身就已经很小，因而事实上阻尼不对称所产生的干扰信号，通常比力耦合所产生的干扰信号还要小。

阻尼不对称所产生的干扰力和哥氏力均正比于质量块驱动模态的运动速度，因此这种陀螺仪误差与哥氏信号是同频同相的信号，因此很难将力耦合误差信号与哥氏信号分离。只有通过优化设计和加工工艺，减小阻尼主轴与惯性主轴的偏差，同时提高 MEMS 陀螺仪结构真空封装的真空度，提高谐振结构的品质因数，进而降低阻尼力耦合误差。

▶ 2.5.4 MEMS 陀螺仪 g 敏感性误差

MEMS 陀螺仪受到输入的加速度作用时，会使 MEMS 陀螺仪的可动结构产生微小位移。这种位移会引起陀螺仪结构中相关电容的变化，从而引起陀螺仪输出的变化。对于单质量块线振动 MEMS 陀螺仪敏感结构，当结构受到加速度作用时，敏感结构位移可表示为

$$x = \frac{F}{K} = \frac{Ma}{4\pi^2 f^2 M} = \frac{a}{4\pi^2 f^2} \tag{2-127}$$

式（2-127）中，F 为加速度产生的惯性力；K 为敏感结构的刚度系数；f 为敏感结构的模态谐振频率。

MEMS 陀螺仪敏感结构模态频率较高，通常在 10 kHz 以上，因此敏感结构在重力作用下位移的典型值通常在 2.5 nm 以下。对于双质量或四质量块 MEMS 陀螺仪，一般会通过结构设计，提高检测轴同相振动模态谐振频率，提高陀螺仪力学性能。可采用有限元仿真软件对 MEMS 陀螺仪敏感结构受到重力作用下运动情况进行仿真，得到敏感结构，特别是敏感结构上固定梳齿的运动位移，进而得到陀螺仪梳齿敏感电容的变化。在双质量陀螺仪和四质量陀螺仪中，由于结构上的对称性，电容结构均为差分结构，能够消除变化量的一次项，因此能够有效抑制共模干扰。当结构存在加工误差时，会一定程度上破坏这种对称性，相应产生 g 敏感性误差。因此，需要尽可能在设计中保证敏感结构的对称性，并在加工中确保加工精度，从而保证陀螺仪具有较小的 g 敏感性误差。

▶ 2.5.5 MEMS 陀螺仪温度误差

温度是显著影响 MEMS 陀螺仪性能的环境因素之一。MEMS 陀螺仪中除了硅材料外，其中还含有二氧化硅等介质薄膜、金属薄膜电极等，当环境温度发生变化时，不仅热敏材料硅的尺寸、弹性模量等物理特性发生变化，硅材料与其他材料之间的应力也会发生变化。此外，MEMS 陀螺仪敏感结构所处的真空密封腔体内，气体分子在材料表面的吸附特性随温度改变，相应气压会发生变化，从而谐振结构的阻尼也会随之变化，进而影响陀螺仪的输出，产生温度误差。

2.5.5.1 温度对 MEMS 陀螺仪工作模态的影响

研究表明，敏感结构尺寸大小发生的变化对 MEMS 陀螺仪输出影响很小[211]，可忽略不计。材料弹性模量的变化主要影响系统刚度进一步影响陀螺仪的谐振频率，进而造成 MEMS 陀螺仪零偏漂移和标度因数随温度发生变化。材料弹性模量随温度变化近似呈线性关系，如式（2-128）所示[212]

$$E(T) = E_0 - E_0 \kappa_{ET}(T - T_0) \tag{2-128}$$

由于 MEMS 陀螺仪驱动模态和检测模态运动的刚度系数正比于材料的弹性模量，而谐振频率正比于刚度系数的平方根，因此弹性模量随温度的变化会直接导致陀螺仪敏感结构各个模态谐振频率的变化，进而影响陀螺仪的性能指标。一种陀螺仪结构驱动轴和检测轴谐振频率 f_d 和 f_s 随温度 T 变化的典型数据如图 2-54 所示。

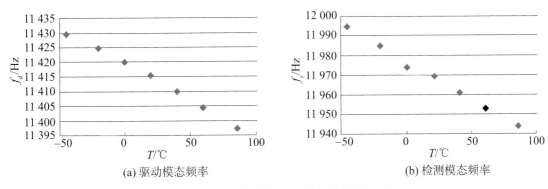

图 2-54　某陀螺仪工作频率随温度变化

温度的变化也直接影响 MEMS 陀螺仪工作模态的阻尼特性，温度的升高会导致 MEMS 敏感结构表面吸附气体分子的释放，引起气体阻尼的升高；同时温度的变化也会影响 MEMS 结构的热弹性阻尼。工作模态阻尼的变化直接表现为工作模态谐振品质因数的变化。图 2-55 给出了某 MEMS 陀螺仪 Q 值随温度变化的典型数据。

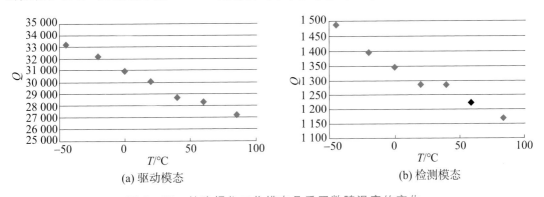

图 2-55　某陀螺仪工作模态品质因数随温度的变化

当驱动模态的谐振频率和 Q 值随着温度变化时，需要调整驱动力的大小，才能保证 MEMS 陀螺仪的驱动模态在工作过程中保持振动幅度的稳定。在陀螺仪驱动静电力的直流电压不变的情况下，这直接表现为陀螺仪驱动交流电压信号随温度的变化。图 2-56 给出了 MEMS 陀螺仪的驱动交流信号随温度变化的典型数据。

除上述影响外，温度变化也会引起陀螺仪的接口电路基准电压、电学参数、陀螺仪内部的电学耦合特性、寄生参数等的变化，这也会相应改变陀螺仪的输出。在工程上，为陀螺仪供电的电源芯片的温度特性也会造成陀螺仪供电电压的波动，进而也会影响陀螺仪的输出。图 2-57 给出了一个典型的电源芯片的全温下输出电压的变化情况。

2.5.5.2　陀螺仪零偏随温度的变化

在开环检测情况下，MEMS 陀螺仪检测轴的位移由式（2-13）表达。MEMS 陀螺仪为了确保陀螺仪的工作带宽，通常使驱动轴和检测轴之间保持一定的频差，即各参量满足如下关系

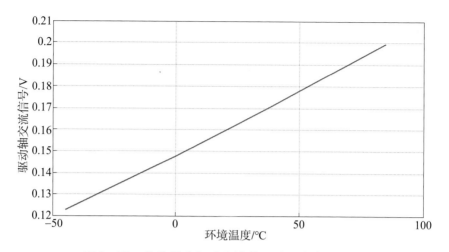

图 2-56 某陀螺仪驱动交流信号随温度变化曲线

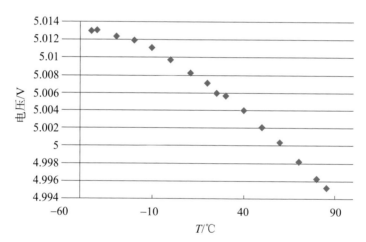

图 2-57 某电源芯片的输出电压随温度的变化

$$(\omega_{0x}^2 - \omega_{0y}^2)^2 \gg \omega_{0x}^2 \omega_{0y}^2 / Q_y^2 \qquad (2-129)$$

式 (2-13) 中

$$\varphi_y = -\arctan\frac{\omega_{0x}\omega_{0y}}{Q_y(\omega_{0x}^2 - \omega_{0y}^2)} \approx \arctan\frac{\omega_{0x}}{2Q_y\Delta\omega} \qquad (2-130)$$

式 (2-130) 中，Q_y 为检测模态的品质因数；ω_{0x} 和 ω_{0y} 分别为驱动模态和检测模态的固有谐振频率；$\Delta\omega$ 为检测模态和驱动模态的频差。由前面分析可知，温度变化时陀螺仪谐振频率、品质因数会发生变化，因而检测轴输出的相移也会随着变化。

在 MEMS 陀螺仪检测轴信号的解调中，通过设置参考信号与检测信号之间的相位差，可实现陀螺仪哥氏信号的相敏解调。如果检测轴输出的相移随温度发生变化，产生的相位误差会将正交误差信号的一部分解调到哥氏信号中来，造成陀螺仪输出零偏的温度波动。

一般情况下，陀螺仪的零偏可表示为

$$\Omega_0(T) = \Omega_Q(T)\sin[\Delta\varphi_y(T)] + \Omega_e(T)\cos[\Delta\varphi_y(T)] \qquad (2-131)$$

式（2-131）中，Ω_0、Ω_Q、Ω_e 分别为陀螺仪的零偏输出、正交误差等效输入角速率、同相误差等效输入角速率，$\Delta\varphi_y$ 是相敏同步解调时参考信号的相位偏差。在工程中，$\Delta\varphi_y$ 可通过测试正交耦合输出相对于转速的标度因数 K_{1Q} 和陀螺仪的标度因数 K_1 来确定

$$\Delta\varphi_y = \arctan(K_{1Q}/K_1) \tag{2-132}$$

由于温度发生变化时，陀螺仪材料特性、应力等物理参量的变化都会引起陀螺仪正交耦合误差和同相误差的变化，这些变化通过式（2-131）转化为陀螺仪零偏随温度的变化。

2.5.5.3　陀螺仪标度因数随温度的变化

开环检测 MEMS 陀螺仪的标度因数可表示为

$$K_1 = -\frac{2A_x\omega_{0x}}{\sqrt{(\omega_{0x}^2 - \omega_{0y}^2)^2 + \omega_{0x}^2\omega_{0y}^2/Q_y^2}} \tag{2-133}$$

式（2-133）中，A_x、ω_{0x}、ω_{0y}、Q_y 分别为驱动振幅、驱动模态固有频率、检测模态固有频率和检测模态品质因数。从式（2-133）中可看出，陀螺仪的标度因数与 2 个工作模态的频差、检测轴的品质因数相关。随着温度的变化，陀螺仪驱动轴检测轴频差及检测轴品质因数变化，会导致陀螺仪标度因数变化。同时，陀螺仪供电电源芯片的输出电压也会随温度变化，因而也会对陀螺仪标度因数产生影响。典型的开环 MEMS 陀螺仪标度因数随温度的变化如图 2-58 所示。

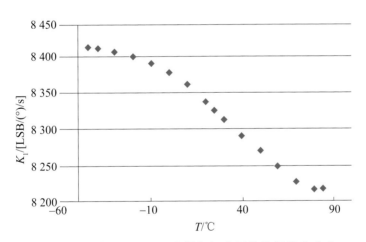

图 2-58　某开环 MEMS 陀螺仪标度因数随温度的变化

对于开环陀螺仪，为保证陀螺仪带宽，通常频差较大（300 Hz 以上），$(\omega_{0x}^2 - \omega_{0y}^2)^2 \gg \omega_{0x}^2\omega_{0y}^2/Q_y^2$，式（2-133）可化简为

$$K_1 = -\frac{2A_x\omega_{0x}}{\sqrt{(\omega_{0x}^2 - \omega_{0y}^2)^2}} \approx \frac{A_x}{|\omega_{0x} - \omega_{0y}|} \tag{2-134}$$

因此，对于开环检测陀螺仪，陀螺仪标度因数主要由驱动轴运动幅值和驱动轴检测轴频差决定，频差偏大意味着检测灵敏度降低，但也会带来带宽增加和标度因数稳定性、线

性度的提升，灵敏度的降低可通过调整放大器的增益进行补偿。对于开环 MEMS 陀螺仪，几十 Hz 至 1 000 Hz 以内的频差均满足高性能仪表的工程化应用需求。

MEMS 陀螺仪在闭环工作下，陀螺仪标度因数可表达为

$$K_s = -\frac{2m_y A_x \omega_d}{K_{yVF}} \qquad (2-135)$$

式（2-135）中，m_y、A_x、ω_d 和 K_{yVF} 分别为检测模态的检测质量、驱动振幅、驱动频率和闭环反馈增益。式（2-135）的推导详见第 3 章，从中可以看出，标度因数与频差和 Q 值无关，频差和 Q 值随温度的变化不会影响标度因数。闭环检测 MEMS 陀螺仪标度因数随温度的变化主要来源于集成电路基准电压的影响，基准电压随温度的变化相应会改变控制电路中的电压，进而影响检测力反馈转换增益，带来标度因数的变化。图 2-59 给出了某闭环陀螺仪采用不同的 AISC 基准源配置参数下标度因数 K_1 随温度变化曲线，可看出基准源对于标度因数的影响。当基准源十六进制配置参数依次由 0x08 变化至 0x38 时，ASIC 基准源电路中的电阻修调网络（参见 5.5.2.2 节）会相应改变基准源的温度特性，进而影响标度因数的温度特性。

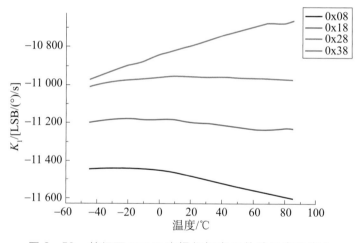

图 2-59　某闭环 MEMS 陀螺仪标度因数随温度的变化

● 2.5.6　MEMS 陀螺仪力学环境误差

硅 MEMS 振动陀螺仪包含驱动和检测 2 个工作模态，这 2 个模态均可看作为一个"弹簧-质量块-阻尼"的 2 阶系统，如图 2-2 所示，其中，x 方向为驱动方向，y 方向为检测方向。陀螺仪工作的时候，敏感结构驱动轴在闭环控制电路作用下，以恒定的频率和幅值做简谐振动，当在垂直于运动方向的 z 方向上有角速度输入时，质量块将在检测方向受到哥氏力的作用而做简谐运动。

当陀螺仪受到外界振动和冲击时，质量块响应外界振动和冲击运动，产生振动与冲击误差。

2.5.6.1　MEMS 陀螺仪振动误差

（1）MEMS 陀螺仪振动误差的理论分析

当陀螺仪受到外界振动时，质量块会响应外界振动产生振动误差。设质量块受到外界振动加速度为 a，振动角频率为 ω，质量块运动动力学方程为

$$\ddot{y} + 2\xi\omega_n\dot{y} + \omega_n^2 y = a\sin\omega t \tag{2-136}$$

式（2-136）中，ω_n 为陀螺仪在振动方向固有振动角频率，ξ 为振动方向固有振动阻尼比，求解的陀螺仪在振动方向的位移为

$$
\begin{aligned}
y(t) =& \frac{2a\xi\omega_n\omega}{(\omega_n^2 - \omega^2)^2 + (2\xi\omega_n\omega)^2} \mathrm{e}^{-\xi\omega_n t}\cos(\omega_n\sqrt{1-\xi^2}\,t) + \\
& \frac{a\omega(2\xi^2\omega_n^2 + \omega^2 - \omega_n^2)}{\omega_n\sqrt{1-\xi^2}\left[(\omega_n^2 - \omega^2)^2 + (2\xi\omega_n\omega)^2\right]} \mathrm{e}^{-\xi\omega_n t}\sin(\omega_n\sqrt{1-\xi^2}\,t) + \\
& \frac{a}{\sqrt{(\omega_n^2 - \omega^2)^2 + (2\xi\omega_n\omega)^2}}\sin(\omega t - \varphi)
\end{aligned}
\tag{2-137}
$$

$$\varphi = \arctan\frac{2\xi\omega_n\omega}{\omega_n^2 - \omega^2} \tag{2-138}$$

对于采用真空封装的 MEMS 陀螺仪，各个轴向的 Q 通常均大于 500，因此 $\xi \ll 1$，$\sqrt{1-\xi^2} \approx 1$。陀螺仪在振动方向的固有振动频率 ω_n 通常在 10 kHz 以上，高于外界振动频率 ω，$(\omega_n - \omega)^2 \gg (2\xi\omega_n\omega)^2$，$\varphi \to 0$，第二项系数远大于第一项系数，因此式（2-137）可进一步简化为

$$
\begin{aligned}
y(t) &\approx \frac{2a\xi\omega_n\omega}{(\omega_n^2 - \omega^2)^2}\mathrm{e}^{-\xi\omega_n t}\cos(\omega_n t) + \frac{a\omega(\omega^2 - \omega_n^2)}{\omega_n(\omega_n^2 - \omega^2)^2}\mathrm{e}^{-\xi\omega_n t}\sin(\omega_n t) + \frac{a\sin(\omega t - \varphi)}{(\omega_n^2 - \omega^2)} \\
&\approx -\frac{a\omega}{\omega_n(\omega_n^2 - \omega^2)}\mathrm{e}^{-\xi\omega_n t}\sin(\omega_n t) + \frac{a}{(\omega_n^2 - \omega^2)}\sin(\omega t)
\end{aligned}
$$

$$\tag{2-139}$$

可看出，当陀螺仪受到振动角频率为 ω 的外界振动时，质量块会产生固有频率 ω_n 的瞬态衰减振动和稳态振动信号，两者幅值之比等于扫频信号和固有谐振信号的幅值比。由于 $\xi \ll 1$，振动衰减时间会持续 0.1 s 以上。陀螺仪工作时，检测轴信号处理电路参考陀螺仪驱动轴信号进行解调，如果陀螺仪瞬态振动固有频率接近陀螺仪解调信号频率，解调后会得到较大的振动噪声信号。

设解调信号为 $J\sin(\omega_d t)$，其中 ω_d 为陀螺仪驱动角频率，解调后信号为

$$
\begin{aligned}
Y(t) =& J\sin(\omega_d)t\left[-\frac{a\omega}{\omega_n(\omega_n^2 - \omega^2)}\mathrm{e}^{-\xi\omega_{nx}t}\sin(\omega_n t) + \frac{a}{(\omega_n^2 - \omega^2)}\sin(\omega t)\right] \\
=& \frac{Ja\omega}{2\omega_n(\omega_n^2 - \omega^2)}\mathrm{e}^{-\xi\omega_{nx}t}\left[\cos(\omega_n t - \omega_d t) - \cos(\omega_n t + \omega_d t)\right] \\
& + \frac{Ja}{2(\omega_n^2 - \omega^2)}\left[\cos(\omega t - \omega_d t) - \cos(\omega t + \omega_d t)\right]
\end{aligned}
$$

$$\tag{2-140}$$

为提升陀螺仪抗振动特性，MEMS 陀螺仪驱动轴谐振频率 ω_d 通常应大于 10 kHz，外界振动频率通常低于 2 kHz，经低通滤波后式（2-140）第 2 项可忽略，解调信号为

$$\text{LPF}\{Y(t)\} = -\frac{J a \omega}{2\omega_n(\omega_n^2 - \omega^2)} e^{-\xi\omega_n x_t} \cos(\omega_n t - \omega_d t) \qquad (2-141)$$

若陀螺仪仅受到单一频率振动信号作用，经过一段时间后瞬态振动信号衰减为 0，不会影响陀螺仪输出。在实际振动过程中，陀螺仪受到一系列不同频率、相位的外界振动的组合，这些振动均会激发质量块产生固有频率 ω_n 的瞬态衰减振动，由于振动激励信号的相位不同，质量块响应的瞬态振动的相位也是杂乱的，因此信号解调后会得到杂乱的噪声信号。

从式（2-141）中可看出，瞬态振动信号的幅值与陀螺仪在振动方向的固有谐振频率 ω_n 紧密相关，固有谐振频率 ω_n 越高，振动噪声越小。

在工程上，MEMS 陀螺仪的振动误差从 3 个方面来表征：1）振动过程中的噪声，用振动过程中的零偏稳定性来表示；2）振动整流误差，即在振动过程中零偏均值的变化；3）振动前后零偏的变化，反映陀螺仪在经历振动后由于应力变化等因素造成的性能变化。其中，振动整流误差与陀螺仪的 g 敏感性相关，即振动中不同方向振动时陀螺仪零偏响应的不同，影响了陀螺仪零偏的均值。上述这些问题需要在理论分析的基础上，结合陀螺仪敏感结构的优化和控制参数的调整予以解决。

（2）陀螺仪振动误差测试结果

振动环境特性的测试分为两种，正弦波扫频振动试验和随机谱振动试验。两个试验通过观察振中噪声情况，评估设计的陀螺仪结构对振动环境适应能力。

图 2-60（a）、（b）、（c）分别是某型 MEMS 陀螺仪 x、y、z 3 个轴向的正弦扫频试验数据，扫频范围为 20 Hz～2 kHz，振幅为 2 g，扫描速率为 6 oct/min，数据采样频率为 1 kHz。振前采集 60 s 陀螺仪数据，振中约 1 min 左右，振动停机后再采集 60 s 的振后数据，以不同颜色区分三段数据。从输出波形中没有观察到明显的噪声变化，振中数据同振前、振后数据相比观察不到明显区别，说明在 2kHz 频段内陀螺仪 3 个方向对振动环境没有明显的谐振响应。

图 2-61（a）、（b）、（c）分别是某型 MEMS 陀螺仪 x、y、z 3 个轴向的随机振动测试数据。测试中数据采样频率为 1 kHz。振前采集 60 s 左右的陀螺仪输出数据，启动振动台稳定后采集 3 min 数据，振动台停机后再采集 60 s 左右的数据，以不同颜色区分三段数据，图中也同时给出了经 1 s 平滑后的数据。从图 2-61 中可见，同振前、振后数据相比，振中噪声会明显放大，经 1 s 平滑后，振中的零偏稳定性优于 10 （°）/h，且其均值与振前、振后数据相比未发生明显变化。

2.5.6.2 MEMS 陀螺仪冲击误差

冲击环境可看作一系列简单脉冲的叠加。分析中，通常使用半周正弦脉冲作为加速度冲击载荷，具体如图 2-62 所示，表达式为

$$a(t) = \begin{cases} A\sin\omega t & 0 \leqslant t \leqslant t_0 \\ 0 & t > t_0 \end{cases} \qquad (2-142)$$

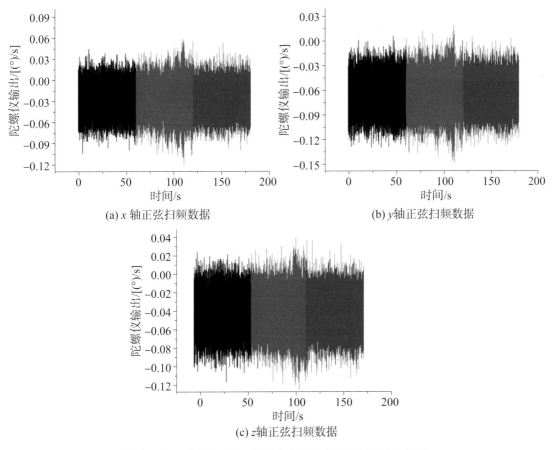

图 2－60　某型 MEMS 陀螺仪振动台正弦扫频试验数据

式（2－142）中，A 为冲击幅值，t_0 为冲击载荷持续时间，$\omega = \dfrac{\pi}{t_0}$，为冲击谱对应的角频率。

理想情况下，双质量硅 MEMS 陀螺仪为对称结构，2 个质量块的质量相同，位移响应相同，利用模态叠加法[213] 可得出双质量硅 MEMS 陀螺仪结构的冲击响应解析解。四质量硅 MEMS 陀螺仪为双质量硅 MEMS 陀螺仪的差分设计，质量块的冲击响应理论分析可参考双质量硅 MEMS 陀螺仪。

以检测轴方向的冲击为例，理想情况下冲击作用只会激发质量块的同向运动模态，在存在加工误差的情况下，两个质量块之间存在弹性梁刚度、敏感质量、检测电容等的不对称，反相模态的运动也会被激发。陀螺仪采用差分输出结构能够抵消同相运动模态带来的共模误差，此外，同相运动模态与反相运动模态通常存在较大固有频率偏差，同相模态的运动处于陀螺的检测带宽之外，因而同相运动模态不会影响陀螺的输出。冲击下由于结构的不对称引起的反相模态即陀螺检测模态的运动则会引起陀螺输出的明显变化。

设 ω_1 为检测模态固有频率，ζ_1 为检测模态阻尼比，当 $0 \leqslant t \leqslant t_0$ 时，冲击响应为

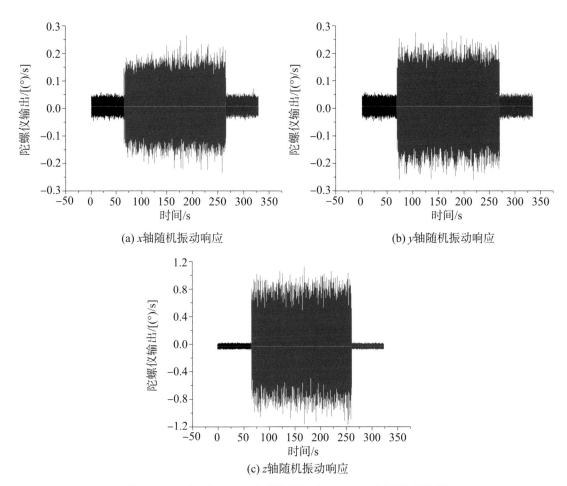

(a) x轴随机振动响应

(b) y轴随机振动响应

(c) z轴随机振动响应

图 2-61 某型 MEMS 陀螺仪随机振动振中噪声试验数据

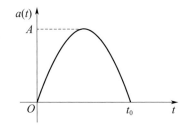

图 2-62 半周正弦加速度脉冲载荷

$$y(t) = \frac{-\alpha A \mathrm{e}^{-\zeta_1 \omega_1 t}}{\omega_{s1}} \left\{ \frac{2\zeta_1 \omega_{s1} \omega_1 \omega \cos(\omega_{s1} t) + (\omega^3 - \omega \omega_{s1}^2 + \zeta_1^2 \omega \omega_1^2) \sin(\omega_{s1} t)}{[(\omega - \omega_{s1})^2 + \zeta_1^2 \omega_1^2][(\omega + \omega_{s1})^2 + \zeta_1^2 \omega_1^2]} \right.$$
$$\left. + \frac{\mathrm{e}^{\zeta_1 \omega_1 t}[-2\zeta_1 \omega_{s1} \omega_1 \omega \cos(\omega t) + (\omega_{s1}^3 - \omega^2 \omega_{s1} + \zeta_1^2 \omega_{s1} \omega_1^2) \sin(\omega t)]}{[(\omega - \omega_{s1})^2 + \zeta_1^2 \omega_1^2][(\omega + \omega_{s1})^2 + \zeta_1^2 \omega_1^2]} \right\}$$

$$(2-143)$$

当 $t > t_0$ 时，

$$y(t) = \frac{-\alpha A \mathrm{e}^{-\zeta_1 \omega_1 t}}{\omega_{s_1}} \left\{ \frac{2\zeta_1 \omega_{s_1} \omega_1 \omega \left[\cos(\omega_{s_1} t) + \mathrm{e}^{\zeta_1 \omega_1 t_0} \cos(\omega_{s_1}(t - t_0))\right]}{\omega^4 - 2\omega^2(\omega_{s_1}^2 - \zeta_1^2 \omega_1^2) + (\omega_{s_1}^2 + \zeta_1^2 \omega_1^2)^2} \right.$$

$$\left. + \frac{(\omega^3 - \omega\omega_{s_1}^2 + \zeta_1^2 \omega\omega_1^2)\left[\sin(\omega_{s_1} t) + \mathrm{e}^{\zeta_1 \omega_1 t_0} \sin(\omega_{s_1}(t - t_0))\right]}{\omega^4 - 2\omega^2(\omega_{s_1}^2 - \zeta_1^2 \omega_1^2) + (\omega_{s_1}^2 + \zeta_1^2 \omega_1^2)^2} \right\}$$

$$(2-144)$$

式（2-143）和式（2-144）中，$\omega_{s_1} = \omega_1 \sqrt{1 - \zeta_1^2}$，为检测模态的谐振频率，$\alpha$ 为质量块刚度、电容等对称性相关的系数，理想情况下，质量块刚度、电容等对称，则 $\alpha = 0$。

MEMS 陀螺仪采用真空封装，Q 一般应大于 500，当 $\zeta_1 \to 0$，式（2-143）和式（2-144）可简化为

$$y(t) = \begin{cases} -\dfrac{\alpha A \mathrm{e}^{-\zeta_1 \omega_1 t}}{\omega_1^2} \cdot \dfrac{\sin(\omega t) - \left(\dfrac{\omega}{\omega_1}\right)\sin(\omega_1 t)}{1 - \left(\dfrac{\omega}{\omega_1}\right)^2} & 0 \leqslant t \leqslant t_0 \\[2em] \dfrac{\alpha A \mathrm{e}^{-\zeta_1 \omega_1 t}}{\omega_1^2} \cdot \dfrac{\dfrac{2\omega}{\omega_1}}{1 - \left(\dfrac{\omega}{\omega_1}\right)^2}\sin\left(\omega_1 t - \dfrac{\omega_1 t_0}{2}\right)\cos\left(\dfrac{\omega_1 t_0}{2}\right) & t \geqslant t_0 \end{cases}$$

$$(2-145)$$

陀螺仪冲击响应对应模态谐振频率 $\omega_1^2 = \dfrac{k_1}{m_0}$，其中 k_1 为结构刚度，m_0 为质量。由式（2-145）可见，固有频率 ω_1 越高，冲击响应的幅值越低，同时应使 $1 - \left(\dfrac{\omega}{\omega_1}\right)^2$ 尽可能接近 1，即 $\dfrac{\omega}{\omega_1}$ 尽可能小。为此应尽可能提高陀螺仪固有谐振频率。当 $t > t_0$ 时，检测模态敏感质量对冲击载荷产生一个衰减振荡位移，对这个衰减振荡位移信号进行解调。解调电路以驱动信号 ω_d 为基准信号，所以 2 个信号的乘积会产生拍频现象。

$$S(t) = \frac{\alpha A \mathrm{e}^{-\zeta_1 \omega_1 t}}{\omega_1^2} \cdot \frac{\dfrac{2\omega}{\omega_1}}{1 - \left(\dfrac{\omega}{\omega_1}\right)^2}\sin\left(\omega_1 t - \frac{\omega_1 t_0}{2}\right)\cos\left(\frac{\omega_1 t_0}{2}\right)\sin(\omega_d t - \varphi)$$

$$= \frac{\alpha A \mathrm{e}^{-\zeta_1 \omega_1 t}}{\omega_1^2} \cdot \frac{\dfrac{2\omega}{\omega_1}}{1 - \left(\dfrac{\omega}{\omega_1}\right)^2}\cos\left(\frac{\omega_1 t_0}{2}\right)\left\{\cos\left[(\omega_d - \omega_1)t + \varphi - \frac{\omega_1 t_0}{2}\right] - \cos\left[(\omega_d + \omega_1)t - \frac{\omega_1 t_0}{2} - \varphi\right]\right\}$$

$$(2-146)$$

对信号进行低通滤波，输出信号为

$$\text{LPF}\{S(t)\} = \frac{\alpha A e^{-\zeta_1 \omega_1 t}}{\omega_1^2} \cdot \frac{\dfrac{2\omega}{\omega_1}}{1 - \left(\dfrac{\omega}{\omega_1}\right)^2} \cos\left(\frac{\omega_1 t_0}{2}\right) \cos\left[(\omega_d - \omega_1)t + \varphi - \frac{\omega_1 t_0}{2}\right]$$

$$(2-147)$$

由式（2-147）中可知，提高陀螺仪整体工作频率可显著降低冲击响应强度，缩短响应时间，改善结构对冲击响应的噪声水平。同时应尽可能从设计工艺方面保证质量块的对称性，以尽可能抵制冲击对反相检测模态的响应。对于陀螺仪冲击响应拍频输出现象，工程上可采用对陀螺仪进行敲击，实现冲击载荷的加载，观察陀螺仪输出的衰减振荡波形是否与理论分析相一致。如图 2-63 是实测波形的示波器照片，是理论分析描述的拍频波形的低频分量。受到冲击载荷作用后，陀螺仪的检测轴谐振模态被激励起来。检测轴振动信号参与陀螺效应的相关解调算法中，与驱动轴信号相互作用产生了图 2-63 中的约 240 Hz 的衰减振荡波形。240 Hz 是陀螺仪驱动轴与检测轴谐振频率差。

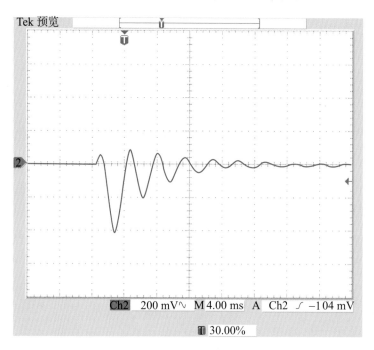

图 2-63 冲击载荷下陀螺仪输出拍频现象

在工程中，还有一类冲击振动交叉耦合的动态误差，情况更为复杂，将在第 3 章中结合工程实例进行专门分析。

 ## 2.6 MEMS 陀螺仪误差抑制方法

对于高性能 MEMS 陀螺仪而言，为确保其精度和环境适应性，需要优化其敏感结构以减少模态耦合和环境敏感性，还要采用先进的信号处理和闭环控制技术，例如采用相敏解调和正交校正来精确控制正交耦合误差，这些措施能够有效抑制陀螺的常值误差。在此基础上，分析其误差机理，并采取相应的措施对其误差进行抑制，才能实现较高的综合性能。

目前，MEMS 陀螺仪的 ASIC 电路中通常集成了一次可编程存储器（One Time Programmable memory，OTP），可存储各种补偿参数，因此对 MEMS 陀螺仪进行片上数字补偿已经成为 MEMS 陀螺仪调试不可缺少的一部分。需要注意的是，误差补偿对常值误差相对较为有效，但一般情况下常值误差越大则随机误差越大，尤其是在温度等动态环境中，大的常值误差所引起的较大随机误差难以补偿。因此，对于高性能的 MEMS 陀螺仪，不应过分依赖于误差数字补偿技术，不能因为可采取数字补偿手段而忽视了对仪表常值误差的控制。误差补偿应该是在仪表常值误差已经抑制到尽可能小的基础上，作为仪表实现较好精度的最后一道措施。误差补偿首先要有相对完整的误差模型，并在此基础上分辨出哪些是有必要进行大量补偿的误差，其次是误差的标定要准确且稳定，在这样条件下，误差补偿才能够真正提高 MEMS 陀螺仪的综合精度。

由 2.5 节分析可知 MEMS 陀螺仪误差包括本征性的误差以及环境因素误差。环境因素误差主要是由于外界环境变化，导致本征性误差中某些分量变化而引起的。因此，如何抑制本征性误差是提升 MEMS 陀螺仪性能指标的关键。

MEMS 陀螺仪的机械热噪声是所有振动陀螺仪中都存在的结构噪声，来源于结构分子的布朗热运动。通过增大陀螺仪检测质量，提高陀螺仪谐振频率，提高其谐振 Q 值，增加驱动振幅，会相应减小陀螺仪的机械热噪声。电子热噪声由结构和电路中的电子热运动引起，通过提高陀螺仪谐振 Q 值、减小寄生电容、增大检测电容变化量可有效减小陀螺仪的电噪声水平。

陀螺仪同相耦合误差主要通过力耦合、阻尼耦合等途径产生，是在无角速率输入时驱动模态运动向检测模态的运动耦合。同相耦合误差与哥氏力信号同相，通过后端处理电路无法消除同相耦合误差。同相耦合误差与结构加工的工艺误差造成的驱动力不对称和阻尼不对称以及陀螺仪谐振频率有关，通过优化结构设计、提高工艺加工精度、提升陀螺仪封装真空度可降低同相耦合误差。

在实际加工的陀螺仪中正交耦合误差通常远大于机械热噪声、电子热噪声以及同相耦合误差，如何抑制正交耦合误差是提升陀螺仪性能水平的关键。

▶ 2.6.1　MEMS 陀螺仪噪声抑制

MEMS 陀螺仪噪声主要包括来源于硅 MEMS 结构及其检测电路的机械热噪声、电子热噪声等，这决定了 MEMS 陀螺仪的极限检测精度。机械热噪声是所有振动陀螺仪都存在的结构噪声，其来源于结构分子的布朗热运动，这构成了硅 MEMS 陀螺仪结构灵敏度的分辨率极限。将布朗热运动的位移等效为哥式加速度引起的位移，可推导出机械热噪声引起的角速度测量误差[214]

$$\Omega_{MTN} = \frac{1}{2A_x} \sqrt{\frac{4k_B T}{\omega_0 M Q}} \sqrt{BW} \qquad (2-148)$$

式（2-148）中，玻耳兹曼（Boltzmann）常数 $k_B = 1.38 \times 10^{-23}$ J/K；T 为绝对温度；A_x 为驱动轴的振幅；ω_0 为陀螺驱动轴的谐振频率；M 为陀螺的检测质量；Q 为陀螺结构检测模态的品质因数；BW 为检测带宽。从式（2-148）中可看出，增大陀螺仪检测质量，提高陀螺仪谐振频率，提高陀螺仪的 Q 值，并尽可能增加驱动振幅，会相应减小陀螺仪的机械热噪声，相应提高陀螺仪的极限检测精度。

电子热噪声又称为约翰逊（Johnson）噪声，由结构和电路中的电子热运动引起。该噪声的大小取决于接口电路的噪声水平，假设电子热噪声在陀螺仪输出端的输出电压 V_n 是工作频率附近的白噪声，则最小检测角速率可表示为

$$\Omega_e \propto \frac{\omega_0}{Q} \frac{C_{\text{rest}} + C_{\text{paras}}}{\delta C_{\text{rest}}} \sqrt{BW} \qquad (2-149)$$

式（2-149）中，ω_0、Q、C_{rest}、δC_{rest}、C_{paras} 分别为检测频率、品质因数、检测电容、检测电容变化量和寄生电容。可以看出，提高敏感结构的品质因数、减小寄生电容、增大检测电容变化量均可有效减小陀螺仪的电噪声水平。

MEMS 陀螺仪的噪声特性可通过 Allan 方差方法进行分析。在 Allan 方法分析所得到各种随机误差中，角度随机游走反映了陀螺仪的随机噪声。式（2-148）表明，随着驱动振幅的增大，陀螺仪的机械热噪声将会反比例减小。图 2-64 给出了同一只 MEMS 陀螺仪在不同的驱动振幅（具有不同的标度因数）下 Allan 方差曲线的对比图。可见，随着驱动幅值的增加（标度因数相应增加），角度随机游走系数明显减小。同时，在一定的驱动振幅的情况下，即便通过调节检测环路的增益来调整陀螺仪的量程，相应的角度随机游走系数也会基本保持不变。因而可见，增加 MEMS 陀螺仪的驱动幅值有利于减小陀螺仪的噪声，从而提高 MEMS 陀螺仪的精度。

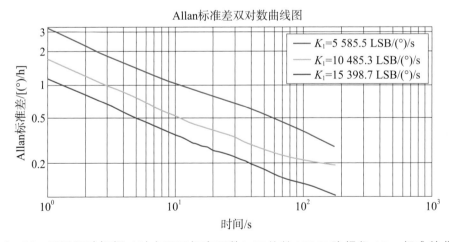

图 2-64　不同驱动振幅（对应不同标度因数）下的某 MEMS 陀螺仪 Allan 标准差曲线

● 2.6.2　MEMS 陀螺仪正交误差抑制方法

正交误差是 MEMS 陀螺仪的主要误差信号之一，由于正交耦合误差信号与陀螺仪哥

氏力响应信号存在 90°相位差，可通过信号解调、电学补偿以及反馈控制等方式抑制，具体来说抑制陀螺仪正交误差的方法主要有相敏解调法、正交信号补偿法、正交力校正法和正交刚度校正法。

2.6.2.1　相敏解调法

MEMS 陀螺仪的正交误差信号与哥氏信号的相位相差 90°，因此可利用信号处理技术中的相敏解调实现哥氏信号的提取。MEMS 陀螺仪信号相敏解调原理如图 2 - 65 所示。MEMS 陀螺仪检测模态输出的信号中，同时包含与驱动模态运动速度同相的哥氏信号和与之正交的误差信号，驱动信号经移相使之与驱动模态速度同相，并将其作为参考信号与检测输出进行混频，然后经低通滤波，输出的信号为 $K\Omega_c\cos(\Delta\varphi) + A_q\sin(\Delta\varphi) \approx K\Omega_c$，$\Delta\varphi$ 为解调相位误差，K 为理想的陀螺仪输出的标度因数。当 $\Delta\varphi = 0$ 时，正交误差被完全消除。由于正交耦合信号通常较大，因此需要严格确保参考信号与哥氏信号同相，即 $\Delta\varphi = 0$，才能确保正交误差信号完全消除。实际上，在数字电路中 $\Delta\varphi$ 的取值也是量化的，此外哥氏信号与驱动信号之间的相位差也会随着温度变化而有所波动，因此很难绝对保证 $\Delta\varphi = 0$。

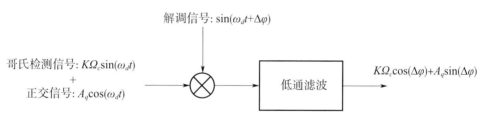

图 2 - 65　MEMS 陀螺仪信号相敏解调原理

由图 2 - 65 可知，如果将 $\cos(\omega_d t + \Delta\varphi)$ 作为参考信号，输出的信号则变成 $K\Omega_c\sin(\Delta\varphi) + A_q\cos(\Delta\varphi) \approx A_q$，可将正交信号解调出来。事实上，在陀螺仪电路中经过适当设计，可分别输出哥氏信号和正交耦合误差信号。当 $\Delta\varphi \neq 0$ 时，在实验上，当陀螺仪输入角速度变化时，陀螺仪输出通道与正交输出通道信号测到的标度因数 K_1 和 K_{1q} 为

$$K_1 = K\cos(\Delta\varphi) \tag{2-150}$$

$$K_{1q} = K\sin(\Delta\varphi) \tag{2-151}$$

由此，可得到

$$\Delta\varphi = \arctan\left(\frac{K_{1q}}{K_1}\right) \tag{2-152}$$

由式（2-152），可通过实验的方法对陀螺仪的相敏解调的相位偏差进行测试。图 2 - 66 给出了在一个数字电路 MEMS 陀螺仪中，设定不同相敏解调相位时，陀螺仪相关参数的变化情况。从图中可看出，随着解调相位设置值的连续调节，陀螺仪的零偏输出 K_0 也相应改变，同时正交通道信号的标度因数也随之变化，当正交通道信号的标度因数接近 0 时，对应着参考信号与哥氏信号的最佳匹配，即 $\Delta\varphi$ 趋近于 0。

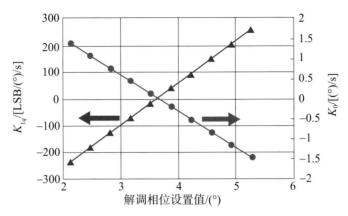

图 2-66 某型陀螺仪零偏和正交通道信号标度因数随相敏解调相位设置值的变化曲线

尽管相敏解调在实际应用中不能将正交误差信号完全滤除，但可在此基础上增加其他的正交抑制措施，因而相敏解调方法作为一种基础的陀螺仪信号处理方法，在 MEMS 陀螺仪中得到广泛应用。关于陀螺仪的调试，一定要关注陀螺仪正交耦合分量输出是否随转台的转速而发生变化，即当陀螺仪的等效正交输入角速率趋近于 0 时，应该是陀螺仪解调相位参数设置的最佳状态。而此时的陀螺仪零偏值反映的是同相耦合误差。

2.6.2.2 正交信号补偿法

正交信号补偿法是在检测通道中加入与正交信号同频反相的电压信号以补偿检测模态输出中的正交信号，它主要是抑制检测通道内的正交信号。在具体实现上，需要通过上述相敏解调，得到正交误差输出信号，将其作为误差信号反馈到正交补偿闭环回路中去，形成闭环控制系统，自主完成正交信号的检测和抑制。其原理框图如图 2-67 所示。

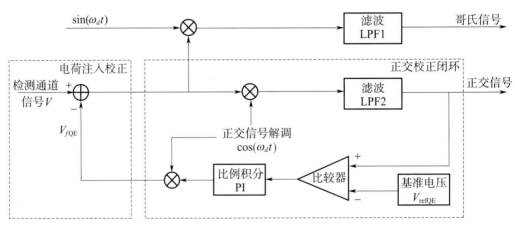

图 2-67 正交信号补偿原理框图

正交信号补偿法针对的是电路中的电信号，所以不需要在 MEMS 陀螺仪结构中加入额外的调控机构，因而可简化结构设计，利于降低加工难度，提高成品率。

2.6.2.3　正交力校正法

正交力校正法是通过在检测反馈梳齿上施加与正交力同频反向的静电力，从而抵消正交力对检测框架的影响，进而消除正交误差。该方法需要外部控制电路与结构中的检测反馈梳齿相互配合完成。正交力校正法的原理框图如图 2‐68 所示。

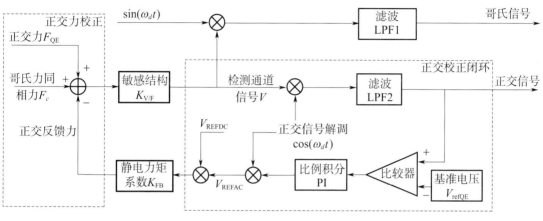

图 2‐68　正交力校正法工作原理图

2.6.2.4　正交刚度校正

正交耦合误差产生的根源在于工艺加工误差所导致的陀螺仪刚度矩阵中的非对角项的出现，因此必须消除结构中的耦合刚度，才能彻底消除正交耦合误差。为此，需要在结构设计过程中设计出刚度校正电极结构，利用静电负刚度效应，使产生的静电刚度抵消耦合刚度，使敏感结构刚度矩阵的非对角项置零，从而得以消除正交耦合误差。正交刚度校正技术将在第 3 章中详细论述。

▶ 2.6.3　MEMS 陀螺仪温度误差抑制与补偿技术

温度是 MEMS 陀螺仪输出的重要影响因素。温度引起的陀螺仪误差具有较好的重复性，因而在工程上可以建立陀螺仪输出误差的温度模型，并对陀螺温度误差进行补偿。尽管温度补偿是常用的提高陀螺仪性能的方法，而且专用集成电路中也提供了温度传感器和响应的补偿模型，使得温度补偿更为便捷，但仍然需要从陀螺仪的设计、工艺以及控制回路上采取措施，减小陀螺仪的固有输出的误差。因为陀螺仪的固有零偏越大，零偏随温度的变化量越大，意味着补偿后的残差也会越大，也很难保证陀螺仪的综合性能，这一点对于标度因数误差而言也是如此。因此，需要尽可能减小陀螺仪的固有零偏，以及零偏和标度因数的温度敏感性，并在此基础上通过温度建模、数字补偿的方法，才可能实现具有低温度敏感性的高性能 MEMS 陀螺仪。

为了减小 MEMS 陀螺仪的温度误差，首先可从器件设计方面提高陀螺仪的温度稳定性，通过对 MEMS 陀螺仪结构的改进设计，增强其温度稳定性。在 $25 \sim 125$ ℃范围内，其驱动和检测频率的温度系数可改善 8 倍左右[215]，从而可降低由于谐振频率变化带来的陀螺仪误差；从工艺加工方面，提高 MEMS 陀螺仪的芯片加工精度，减小正交耦合误差，同样可提高陀螺仪的全温性能。此外，从工艺上进一步优化结构的温度特性，例如通过采用 1 100 ℃湿氧氧化方法在硅梁表面形成一层二氧化硅薄膜，利用硅和二氧化硅相反的温度系数，把合成材料谐振器谐振频率温度敏感性降低到适应谐振器的水平[216]，并应用于声表面波陀螺仪。从控制回路方面和陀螺仪参数调试方面，要控制陀螺仪的正交耦合误差及其随全温的变化，减小其向陀螺仪输出通道的耦合，同时优化陀螺仪 ASIC 基准源的参数配置，提高陀螺仪的标度因数全温稳定性。

2.6.3.1 陀螺仪零偏温度误差抑制

在 2.5.5.2 节中给出了陀螺仪零偏随温度变化的表达式，陀螺仪的零偏可表达为陀螺仪的正交耦合误差和同相耦合误差之和。减小陀螺仪零偏误差及其随温度的变化首先要减小正交耦合误差和同相耦合误差。正交耦合误差的减小需要保证敏感结构的对称性，减小驱动轴运动向检测轴的运动耦合，同时在工艺加工方面，尽可能提高工艺加工精度，避免工艺加工带来不对称性，特别是避免产生谐振结构中各种梁结构刚度的不对称性。在同相耦合误差控制方面，需要优化敏感结构中电极引线布线，尽量减少驱动信号与检测信号的交叉，避免电信号耦合。同相耦合误差的控制还有赖于电路设计中驱动信号和检测信号的隔离。

即使在结构设计上实现了完全对称，但在工艺上实现正交耦合误差的消除也是不可能的。正交耦合误差等效输入角速率通常在 $10 \sim 300$ （°）$/s$ 之间。因此在陀螺控制回路参数配置上，需要优化同步解调的相位配置，确保参考信号与哥氏信号之间的相位差 $\Delta \varphi$ 尽可能为 0。由于工艺加工误差的存在，MEMS 陀螺仪参考信号的相位存在一定的离散性，为此，需要对各个 MEMS 陀螺仪逐一进行相位参数的优化配置。图 2-69 给出了采用固定相位参数配置（改进前）和每只 MEMS 陀螺仪相位参数逐一优化（改进后）的陀螺仪零偏输出的对比，可看出通过优化参数配置，能够显著减小陀螺仪的零偏值，这主要源于正交耦合误差向陀螺仪输出耦合减少的贡献。

在优化陀螺仪参数特别是检测相位参数配置后，随温度变化的正交等效输入角速率向陀螺仪通道的耦合响应减小，相应会减小零偏随温度变化量。

从陀螺仪控制系统参数设计的角度来看，解调相位的精细调节能力，一定程度上决定了最终陀螺仪的全温零偏稳定性。因此，可考虑在相位解调参数配置上，设计两级参数配置，即相位参数的精调和细调，以确保解调相位的优化。

2.6.3.2 陀螺仪标度因数温度误差抑制

从前述分析可看到，陀螺仪标度因数随温度的变化很大程度上受 ASIC 带隙基准源（Bandgap Reference，BGR）的影响，这对于开环陀螺仪和闭环陀螺仪而言都是适用的。除了基准源的影响外，开环陀螺仪中驱动-检测模态的频差以及闭环陀螺仪中的驱动频率随温度的变化也都会影响各自标度因数的温度系数。因此，最低的 ASIC 带隙基准源的温度系数不一定能确保最小的标度因数全温变化量。所以在开环陀螺仪中，ASIC 带隙基准源的温度系数需要与陀螺仪驱动轴检测轴频差随温度的变化相匹配；在闭环陀螺仪中，

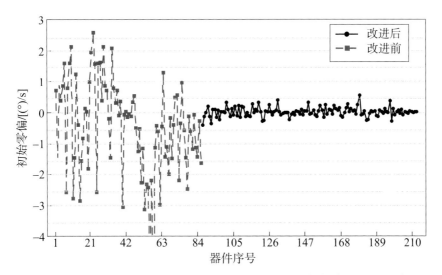

图 2-69　某型陀螺仪固定相位参数与逐一优化陀螺仪相位参数陀螺仪零偏的对比图

ASIC 带隙基准源的温度系数需要与谐振频率随温度的变化相匹配，即 ASIC 带隙基准源需要与其他的标度因数影响因素相抵偿，从而可得到最优的标度因数全温性能。由于 ASIC 中通过调节带隙基准源的匹配电阻，可很容易调节其温度系数的大小和正负方向，这也为陀螺仪标度因数温度系数的调整提供了便利的途径。因此，需要首先优化带隙基准源的温度特性，使标度因数具有较小的温度系数，并在此基础上通过数字温度补偿，进一步提高标度因数的全温稳定性。

图 2-70 给出了不同参数配置下陀螺仪的 ASIC 中基准电压随温度变化的曲线，表明通过调整 ASIC 的配置参数能够调控基准电压的温度特性，从而实现小的标度因数变化量。

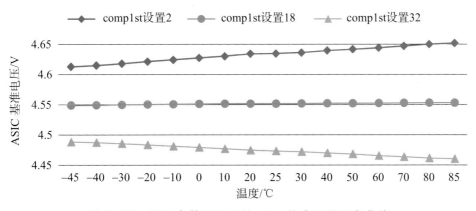

图 2-70　不同参数配置下某 ASIC 基准源的温度曲线

2.6.3.3　陀螺仪温度误差数字补偿

对器件结构、材料的设计能从根本上改善温度对陀螺仪性能的影响，但是由于温度对陀螺仪的影响是多维度的，即便采取上述措施后，MEMS 陀螺仪仍然会存在标度因数和零偏随温度的变化。因此，在上述方法基础上，工程中通常采用温度建模补偿的方法，进一步提高 MEMS 陀螺仪的性能。

MEMS 陀螺仪的温度建模补偿主要补偿其零偏温度误差、标度因数误差，对于要求高线性度的需求（优于 100 ppm），还可对其非线性进行补偿。由于 MEMS 陀螺仪的信号调理电路大部分已经采用数字专用集成电路芯片，相关补偿参数可烧写至专用集成电路的 OTP 存储器中，可实现陀螺仪输出信号的实时补偿。

MEMS 陀螺仪零偏及标度因数误差补偿的模型可表达为

$$G_c = \lambda(T)\big[G - G_0(T)\big] \tag{2-153}$$

式（2-153）中，G_c 为补偿后的陀螺仪输出；G 为陀螺仪的原始输出；T 为 ASIC 中温度传感器的输出；$\lambda(T)$ 为标度因数的补偿系数模型，表示陀螺仪期望的标度因数与原始陀螺仪输出的标度因数之间的比值；$G_0(T)$ 为陀螺仪零偏的温度模型。$\lambda(T)$、$G_0(T)$ 通常采用多项式模型，在工程上采用 3 阶多项式即可满足需要，可表示为

$$\lambda(T) = \lambda_0 + \lambda_1 T + \lambda_2 T^2 + \lambda_3 T^3 \tag{2-154}$$

$$G_0(T) = g_0 + g_1 T + g_2 T^2 + g_3 T^3 \tag{2-155}$$

式（2-154）和式（2-155）中，$\lambda_i(i=0,1,2,3)$、$g_i(i=0,1,2,3)$ 分别为标度因数模型、零偏模型中的拟合参数。需要指出的是，式（2-154）和式（2-155）中非零次的拟合参数是一个很小的量，例如 λ_1、λ_2、λ_3 的量级通常在 10^{-7}、10^{-11}、10^{-14} 量级，如果 ASIC 中不能进行浮点运算，需要防止数字运算过程中截断误差的产生。通常可通过优化算法，利用 ASIC 中寄存器移位操作取代乘除运算，因而可将上述拟合参数变换成一个整数量，从而减小截断误差对运算精度的影响，确保补偿精度。

MEMS 陀螺仪的固有零偏来源主要有两方面，一方面是来源于相敏解调的相位误差造成正交耦合误差向哥氏信号通道的耦合，另一方面来源于驱动信号向检测信号的同相耦合误差。如果解调相位误差、正交耦合误差及同相耦合误差过大，陀螺仪在温度补偿前会存在较大固有零偏，较大的固有零偏会造成陀螺仪零偏具有很大的温度系数，即使通过零偏数字温度补偿，也很难有效降低零偏全温变化。需要从根本上降低解调相位误差、正交耦合误差及同相耦合误差，才能有效提升陀螺仪全温性能。图 2-71 为某型 MEMS 陀螺仪经数字补偿前后全温零偏数据的对比，该陀螺仪控制回路中实现了正交刚度闭环，对正交误差实现了有效控制，未数字补偿前陀螺仪零偏全温稳定性为 11.65（°）/h；经数字补偿后陀螺仪的全温零偏变化得到进一步改善，其零偏全温稳定性为 2.05（°）/h。图 2-72 为该陀螺仪在不同状态下标度因数温度特性的对比，在 ASIC 带隙基准源优化前标度因数表现出较大的温度系数，经基准源参数优化后，标度因数随温度的变化量有较大的改善，经数字补偿后，标度因数的全温稳定性得到进一步提升。

陀螺仪材料特性及关键参数随温度变化的特性决定了 MEMS 陀螺仪的标度因数与零偏必然随温度发生变化，通常温度补偿可将陀螺仪全温性能提高一个量级左右，因此陀螺仪零偏和标度因数数字温度补偿是实现高性能陀螺仪的必然途径。但是由于陀螺仪标度因

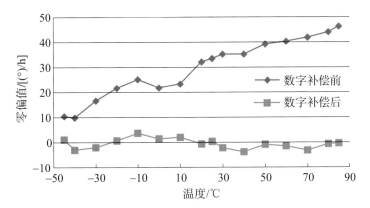

图 2-71　某型 MEMS 陀螺仪数字补偿前后全温零偏数据对比

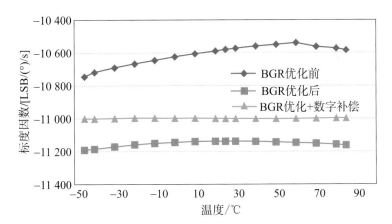

图 2-72　某型 MEMS 陀螺仪在不同状态下的标度因数温度特性

数和零偏除受外界温度变化影响外，还受到应力、振动、冲击等环境条件影响，特别是应力变化，会导致陀螺仪温度模型发生变化，因此不能单纯依赖温度补偿提升陀螺仪全温性能，还需通过优化陀螺仪敏感结构设计、陀螺仪闭环控制回路以及参数匹配设计，降低陀螺仪输出对温度、应力、振动、冲击等外界环境干扰的敏感度，提升陀螺仪性能水平。

● 2.6.4　MEMS 陀螺仪非线性误差抑制技术

MEMS 陀螺仪的非线性误差来源一种是检测轴电容随哥氏加速度的变化本身呈现出的非线性，这种影响在开环陀螺仪中的影响十分显著，在开环检测的 MEMS 陀螺仪中，通常选择压膜阻尼的电容结构作为检测电容以增强其灵敏度，压膜阻尼的电容结构的位移与电容之间本身就是非线性响应关系，尽管采取了差分检测，但差分后仍有非线性响应的趋势；另一种非线性误差来源于电压与静电力之间的非线性响应关系、电路的放大以及 AD 转换等环节存在的非线性，这在开环陀螺仪和闭环陀螺仪中都会存在。

对于开环检测的陀螺仪而言，为减小陀螺仪输出的非线性误差，尽量在结构设计中采用滑膜梳齿结构，而不是压膜结构。由于前者是变面积的检测电容结构，而后者则是变间隙的检测电容，前者的非线性误差本身就小。另外，在精度允许的范围内，适当减小陀螺仪的驱动位移，也有利于提高陀螺仪的线性度。

对于闭环而言，由于检测电容在工作中受控制回路控制，保持不变，因此不存在由于检测电容的非线性响应所导致的非线性误差。它的非线性误差主要受检测环路信号放大及 AD 转换的影响。与开环陀螺仪类似，减小驱动幅值也有利于减小非线性误差。

除了在设计和控制回路参数设置方面采取措施外，非线性误差还可通过数字补偿的方法得到提高。目前，一些专用集成电路上就集成了非线性补偿模块，只要非线性误差具有较好的重复性，就可通过在全量程范围内对输入和输出进行建模，并将非线性补偿参数预存在 ASIC 的 OTP 寄存器中，从而进一步减小其非线性误差。

在只考虑 MEMS 惯性器件的非线性误差和随机误差的情况下，即在其他误差得到补偿的情况下，MEMS 陀螺仪的输出表达式可以写为

$$G_{zout} = K_1(\Omega_z + K_2\Omega_z^2 + K_3\Omega_z^3 + \varepsilon_\Omega) \tag{2-156}$$

式（2-156）中，Ω_z 为陀螺仪的输入角速度，K_1 为陀螺仪的标度因数，K_2、K_3 分别为陀螺仪的二次和三次非线性系数，ε_Ω 为陀螺仪零偏随机误差。式（2-156）对于描述 MEMS 陀螺仪输入量与输出量之间的非线性响应关系时，具有物理概念清晰的特点，但该模型在实际非线性补偿中的可操作性不足。非线性补偿的过程应该是对 MEMS 惯性器件的输出量进行数学变换的过程。将式（2-156）改写为如下形式

$$G_c = K_{g1}\omega_z = \lambda_{g1}G_{zout} + \lambda_{g2}G_{zout}^2 + \lambda_{g3}G_{zout}^3 + \varepsilon_G \tag{2-157}$$

式（2-157）中，G_c 为经过变换后的 MEMS 陀螺仪的输出；K_{g1} 为陀螺仪经过非线性补偿后的标度因数，既可以选择与式（2-156）中相同的标度因数 K_1 值，也可以选择期望的其他标度因数值；λ_{g1}、λ_{g2}、λ_{g3} 分别为相应的非线性系数，ε_G 为非模型化残差。在进行非线性补偿时，根据不同转速下测得的陀螺仪输出数据，得到未经非线性补偿时的标度因数，并将此标度因数代入式（2-157）中，用最小二乘法对测试中得到的输入量和输出量数据进行参数拟合，得到相应拟合参数。然后，根据式（2-157）对 MEMS 器件的输出进行相应变换，经变换后的 MEMS 器件输出的非线性误差将得到有效补偿。

第 3 章　高性能 MEMS 陀螺仪关键技术

高性能 MEMS 陀螺仪一般用于载体的惯性导航、姿态测量与控制、定位定向和结构健康监测等，在微小型卫星等空间领域、微小型导弹/制导炮弹等战术武器领域、无人机和机器人等智能系统、地震测量和资源勘探领域以及汽车自动驾驶等诸多领域具有广泛的应用需求。在上述应用中，要求 MEMS 陀螺仪精度高、动态范围大、环境适应性好。因此，需要从仪表设计、工艺加工、控制回路等各个方面减小陀螺仪的各种误差，提高其精度、环境适应性和可靠性。高性能 MEMS 陀螺仪的关键技术包括结构设计、芯片加工和回路控制等方面。其中，结构设计对于 MEMS 陀螺仪精度的实现和可靠性具有决定性作用，通常需要采用解耦设计以减小驱动模态向检测模态的耦合，同时通过优化锚区分布、设计应力隔离结构等减小热应力对陀螺仪谐振特性的影响，通过设计相应止挡结构以增强其力学特性。这些内容已经在第 2 章中进行了论述，有关 MEMS 芯片加工方面的关键技术将在第 6 章进行论述。本章从系统工程的角度出发，侧重于与 MEMS 陀螺仪驱动与信号检测、回路控制以及工程测试相关的关键技术，包括微小电容检测技术、稳定驱动控制技术、陀螺仪检测解调技术、闭环控制技术、专用集成电路技术等。其中，闭环控制技术又包括检测轴力平衡闭环、正交误差刚度校正闭环、频率匹配闭环等，这些闭环控制是实现高性能 MEMS 陀螺仪所必需的。为实现 MEMS 陀螺仪的小型化，上述信号检测与闭环控制以及各种误差补偿功能需要在专用集成电路中实现。本章将对这些关键技术进行系统论述。除此之外，高性能 MEMS 陀螺仪的应用环境复杂多样，需要在各种复杂环境和特种工程条件下保持其主要性能，本章也将从工程设计的角度对相关技术进行论述。

3.1　高性能 MEMS 陀螺仪驱动与信号检测技术

▶ 3.1.1　微小电容检测技术

静电驱动、电容检测是高性能 MEMS 陀螺仪常见的工作模式。MEMS 陀螺仪结构尺寸微小，敏感电容的变化量非常微弱，接近 aF（10^{-18}F）级别，而周围的寄生电容在几百 fF 到几 pF 之间，较容易引入大的噪声，这对硅微陀螺仪接口电路的性能提出了较高的要求。硅 MEMS 陀螺仪接口电路需要在干扰较大的情况下以较高的精度提取电容变化信号。电容检测电路作为硅 MEMS 陀螺仪的机电接口，位于检测电路的最前端，它的性能独立于微结构与后续控制电路，其所能达到的分辨率、稳定性等指标直接决定了陀螺仪输出信号所能达到的性能。

第 2 章中的 MEMS 陀螺仪结构包括一对驱动激励电容、一对驱动检测电容以及一对检测模态的检测电容，每对电容都被设计为差分工作方式，使电容信号增倍并提高电容检测的线性度。在 MEMS 陀螺仪设计中，驱动环路和检测环路均需要有电容检测电路，将电容的变化信号转换成电压信号，以分别实现驱动模态的闭环控制和哥氏信号检测。高性能 MEMS 陀螺仪各个电容的典型值见表 3 - 1。

表 3 - 1　驱动、驱动检测、检测基础电容值

参数名称	设计值	单位
驱动基础电容	5	pF
驱动检测基础电容	1	pF
检测基础电容	8	pF

MEMS 陀螺仪中常用的微小电容检测电路主要有环形二极管检测电路、电荷放大电路、开关电容电路以及跨阻放大器等。其中环形二极管检测电路常见于早期 MEMS 陀螺仪研制阶段基于分立器件的控制回路，而其他几种电路则被应用于 MEMS 陀螺仪专用集成电路中，其中以电荷放大电路较为常见。

环形二极管差分电容检测电路如图 3 - 1 所示，图 3 - 1 中 C_1、C_2 为 MEMS 陀螺仪差分检测电容，C_3、C_4 为外部参考电容且大小相等，方波幅度为 V。在方波正半周，二极管 D_2、D_4 导通，电压 V 通过 C_1 对 C_4 充电，通过 C_2 对 C_3 充电，C_1、C_2 上存储的电荷分别与 C_4、C_3 上存储的电荷中和后重新分布；在方波的负半周，二极管 D_1、D_3 导通，电压 $-V$ 通过 C_1 对 C_3 放电，通过 C_2 对 C_4 放电，C_1、C_2 上存储的电荷分别与 C_3、C_4 上原有的电荷中和后重新分布。在这个过程中，环形二极管起到了自适应开关的作用，在方波正半周期和负半周期自动切换状态。经过多个方波周期后，C_3、C_4 上的电压将逐渐趋于稳定，由于差分电容 C_1 和 C_2 两个电容的值不同，因此对参考电容的充放电电流不相等，因而 C_3、C_4 上的电压不同。在电路设计中通常使 C_3、C_4 的值保持一致，即 $C_3 = C_4 = C_f$，则环形二极管差分电容检测电路的输出电压为

$$V_{out} = \frac{2KC_f(C_1 - C_2)V}{C_fC_1 + C_fC_2 + 2C_1C_2} \tag{3-1}$$

式（3 - 1）中，K 为放大器的增益，在公式推导时忽略了二极管的压降。将两个差动电容 C_1、C_2 分别表示为 $C_0 + \Delta C$ 和 $C_0 - \Delta C$，则式（3 - 1）可以化为

$$V_{out} = \frac{4KC_fV\Delta C}{2C_fC_0 + 2(C_0^2 - \Delta C^2)} = \frac{2KC_fV\Delta C}{C_fC_0 + C_0^2 - \Delta C^2} \tag{3-2}$$

由于 MEMS 陀螺仪工作中电容的变化量远小于静态电容和参考电容，即 $C_fC_0 \gg \Delta C^2$，$C_0^2 \gg \Delta C^2$，则式（3 - 2）可以化简为

$$V_{out} \approx \frac{2KC_fV\Delta C}{C_fC_0 + C_0^2} \tag{3-3}$$

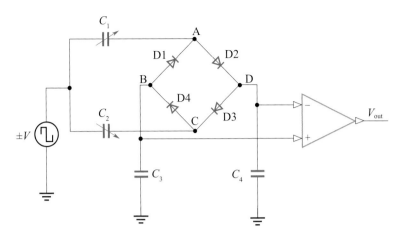

图 3-1 环形二极管差分电容检测电路原理图

由式（3-3）可以看出，随着参考电容的增大，电容电压转换增益相应增大，当参考电容 C_f 远大于 MEMS 陀螺仪中的静态电容时，转换增益趋于定值，即转换增益与参考电容无关。

电荷放大器电容检测电路原理如图 3-2 所示，C_s 为输入端等效寄生电容，C_1、C_2 为陀螺仪敏感电容，$C_1 = C_0 + \Delta C$，$C_2 = C_0 - \Delta C$，采用正负直流参考电压，R_f 提供较大的直流增益使系统稳定，需要选取较大的阻值。在该电路中，反馈电容 C_f 决定了电荷放大器的交流放大倍数，电阻 R_f 提供一个大的直流增益以使系统稳定，通常情况下二者之间关系为

$$R_f \gg \frac{1}{\omega C_f} \tag{3-4}$$

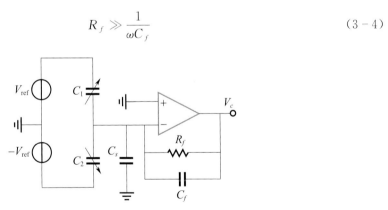

图 3-2 电荷放大器电容检测电路原理图

式（3-4）中电路的输入输出之间满足如下关系

$$V_{out} = \frac{2\mathrm{j}\omega \Delta C}{\dfrac{1}{R_f} + \mathrm{j}\omega C_f} V_{ref} \tag{3-5}$$

考虑到式（3-4）成立，式（3-5）可以近似为

$$V_{\text{out}} \approx \frac{2\Delta C}{C_f} V_{\text{ref}} \qquad\qquad (3-6)$$

式（3-6）表明，输出电压与陀螺仪检测电容 C_0 无关，与反馈电容 C_f 成反比，因而减小反馈电容有利于提高 C/V 转化效率。但实际上当 C_f 减小到一定程度时，电路的白噪声会使前置运放发生电路自激，因此 C_f 需合理取值。输出电压与检测电容上的直流参考电压成正比，因此提高直流参考电压也有利于提高 C/V 转化效率。

开关电容检测电路基本原理如图 3-3 所示，它由电荷放大器和开关电容驱动两部分组成，其中开关电容驱动部分包括控制时序的模拟开关和采样保持电路。其中，C_1、C_2 为陀螺敏感电容，C_f 为电荷放大器反馈电容，C 为去耦电容，用以去除放电电流脉冲流过运算放大器动态输入电阻时产生的瞬态电压尖峰。

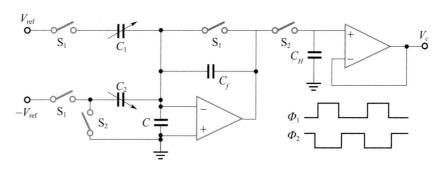

图 3-3　开关电容电路结构及差分电容检测开关时序

开关电容检测电路的基本原理是利用电容充放电将待测电容的变化转化为电压输出。工作时，按照一定时序通过差分电容 C_1、C_2 对 C_f 充电，然后再按照相应时序将其放电，不断重复，使差分电容一直处于动态的充放电过程。C_1、C_2 连续的放电电流脉冲经过电荷放大器转换为电压，再经采样保持其幅值，得到输出电压。开关电容检测电路的输出电压可以表示为

$$V_c = \frac{V_{\text{ref}}}{C_f}(C_1 - C_2) \qquad\qquad (3-7)$$

跨阻放大器可以检测电荷转移产生的交流电流，可应用于差分电容的检测。基于跨阻放大器的差分电容检测电路原理如图 3-4 所示。图 3-4 中，C_1 和 C_2 为陀螺仪差分检测电容，C_s 为等效寄生电容，电路的输出电压为

$$V_c = \mathrm{j}\omega R_f V_{\text{ref}}(C_1 - C_2) \qquad\qquad (3-8)$$

在以上几种电容检测方案中，电荷放大器、开关电容和跨阻放大器需要在集成电路中才能够实现较好的性能，其主要原因如下。

1）电荷放大器和开关电容电路的电容检测灵敏度与反馈电容大小成反比，为提高检测灵敏度，需要适当减小反馈电容，其典型设计值通常为几十至几百 fF，这样量级的高精度电容，难以用分立器件来实现。

2）在 MEMS 陀螺仪检测模态电容检测中，为抑制驱动信号的耦合作用，电荷放大器与跨阻放大器需要两路反相的载波参考电压对检测信号进行调制，并在电压输出端增加相

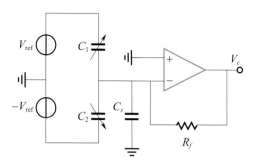

图 3-4 跨阻放大器电容检测原理图

应的解调电路来解调检测信号，相应的解调检测电路将会使分立电路过于复杂，并且需要大幅提高对相关器件的要求。

3）开关电容检测电路的精度主要决定于放大器的输入电流噪声、漂移以及开关注入电荷等。这种电路对电荷放大器的漏电流及直流失调电压指标要求较高，且该电路中的电容通常较小，模拟开关的电荷注入效应会使电容上产生较大的误差电压信号。在实际工程应用时，通常需要结合相关双采样、斩波技术来抑制噪声及失调，增加额外的补偿开关与反馈回路来消除开关的电荷注入效应造成的影响。若采用分立器件实现，将使电路结构变得较为复杂，相应减弱了该电路的性能优势。

● 3.1.2 MEMS 陀螺仪驱动控制技术

振动式 MEMS 陀螺仪需要产生振动才能实现对转动角速度的感知，陀螺仪的标度因数与振动的幅值成正比，保持驱动速度的恒定是精确检测输入角速度的前提。振动式 MEMS 陀螺仪的驱动控制电路用于产生驱动电压以使陀螺仪的可动质量块沿驱动方向产生恒幅简谐振动，并使谐振频率保持在驱动模态固有频率上，同时为检测轴环路提供参考信号[217]。

早期 MEMS 陀螺仪的驱动采用外加交流信号的方式[9,218]，这种驱动方式需要提前测定陀螺仪驱动模态的谐振频率，然后使输入的驱动信号频率与谐振频率保持一致。这种方式的优点是电路结构简单，但稳定性较差，当陀螺仪谐振频率发生变化时会造成驱动幅值的变化。因此，为实现 MEMS 陀螺仪稳定工作，在驱动环路中增加了可变增益控制器以实现驱动幅值的稳定控制[219]。这种基于自动增益控制的闭环驱动方式目前已经非常成熟，但其在频率稳定方面存在明显不足和过分依赖陀螺仪传感器自身的性能，并且存在稳定时间过长的问题。应用锁相技术的驱动回路控制方式，利用锁相环的锁频特性使振荡环路产生驱动信号，进而使陀螺仪在谐振频率下实现自激振荡[220]，再结合自动增益控制方式来实现振幅和频率的稳定控制。目前，采用自动增益控制和锁相环锁频的闭环自激电路成为高性能 MEMS 陀螺仪驱动回路的主流方案。

典型的 MEMS 陀螺仪驱动回路基本架构如图 3-5 所示，包括电荷放大器 C/V 转换电路、自动增益控制回路和锁相环回路。MEMS 陀螺仪质量块振动引起的电容变化经电荷放大器转换为电压信号，滤波后经过自动增益系统（AGC）稳定驱动振动的幅值，同时采用锁相环（PLL）进行频率控制。为了在尽可能小的驱动信号下获得更大的驱动速度，驱动信号的频率需等于驱动模态的固有谐振频率，然而由于温度变化或疲劳损耗等因素的影响，会导致陀螺仪驱动模态的固有谐振频率发生变化。与此同时，每只陀螺仪驱动模态的谐振频率也不相同，在陀螺仪驱动控制环路中引入锁相环后，能够自动跟踪谐振频率的变化，陀螺仪始终谐振于陀螺仪驱动模态的固有谐振频率上。

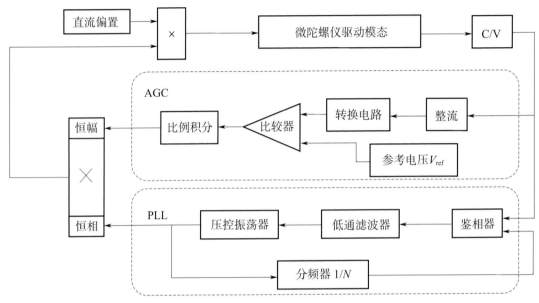

图 3-5　硅微陀螺仪驱动系统基本架构

　　自动增益控制环路如图 3-5 中 AGC 区所示，从驱动检测电容输出的电压信号经过整流和转换电路，与一个控制驱动幅值大小的参考电压共同输入比较器的两个端口，比较器的输出信号经过 PI（Proportional-Integral，比例-积分）控制器，输出的电压信号将与PLL 输出的谐波信号相乘，作为陀螺仪的驱动信号。锁相环（PLL）控制环路如图 3-5 中 PLL 区所示，由鉴相器（PD）、低通滤波器（Low Pass Filter，LPF）、压控振荡器（Voltage Controlled Oscillator，VCO）和分频器组成，陀螺仪驱动检测信号通过鉴相器进行相位解调和低通滤波得到相位差信号（即锁相环输出相位和陀螺仪输出相位的差），经过比例积分控制后产生频率控制信号，并由数字压控振荡器产生谐波信号。由压控振荡器产生的谐波信号与 AGC 产生的幅度信号相乘后用于陀螺仪的驱动激励。由于锁相环的闭环控制，数字压控振荡器产生的谐波信号与陀螺仪驱动模态频率 ω_d 保持一致。在 AGC回路和 PLL 回路双闭环控制下，陀螺仪以驱动模态固有频率做等幅振动。

　　由于真空封装的陀螺仪谐振子本身相当于一个高品质因数（如 $Q > 20\,000$）的带通滤波器，加之环路中有接口电路、外围的滤波器（LPF）、比例积分控制器（PI）、压控振荡器（VCO）等，整体闭环系统阶次高，较难利用解析方法判断系统的稳定性和振动幅度的稳态平衡点，因此可以建立基于陀螺仪谐振子的行为级模型，开展相关仿真分析，用于指导控制系统的设计和调试。采用 AGC 和 PLL 双闭环驱动控制行为级模型如图 3-6 所示，仿真参数见表 3-2，图 3-7 显示了陀螺仪启动过程中驱动位移的时域响应曲线，在经历瞬态启动过程后驱动位移振幅稳定于设定的 3.6 μm。仿真结果显示，谐振频率在 1 s 内被锁相环锁定，实现锁相环环路稳定控制；通过优化系统控制参数，可以使驱动位移幅度实现平滑，超调量小，基本没有振荡过程，满足振幅控制要求。

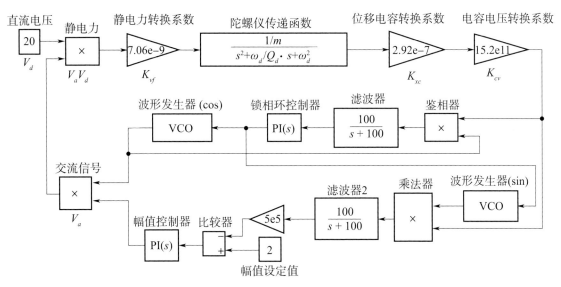

图 3-6　MEMS 陀螺仪双闭环驱动行为级模型

表 3-2　闭环驱动仿真参数

参数	数值	单位	参数	数值	单位
m	2.9×10^{-9}	kg	K_{xc}	2.92×10^{-7}	F/m
Q_x	20 000	/	K_{cv}	15.2×10^{11}	C/V
$f = \omega_d / 2\pi$	13 000	Hz	K_{vf}	7.06×10^{-9}	N/V
V_d	20	V	V_{ref}	2	V
LPF(PLL)	10	Hz	LPF(agc)	10	Hz

● 3.1.3　MEMS 陀螺仪解调检测技术

　　MEMS 陀螺仪中检测质量块以陀螺仪驱动频率作简谐振动，从检测电容中得到的是一个被角速度调制的微弱谐波信号，需要通过信号解调技术从中解调出角速度信号。采用陀螺仪驱动信号作为参考信号对检测电容的信号进行同步解调，从中提取出与角度成正比的电压信号，这是 MEMS 陀螺仪检测解调的基本方法。检测解调的信号直接输出，即构成开环检测的 MEMS 陀螺仪，如果在此基础上引入反馈回路，使检测模态的振幅保持为

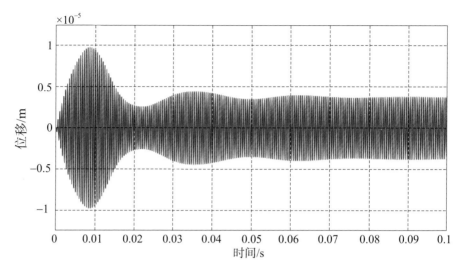

图 3-7　MEMS 陀螺仪谐振子驱动位移仿真结果

0，并以加到反馈机构上的电信号作为陀螺仪输出信号，即构成闭环检测的 MEMS 陀螺仪。

图 3-8 为开环检测解调原理框图，图 3-8 中 $\Omega_z(t)$ 为输入角速度，F_c 为哥氏力，$G_y(s)$ 为陀螺检测模态传递函数，K_{yc}、K_{cv}、K_e 分别表示检测梳齿电容转换增益、C/V 转换增益、检测电路前置放大器增益，$F_{lpf}(s)$ 为低通滤波器的传递函数，陀螺仪检测模态传递函数可以表达为

$$G_y(s) = \frac{1/m_c}{s^2 + \dfrac{\omega_y}{Q_y}s + \omega_y^2} \tag{3-9}$$

式（3-9）中，m_c 为检测模态检测质量；ω_y 为检测模态的谐振频率；Q_y 为检测模态的品质因数。

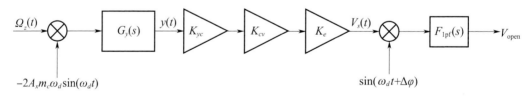

图 3-8　开环同步解调原理框图

作用在检测质量块上的哥氏力可以表示为

$$F_c(t) = -2m_c\Omega_z(t)A_x\omega_d \sin(\omega_d t) \tag{3-10}$$

式（3-10）中，A_x 为驱动振幅，ω_d 为驱动频率。

对式（3-10）进行欧拉变换，可得

$$F_c(t) = -m_c\Omega_z(t)A_x\omega_d \left(\frac{\mathrm{e}^{\mathrm{j}\omega_d t} - \mathrm{e}^{-\mathrm{j}\omega_d t}}{\mathrm{j}}\right) = \mathrm{j}m_c\Omega_z(t)A_x\omega_d (\mathrm{e}^{\mathrm{j}\omega_d t} - \mathrm{e}^{-\mathrm{j}\omega_d t}) \tag{3-11}$$

对式（3-11）进行拉氏变换，可得

$$F_c(s) = jm_cA_x\omega_d[\Omega_z(s-j\omega_d) - \Omega_z(s+j\omega_d)] \tag{3-12}$$

哥氏力经过陀螺仪检测模态产生的位移输出为

$$Y(s) = F_c(s)G_y(s) = jm_cA_x\omega_d[\Omega_z(s-j\omega_d) - \Omega_z(s-j\omega_d)] \cdot \frac{1/m_c}{s^2 + \dfrac{\omega_y}{Q_y}s + \omega_y^2} \tag{3-13}$$

检测模态的位移输出 $y(t)$ 经过前端增益放大并与参考信号混频经低通滤波后得到的最终输出电压为

$$V_{open}(t) = y(t)K_{yc}K_{cv}K_e \cdot \sin(\omega_d t + \Delta\varphi) \cdot f_{lpf}(t) \tag{3-14}$$

对式（3-14）进行欧拉变换，则有

$$V_{open}(t) = \frac{1}{2}K_{yc}K_{cv}K_e y(t)(je^{-j(\omega_d t+\Delta\varphi)} - je^{j(\omega_d t+\Delta\varphi)}) \cdot f_{lpf}(t) \tag{3-15}$$

对式（3-15）进行拉式变换，得到

$$V_{open}(s) = \frac{1}{2}jK_{yc}K_{cv}K_e[Y(s+j\omega_d)e^{-j\Delta\varphi} - Y(s-j\omega_d)e^{j\Delta\varphi}]F_{lpf}(s) \tag{3-16}$$

式（3-16）中

$$Y(s+j\omega_d) = jm_cA_x\omega_d[\Omega_z(s) - \Omega_z(s+2j\omega_d)] \cdot G(s+j\omega_d) \tag{3-17}$$

$$Y(s-j\omega_d) = jm_cA_x\omega_d[\Omega_z(s-2j\omega_d) - \Omega_z(s)] \cdot G(s-j\omega_d) \tag{3-18}$$

则 $V_{open}(s)$ 经过低通滤波后将表示为

$$V_{open}(s) = -\frac{1}{2}K_{yc}K_{cv}K_e m_cA_x\omega_d[\Omega_z(s) \cdot G(s+j\omega_d)e^{-j\Delta\varphi} + \Omega_z(s) \cdot G(s-j\omega_d)e^{j\Delta\varphi}] \tag{3-19}$$

式（3-19）两边除以 $\Omega_z(s)$，由此得到角速度解调的开环传递函数为

$$H_{open}(s) = -\frac{1}{2}K_{yc}K_{cv}K_e m_cA_x\omega_d[G(s+j\omega_d)e^{-j\Delta\varphi} + G(s-j\omega_d)e^{j\Delta\varphi}] \tag{3-20}$$

将 $G(s)$ 的表达式（3-9）代入式（3-20）可得

$$H_{open}(s) = -K\frac{\left(s^2 + \dfrac{\omega_y}{Q_y}s + \omega_y^2 - \omega_d^2\right)\cos\Delta\varphi - \left(2\omega_d s + \dfrac{\omega_d\omega_y}{Q_y}\right)\sin\Delta\varphi}{s^4 + \dfrac{2\omega_y}{Q_y}s^3 + \left(2\omega_d^2 + 2\omega_y^2 + \dfrac{\omega_y^2}{Q_y^2}\right)s^2 + \dfrac{2\omega_y(\omega_d^2+\omega_y^2)}{Q_y}s + \omega_d^4 + \omega_y^4 + \dfrac{\omega_d^2\omega_y^2}{Q_y^2} - 2\omega_d^2\omega_y^2} \tag{3-21}$$

式（3-21）中，$K = K_{yc}K_{cv}K_e A_x\omega_d$，在理想情况下，$\Delta\varphi=0$，则式（3-21）简化为

$$H_{open}(s) = -K\frac{s^2 + \dfrac{\omega_y}{Q_y}s + \omega_y^2 - \omega_d^2}{s^4 + \dfrac{2\omega_y}{Q_y}s^3 + \left(2\omega_d^2 + 2\omega_y^2 + \dfrac{\omega_y^2}{Q_y^2}\right)s^2 + \dfrac{2\omega_y(\omega_d^2+\omega_y^2)}{Q_y}s + \omega_d^4 + \omega_y^4 + \dfrac{\omega_d^2\omega_y^2}{Q_y^2} - 2\omega_d^2\omega_y^2} \tag{3-22}$$

MEMS 陀螺仪检测信号的同步解调,既可用模拟电路实现,也可用数字电路实现。在模拟同步解调中,通常采用一个模拟乘法器,将陀螺仪检测信号与同频驱动参考信号相乘,得到二倍频信号和直流分量,再经过低通滤波得到直流同相分量[221],当驱动参考信号经过 90°移相,则可以得到直流正交分量。在具体实现中需要不断优化电路设计以抑制解调噪声并保持电路的稳定性[222,223]。在乘法解调过程中,参考信号与哥氏信号之间的相位差直接会影响解调的效果,因此需要精确调节,以尽可能减少正交耦合信号向陀螺仪检测通道中的耦合[224]。参考信号与哥氏信号的相位差通常在 ASIC 设计中被设计为可调谐的参量,可根据相关测试结果来调整优化。

数字电路具有高可靠、易于集成、温度敏感性低、灵活性好、可实现各种复杂算法等优点,随着 ASIC 集成电路逐渐成熟,数字电路实现陀螺仪检测信号解调已经成为高性能 MEMS 陀螺仪的主流。在 MEMS 陀螺仪数字测控电路中,驱动检测信号和检测模态输出的哥氏信号都是包含幅度和相位信息的数字调制信号,检测模态信号在数字域进行滤波后与参考信号进行乘法运算完成数字解调。此外,可以充分利用数字信号处理器灵活性的特点,采用数字解调算法来解调出相应检测信号的幅度和相位信息,其中解调算法是正确解调出 MEMS 陀螺仪哥氏信号的关键,影响到控制系统的优劣和测量精度。相应的解调算法包括最小均方解调[225,226]、傅里叶变换解调[227]、同步积分解调[228] 等。

3.2　高性能 MEMS 陀螺仪闭环控制技术

MEMS 陀螺仪开环检测中,陀螺仪系统的传递函数与驱动-检测模态的频差、敏感结构的 Q 值有关,这些参数随温度及时间的变化必然会影响到 MEMS 陀螺仪的环境适应性和长期稳定性,而且动态特性与静态特性也不能兼顾。因此,采用陀螺仪闭环检测可以有效克服上述不足。在闭环检测回路中,闭环检测电路通过力平衡的方式使得陀螺仪结构始终稳定在平衡位置附近,这样可以避免频差、Q 值的变化对陀螺仪输出的影响,同时还可以增加测量范围、提升标度因数线性度,有效增加陀螺仪的响应带宽。此外,检测闭环控制还可以实现对正交耦合误差的有效控制,消除其对陀螺仪输出的影响,并实现陀螺仪检测模态对环境温度变化不敏感,提高陀螺仪的环境适应性,采用闭环检测技术是提高 MEMS 陀螺仪性能和应用范围的必然选择。

目前,主流的双闭环驱动-双闭环力平衡陀螺仪检测控制电路方案如图 3-9 所示,图 3-9 中驱动轴的控制系统包含幅值、频率两个闭环控制回路。当陀螺仪质量块受到外部扰动,质量块振动幅值发生偏移(与设定的振动幅值不同)时,自动增益控制环路可以快速调节驱动信号的幅值,使质量块振动幅值保持稳定;当由于温度或应力状态变化使陀螺仪振动梁的刚度系数发生变化时,陀螺仪驱动模态的谐振频率发生漂移,通过频率控制环路可以实时调节驱动信号的振动频率,使其能够跟踪陀螺仪驱动模态谐振频率。检测轴控制回路包含哥氏力闭环和正交力闭环,其中哥氏力闭环就在陀螺仪检测力反馈梳齿上施加反馈力来平衡哥氏力,保持检测轴质量块的哥氏位移为 0,通过反馈力的大小间接获取角速度信息；而正交力闭环则是在检测力反馈梳齿上施加一个与哥氏力相位相差 90° 且正比于正交耦合误差的反馈信号，使检测质量块的正交位移为 0。通常将哥氏反馈力与正交力反馈信号叠加后共同施加在反馈梳齿上。正交耦合误差的出现，根本上是源于陀螺仪驱动模态和检测模态存在弹性耦合刚度，要彻底消除正交耦合误差必须增加正交刚度校正回路。通过在 MEMS 陀螺仪敏感结构上设计专门的正交校正结构，实现模态间耦合刚度的闭环控制，其原理是用正交校正梳齿产生的耦合刚度来抵消模态间由于加工缺陷所产生的固有耦合刚度，从而从根本上解决其对检测模态输出的影响。

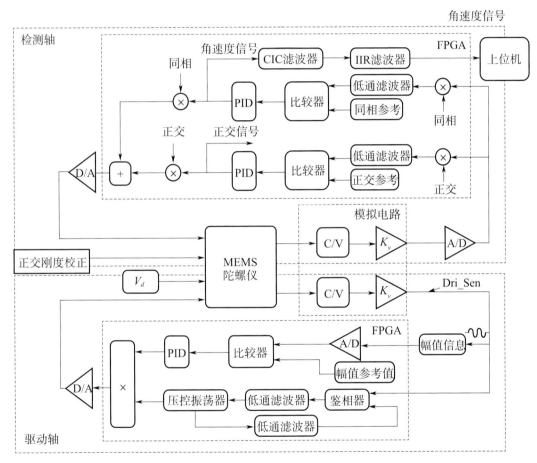

图 3-9　闭环驱动闭环检测陀螺仪控制系统

3.2.1　检测轴力平衡闭环技术

检测轴静电力平衡闭环的工作原理如图 3-10 所示。图 3-10 中静电力反馈闭环利用力反馈梳齿产生与哥氏力同频反相的静电力，使检测质量块在检测方向上的振动位移几乎为 0，并以所施加的静电力信号作为陀螺仪的最终输出。在检测开环回路中，哥氏力被转换成梳齿位移再进行检测，而闭环回路直接检测哥氏力，这样可避免转换过程中非线性因素的影响。

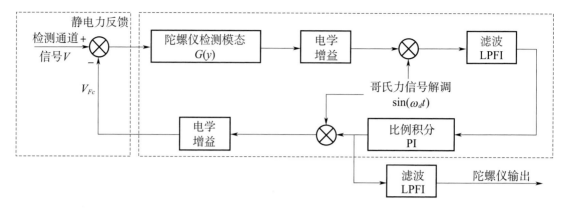

图 3-10　静电力闭环工作原理图

图 3-11 为 MEMS 陀螺仪检测轴哥氏力闭环控制原理图，K_{yc} 为位移电容转换增益，K_{cv} 为电压电容转换增益，K_{amp} 为前置放大器增益，m_y 为检测质量块质量，A_x 为驱动模态振幅、ω_d 为驱动轴谐振频率，K_{yVF} 为检测力反馈转换增益。

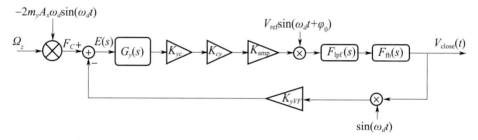

图 3-11　MEMS 陀螺仪检测轴哥氏力闭环控制原理图

对图 3-11 进行等效变换，对同步解调后的信号进行拉氏变换可以得到等效检测轴传递函数如下

$$G_{equal}(s) = \frac{1}{4} K_{yc} K_{cv} K_{amp} V_{ref} [G(s + j\omega_d) e^{-j\varphi_0} + G(s - j\omega_d) e^{j\varphi_0}] \tag{3-23}$$

因此，基于检测轴闭环控制原理图可以推导得到检测轴开环传递函数如下

$$\begin{aligned} H_{open}(s) &= \frac{V_{close}(s)}{E(s)} = G_{equal}(s) F_{lpf}(s) F_{fb}(s) \\ &= \frac{1}{4} K_{yc} K_{cv} K_{amp} V_{ref} [G(s + j\omega_d) e^{-j\varphi_0} + G(s - j\omega_d) e^{j\varphi_0}] F_{lpf}(s) F_{fb}(s) \end{aligned}$$

$$\tag{3-24}$$

可以得到闭环角速度传递函数为

$$H_{close}(s) = \frac{V_{close}(s)}{\Omega(s)} = \frac{-2m_y A_x \omega_d H_{open}(s)}{1 + K_{yVF} H_{open}(s)} \tag{3-25}$$

式（3-25）中，m_y 为检测模态的检测质量，A_x 为驱动振幅，ω_d 为驱动角频率，K_{yVF} 为闭环反馈增益。

MEMS 陀螺仪哥氏力闭环系统频域图如图 3-12 所示，对于特定的陀螺仪结构，驱动模态的振幅、环路反馈增益以及开环检测增益决定了 MEMS 陀螺仪闭环控制系统的标度因数。

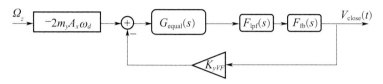

图 3-12　MEMS 陀螺仪哥氏力闭环系统频域图

可得闭环系统标度因数如下

$$K_s = |H_{close}(s)|_{s=0} = \left| \frac{V_{close}(0)}{E(0)} \right| = \left| \frac{2m_y A_x \omega_d H_{open}(0)}{1 + H_{open}(s) K_{yVF}} \right|$$

$$= \left| \frac{\dfrac{1}{2} m_y A_x \omega_d K_{yc} K_{cv} K_{amp} V_{ref} \left[G(j\omega_d) e^{-j\varphi_0} + G(-j\omega_d) e^{j\varphi_0} \right] F_{lpf}(0) F_{fb}(0)}{1 + \dfrac{1}{4} K_{yc} K_{cv} K_{amp} V_{ref} \left[G(j\omega_d) e^{-j\varphi_0} + G(-j\omega_d) e^{j\varphi_0} \right] F_{lpf}(0) F_{fb}(0) K_{yVF}} \right|$$

$$(3-26)$$

由于闭环矫正器 $F_{fb}(0)$ 增益较大，满足环路增益 $|H_{open}(s)K_{yVF}| \gg 1$，因此闭环标度因数可近似为

$$K_s \approx -\frac{2m_y A_x \omega_d}{K_{yVF}} \qquad (3-27)$$

由此可见，当闭环增益调节很大时，陀螺仪谐振子检测轴闭环检测系统的灵敏度与检测质量 m_y、驱动模态振幅 A_x、驱动轴谐振频率 ω_x 以及检测力反馈转换增益 K_{yVF} 有关。相比于开环检测系统，闭环检测系统的静态灵敏度的线性度好，受环境温度影响较小，因此可以显著改善系统的稳定性和可靠性。

1）对于 m_y，对于一个给定的陀螺仪，其质量一般不会随角速度改变而改变。

2）对于 A_x，陀螺仪在正常工作时，由于驱动回路采用 AGC 控制回路对陀螺仪的驱动振幅进行控制，因此可以认为驱动振幅不会随输入角速度以及环境温度变化。

3）对于 ω_d，陀螺仪在正常工作时，在驱动回路的闭环控制下，检测质量始终处于谐振状态时，有 $\omega_d = \omega_x$，根据振动式陀螺仪动力学方程，可以发现陀螺仪输入角速度会一定程度上影响陀螺仪驱动谐振频率。

4）对于 K_{yVF}，此处所讨论的是电压-静电力转换环节，包括力反馈电压的生成电路和检测力反馈梳齿，这两部分都可能引入与输入角速度有关的非线性误差。

在 Simulink 仿真模型中建立闭环回路如图 3-13 所示，系统中采用静电力平衡闭环控制。在阶跃哥氏力信号作用下，可以观测到谐振子检测轴位移由正弦信号逐渐衰减趋向于 0，控制器参数输出由 0 逐渐趋于稳定的过程。相应仿真结果如图 3-14 所示，从中可以看出在静电力闭环控制系统中，检测轴位移始终维持在 0 位移附近，控制器的输出量正比于输入的角速度。

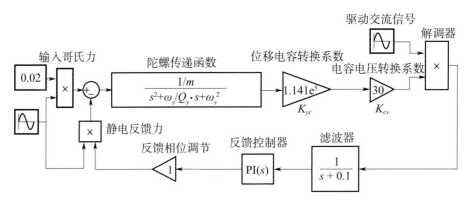

图 3-13　哥氏力闭环行为级模型

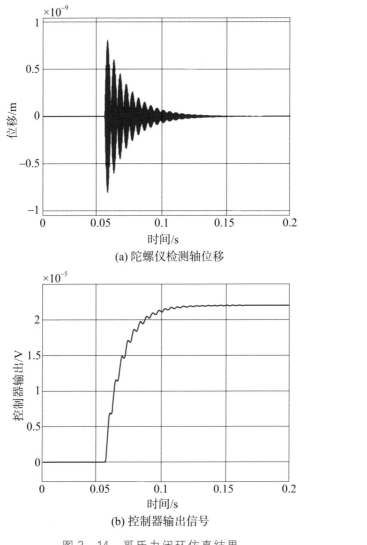

(a) 陀螺仪检测轴位移

(b) 控制器输出信号

图 3-14　哥氏力闭环仿真结果

对于结构确定的 MEMS 陀螺仪，检测轴力平衡闭环系统设计的关键是反馈控制器 $F_{fb}(s)$。目前，反馈控制器一般都采用 PID 控制器，其具有较强的鲁棒性，能够在较大范围内适应不同的工作条件。该闭环控制系统的设计思路如下：

1）根据闭环系统对启动时间和阻尼比的要求确定闭环系统的固有频率；

2）根据已有参数得到系统未加控制器的传递函数，通过仿真和分析，设计相应的系统零极点；

3）根据系统零极点得到反馈控制器 3 个关键控制参数；

4）将反馈控制器参数代入整个闭环系统，得到最终的系统传递函数，计算相应的稳定性，保证有足够的幅值裕度和相角裕度。

▶ 3.2.2 MEMS 陀螺仪正交刚度校正技术

在 MEMS 陀螺仪中，正交耦合误差是其主要的误差源，减小正交耦合误差的控制回路在整个控制系统中占有重要位置。正交耦合误差源于 MEMS 陀螺仪驱动运动与检测运动间的正交耦合刚度，使驱动运动带动检测轴产生运动。正交误差的来源为敏感结构两个模态之间的固有交叉耦合、原理性正交误差、工艺性正交误差以及力不平衡误差，此外还有电路中耦合产生的正交误差。通过驱动、检测结构解耦设计，双质量或四质量对称结构设计，可以降低模态之间的耦合误差。但由于驱动位移远大于哥氏力引起的检测位移，即使采取解耦结构设计，仍然会存在正交耦合误差。此外，其他几方面因素特别是工艺误差所引起的正交耦合误差难以绝对避免，必须从控制回路上予以消除。

由于正交耦合误差信号与哥氏力响应信号应相位正交，通过相敏解调的方式可以分别提取出正交信号和哥氏力信号，但是这种方法只有在正交误差幅值不影响前置放大器增益的前提下使用，一旦正交误差幅值过大，不仅使前置放大器增益饱和，而且有用信号因为不能得到有效放大，导致输出信号不稳定。此外，由于实际电路中同步信号存在一定的相位差，而且该相位差还会随外界温度、应力条件产生变化，进而造成陀螺仪零偏的波动。因此消除正交误差是提升 MEMS 陀螺仪性能的关键所在。

正交刚度闭环校正是减小正交误差影响较为彻底的控制方法，正交耦合误差产生的根源在于工艺加工误差所导致的陀螺仪刚度矩阵中的非对角项的出现，因此必须消除结构中的耦合刚度，才能消除正交耦合误差。为此，需要在结构设计过程中设计出刚度校正电极结构，利用静电负刚度效应，使产生的静电负刚度抵偿耦合刚度，使敏感结构刚度矩阵的非对角项置零，从而消除正交耦合误差。正交耦合刚度校正的原理框图如图 3 - 15 所示。

对于 z 轴敏感陀螺仪而言，典型的正交校正梳齿结构如图 3 - 16（a）所示，通常正交校正梳齿成对应用，如图 3 - 16（b）所示。

对如图 3 - 16 所示的正交耦合刚度校正梳齿进行负刚度分析，可知校正刚度计算公式为

$$k_{xx} = 0 \qquad\qquad (3-28)$$

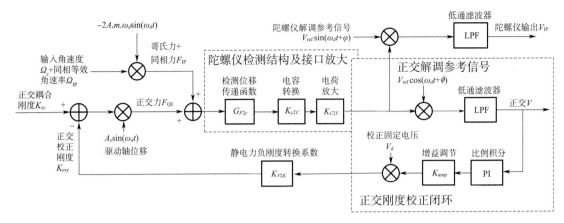

图 3-15　正交耦合刚度校正系统工作原理图

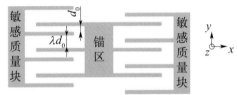

(a) z 轴敏感 MEMS 陀螺仪正交校正结构示意图

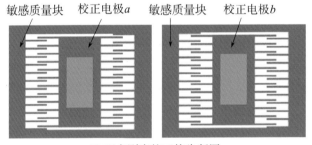

(b) 正交刚度校正梳齿版图

图 3-16　MEMS 陀螺仪正交刚度校正结构示意图

$$k_{xy} = k_{yx} = -\frac{n\varepsilon h}{d_0^2}\left(1 - \frac{1}{\lambda^2}\right)(V_a^2 - V_b^2) \qquad (3-29)$$

$$k_{yy} = -\frac{2n\varepsilon h l_0}{d_0^3}\left(1 + \frac{1}{\lambda^3}\right)(V_a^2 + V_b^2) \qquad (3-30)$$

式（3-29）和式（3-30）中，V_a、V_b 为校正电极 a、校正电极 b 与敏感质量块间的电压差，其他各参数如表 3-3 所示，可得正交调节电压可以校正的正交角速度为

$$\Omega_q = \frac{k_{xy}}{2m_c\omega_d} = -\frac{n\varepsilon h}{2m_c\omega_d d_0^2}\left(1 - \frac{1}{\lambda^2}\right)(V_a^2 - V_b^2) \qquad (3-31)$$

正交校正电极 a、正交校正电极 b 的电压形式可以表示为

$$\begin{cases} V_a = V_m + V_q \\ V_b = V_m - V_q \end{cases} \qquad (3-32)$$

式（3-32）中，V_m 为敏感结构与校正电极间预置的固定直流偏压，V_q 为根据实际正交耦合大小施加正交校正电压。将式（3-32）代入式（3-30）和式（3-31）可得

$$k_{yy} = -\frac{4n\varepsilon h l_0}{d_0^3}\left(1 + \frac{1}{\lambda^3}\right)(V_m^2 + V_q^2) \tag{3-33}$$

$$\Omega_q = \frac{k_{xy}}{2m_c\omega_d} = -\frac{2n\varepsilon h}{m_c\omega_d d_0^2}\left(1 - \frac{1}{\lambda^2}\right)V_m V_q \tag{3-34}$$

式（3-33）和式（3-34）表明，检测轴的刚度与施加的正交校正电压 V_q 的平方呈线性关系，而可以校正的正交等效输入角速度与 V_q 成正比。

图 3-16 中，正交耦合刚度校正梳齿设计典型参数如表 3-3 所示。

表 3-3　正交耦合刚度校正梳齿设计参数

参数	标识	参数值	单位
敏感质量	m_c	2×10^{-7}	kg
驱动角频率	ω_d	$2\pi \times 13\,000$	rad/s
校正梳齿个数	n	12	个
校正梳齿高度	h	60	μm
真空介电常数	ε	8.85×10^{-12}	F/m
校正梳齿不等间距比	λ	$6.5/2.5 = 2.6$	/
校正梳齿间距	d_0	2.5	μm
校正梳齿重叠长度	l_0	18	μm
校正固定电压 1	V_a	3.5	V
校正固定电压 2	V_b	$[-4,4]$	V

图 3-17 给出了正交刚度校正电压对可校正的正交等效输入角速度、检测模态刚度变化以及检测频率的影响关系。由图可见，该正交刚度校正结构可校正正交耦合等效角速率约 170（°）/s，检测轴频率变小幅度约 2～5 Hz。正交刚度校正引起的检测模态刚度变化在 0.5% 以下，因此陀螺仪的力学性能不会受到影响。

3.2.3　检测轴频率调谐技术

3.2.3.1　检测频率调谐基本原理与方法

在 MEMS 陀螺仪检测闭环控制系统中，开环增益与敏感质量、检测模态品质因数、驱动模态的振动速度幅值以及检测模态与驱动模态的频差有关，减小频差会显著增大开环增益，增大陀螺仪的开环机械灵敏度，从而减小 MEMS 陀螺仪噪声，提高检测精度。当频差为 0 时，开环增益达到极大值。因此，为提高陀螺仪的检测精度，驱动模态和检测模态应尽可能达到模态匹配，同时由于系统是闭环的，可以在保证高的机械灵敏度的同时能够通过调整闭环控制参数以拓展陀螺仪的带宽，从而弥补模式匹配时开环检测带宽小的不足。

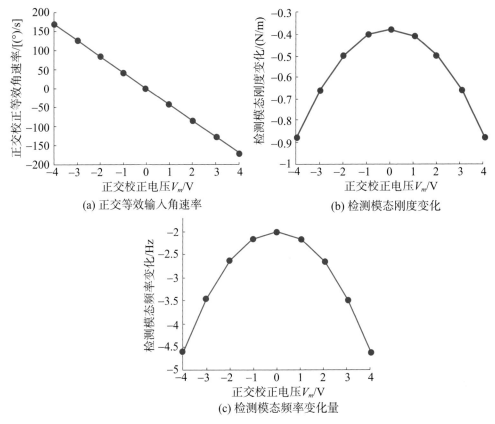

(a) 正交等效输入角速率   (b) 检测模态刚度变化

(c) 检测模态频率变化量

图 3-17 正交刚度校正电压对相关参量的影响关系

如果不采取控制措施，检测模态和驱动模态是难以实现匹配的，这主要是由于工艺加工存在误差而使陀螺仪频差表现出较大（几十 Hz）的离散性；此外，敏感结构的谐振特性频率会随温度发生变化，即便采取一定的修调措施实现了模态匹配，这种匹配状态也难以在全温度段内得以保持。因此，需要对检测轴频率进行调谐和闭环控制，以实现检测模态频率和驱动频率的实时匹配。

目前，较为实用有效的频率调谐方法是静电调节法，利用结构特有的静电负刚度效应，通过调节调谐直流电压来改变结构的刚度，从而改变陀螺结构的检测模态频率，以达到模态匹配的目的。通常在敏感结构设计时考虑工艺加工的离散性，并使检测模态频率略大于驱动模态频率。在闭环控制的具体实现方法上，可以通过分析残余正交耦合误差信号的相频特性[229,230]、幅值特性[155] 以及数字检测读出电路的噪声特性[231] 实现检测频率的调谐，此外，还可以在检测反馈电极上加入一个低频调制激励信号，通过比较这个激励信号的边带响应来辨识 MEMS 陀螺仪驱动频率与检测频率的匹配程度，进而实现频率匹配[232]。本节重点介绍基于残余正交耦合误差信号相频特性频率调谐闭环控制技术，其他方法可参阅相关参考文献。

3.2.3.2 基于残余正交耦合误差相频特性的模态频率匹配技术

基于残余正交耦合误差相频特性模态频率匹配技术的基本原理如下：MEMS 陀螺仪

检测模态受到的驱动力为频率为驱动模态频率的哥氏力和误差耦合力的合力，其中误差耦合力以正交耦合力为主。根据二阶系统的幅频特性和相频特性可知，当驱动模态和检测模态频率相等时，无论哥氏力还是正交耦合力的位移响应均会产生 90° 移相，因此，可以利用这两个相移信息来判别是否实现频率匹配。由于陀螺仪加工误差的原因，正交耦合力是一直存在的，而哥氏力只有在角速度输入时才产生，因此，通常会利用正交耦合力产生的相位信息进行频率匹配的控制。在实际的控制系统中，基于相频特性的模态频率匹配通常与正交耦合误差刚度闭环控制相结合，这主要是由于正交耦合误差通常较大，通过检测模态的谐振放大，正交耦合误差信号很容易使 C/V 检测电路饱和。在正交刚度闭环控制的情况下，该方法利用残余正交耦合误差信号的相频特性，由于残余正交耦合误差接近于 0，因此可以避免 C/V 电路饱和，确保系统正常工作。基于残余正交耦合误差相频特性的模态频率自动匹配系统原理如图 3-18 所示。

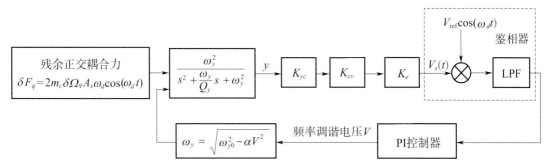

图 3-18　基于残余正交耦合误差相频特性的模态频率自动匹配原理框图

陀螺仪驱动模态的驱动力信号可以表示为 $F(t) = F\sin(\omega_d t)$，根据驱动方向上的二阶弹簧阻尼系统，可以分别计算出驱动方向上的位移

$$x(t) = A_x \cos(\omega_d t) \tag{3-35}$$

陀螺仪正交耦合误差经过正交刚度闭环控制后，仍然会有一定的残差，这一残差可以表示为一个正交等效输入角速度的残差 $\delta\Omega_q$，相应地在陀螺仪的检测模态上会产生一个正交误差力，参考哥氏加速度的表达式，得到的正交误差力可以表示为

$$F_q(t) = k_{xy}x(t) = 2m_c\delta\Omega_q A_x \omega_d \cos(\omega_d t) \tag{3-36}$$

式（3-36）中，k_{xy} 为经正交刚度校正后的耦合刚度残差；m_c 为哥氏检测质量；A_x 为驱动振幅；ω_d 为驱动谐振频率。正交误差力作用在陀螺仪检测模态上产生的输出为

$$y(t) = -\frac{2A_x\omega_d\delta\Omega_q}{\sqrt{(\omega_y^2 - \omega_d^2)^2 + \omega_d^2\omega_y^2/Q_y^2}}\cos(\omega_d t + \varphi_y) \tag{3-37}$$

式（3-37）中

$$\varphi_y = -\arctan\left[\frac{\omega_y\omega_d}{(\omega_y^2 - \omega_d^2)Q_y}\right] \tag{3-38}$$

则检测模态输出电压为

$$V_s(t) = -\frac{2K_{yc}K_{cv}K_e A_x\omega_d\delta\Omega_q}{\sqrt{(\omega_y^2 - \omega_d^2)^2 + \omega_d^2\omega_y^2/Q_y^2}}\cos(\omega_d t + \varphi_y) \tag{3-39}$$

式（3-39）中，K_{yc}、K_{cv}、K_e 分别表示检测梳齿电容转换增益、C/V 转换增益、检测电路前置放大器增益。从式（3-38）可以看到，相位偏移量 φ_y 由驱动模态和检测模态谐振角频率间的关系决定，可以对两个模态提取出的信号进行鉴相，提取包含频差的相位信息，用以实现对检测频率的控制。

以经过 90° 移相的驱动信号 $V_{ref}\cos(\omega_d t)$ 作为参考信号，对检测信号 $V_s(t)$ 进行鉴相解调，提取驱动信号和检测信号间的相位差信息。鉴相器由乘法器和低通滤波器构成，经过乘法器后信号可以表示为

$$
\begin{aligned}
V_{rec}(t) &= V_{ref}\cos(t)V_{s1}(t) \\
&= -\frac{2K_{yc}K_{cv}K_eA_x\omega_d\delta\Omega_q V_{ref}}{\sqrt{(\omega_y^2-\omega_d^2)^2+\omega_d^2\omega_y^2/Q_y^2}}\cos(\omega_d t)\cos(\omega_d t+\varphi_y) \\
&= -\frac{2K_{yc}K_{cv}K_eA_x\omega_d\delta\Omega_q V_{ref}}{\sqrt{(\omega_y^2-\omega_d^2)^2+\omega_d^2\omega_y^2/Q_y^2}}\left[\cos(2\omega_d t+\varphi_y)+\cos\varphi_y\right]
\end{aligned}
\tag{3-40}
$$

式（3-40）表明两路信号相乘可以获得二倍频信号和直流信号，经低通滤波去除二倍频成分，获取包含相位差成分的误差信号

$$
V_{error}(t) = -\frac{2K_{yc}K_{cv}K_eA_x\omega_d\delta\Omega_q V_{ref}}{\sqrt{(\omega_y^2-\omega_d^2)^2+\omega_d^2\omega_y^2/Q_y^2}}\cos\varphi_y
\tag{3-41}
$$

频率调谐的目标是 $\omega_d=\omega_y$，由式（3-38）可知，此时 $\dfrac{\omega_y\omega_d}{(\omega_y^2-\omega_d^2)Q_y}\rightarrow\infty$，即 $\varphi_y\rightarrow 90°$。由式（3-41）可知，模态匹配时 $V_{error}(t)=0$。因此，将鉴相器处理得到的相位差信息输入 PI 控制器建立闭环反馈，控制器输出一个反馈直流偏置信号给陀螺仪，利用静电负刚度效应改变检测模态的谐振频率。

需要指出的是，只有在经过正交耦合误差刚度校正的基础上，才能基于残余正交误差相频特性实现检测轴的调谐和模态匹配。因此，在敏感结构的设计中，正交刚度校正和用于频率调谐的电极需要同步进行设计。此外，模态匹配过程依赖正交误差信号的相位检测，但在实际的控制回路中，电路中也会产生相应的相位误差，在一定程度上会影响模态匹配。因此，需要对整个控制回路各个环节的相位误差进行严格控制，必要时需要进行补偿。

3.3 高性能 MEMS 陀螺仪控制电路技术

早期 MEMS 陀螺仪的控制电路采用板级电路或混合集成电路，数字控制部分多采用 FPGA（Field Programmable Gate Array，现场可编程门阵列）方式实现。随着技术的进步，专用集成电路（ASIC）以其小体积、低成本和低功耗的特性逐渐在 MEMS 惯性器件中得到应用。采用集成电路实现 MEMS 陀螺仪信号接口和回路控制，能够有效降低寄生参数对 MEMS 陀螺仪信号的影响，大幅提高 MEMS 惯性器件的精度，并可通过多种补偿方式提高陀螺仪的环境适应性。MEMS 惯性器件中数字配置参数电路的应用，简化了 MEMS 陀螺仪控制系统的调试难度，使得 MEMS 惯性仪表成为高度集成化的电子元器件。

● 3.3.1　MEMS 陀螺仪 ASIC 的主要功能构成

MEMS 陀螺仪的控制电路可分为驱动电路和检测电路两大部分,前者的作用是产生驱动力使 MEMS 陀螺仪的敏感质量沿着驱动方向以固定的频率做等幅简谐振动,而后者则通过开环或闭环的方式实现哥氏信号的检测、解调,实现陀螺信号输出。

随着 MEMS 陀螺仪控制电路的不断发展,从早期的开环控制和检测系统,已经发展为闭环驱动、闭环检测、正交检测和校正等环路在内的多闭环电路控制系统。随着对非理想因素修正功能的不断加入,MEMS 陀螺仪的精度也随之提高。

如图 3-19 所示,典型的 MEMS 陀螺仪控制 ASIC 中主要包含驱动和检测回路,同时还包括正交闭环和正交刚度校正等模块。上述回路中均使用了各种 C/V 转换电路、模数/数模转换器、滤波器等,此外还包括锁相环电路、基准电路、温度传感器。由控制环路得到的陀螺仪角速率信号与温度信号在片上进行温度补偿等运算,并将最终结果通过数字接口传输至上位机。

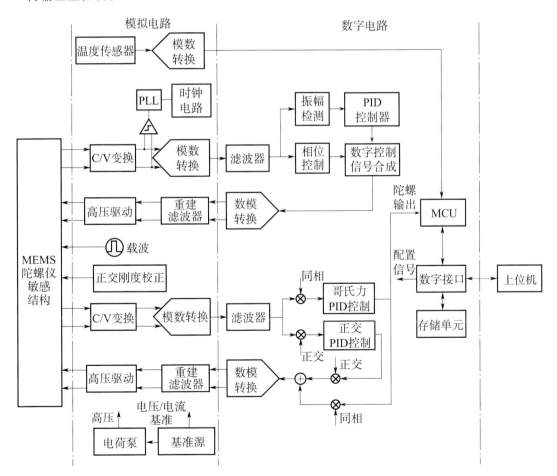

图 3-19　典型 MEMS 陀螺仪控制 ASIC 架构

● 3.3.2 MEMS 陀螺仪模拟驱动电路

MEMS 陀螺仪的驱动电路中，通常需要设计自动增益控制（AGC）电路和锁相环（PLL）以实现 MEMS 微结构以其谐振频率进行等幅振动。AGC 既可以用模拟电路来实现，又可以用数字电路来实现；PLL 同样可以分别在模拟电路或数字电路中实现，数字系统中实现的 PLL 虽然具有离散性，不具备模拟电路的高精度调节能力，但其抗干扰特性和温度稳定性较模拟电路更强，正在成为主流方案。

在模拟电路自动增益控制器中，通过调整驱动激励信号的直流信号或交流信号来实现驱动幅值的稳定，而交流驱动信号可以是正弦信号，也可以是方波信号，相应地存在 4 种不同的模拟 AGC 实现方案（图 3-20）[233]。在图 3-20（a）和图 3-20（b）中，移相器用于调整驱动电路回路的相位，以使驱动电路回路满足谐振条件；经过振幅检测的驱动幅值信号用于控制驱动的交流信号；M_2 是一个乘法器，可作为可变增益放大器来控制驱动的交流信号的振幅；M_1 是一个乘法器，实现驱动直流信号和交流信号相乘，实现驱动模态的激励。图 3-20（c）和图 3-20（d）是一个直流控制回路，驱动直流信号直接受振幅控制器的控制，因而不需要 M_2。在这 4 种方案中，均包含一个比较器用于实现驱动幅值的恒定控制，并使激励信号成为固定幅值的正弦波或方波。

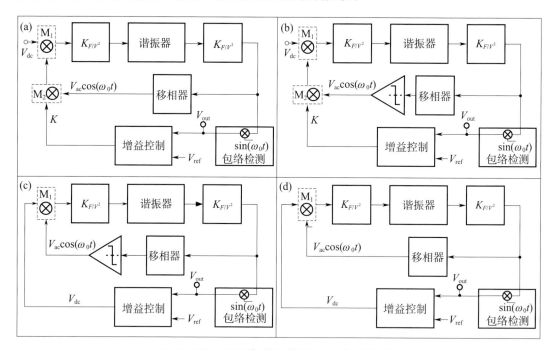

图 3-20　不同类型的模拟 AGC 拓扑结构

图 3-21 为哈尔滨工业大学设计的驱动模拟控制的 ASIC 拓扑结构图[234]，其驱动电路的自动增益控制单元由峰值检测电路、PI 控制器、非线性乘法器所构成。峰值检测电路包括全波整流电路和低通滤波器，实现驱动检测信号的幅值检测。PI 控制器用于比较驱

动检测信号电压幅值相对于参考电压的误差，将该误差信号放大并控制非线性乘法器的增益，驱动检测信号通过非线性乘法器后得到增益，形成一个同频同相的驱动反馈电压信号反馈至陀螺敏感结构的驱动激励电极。最终 PI 控制器可以通过闭环负反馈消除驱动检测信号的幅值与参考电压 V_{ref} 的静态误差，从而将驱动位移信号控制在所设定的参考电压幅度。

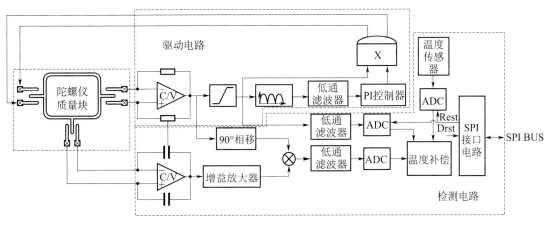

图 3-21　哈尔滨工业大学设计的 ASIC 电路原理图

在驱动控制电路中，集成的 PI 控制器利于提高驱动环路的控制精度，PI 控制器具有收敛速度快、能够消除静态误差、对陀螺机械结构要求不苛刻、对高频噪声不敏感等特点，在其他模拟 MEMS 陀螺仪 ASIC 电路中得到了广泛应用[125]。PI 控制器的原理图如图 3-22 所示，其转换函数为

$$\frac{V_{out}}{V_{in}} = -\left[\frac{R_2}{R_1}\frac{C_2}{C_1+C_2} + \frac{1}{R_1(C_1+C_2)}\right] \cdot \frac{1}{1+\dfrac{sR_2C_1C_2}{C_1+C_2}} \tag{3-42}$$

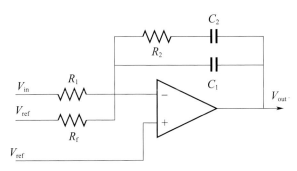

图 3-22　PI 控制器电路原理图

▶ 3.3.3　MEMS 陀螺仪模拟检测电路

MEMS 陀螺仪的模拟检测电路包含模拟开环和模拟闭环两类，图 3-23 所示的检测部分就是采用开环检测来实现的。陀螺仪检测信号经过 C/V 转换和前级放大后与解调参考

信号输入乘法器进行相敏解调，经低通滤波后实现陀螺仪敏感电压信号输出。陀螺仪输出信号根据需要既可以直接输出，也可以经过模数转换转换成数字信号输出。MEMS 陀螺仪模拟闭环电路的实现与驱动电路相似，陀螺仪检测信号经过解调、滤波后，作为闭环控制的误差信号输入给 PI 控制器，由 PI 控制器形成陀螺仪检测回路的闭环控制信号，同时该闭环控制信号也作为陀螺仪的角速度输出信号。

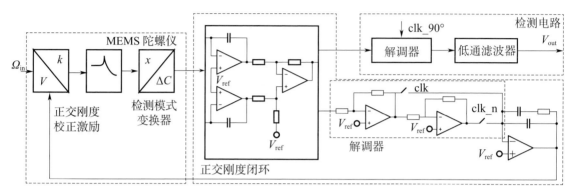

图 3-23　开环检测及正交刚度闭环控制电路[235]

为抑制陀螺仪的正交耦合误差，设计正交刚度闭环校正电路进而实现陀螺仪敏感结构正交刚度的闭环控制，对于提高 MEMS 陀螺仪的精度是必需的。图 3-23 是哈尔滨工业大学设计的检测及正交控制电路示意图。其中陀螺仪检测模态的输出信号经 C/V 转换后，通过正交通道的模拟解调，输入 PI 控制器，进而形成正交刚度的反馈信号。

● 3.3.4　MEMS 陀螺仪数字控制电路

MEMS 陀螺仪的模拟驱动控制和检测控制存在 $1/f$ 噪声、温度漂移，难以实现自检测、自校准等智能化功能，因而限制了高性能 MEMS 陀螺仪性能的提高和工程应用。MEMS 陀螺仪控制 ASIC 的数字化能够解决上述问题，并实现硅陀螺仪的高精度数字修正和补偿，从而有效提高器件性能，因而控制环路数字化也是 MEMS 陀螺仪发展的必然趋势。对于模拟控制 ASIC 而言，驱动电路和检测电路通常相对独立，而在数字控制电路中，数字闭环驱动、数字检测解调和闭环控制则被集成在同一数字模块中。MEMS 陀螺仪控制电路的核心数字模块为数字信号处理器（Digital Signal Processor，DSP）或现场可编程门阵列（FPGA）。数字检测电路可以分为开环检测电路和闭环检测电路，无论开环检测电路还是闭环检测电路均可以在 DSP 或 FPGA 中实现。

在数字控制电路中，陀螺仪的驱动模态检测、检测模态检测由 C/V 转换后由 ADC 转换为数字信号，信号的滤波、解调、控制全部在数字域完成，产生的控制信号经DAC 转换为模拟信号，作用于陀螺仪敏感结构上。模数转换器成为连接敏感结构与数字控制模块的重要桥梁，关系到陀螺仪的最终检测精度。模数转换可以通过多种转换原理实现，其中基于 ΣΔ 调制器原理的模数转换器（Sigma-Delta Modulator Analog-to-Digital Converter，ΣΔ ADC）的转换精度最高，因而成为高性能 MEMS 陀螺仪广泛应用的模数转换方式[236]。其典型架构如图 3 - 24 所示。其工作原理是将输入信号连续通过 ΣΔ（sigma - delta）调制器进行调制，再通过数字滤波器把高频调制噪声滤除，最后通过采样保持电路进行采样，实现模拟信号到数字信号的转换。ΣΔ ADC 与其他原理的模数转换器不同，它属于过采样 ADC 而不符合奈奎斯特（Nyquist）采样定律，因而其精度是现有 ADC 架构中最高的。同时，由于过采样，其转换速度也是最慢的，但由于在 MEMS 惯性器件 ASIC 中，信号处理的速度并不高，并不影响其在 MEMS 惯性器件中的应用。

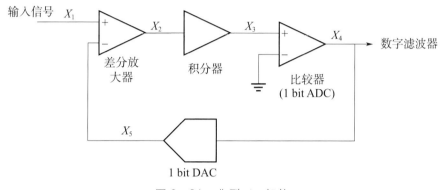

图 3 - 24　典型 ΣΔ 架构

基于 ΣΔ 调制器原理的数字闭环陀螺仪闭环反馈控制电路最早于 2000 年提出[237]，此后得到了广泛的研究。比利时根特大学的 Raman 等人提出了离散时间（Discrete Time，DT）ΣΔ 调制器 MEMS 陀螺仪数字控制电路[238]。如图 3 - 25（a）所示，驱动模态质量块的位移通过 C/V 电路转换，并通过 ΣΔ 调制器 ADC 转换到数字域。频率跟踪和驱动幅度控制器全部在离散时间域中实现，频率控制回路相当于一个数字锁相环（PLL），其驱动频率信号由数字控制振荡器（Digitally Controlled Oscillator，DCO）产生。一旦频率控制回路趋于稳定，就可以通过幅度控制器确定驱动信号的振幅，此时的驱动信号是一个多位数字量，通过 ΣΔ 调制器转换为脉冲密度调制的单位数字量，并直接作用于敏感结构的驱动电极。由于 MEMS 敏感结构本身就是一个带通滤波器，MEMS 敏感结构只会放大所加信号中接近于固有谐振频率附近的频率成分，并抑制其他频率成分的运动。在这种电路架构下，MEMS 敏感结构本身属于整个驱动控制系统的一部分，起到滤波器的作用。因而，相应的驱动信号也无须从数字信号转换为模拟信号，这为电路设计带来较大的便利。如图 3 - 25（a）所示，在频率跟踪回路中也增加了相位误差补偿模块，用以补偿寄生电耦合带来的相位误差。

如图 3 - 25（b）所示，检测模态控制电路基于优化的单位无约束混合反馈 ΣΔ 调制器力反馈结构，用敏感结构本身代替无约束电学 ΣΔ 调制器的前端谐振器，而无须访问传感元件内部节点处的信号。因此，基于 ΣΔ 架构的力反馈回路不需要补偿滤波器来保持稳定性。为了降低在工作频率附近的量化噪声，在敏感结构传递函数之后，构建了一个反馈系数为 α 的闭环回路，形成了一个电路谐振器，从而在陀螺仪工作频率处实现了噪声传递函数中的陷波。

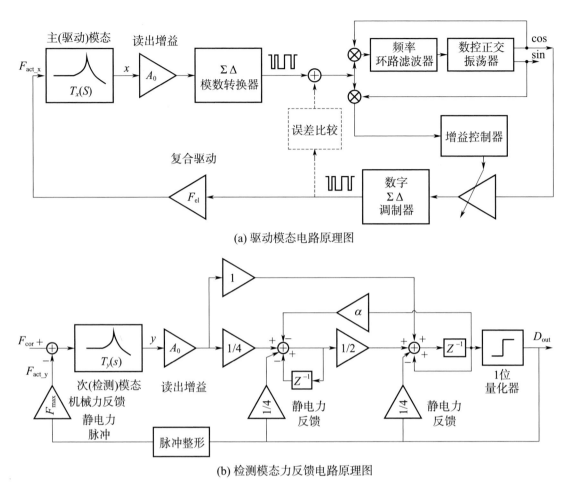

(a) 驱动模态电路原理图

(b) 检测模态力反馈电路原理图

图 3-25　比利时根特大学研发的 ΣΔ 数字陀螺电路

　　相比于离散时间 ΣΔ 架构，连续时间（Continuous Time，CT）ΣΔ 架构接口电路受到噪声混叠效应的影响较小，因而其噪声本底较低。此外，连续时间架构对电路中放大器的增益带宽要求较低，因而功耗更低。Rombach 等人提出的单回路四阶连续时间低通 ΣΔ 架构陀螺仪接口电路中[239]，接口电路具有前馈结构，对 MEMS 敏感结构制造过程中的参数偏差不敏感。如图 3-26 所示，在 ΣΔ 架构力反馈回路中增加了两个调制级，因而能够将 ΣΔ 调制器的采样频率 f_s 降低至陀螺仪的驱动谐振频率。

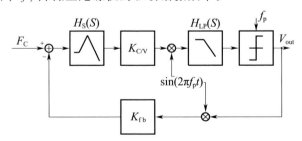

图 3-26　单回路四阶 CT 低通 ΣΔ 架构陀螺仪接口

由于速率陀螺仪的输出特性是窄带调幅信号，带通 ΣΔ 架构是接口结构的一种可行的替代方案，此方法的主要优点是采样频率更低。陀螺仪通常被设计为在驱动模态（Q_x）和检测模态（Q_y）中具有高 Q 值，需要主动谐振模态匹配控制。当两个模式的谐振频率匹配时，即实现了最大灵敏度，但实际上难以实现完美的频率匹配。研究人员对高阶低通和带通 ΣΔ 架构陀螺仪进行了比较，同时假设两种模式的谐振频率失配为 ±5%。由于模态频率失配，低通 ΣΔ 架构陀螺仪具有约 15 dB 的信号幅度损失，而在带通 ΣΔ 陀螺仪中没有观察到信号幅度退化。带通 ΣΔ 架构整体系统图如图 3－27 所示[240]，包括用于测量哥氏力和调节传感模式谐振频率以匹配驱动模式频率的反馈回路。同一组电极用于位置感测和反馈，使用时间复用来分离信号。正反馈补偿器用于保证稳定性并确保量化噪声的充分整形。

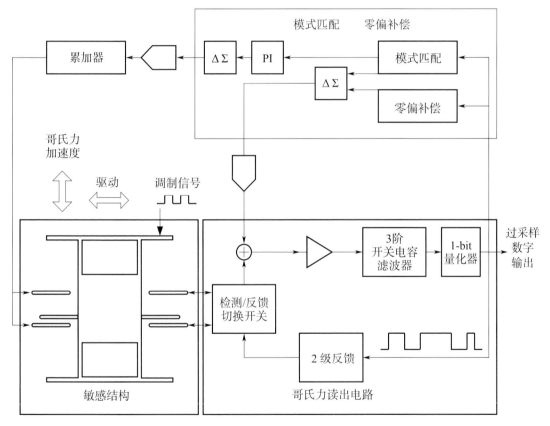

图 3－27　带模态匹配的带通 ΣΔ 架构

德国弗莱堡大学 2010 年研制的 MEMS 陀螺仪接口电路在驱动和检测模态下都使用了带通 ΣΔ 调制器[241]，如图 3－28 所示。驱动回路使用四阶离散时间带通 ΣΔ 调制器-DAC，通过将驱动电压限制在两个固定电位来降低模拟电路的复杂性。DAC 的输入信号是由 PLL 提供的谐振频率下的方波信号，振幅由 AGC 控制。对于检测模式，在连续时间域中或使用模拟连续时间行为的 FPGA 实现了过量环路延迟补偿器和二阶带通滤波器。在 100 Hz 的带宽内，带内噪声低于 −60 dB，量程为 1 019 (°)/s，等效为 0.1 (°)/s/$\sqrt{Hz}$ 的噪声下限。

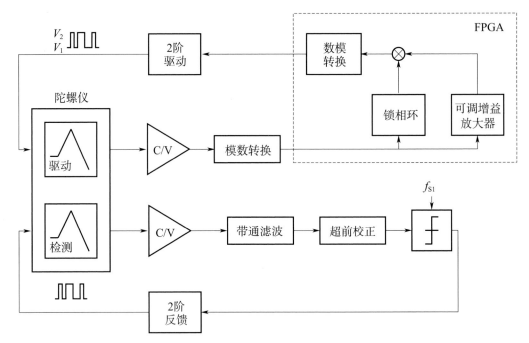

图 3-28　驱动和检测模态下都具有带通 ΣΔ 调制器的 MEMS 陀螺仪系统方框图

　　为改善 ΣΔ 架构数字闭环陀螺仪的零偏不稳定性，埃及 Si‐Ware 公司设计了一种基于 $0.18~\mu m$ 高压工艺的可编程电容式通用闭环力反馈接口 ASIC 电路[242]。ASIC 电路包括感测和驱动控制回路，如图 3-29 所示。陀螺仪与 ASIC 构成了振荡驱动回路和 ΣΔ 架构力反馈闭环操作所需的感测回路。由于陀螺仪的传感模式是一个无阻尼的二阶低通传递函数，附加的电子谐振器滤波器在噪声传递函数中产生了一个陷波，从而产生了第 4 个带通调制器。解调输出使用可编程采样滤波器进行采样，该滤波器由级联积分器梳状（CIC）滤波器和半带滤波器组成。陀螺仪系统在 ± 300（°）/s 量程下、100 Hz 的带宽上表现出 1（°）/h 的零偏不稳定性和 1.3×10^{-3}（°）$/s/\sqrt{Hz}$ 的噪声本底。

▶ 3.3.5　MEMS 陀螺仪 ASIC 中的其他重要模块

　　MEMS 陀螺仪的 ASIC 电路中，为使驱动电路和检测电路正常工作需要设计一些必需的辅助电路，同时为进一步提高 MEMS 陀螺仪的精度以及智能化水平，也需要补充设计相应功能模块。这些辅助电路和功能模块通常包括以下几方面。

　　（1）基准电压产生电路

　　基准电压是 MEMS 陀螺仪控制电路正常工作的基础，电路中所有的电压全部是由基准电压变换而来。在集成电路中主要采用带隙基准电压源电路，其原理是基于 PN 结的温度特性，通过在 PN 结上加上一个恒定的电流，可以得到一定的基准电压，这一基准电压由材料的能带间隙决定，而受电源电压、工艺参数和温度的影响很小，因而在集成电路中广泛采用。带隙基准源的温度直接与 MEMS 陀螺仪的标度因数相关，因此需要对其温度系数进行优化设计，以减小 MEMS 陀螺仪标度因数的温度误差。

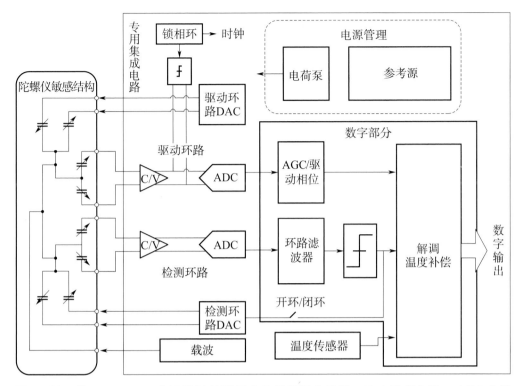

图 3 - 29　埃及 Si - Ware 公司设计的通用高性能闭环力反馈 MEMS 陀螺仪接口 ASIC 电路

（2）电荷泵

在 MEMS 陀螺仪的控制电路中，需要使用较高的直流电压用于驱动模态的驱动、静电力闭环以及正交刚度校正等，这些直流电压可高达几十伏特。因此，电荷泵成为高性能 MEMS 陀螺仪控制电路中几乎是必需的组成部分。电荷泵是将输出电压转换成几倍于输入的高电压电路[243]，电荷泵的电路中只包含电容和开关（或二极管），因此更易于在硅基集成电路中集成。电荷泵可以是单级电荷泵，也可以是多级电荷泵，以实现更高的电压输出。

（3）温度传感器

在 ASIC 中集成温度传感器，进而可以通过算法补偿 MEMS 陀螺仪的零偏和标度因数随温度的漂移，提高 MEMS 陀螺仪的综合精度。集成电路中的双极型晶体管的基极-发射极电压的压差与温度呈线性关系，因而可以作为温度传感器，与传统的温度传感器相比，具有设计简单、测量精确、高度集成、价格低廉等优点[244]。此外，由于陀螺仪的谐振频率与温度具有相关性，通过对谐振频率的检测，也可作为温度传感器使用，而且这种方式检测的是敏感结构本身的温度，而非集成电路芯片的温度，在采用敏感结构和 ASIC 两片集成的方案中，这种温度传感器更具优势。集成的温度传感器通常通过模数转换，便于进行温度补偿。

（4）一次性可编程（OTP）存储器

在 ASIC 中需要集成存储单元，用于存储陀螺仪配置参数，如 C/V 电容阵列参数、C/V 增益、直流偏置、相位延迟、PI 控制参数、温度补偿参数等。OTP 存储器[245] 经过一次编程后，所存储数据将永远保存在存储芯片内部，且随时可以准确读出，在半导体存储器件中以其特有的性质占据重要位置。OTP 存储器与 CMOS 工艺兼容而成本较低，同时又可编程，在 MEMS 惯性器件 ASIC 中得到了广泛的应用。

（5）通信接口

ASIC 的通信接口提供参数配置、数据输出的通信协议，通常会设置 SPI（Serial Peripheral Interface，串行外设接口）数字接口。SPI 总线系统是一种同步串行外设接口，它可使 MCU（Micro Controller Unit，微控制器）与 ASIC 以串行方式进行通信以交换信息。除此之外，I²C 总线也有很多应用。

3.4　应用环境条件下高性能 MEMS 陀螺仪精度提高技术

▶ 3.4.1　高性能 MEMS 陀螺仪长期稳定性技术

MEMS 陀螺仪在实际应用中受高温、温变、温度冲击等温度环境和振动冲击等力学环境影响，MEMS 芯片的结构尺寸以及材料的弹性模量、残余应力等特性都会产生变化，从而导致其谐振频率、正交耦合特性的改变。此外，随时间推移，材料放气和真空密封结构的微泄漏也会使真空封装气压发生变化。这些因素直接影响 MEMS 陀螺仪的标度因数和零偏输出，这些性能随时间缓慢变化直至器件失效。

3.4.1.1　MEMS 陀螺仪稳定性设计技术

为实现 MEMS 陀螺仪的长期稳定性，需要从仪表的结构设计、材料选择、封装工艺、控制回路以及仪表老炼试验等方面开展优化设计。

在 MEMS 敏感结构设计方面，需要遵循对称性设计原则，以减小 MEMS 陀螺仪工作过程应力的产生或释放。MEMS 陀螺仪中敏感结构的运动对锚区产生弹性力作用，相应带来振动能量损耗，通过对称性设计尽可能将锚区的弹性力作用相互抵消，从而减小锚区受力，进而避免材料的疲劳。

在 MEMS 陀螺仪的材料选择方面，需要选取高稳定性、低蠕变的材料作为其敏感结构，硅材料具有优良的材料力学特性，非常适合于 MEMS 陀螺仪敏感结构的加工；除了硅材料，MEMS 陀螺仪所需其他介质材料和金属材料需要尽可能做到与硅材料之间应力匹配，以减少相应的应力变化带来陀螺仪性能的改变。此外，这些材料的生产工艺也需要进行优化，以尽可能减小其应力。

在封装工艺方面，对晶圆级真空封装的 MEMS 陀螺仪进行器件级真空封装，能够减小大气环境下气体分子向 MEMS 密封敏感结构内的渗透，进而确保其长期稳定工作。在封装材料方面，低应力、高导热性的胶粘工艺是 MEMS 陀螺仪性能长期稳定的关键技术之一。低应力能够尽可能减小外力对 MEMS 敏感结构的作用，高导热性能够确保 ASIC 与 MEMS 敏感结构尽快获得热平衡，以减小陀螺仪的温度滞环。低的封装应力和快速热平衡又有利于陀螺仪性能的长期稳定。

在控制回路方面，闭环控制有助于 MEMS 陀螺仪长期稳定性的保持。一方面，闭环控制使检测模态的运动几乎置零，从而减小检测模态的机械疲劳；另一方面，闭环检测将避免 MEMS 陀螺仪密封腔体内真空度的变化而带来的标度因数的变化，从而保持其标度因数的稳定。此外，陀螺仪敏感结构内应力随温度和材料时效的变化会通过正交耦合误差来影响陀螺仪零偏的稳定性，正交刚度闭环能够实时消除正交耦合误差，从而确保零偏的长期稳定性。开环检测的陀螺仪标度因数与陀螺仪检测轴频率和驱动轴频率的差值成反比关系，而闭环检测的陀螺仪标度因数与频差无关，考虑到陀螺仪的谐振频率和频差会随温度和材料内应力而变化，因此闭环检测的陀螺仪标度因数长期稳定性要优于开环检测的陀螺仪。

在 MEMS 陀螺仪的测试筛选技术方面，对 MEMS 陀螺仪进行充分的筛选、老炼试验是确保 MEMS 陀螺仪在服役期间性能稳定的基础。通过上述试验，一方面剔除 MEMS 陀螺仪由设计、材料、制造缺陷引起的早期失效，使其失效率进入浴盆曲线的稳定区；另一方面，能使 MEMS 陀螺仪制造、封装过程中的应力得到释放，使 MEMS 陀螺仪性能趋于稳定。常用的筛选、老炼试验方法包括高温电老炼、温度循环、温度冲击和随机振动等。

总之，需要从设计、制造以及试验等各个方面进行优化设计，才能确保 MEMS 陀螺仪性能的长期稳定性。

3.4.1.2　MEMS 陀螺仪稳定性加速试验技术

为快速验证 MEMS 惯性器件的长期可靠性，一般采用加速试验对其进行表征。加速试验是一种在给定的试验时间内通过采用比产品在正常使用时所经受的更为严酷的试验环境获得比在正常条件下更多信息的方法。其目的如下：

1）加速暴露产品的设计和工艺缺陷，并通过相应纠正措施，提高产品质量和可靠性；

2）快速评价与验证产品的可靠性水平；

3）剔除产品的早期缺陷。

关于加速试验技术，俄罗斯国家标准给出的加速试验定义是："所有的试验实施方法和条件保证能比在正常试验下更短时间内获得可靠性信息的实验室试验。"美国军用标准 MIL‑HDBK‑338B 对加速试验的定义是："加速试验的目的在于利用远高于正常情况下的试验条件，在给定的时间内获得更多可靠性信息。"我国国家军用标准 GJB 451‑90 给出的加速试验定义是："为缩短试验时间，在不改变故障模式和失效机理的条件下，用加大应力的方法进行的试验。"

通常可选择加速寿命试验对 MEMS 陀螺仪的可靠性进行评估。目前，加速寿命试验主要采用美军加速寿命试验中的 Arrhenius 模型对产品寿命进行预测。Arrhenius 加速模型可表示为

$$T_{AF} = \frac{L_{\text{normal}}}{L_{\text{stress}}} = \exp\left[\frac{E_a}{k} \times \left(\frac{1}{T_{\text{normal}}} - \frac{1}{T_{\text{stress}}}\right)\right] \tag{3-43}$$

式（3-43）中，T_{AF} 为该温度下的加速倍数；L_{normal} 为正常应力下的寿命；L_{stress} 为高温下的寿命；T_{normal} 为室温绝对温度；T_{stress} 为高温下的绝对温度；E_a 为失效反应的活化能（eV）；k 为 Boltzmann 常数 8.62×10^{-5} eV/K。

图 3-30 是各选取 14 只某型检测轴开环 MEMS 陀螺仪和某型检测轴闭环 MEMS 陀螺仪，在 85 ℃高温贮存后的标度因数变化结果。从试验结果可知，在检测轴开环情况下，标度因数随着贮存时间一直在降低，在贮存 120 天后趋于稳定，标度因数变化量在 -6 000～-2 000 ppm 之间；在检测轴闭环情况下，标度因数整体变化较缓，标度因数变化量在 -1 700～-1 000 ppm 之间，相较于检测轴开环情况下的标度因数稳定性更高。

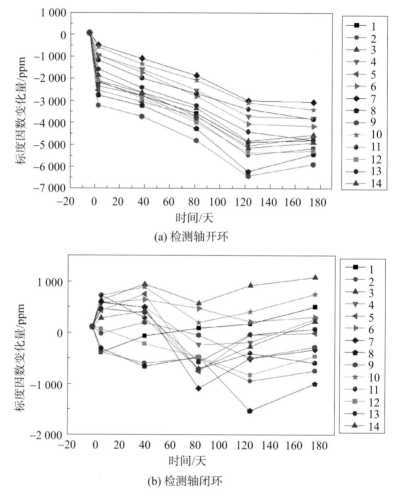

(a) 检测轴开环

(b) 检测轴闭环

图 3-30 两型具有相同敏感结构的 MEMS 陀螺仪高温贮存后标度因数变化

▶ 3.4.2 温度环境条件下精度保持技术

3.4.2.1 温度环境下零偏精度保持

在温度变化的条件下，MEMS 陀螺仪的材料特性、谐振 Q 值等都会产生相应的变化，进而造成 MEMS 陀螺仪零偏、标度因数等发生变化。在数字输出 MEMS 陀螺仪中，可以在其 ASIC 中集成温度传感器，以实现陀螺仪性能的温度补偿。当 MEMS 陀螺仪的零偏存在温度滞环时，常规的温度补偿以及应用神经网络等智能算法的补偿[246] 也仍然难以消除温度滞环的影响。

　　根据 2.6.2.1 节的推导，相敏解调存在相位误差时，MEMS 陀螺仪的输出可以表达为 $k\Omega_c\cos(\Delta\varphi)+\Omega_q\sin(\Delta\varphi)$，陀螺仪的零偏误差主要来源于正交耦合误差，当 $\Delta\varphi=0$ 时，正交误差对于陀螺仪零偏的影响被完全消除。实际上，在数字电路中 $\Delta\varphi$ 的取值也是量化的，此外哥氏信号与驱动信号之间的相位差也会随温度变化而有所波动，因此很难绝对保证 $\Delta\varphi=0$。在解调相位存在误差的情况下，在变温环境中，正交误差信号的温度滞环（图 3-31）将耦合至 MEMS 陀螺仪零偏输出中，并成为导致零偏输出温度滞环的主要因素[247]。

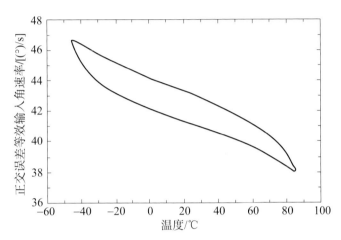

图 3-31　某型 MEMS 陀螺仪正交误差信号的全温滞环

　　在正交耦合误差存在温度滞环的情况下，MEMS 陀螺仪的解调相位配置参数直接影响陀螺仪零偏滞环特性。同一 MEMS 陀螺仪在不同检测解调相位配置下的全温输出特性如图 3-32 所示。其中，所用的 MEMS 陀螺仪的控制系统中除了相敏解调外，不采取其他的正交误差抑制措施。从试验结果可知，MEMS 陀螺仪在升温段与降温段的零偏滞环值随解调相位误差的增加而增大。当解调相位误差为 0.14° 时，解调相位误差与 MEMS 陀螺仪的零偏同时达到最小值，即正交耦合误差基本被抑制。

　　由第 2 章中 MEMS 陀螺仪正交耦合误差的分析可知，MEMS 陀螺仪的正交误差等效输入角速率与驱动频率和耦合系数均成正比，是敏感结构的加工误差所导致的固有误差，与检测相位配置无关。图 3-33 为正交误差等效输入角速率在不同解调相位误差情况下随温度变化的曲线。从中可以看出，正交误差等效输入角速率随温度变化的趋势以及温度滞环特性与相位参数配置无关。

　　MEMS 陀螺仪零偏的全温滞环决定了零偏补偿效果的上限，图 3-34 及表 3-4 给出了不同检测解调相位下的 MEMS 陀螺仪零偏输出经过模拟补偿后的结果。全温算法补偿可以有效消除 MEMS 陀螺仪全温零偏输出趋势项，但不能消除零偏滞环对 MEMS 陀螺仪全温输出的影响，会导致函数拟合模型精度变差。当检测解调相位误差降低时，此时正交耦合误差耦合至陀螺仪零偏的值变小，相应的陀螺仪零偏全温滞环值降低，继而可提高全温函数补偿效果。

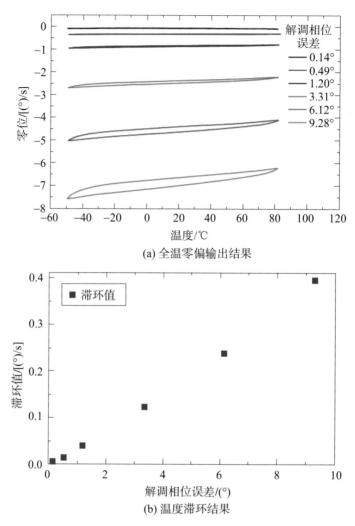

(a) 全温零偏输出结果

(b) 温度滞环结果

图 3-32　某型 MEMS 陀螺仪在不同检测解调相位误差下的全温零偏输出特性

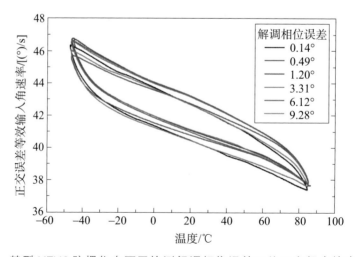

图 3-33　某型 MEMS 陀螺仪在不同检测解调相位误差下的正交耦合输出温度滞环

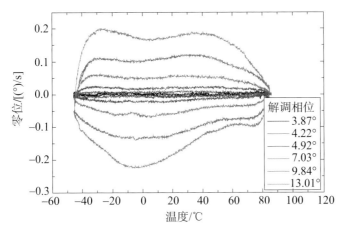

图 3 - 34   不同检测解调相位下某型 MEMS 陀螺仪零偏温度补偿图示

表 3 - 4   不同检测解调相位下某 MEMS 陀螺仪零偏温度补偿前后全温零偏稳定性结果

解调相位设置值/(°)	Δφ/(°)	补偿前全温稳定性/[(°)/h,1σ]	补偿后全温稳定性/[(°)/h,1σ]
3.87	0.14	32	15
4.22	0.49	58	22
4.92	1.20	191	59
7.03	3.31	537	159
9.84	6.12	987	333
13.01	9.28	1454	526

根据以上分析和试验数据可知，MEMS 陀螺仪正交误差存在的温度迟滞效应，是造成 MEMS 陀螺仪零偏滞环特性的主要原因。MEMS 陀螺仪敏感结构中不同组成材料的热阻值和热应力差异、粘结剂的热传递和蠕变效应在变温环境下均会引起陀螺仪输出性能的变化[248,249]，特别是这些内在变化会引起陀螺仪正交耦合刚度的变化，这种变化与热传递和热平衡的过程有关，从而导致正交误差等效输入角速率随温度的变化以及滞环的形成。芯片制造过程中形成的应力分布的不平衡、键合强度的不均匀等因素都会对芯片的正交误差滞环有所贡献。因此，从芯片制造过程入手，提高芯片的工艺控制水平是减小正交耦合误差，减小甚至消除正交耦合误差的温度滞环，进而消除陀螺仪零偏温度滞环的根本途径。

在存在一定的正交耦合误差以及温度滞环的情况下，优化相敏解调相位参数配置，减小相位误差，可以最大限度减小正交耦合误差及其滞环对于陀螺仪零偏的影响，这也是控制陀螺仪零偏温度滞环的有效方法。该方法不仅适用于 MEMS 陀螺仪开环检测，也适用于 MEMS 陀螺仪静电力平衡检测。由于在工程上绝对实现解调相位误差为 0 是不可能的，一方面固然有相位配置存在量化误差的问题，另一方面即便在最优的相位配置下，相敏解调参考信号与哥氏信号之间相位差也会随温度变化，实验测得该相位全温变化量的典型值

为 $0.2°\sim0.5°$，表明该方法在进一步降低陀螺仪零偏温度滞环和提高陀螺仪全温性能方面存在一定的局限性。

考虑到正交耦合误差及其温度滞环难以从工艺上绝对消除，因此从控制回路上采取措施消除正交耦合误差的影响对于提高陀螺仪的综合精度具有重要作用。消除正交耦合误差较为彻底的方式是采用正交刚度校正方法，且正交刚度校正实现闭环控制。在这样的控制系统中，正交耦合误差及其随外界环境条件的变化被实时得到校正，因而可以避免正交耦合误差温度滞环效应向陀螺仪输出通道的耦合，从而减小陀螺仪在温度环境下的零偏漂移。

3.4.2.2 温度环境下标度因数的稳定性

在 2.5.5.3 节中分析了开环 MEMS 陀螺仪标度因数随温度的变化，这种变化源于频差、检测模态 Q 值以及电路中电压随温度的变化。在力平衡闭环检测 MEMS 陀螺仪中，标度因数的表达为式（3 - 27），即陀螺仪的标度因数与质量块质量 m_y、驱动模态振幅 A_x、驱动轴谐振频率 ω_d 和检测力反馈转换增益 K_{yVF} 有关。其中，检测质量不会随温度而改变；对于驱动模态振幅，即便谐振 Q 值会随温度变化，由于驱动回路采用 AGC 控制回路，通过改变驱动力的大小保持驱动振幅不会随温度而变化；随温度会发生变化的只有 ω_d 和 K_{yVF}，K_{yVF} 受电路中的基准电压影响较大，通过调整 ASIC 中的基准源配置，能够调节 K_{yVF} 温度系数的符号和大小。在实验上表现为基准源的配置参数会影响基准源电压的温度系数，进而会影响标度因数的温度系数，需要结合具体的 MEMS 陀螺仪结构设计，优化配置基准源参数，使由基准源产生的标度因数温度系数与其他因素影响的温度系数相互抵偿，最大限度减小标度因数温度灵敏度。因此，相比于开环检测，通过静电力平衡闭环检测，能够有效减小 MEMS 陀螺仪的标度因数误差，实现更稳定的全温标度因数性能。在此基础上，结合标度因数的温度建模和补偿，可以实现更高的标度因数全温稳定性和长期稳定性。

▶ 3.4.3 振动冲击等力学环境下精度保持技术

由 2.5.6.2 节的分析可知，在敏感结构设计中尽可能提高 MEMS 陀螺仪工作模态的固有频率，有利于提高其抗力学环境性能。同时，尽可能确保敏感结构的对称性，以确保通过差分检测进一步消除共模干扰。除此之外，由于陀螺仪加工误差的存在，会出现振动环境中 MEMS 陀螺仪噪声变大、零偏移、陀螺仪标度因数变化，在冲击条件下陀螺仪失效等问题。因此在进一步改进工艺的同时，还需要在陀螺仪设计中进一步开展抗力学环境设计，同时在应用层面采取相应的防护措施，以确保 MEMS 陀螺仪的使用精度。

在制导炮弹等应用中，炮弹在出筒过程中所受的冲击可达 $20\ 000\ g$ 以上，通常 MEMS 惯性仪表在冲击过程中并不通电，需要确保 MEMS 仪表在冲击环境下的生存能力。在面外冲击环境下，通过在衬底层和封帽层上设置防撞止挡结构限制结构运动并对结构提供支撑，防止键合面撕裂和结构层断裂。截面示意图如图 3 - 35（a）所示，它采用上、下两组止挡结构来钳制质量块在 z 轴方向受到过载时的位移。为防止质量块在 z 轴过载下碰撞到止挡结构上产生碎屑，实际设计中会将上、下止挡结构安排在面积大的质量块区域。同时，在面内也设计了相应的止挡结构，如图 3-35（b）所示。从功能上说，止挡结构具有在短时间内将敏感质量在冲击载荷作用下产生的运动速度降低至最低并尽可能避免二次碰撞的能力，同时具备键合牢固和不容易产生碎屑的特性。

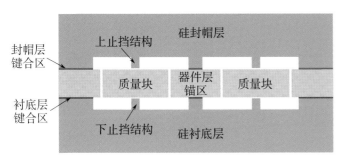

(a) 面外止挡结构　　　　　(b) 面内止挡结构

图 3-35　敏感结构止挡设计示意图

在 MEMS 惯性仪表应用层面，在惯性系统级开展抗高过载、减振等综合防护，也是确保 MEMS 惯性仪表在复杂力学环境中的精度，保证系统正常工作的必要措施。

在仪表抗力学环境应用系统级结构设计方面，需要选用尽量轻的元件和材料，最大限度减小冲击惯性力和形变；尽量采用断面高度小的元件，结构平面应有良好的刚性，保证尽可能小的弯曲；最大限度减小结构件（如印刷电路板或导线）的无支撑跨度；改善结构体应力分布，如通过钝化拐角、改变结构形状等方法调节结构体内的应力分布，尤其要防止局部受力，消除应力集中。

在系统级工艺设计方面，采用灌封工艺提高系统整体的抗过载能力，即将电路系统和惯性器件采用灌封材料（硅橡胶、环氧树脂和聚氨酯弹性体等）灌封在一个强度、刚度足够的机械壳体内使其固化成一个整体，利用灌封材料的能量吸收原理和应力波衰减与弥散机理，以减弱和隔离武器发射或撞击目标时 MEMS 惯性仪表受到的冲击，从而提高整个系统的结构强度和抗高过载能力。为了保证灌封质量，结构和电路的设计也要进行综合考虑，既要保证能够把胶灌满，又要保证元器件和电缆在胶凝固过程中安全可靠。通过采用整体真空灌封工艺，提升仪表和电路的整体刚度及抗过载能力。其中，灌封材料的选取是关键，灌封材料对冲击的隔离效果应使电子元器件所承受的过载小于其脆值。应该选取缓冲吸能特性好、应力波传播衰减速度快和衰减幅值大的材料。灌封材料应具有如下特性：

1）具有高粘结性能，保证电路系统中的元器件、连接件和导线牢固；

2）膨胀系数小，不因灌封造成内部电路焊点松动、PCB 板和导线断裂；

3）具有耐高温和耐低温特性，适应不同的应用环境；

4）绝缘性好，不会造成电路短路；

5）吸湿性小，抗腐蚀能力强，保证电路不受环境湿度和化学污染影响；

6）抗疲劳性能好，保证电路多次重复使用。

在灌封材料中，环氧树脂等传统灌封材料存在硬度比较大、容易脆裂和不能修补等问题；硅橡胶在拉伸性和透明度方面也有不足之处，而且价格偏高；聚氨酯弹性灌封胶克服了环氧树脂脆裂和硅橡胶树脂强度低、粘结性差的弊端，兼有弹性、透明、硬度低、粘结力强、电性能好等特点，以其独特的综合性能在各行各业得到了广泛应用，因此可以选用聚氨酯弹性灌封胶来作为灌封材料。

在系统结构中，采取减振技术也是确保 MEMS 惯性器件在复杂力学环境下精度的有效措施之一。通过合理设计减振器的频率响应特性，能够有效滤除或衰减运动载体某些频段特别是高频段的机械振动，从而减小 MEMS 惯性仪表所受到的振动量级，保证 MEMS 惯性仪表的测量精度。

 ## 3.5 应用条件下高性能 MEMS 陀螺仪相关工程性能提升技术

在工程应用中，高性能 MEMS 陀螺仪既要满足静态精度要求，又要满足量程、带宽、快速启动等动态性能，还需要满足长期可靠性和稳定性要求。这些指标有时是相互制约的，因此在设计时需要对上述指标进行权衡以满足系统综合性能要求。本节对上述指标的设计进行阐述。

▶ 3.5.1 高性能 MEMS 陀螺仪量程设计

MEMS 陀螺仪的量程是其重要的动态性能指标，它与 MEMS 陀螺仪的分辨率相互影响，通常实现大的量程需要牺牲一定的分辨率性能。在工程上 MEMS 陀螺仪的量程通常是由其标度因数的非线性度指标要求来约束的，即在满足一定的非线性指标要求下所实现的测量范围。

在设计上，一方面量程是由其敏感结构决定的，例如开环下大的输入角速度产生的检测轴电容变化超出了检测电容的线性工作区；另一方面是由其检测电路的资源所决定的，例如在闭环工作中，陀螺仪在大的输入角速度下，电路所能提供的静电力难以平衡哥氏力，造成了系统饱和。对于开环工作和闭环工作而言，由于工作模式不同，陀螺仪量程的设计也会存在较大的差别。

3.5.1.1 开环 MEMS 陀螺仪量程设计

在开环检测的 MEMS 陀螺仪中，参考式（2-15），其检测轴的检测位移表示为

$$\Delta y = \frac{A_x \Omega_z}{|\Delta \omega|} \qquad (3-44)$$

式（3-44）中，Δy 为驱动轴的运动位移振幅；Ω_z 为输入角速度；$\Delta \omega$ 为检测频率与驱动频率的频差。检测位移到检测电容的变换关系可以表示为

$$\Delta C = K_{yc} \Delta y \qquad (3-45)$$

式（3-45）中，K_{yc} 是检测轴位移到电容的转换系数。当采用电荷放大器检测电路

时，参考式（3-6），陀螺仪的输出可以表示为

$$V_{out} = k_e \frac{2\Delta C}{C_f} V_i \qquad (3-46)$$

式（3-46）中，V_i 和 C_f 分别为 C/V 检测电路的直流电压和参考电容；k_e 是 C/V 电路之后的电路放大倍数，包括电荷放大器的 C/V 转换系数和电压的放大增益，对于数字输出而言，也包含 AD 转换的变换系数。将式（3-44）和式（3-45）代入式（3-46），可得到

$$V_{out} = 2k_e \frac{K_{yc}\Delta y}{C_f} V_i = 2k_e \frac{K_{yc}A_x}{C_f |\Delta\omega|} V_i \Omega_z \qquad (3-47)$$

因此，陀螺仪的标度因数可以表示为

$$K_1 = \frac{V_{out}}{\Omega_z} = 2k_e \frac{K_{yc}A_x}{C_f |\Delta\omega|} V_i \qquad (3-48)$$

开环 MEMS 陀螺仪的量程设计本质上就是在综合考虑陀螺仪零偏稳定性、分辨率和非线性等指标约束条件下的标度因数设计。由式（3-48），对 MEMS 陀螺仪标度因数的影响因素讨论如下。

1）驱动振幅 A_x 与标度因数成正比，大的驱动振幅决定了系统的机械灵敏度，也影响陀螺仪的机械热噪声。因此，从结构设计上需要尽可能增加驱动轴的可动位移，并从驱动系统设计及系统参数调试方面需要优化驱动结构激励梳齿和拾振梳齿的比例，以及驱动环路的检测增益等参数配置，使其工作在较高的驱动振幅下。工程上，通常将驱动振幅设计在驱动轴最大可动位移的一半左右。当需要扩大量程时，优先调节检测环路相关参数进而保证较大的驱动振幅。

2）在开环陀螺仪中，检测轴和驱动轴的频差也会直接影响陀螺仪的机械灵敏度，影响陀螺仪量程。通过结构参数设计调节频差，可以调节 MEMS 陀螺仪的标度因数，进而调节其量程。此外，对于特定的敏感结构，通过调节检测环路的直流预载电压，利用静电负刚度效应调节检测模态的特征频率，进而调节频差、标度因数和量程。通过频差的调节来改变量程受限于检测电容对位移的非线性响应，特别对于变间隙的电容更是如此。

3）K_{yc} 由 MEMS 陀螺仪结构中的检测电容的设计参数所决定。无论对于变面积检测电容还是变间隙检测电容，电容间隙越小，越有利于提高检测位移到电容的转换系数，有利于提高陀螺仪的标度因数。电容间隙的最小值由 MEMS 加工工艺决定。需要注意的是，对于变间隙检测电容，间隙减小的同时会带来非线性的增大。K_{yc} 决定了哥氏位移向电容检测的灵敏度，因此也需要从结构设计角度尽可能保证大的转换系数。

4）C/V 转换电路中，参考电容 C_f 越大，标度因数越小；直流电压 V_i 越大，相应标度因数也会越大。可以通过调节 C/V 检测环节的参数配置调整标度因数和量程。C/V 转换电路的噪声特性对 MEMS 陀螺仪的电噪声具有决定性作用，因为后续的电信号放大不会改善信噪比，甚至会降低信噪比。为此，单纯增大 C/V 电路的放大增益系数 k_e 只会改变陀螺仪标度因数的量值进而减小其量程，但这并不影响陀螺仪的精度。为此，在大量程开环 MEMS 陀螺仪中，应该尽可能减小检测电路的增益系数 k_e，减小标度因数增加量程

的同时，保证陀螺仪的精度。

从上述讨论可以看出，实际工程应用中标度因数或量程的调节方法较多，这些方法需要相互结合使用，并最终通过陀螺仪零偏稳定、分辨率和标度因数非线性是否满足仪表工程应用指标来检验这些方法，通过多次迭代，实现结构设计和控制参数优化选择。

3.5.1.2 闭环 MEMS 陀螺仪量程设计

闭环 MEMS 陀螺仪标度因数可表示为式（3-27），其标度因数正比于检测质量 m_y、驱动振幅 A_x 和驱动频率 ω_d，反比于力反馈转换增益 K_{yVF}。通常检测质量和驱动频率会保持恒定，因此标度因数和量程的调节需要通过驱动振幅和力反馈转换增益来实现。在驱动振幅和力反馈转换增益的设计中，由于这些参数与陀螺仪的检测精度相关，需要关注其对陀螺仪精度的影响。在闭环 MEMS 陀螺仪中，减小驱动模态和检测模态的频差对标度因数并无贡献，但可以增大开环增益，提高陀螺仪的精度。

在驱动振幅设计方面，其大小可以通过陀螺仪敏感结构设计和控制参数来实现，调节标度因数进而调节量程的同时，相应会改变陀螺仪的机械热噪声。这一点与开环陀螺仪是一致的。因此，在满足量程需求的前提下，尽可能保持大的驱动位移，以保证其精度。从这个意义上说，量程的扩展优先考虑通过力反馈转换增益的调整来实现。

由式（3-27）可知，陀螺仪的量程正比于力反馈转换系数，通过该参数可以设计 MEMS 陀螺仪的量程范围。

1）在结构设计方面，检测环路中力平衡反馈梳齿数量的增加有利于提高闭环反馈系数，在特定的敏感结构面积约束下，可以增大检测环路中力平衡反馈梳齿与检测梳齿之间的比例。此外，适当减小梳齿的间距同样能够实现增大检测力反馈转换增益的效果，当然这样的设计会相应增加工艺加工的难度。

2）在电路参数设计方面，由于静电力正比于直流电压和交流电压幅值的乘积，在一定的反馈电信号的情况下，适当增加直流电压，则可以相应减小交流电压，实现标度因数的降低。在闭环系统中，陀螺仪输出会正比于静电力反馈的交流电压幅值，为此用于力反馈交流电压本身的非线性响应也会直接影响到陀螺仪的非线性。这需要在电路设计和电路调试过程中予以关注。

总之，闭环 MEMS 陀螺仪同样需要优化各个参数，在增大量程的同时保持较高的精度。与开环陀螺仪相比，闭环陀螺仪可调节的参数更多，更易于实现较高的精度。

▶ 3.5.2 MEMS 陀螺仪快速启动技术

在某些战术武器或弹药应用中，MEMS 陀螺仪的全部工作时间往往只有几秒钟，同时要求它具有比较高的精度。这就需要陀螺仪在通电后经过非常短（比如 10～100 ms 量级）的时间就能够正常启动并达到稳定的工作状态，MEMS 陀螺仪的快速启动特性是其关键指标之一。MEMS 陀螺仪启动时间首先取决于驱动闭环环路建立稳频稳幅谐振的时间，这是 MEMS 陀螺仪正常工作的前提，驱动环路的稳定时间决定了 MEMS 陀螺仪的启动时间。此外，对于闭环检测 MEMS 陀螺仪，检测闭环回路和正交闭环控制回路的稳定时间影响 MEMS 陀螺仪的启动时间。

3.5.2.1　MEMS 陀螺仪驱动环路快速启动技术

MEMS 驱动环路形成稳频稳幅谐振后，陀螺仪即可在检测轴上产生哥氏加速度，开环检测 MEMS 陀螺仪即可实现角速率输出。闭环检测 MEMS 陀螺仪同样需要驱动轴实现稳定的谐振，因此 MEMS 陀螺仪驱动环路的快速起振和稳定是影响 MEMS 陀螺仪启动特性的重要因素。

（1）锁相环闭环方式

MEMS 陀螺仪经真空封装的高 Q 值驱动谐振器在锁相环（PLL）驱动控制方案下，其启动特性受初始频率的设置值影响较大，如果初始驱动频率的设置值与谐振子自然频率的偏差比较大，就会造成谐振子频率稳定时间较长。MEMS 陀螺仪驱动模态锁相环控制环路结构如图 3 - 36 所示。对高 Q 值谐振器的锁相环路，当振荡频率偏离谐振器的谐振频率，锁相环的开环增益低，使闭环系统带宽变小，振荡频率变化缓慢；当频率接近谐振频率，环路开环增益升高，使闭环带宽变大，振荡频率可迅速趋近于谐振器的自然频率。谐振器的启动时间与锁相环的初始频率设置偏差之间为非线性关系，随着初始频率偏差的增大，启动时间相应加长。相位变化率对频率的敏感性是相位锁定所需时间对锁相环初始频率敏感的根本原因。通常对于高 Q 值 MEMS 陀螺仪从静态启动到正常工作需要 $1\sim2$ s 的启动时间，很难达到快速启动的需求。

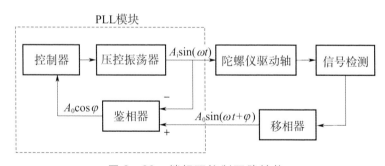

图 3 - 36　锁相环控制环路结构

为了缩短启动时间，应尽量调小锁相环初始驱动频率与谐振器谐振频率的偏差。在工程应用中，MEMS 陀螺仪敏感结构由于工艺误差和陀螺仪结构特性随温度的变化，很难保证锁相环初始频率与谐振器谐振频率之间的较小偏差，这为实际工程应用带来了困难。

（2）自激振荡启动方式

除锁相环外，另一种能够实现频率跟踪的方式是自激振荡环路，它通过设置移相和环路增益调节环节，使驱动环路满足发生稳幅自激振荡的条件，自激振荡控制环路结构如图 3 - 37 所示。在陀螺仪自然频率处响应信号滞后于驱动信号 90°，用近似积分法对响应信号做 +90° 移相，使环路相移为 0°，以满足在陀螺仪自然频率处发生自激振荡的相位条件。在起振的初始阶段，采用幅值尽可能大的驱动信号，以提供最大的驱动力，使陀螺仪的振幅尽快增大。对陀螺仪响应信号进行均方根运算以得到振幅，当陀螺仪振幅增大到接近期望值时,令稳幅环路工作,通过 PI 控制器自动调节驱动电压的幅值,实现振幅的精确控制。通过调节控制器参数,可以显著优化自激振荡启动时间。

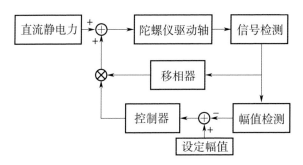

图 3-37 自激振荡原理图

（3）自激＋锁相驱动方案

采用锁相环方案可以精确锁定谐振器的自然频率,但是当初始驱动频率与自然频率偏差较大时,对高 Q 值谐振器实现锁相需要较长的时间;采用自激振荡方案在很大的初始驱动频率偏差范围内谐振器都可以快速起振,但是控制环路中缺乏准确的频率信息,难以为后续的角速度信号处理提供有效的振动参数并提高陀螺仪精度。因此,为实现快速启动采用自激＋锁相方式,采用自激振荡方式使微机电陀螺仪驱动轴起振,自激＋锁相测控电路原理图如图 3-38 所示。在此过程中采用固定幅值方波激励,并用响应波形的粗略周期实时估计谐振器的自然频率。当振幅达到设定值的 $70\%\sim90\%$ 时,振荡频率接近谐振器的自然频率,把在相频特性曲线斜率最大处得到的自然频率估计值作为锁相环的初始频率。由于此频率已接近自然频率,锁相环能够快速实现频率锁定。自激-锁相驱动方案的启动时间对初始频率设置值不敏感,适于陀螺仪批量生产的情况,并且也能适应环境温度变化导致的陀螺仪自然频率偏移。

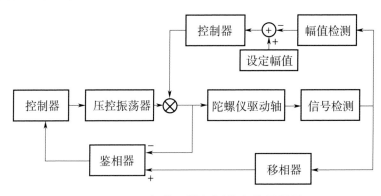

图 3-38 自激＋锁相测控电路原理图

除了控制微机电陀螺仪振动频率,为了使陀螺仪达到一定的精度水平,还需要控制其驱动轴的振动幅度,以避免振幅变化使陀螺仪的标度因数和零偏不稳定。这需要通过优化 AGC 环路参数来实现。总之,需要优化驱动环路的频率控制回路和幅值控制回路参数,才能实现驱动环路快速启动和陀螺仪的稳定。

3.5.2.2　MEMS 陀螺仪检测环路及正交闭环控制回路对启动时间的影响

在闭环检测 MEMS 陀螺仪中,对检测质量施加反馈力以平衡哥氏力并使检测质量块稳定在平衡位置,这一过程的响应时间也会贡献到陀螺仪的启动时间中。通常检测闭环环路的响应带宽在 100 Hz 以上,因此检测闭环环路的稳定时间典型值会在 10 ms 以下,并且在陀螺仪启动时驱动环路和检测环路的稳定时间相互重叠,因此可以认为检测环路对启动时间的影响较小。

正交闭环环路用于对陀螺仪正交耦合误差进行实时校正,降低正交耦合误差对陀螺仪零偏的影响。在实际陀螺仪应用中,由于外界环境、应力及参数调试过程的影响,正交环路和检测环路的解调相位会存在误差,这导致陀螺仪零偏误差中包含正交耦合误差。特别是由于陀螺仪正交耦合误差通常相对稳定,仅随温度和应力缓慢变化,当正交环路带宽远小于检测环路带宽时,正交环路稳定时间对启动过程中陀螺仪零偏稳定时间会产生重要影响。

在陀螺仪正交环路控制系统中,PID 控制参数对于系统的稳定性和响应时间会产生重要影响。在某型数字闭环 MEMS 陀螺仪中,陀螺仪正交环路参数中积分时间 I 参数对正交环路稳定时间有着重要作用,图 3 - 39 为正交环路 I 参数 KIQ 分别设置为 0.001、0.003、0.006 时,陀螺仪启动后正交环路检测输出量和正交环路反馈控制量随时间变化关系曲线(图中未画出驱动启动过程的振荡环节)。从图中可以看出,3 种情况在启动 6 s 后正交检测量均趋于 0,正交控制量均趋于某一固定值,实现正交环路稳定。KIQ=0.001 时,启动后 5 s 正交环路基本趋于稳定;KIQ=0.006 时,启动后 0.5 s 正交环路基本趋于稳定。

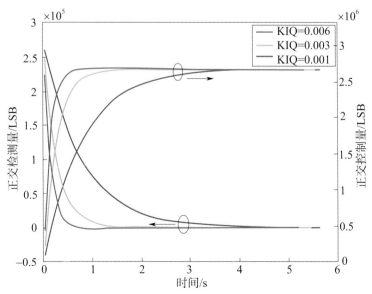

图 3 - 39　MEMS 陀螺仪正交环路 *KIQ* 参数与环路稳定时间关系

在实际陀螺仪应用中，正交环路解调相位和实际相位会存在误差，在稳态工作过程中陀螺仪正交环路闭环后，正交耦合误差能够被实时校正，陀螺仪零偏中不存在正交误差分量。但是在陀螺仪上电启动过程中，受正交环路带宽影响，正交耦合误差不能被快速抑制，导致陀螺仪零偏中包含耦合的正交误差。图 3 - 40 为正交环路固定积分时间参数（KIQ=0.001），检测环路存在不同相位误差（小于 0.01°、等于 1°、等于 2°）时启动后陀螺仪的输出曲线（图中未画出启动振荡环节数据）。可以看出，当检测环路存在相位误差时，正交误差会在陀螺仪启动阶段耦合进入陀螺仪零偏中，相应会影响陀螺仪的启动稳定特性。相位误差越大，这种影响越显著。当相位误差趋近于 0 时，例如小于 0.01°，则陀螺仪在启动后零偏会快速趋于稳定，此时启动时间基本由驱动环路稳定时间来决定。

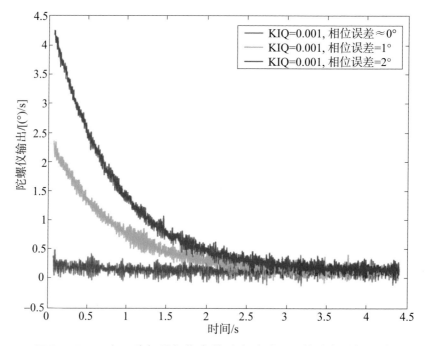

图 3 - 40 正交环路解调相位参数对启动过程零偏稳定时间影响

图 3 - 41 为相位误差接近于 0 时（小于 0.01°）时，正交闭环回路采取不同积分时间（KIQ=0.001、KIQ=0.003、KIQ=0.006）时上电启动后陀螺仪的输出曲线。可以看出，尽管积分时间会影响正交环路的稳定过程（图 3 - 39），但由于相位误差趋近于 0，正交环路的稳定过程几乎不会影响陀螺仪的启动时间。在图 3 - 41 中，陀螺仪上电后，30 ms 内陀螺仪零偏趋于稳定，这种情况下启动时间主要受驱动闭环环路与检测闭环环路 PID 参数影响。

由于在检测环路中，解调相位误差通常会随温度发生变化，全温内相位误差变化量的典型值为 0.1°[250]，因此在陀螺仪调试过程中，需要使常温下的相位误差尽可能趋近于 0，同时还需要优化正交环路的 PI 参数，从而确保全温范围内的快速启动特性。

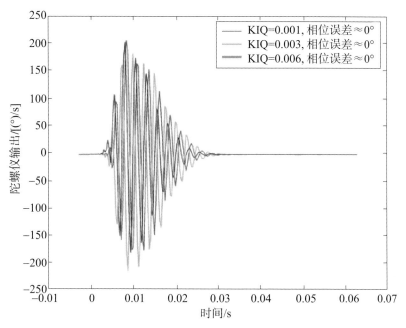

图 3-41　不同 KIQ 参数启动过程陀螺仪零偏输出

3.5.3　MEMS 陀螺仪带宽设计

MEMS 陀螺仪带宽是其重要的动态性能指标，它决定了阶跃角速度输入时，陀螺仪输出的系统响应时间。MEMS 陀螺仪带宽由敏感结构及其控制系统参数决定，由于 MEMS 陀螺仪通常采用数字输出，因而可以通过数字滤波器在系统带宽的基础上实现进一步调节，主要是根据应用需求适当压缩带宽降低陀螺仪的噪声。

3.5.3.1　开环陀螺仪带宽设计

开环 MEMS 陀螺仪检测回路通常采用相敏解调的方法解调哥氏信号，其系统框图如图 3-42 所示。

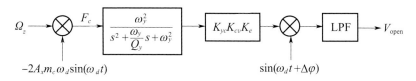

图 3-42　开环检测 MEMS 陀螺仪系统框图

图 3-42 中哥氏力 F_c 可以表示为

$$F_c = -2\Omega_z(t)A_x m_c \omega_d \sin(\omega_d t) \qquad (3-49)$$

式（3-49）中，$\Omega_z(t)$ 为输入角速度；A_x 为驱动模态幅值；m_c 为哥氏检测质量；ω_d 为驱动频率。

整个系统的传递函数为

$$\left| \frac{V_{\text{open}}(s)}{\Omega_z(s)} \right| = \left| \frac{1}{2} A_x m_c \omega_d K_{yc} K_{cv} k_e G_y(s) F_{\text{LPF}}(s) \right| \tag{3-50}$$

式（3-50）中，$V_{\text{open}}(s)$ 为陀螺仪的开环输出；$G_y(s)$ 和 $F_{\text{LPF}}(s)$ 分别为检测轴和低通滤波器的传递函数，$G_y(s)$ 可以表示为

$$G_y(s) = \frac{\omega_y^2 \left(s^2 + \dfrac{\omega_y}{Q_y} s + \omega_y^2 - \omega_d^2 \right)}{\left(s^2 + \dfrac{\omega_y}{Q_y} s + \omega_y^2 - \omega_d^2 \right)^2 + \left(2s\omega_d + \dfrac{\omega_y}{Q_y} \omega_d \right)^2} \tag{3-51}$$

由式（3-51）可以得到开环检测陀螺仪稳态下的标度因数

$$\left| \frac{V_{\text{open}}(0)}{\Omega_z(0)} \right| = \left| \frac{1}{2} A_x m_c \omega_d K_{yc} K_{cv} k_e F_{\text{LPF}}(0) \frac{\omega_y^2 (\omega_y^2 - \omega_d^2)}{(\omega_y^2 - \omega_d^2)^2 + \left(\dfrac{\omega_y}{Q_y} \omega_d \right)^2} \right| \tag{3-52}$$

将某型 MEMS 陀螺仪设计数据代入式（3-52）中，可以得到不同频差 Δf 时的开环检测系统波特图，如图 3-43 所示。

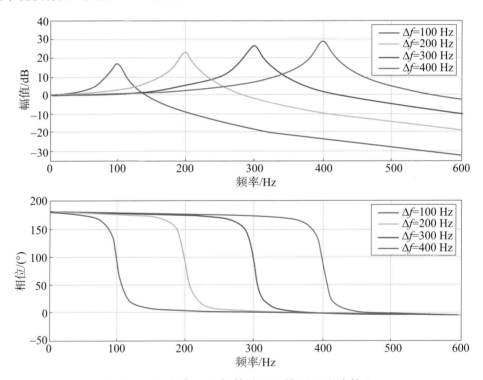

图 3-43　具有不同频差的开环检测系统波特图

在陀螺仪带宽内，角频率为 ω_{open} 的输入角速率所对应的标度因数为

$$\left| \frac{V_{\text{open}}(\omega_{\text{open}})}{\Omega_z(\omega_{\text{open}})} \right| = \left| \frac{1}{2} A_x m_c \omega_d K_{yc} K_{cv} k_e F_{\text{LPF}}(\omega_{\text{open}}) \frac{1}{2\Delta\omega \left(1 - \dfrac{\omega_{\text{open}}^2}{\Delta\omega^2} \right)} \right| \tag{3-53}$$

式（3-53）中，$\Delta\omega$ 为陀螺仪检测模态和驱动模态的角频率之差，从 MEMS 陀螺仪的

开环检测系统波特图中可以看出，MEMS 陀螺仪的带宽是由开环系统的超调量决定的，其带宽的限制条件为

$$\left|\frac{V_{\text{open}}(\omega_b)}{\Omega_z(\omega_b)}\right| = \sqrt{2}\left|\frac{V_{\text{open}}(0)}{\Omega_z(0)}\right| \tag{3-54}$$

结合式（3-52）和式（3-53），对式（3-51）求解，同时考虑到陀螺仪经相敏解调后低通滤波器的带宽足够大，因而可以令其传递函数 $F_{\text{LPF}}(\omega_{\text{open}})=1$，则可以求得

$$\omega_b = 0.54\Delta\omega \tag{3-55}$$

由式（3-55）可以看出，开环检测的带宽正比于驱动模态和检测模态的频率差。由于陀螺仪的标度因数正比于陀螺仪的频差 $\Delta\omega$，因此，保证陀螺仪足够大的带宽必然要牺牲陀螺仪机械灵敏度。对于采用变间隙检测电容的 MEMS 陀螺仪结构来说，由于存在负刚度效应，陀螺仪的检测模态频率会随检测直流电压的增加而减小，因此通常使检测频率的设计值大于驱动频率，通过调节检测直流电压，获得期望的频差和检测带宽。这为敏感结构的设计带来了一定的灵活性。在大量程 MEMS 陀螺仪中，通常可以设计较大的频差，既可保证较大的量程，又可实现较大的带宽。

在陀螺仪实际设计中，特别是数字输出的 MEMS 陀螺仪中，通常会在电路中集成数字滤波器，因此陀螺仪的频率响应是其固有频率响应函数与数字滤波器频率响应函数的乘积。在陀螺仪灵敏度裕度较大的情况下，通常可以设计较宽的固有带宽，通过数字滤波器对其最终输出带宽进行较为精细的调节。

3.5.3.2　闭环 MEMS 陀螺仪带宽设计

由于在开环陀螺仪中，带宽的增加相应会牺牲陀螺仪的机械灵敏度，为了在保证高灵敏度的同时保证大的带宽，则必须采用闭环控制方案，从控制系统的角度拓展其带宽。在闭环 MEMS 陀螺仪中，陀螺仪检测轴输出的信号作为闭环系统的误差信号，经处理后转换成加载在检测轴梳齿上的静电力反馈信号，使检测模态的振幅保持为 0。由于存在闭环反馈，陀螺仪的频率特性不仅与其开环系统有关，更多的是由其闭环反馈系统来决定，通过调节闭环反馈系统，可以显著扩展其带宽。

在闭环 MEMS 陀螺仪中，通常需要 PI 控制器实现控制回路的闭环工作。比例环节和积分环节的控制参数决定了闭环陀螺仪的幅频、相频特性。在特定的 PI 参数下，陀螺仪的频差仍然会影响陀螺仪的带宽。图 3-44 为以频差为参量的闭环陀螺仪波特图。从图中可以看出，与开环陀螺仪类似，频差的增加会在一定程度上增加陀螺仪的带宽，但并不会出现频差附近频段的谐振峰。由于小频差下陀螺仪的机械灵敏度高，能够保证陀螺仪的精度，因此需要在小频差下扩展陀螺仪的检测带宽。

由 3.2.1 节陀螺仪检测轴闭环技术分析可知，当陀螺仪检测轴闭环增益很大时，陀螺仪静态灵敏度与驱动模态振幅和驱动轴谐振频率成正比，与检测力反馈转换增益成反比，与陀螺仪频差和前馈检测增益无关。单纯增大系统增益会造成闭环系统不稳定，需要对检测轴闭环校正器 $F_{\text{fb}}(s)$ 进行设计。校正器设计的目的主要是在保证有足够的系统幅值和相位裕度的情况下拓展系统带宽。

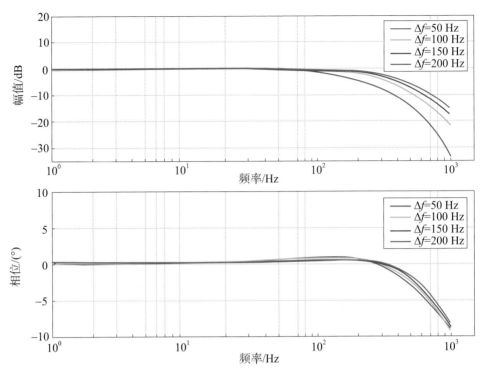

图 3-44　不同频差下典型的闭环陀螺仪波特图

　　根据经典控制理论可知，为了保证闭环控制系统的稳定性，系统开环幅值裕度一般大于 6 dB，相位裕度为 30°～60°。通常情况下，在系统中加入频率特性合适的校正器，期望系统开环频率特性满足以下条件。

　　1）低频段增益足够大，以保证系统稳态误差的要求。

　　2）中频段对数幅频特性斜率一般为 −20 dB/dec，且具有所需要的剪切频率。

　　3）高频段增益应能迅速衰减，以减小高频噪声对系统的影响。

　　根据上述分析，MEMS 陀螺仪在模态匹配状态下可近似为一阶惯性环节，在低频段采用一阶积分环节以最大限度减小稳态误差；在中频段，由于在陀螺仪频差附近有 180°左右的相位滞后，在频差频率前采用两级一阶微分环节补偿相位；在高频段，为了匹配中频段的微分环节，应加入惯性环节，此时高频段衰减斜率应大于 −60 dB/dec。综上所述，采用 PI 环节与相位超前环节相结合的串联校正方式，增大系统的相位裕度，降低系统响应的超调量，加快系统的响应速度，增大系统带宽，其校正器的传递函数为

$$F_{\mathrm{fb}}(s)=\left(K_p+\frac{K_i}{s}\right)\times\left(\frac{s+\omega_1}{s+\omega_2}\right) \tag{3-56}$$

　　式（3-56）中，K_p、K_i 分别为 PI 环节的比例系数和积分系数，ω_1、ω_2 分别为相位超前环节的零点和极点。

　　相位超前环节零极点的选择对系统特性影响较大，在 PI 环节参数不变的情况下，以 ω_2/ω_1 为变量进行仿真，结果如图 3-45 所示。从仿真结果来看，随着 ω_2/ω_1 比值的增大，

中频段相位超前更多，而低频段的幅值有一定衰减，一般选择 $\omega_2 > \omega_1$。

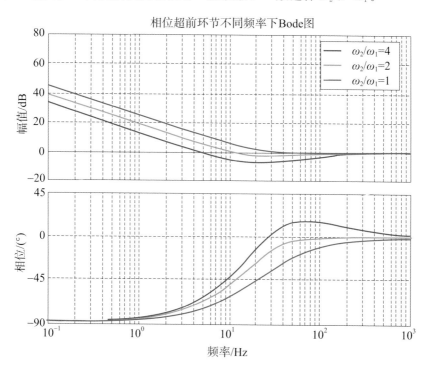

图 3 - 45　相位超前环节不同频率下的 Bode 图

3.5.3.3　MEMS 陀螺仪幅频相频特性测试

　　MEMS 陀螺仪的幅频特性和相频特性通过角振动台来测试。单独测试幅频特性时，用角振动台进行陀螺仪数据激励，通过陀螺仪数据高速采集系统即可实现其幅频特性的测量。将微机电 MEMS 陀螺仪安装在角振动台上，使 MEMS 陀螺仪的敏感轴向平行于角振动台的振动轴；在一个大于 MEMS 陀螺仪标称带宽的范围内，均匀选取若干个振动频率，设定角振动台的振动幅值，启动角振动台，给 MEMS 陀螺仪通电；逐次提高振动频率值，记录陀螺仪输出的交流单峰值和角振动台输入的角速度的振幅；根据幅频特性曲线，在幅值衰减 3 dB 时的频率即为微机电 MEMS 陀螺仪的带宽。

　　当需要进行幅频特性和相频特性测试时，还需要激光测振仪实时测量角振动台的输出信号，并与陀螺仪输出信号进行同步，以确定陀螺仪输出相对于角速度信号的相位延迟。MEMS 陀螺仪幅频特性和相频特性测试系统如图 3 - 46 所示。一个典型的 MEMS 陀螺仪幅频特性和相频特性的测试结果如图 3 - 47 所示。从图中可以看出，在带宽范围内，MEMS 陀螺仪的相位延迟与频率之间近似呈正比例关系，即

$$\Delta\varphi = 2\pi f\tau \qquad\qquad (3-57)$$

　　式（3 - 57）中，$\Delta\varphi$ 和 f 分别为相位延迟和角速度输入的频率，τ 表示陀螺仪输出与输入之间的延时。对图 3 - 47（b）中的相频曲线在低频段进行线性拟合，可以得到陀螺仪的延时 τ。MEMS 陀螺仪的延时典型值为 1～5 ms，而且延时与陀螺仪控制环路的带宽、环外输出滤波器的带宽紧密相关。

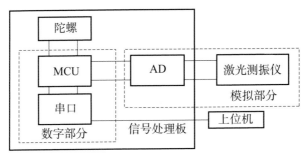

图 3-46 基于激光测振仪的 MEMS 陀螺仪幅频相频特性测试系统

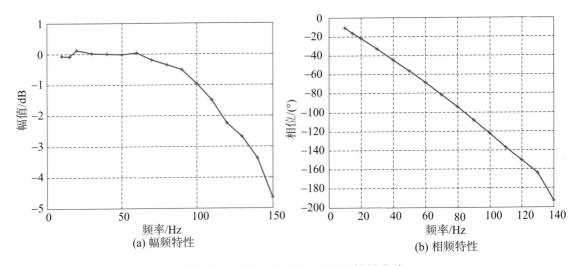

(a) 幅频特性

(b) 相频特性

图 3-47 典型陀螺仪幅频相频特性曲线

角振动台测试 MEMS 陀螺仪幅频特性的最高频率受限于设备本身的频率响应能力，通常最高只能测试到 250 Hz，更高频率的测试需要通过其他方法提供角速率输入。作为一种替代的方法，在闭环 MEMS 陀螺仪中，通过给哥氏力检测电容输入一个激励信号来模拟哥氏力的输入，通过观测静电力闭环回路中的陀螺仪输出，可以对更高频率的角速率响应进行测试分析。

 ## 3.6 高性能 MEMS 陀螺仪相关测试技术

高性能 MEMS 陀螺仪测试的目的主要有 4 个方面：一是在研制阶段，对 MEMS 陀螺仪所能达到的精度水平进行验证，并指导研制改进工作；二是在产品生产阶段，建立 MEMS 陀螺仪的零偏、标度因数的温度误差模型和非线性误差模型，并根据误差模型进行误差补偿；三是在产品交付阶段，确定 MEMS 陀螺仪的精度指标是否能够满足惯导系统的技术指标要求；四是在工程应用阶段，对 MEMS 陀螺仪应用任务剖面内的环境特性和可靠性进行综合测试分析。

高性能 MEMS 陀螺仪测试的主要内容包括其静态精度指标、动态性能指标和环境特性指标。其中，静态精度指标测试包括零偏的稳定性和重复性指标、阈值、分辨率、标度因数及其非线性、对称性、重复性等指标的测试；动态性能指标测试包括量程、带宽、输出延时性能的测试等；环境特性指标测试则包含温度特性及其建模、抗振动冲击性能评估等。在工程应用中，MEMS 陀螺仪通常会受到多种环境条件的综合作用，因此，还需要开展综合环境条件下的测试。

▶ 3.6.1　高性能 MEMS 陀螺仪测试的特点

与消费电子用 MEMS 陀螺仪相比，高性能 MEMS 陀螺仪的测试项目更全面，对相关的测试条件要求更高。其测试具有如下特点。

1）芯片化的 MEMS 陀螺仪需要专门的芯片管座以实现电气连接和芯片的固定，例如 LCC（Leadless Chip Carrier，无引线芯片载体）陶瓷封装的 MEMS 陀螺仪，其电气安装接口同时也是机械安装接口，因此 MEMS 陀螺仪管座的选择既要保证 MEMS 陀螺仪芯片有良好的电气互联，又要保持芯片在测试过程中的稳定夹持。

2）MEMS 陀螺仪在经历大量级力学环境测试时，MEMS 陀螺仪与芯片管座中的探针之间的连接会存在可靠性问题，因此在大量级振动冲击试验中，MEMS 芯片需要直接焊接在电路印制板上，同时需要评估电路印制板可能存在的振动冲击量级放大的问题。

3）芯片化的 MEMS 陀螺仪在测试过程中需要外围电路才能实现 MEMS 陀螺仪正常工作，外围电路包括电源供电、时钟以及相应的滤波去耦电容等元器件。此外，MEMS 陀螺仪芯片与测试系统之间的互联是通过芯片管座中的探针来实现。因此，从某种意义上说，MEMS 器件测试时状态与最终使用状态是存在一定差异的，需要对这种差异性进行分析和评估。

4）由于 MEMS 陀螺仪逐渐普遍采用数字输出模式，因此在测试系统中需要集成 MCU 以实现数据通信。

5）MEMS 陀螺仪的小型化和低成本特性，决定了 MEMS 陀螺仪的测试需要进行批量化测试，因此在测试系统的硬件和软件设计上均需要满足批量化测试的需求。

▶ 3.6.2　高性能 MEMS 陀螺仪温度环境精度测试

高性能 MEMS 陀螺仪在温度环境下的特性是其综合性能指标的重要组成部分，在工程应用中大部分精度指标都要求在全温环境下进行测试标定。MEMS 陀螺仪的温度环境精度测试系统由温控系统、高精度转台、MEMS 惯性器件管座系统、信号传输系统以及数据处理系统组成。温控系统为待测的 MEMS 陀螺仪提供一个受控的温度场环境；高精度转台为 MEMS 陀螺仪提供可控的输入，以评估 MEMS 惯性器件的输出特性，通常转台与温控系统结合在一起；管座系统能够确保芯片化的 MEMS 陀螺仪实现电气连接，确保 MEMS 陀螺仪能够正常工作；信号传输系统实现芯片 SPI 数字信号与测试计算机之间的通信；数据采集及处理系统则是在测试计算机中对 MEMS 惯性器件的输出信号进行采集和分析。

MEMS 陀螺仪测试系统构成框图如图 3-48 所示，其中省略了温控系统和敏感量输入系统。MEMS 陀螺仪测试系统需要考虑 MEMS 陀螺仪数据经由转台滑环输出的问题，特别需要关注数字信号经过滑环远距离传输的稳定性问题。通常 SPI 数字信号的传输距离有限，需要将其转换成 232 或 422 串口进行数字信号传输。

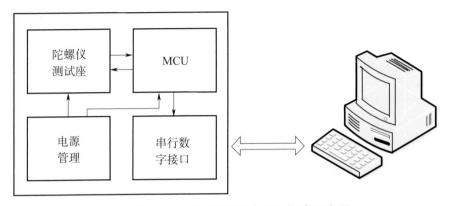

图 3-48　MEMS 陀螺仪测试系统构成示意图

MEMS 陀螺仪测试所需测试座的探针能够确保 MEMS 惯性器件被压入，并与 LCC 上的平面引脚实现欧姆接触；管座的压盖上装有弹性压块，能够将待测器件固定于管座内部。

为实现批量化测试，需要设计带有多个测试座的并行测试系统，测试工装采用模块化设计，每个模块上可装卡 8 只器件，这 8 只器件由同一个单片机进行参数配置和数据通信。包含 4 个模块的 MEMS 陀螺仪测试工装如图 3-49 所示，在此基础上进一步优化工装模块的安装排布，可以进一步提升单批次测试能力。

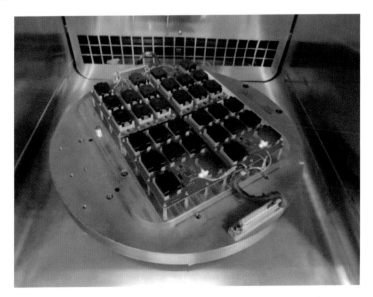

图 3-49　某单批次 32 只 MEMS 陀螺仪测试工装

MEMS 陀螺仪在温度环境下的测试包括各典型温度下的测试和变温条件下的测试，在各典型温度下可以进行零偏及其稳定性、重复性测试，标度因数及其非线性和重复性测试，通常阈值和分辨率只在室温条件下进行测试。在变温条件下，需要测试零偏的全温稳定性及温度滞环。具体的测试方法可参阅相关标准。

MEMS 陀螺仪在测试过程中需要注意如下事项。

1）MEMS 陀螺仪安装时，输入基准轴相对于测试夹具的安装精度应符合产品技术条件的要求，以确保标度因数测试的准确性。MEMS 陀螺仪在测试时被压入管座，而管座会被安装于印制电路板上，因此需要采取措施避免印制板翘曲。需要评估测试中的安装误差对标度因数的影响，通常在标度因数重复性测试中，应避免从管座中取下重新装卡的情况。

2）MEMS 陀螺仪所有需要稳定温度的测试均要在其处于热平衡状态下进行，安装夹具的热设计应符合产品技术条件要求，并在测试过程中预留温度稳定时间。

3）MEMS 陀螺仪的供电电源会影响其性能指标，因此 MEMS 陀螺仪的供电电源的电压、频率、功率、纹波及工作电流等均应符合产品技术条件的要求。

4）在 MEMS 陀螺仪测试中，数据采集系统的采样率通常会小于 MEMS 陀螺仪本身的输出采样率，当一个单片机采集 8 只陀螺仪的数据时，单只陀螺的采样率会降低至原来的 1/8。采样率的降低在一定程度上会影响 MEMS 陀螺仪噪声特性的评价。图 3-50 给出了同一只陀螺仪在不同采样率下 Allan 方差曲线的对比，从中可以看到数据采样率对陀螺仪性能指标评价的影响。这需要在测试以及指标评价中注意数据分析。

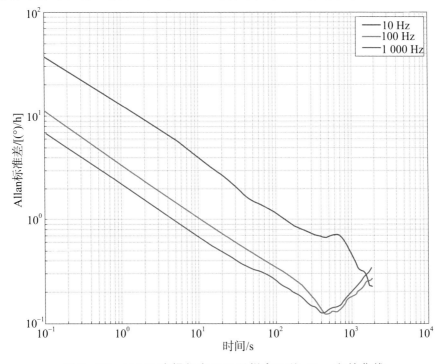

图 3-50 MEMS 陀螺仪在不同采样率下的 Allan 方差曲线

▶ 3.6.3　陀螺仪力学环境特性测试

3.6.3.1　冲击环境测试

在制导炮弹等应用中，MEMS 陀螺仪需要耐受弹体发射过程中的冲击作用，为了考核 MEMS 陀螺仪在冲击环境下的可靠性并评估其经历冲击后性能参数的变化，需要进行相应的测试。根据不同的冲击条件，可以选择跌落式冲击试验、马歇特锤冲击试验、空气炮试验以及火炮试验等试验方法。

MEMS 陀螺仪的冲击试验分为两种：一种是不通电的大量级冲击，冲击量级通常在 10 000 g 以上，持续时间从几十 μs 到几 ms 不等，主要考核 MEMS 陀螺仪在大冲击下的生存能力以及经历冲击后性能指标的变化情况；另一种是通电冲击试验，冲击量级在几十 g 到几千 g，持续时间在 ms 量级，主要考核 MEMS 陀螺仪工作状态下受冲击的耐受性以及主要指标的变化情况。在通电冲击试验中，陀螺仪的驱动模态和检测模态受到冲击的扰动而引起输出大幅波动，冲击结束后，在其控制回路的控制下，陀螺仪输出逐渐趋于稳定。作者团队研制的 QMG07 陀螺仪在经历 1 500 g、0.5 ms 的冲击下，陀螺仪输出变化情况如图 3-51 所示。

MEMS 陀螺仪在冲击试验中的安装固定方式直接会影响其受到的冲击量级的大小。考虑 MEMS 陀螺仪封装的特点，通常需要将 MEMS 陀螺仪焊接在 PCB 电路板上，并将 PCB 板固定在冲击工装上，确保陀螺仪、PCB 板、振动工装以及振动试验台之间的刚性连接。

3.6.3.2　振动环境测试

MEMS 陀螺仪振动试验主要用于确定机械振动对 MEMS 陀螺仪输出的影响。在生产过程中也会进行振动筛选试验以剔除有缺陷的器件。MEMS 陀螺仪的振动试验主要包括正弦扫频振动、宽带随机振动。其中，正弦扫频振动是在规定的频率范围内，通常按规定的振动量级以一定的扫描速率由低频到高频，再由高频到低频进行扫频，用于确定 MEMS 陀螺仪本身结构是否存在谐振点；宽带随机振动是在规定的频率范围内，按规定的谱和总均方根加速度作宽带随机振动，并达到规定要求的时间，用于评价 MEMS 陀螺仪的零偏在振动中以及振动后的变化。

由于在生产阶段，MEMS 陀螺仪的安装全部通过测试管座来实现，测试管座本身具有一定的弹性，因此生产阶段通过测试管座进行的振动试验需要控制在小振动量级，并且需要评估测试管座对振动特性的影响。对于例行试验和鉴定试验中的大量级振动试验，MEMS 陀螺仪需要焊接在 PCB 板上，PCB 与振动工装、振动工装与振动试验台需要实现刚性连接。

3.6.3.3　复合力学环境测试

（1）振动条件下的标度因数测试

MEMS 陀螺仪在高速旋转导弹上应用时，其振动量级大，力学环境严酷。当大量程

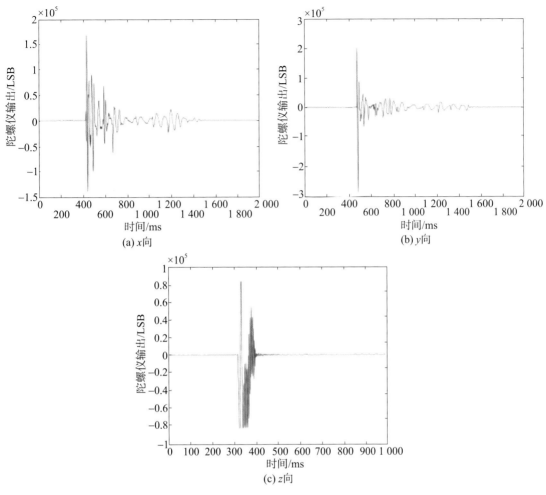

图 3-51　某型 MEMS 陀螺仪在经历 1 500 g 、0.5 ms 的冲击下陀螺仪输出变化情况
（ K_1 = 8 000 LSB/(°)/s ）

MEMS 陀螺仪用于弹旋频率测量时，需要评估振动环境对大量程 MEMS 陀螺仪标度因数的影响。这种测试所需的设备为非标准设备，需要结合环境试验需求进行配置。为此设计了带振动台的速率台，设备方案为将振动台放在转台上，大量程 MEMS 陀螺仪与振动台固连。试验设备在大量程 MEMS 陀螺仪输入轴存在角速率输入的条件下，可以分别进行沿大量程 MEMS 陀螺仪 3 个轴向振动的试验。振动-速率复合环境试验原理和试验条件分别如图 3-52 和图 3-53 所示，可满足角速率范围 ±1 000 (°)/s，x、y、z 3 个方向、5 ～3 000 Hz 频率范围内最大 10 g 量级的正弦扫描振动试验要求。

（2）过载下的零偏和标度因数测试

对于 MEMS 陀螺仪用于高速旋转导弹且安装位置偏离导弹的滚转轴时，MEMS 陀螺仪受到离心力过载的作用。为研究大过载（离心力）条件下对 MEMS 陀螺仪零偏和标度因数的影响，可开展离心+速率复合环境试验。试验方案为将小型转台安装在离心的测试

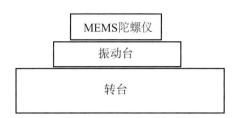

图 3-52 振动-速率复合环境试验方案原理示意图

图 3-53 振动-速率复合环境试验

平台上，进行标度因数测试时同时施加离心加速度。相关试验装置如图 3-54 所示。其最大过载（离心力）为 40 g，最大输入角速度为 5 000 (°)/s。在试验中当 MEMS 陀螺仪的输入轴与离心机的主轴不正交时，离心机的转动也会被陀螺仪所敏感，这一点需要在数据处理中予以考虑。当离心机的转动速率超过陀螺仪的量程时，这种方法的应用受到了限制，因此这种方法适于大量程 MEMS 陀螺仪的测试。

(a) 离心+速率测试系统　　　　　(b) 位于离心机上的小型转台

图 3-54 离心＋速率试验现场照片

为消除离心机角运动对 MEMS 陀螺仪的影响，可以采用带有反转功能的精密离心机，将小型转台和 MEMS 陀螺仪安装在离心机的反转机构上，MEMS 陀螺仪安装在反转机构的旋转中心。当离心机转动时，反转机构同步反向转动，因此 MEMS 陀螺仪只受到离心机施加的离心加速度作用而消除了转动。

（3）三维振动试验

在旋转导弹飞行过程中，大量程 MEMS 陀螺仪除了承受弹体的高速旋转载荷，还要承受 3 个轴向的振动和过载等复合力学载荷[251]，这些复合力学载荷会影响陀螺仪的输出。通过研究复合力学载荷对陀螺仪性能指标的影响，以及综合理论分析和测试试验，以确定 MEMS 陀螺仪的应用方案。三维振动采用 3 个正交方向激励，能更真实地模拟仪表或系统在飞行中的振动力学环境［图 3-55（a）］。为了尽可能模拟旋转导弹空中飞行试验时的实际环境，除进行大量程 MEMS 陀螺仪三维振动试验外，必要时还需要将 MEMS 陀螺仪装入弹体进行三维振动试验［图 3-55（b）］。在弹体三维振动试验时，3 个方向上振动的激励位置可以独立调整，同时加 x、y、z 3 个轴向的激励，以更好再现模拟导弹飞行过程中的真实力学环境，在 MEMS 陀螺仪上安装振动传感器，监测 MEMS 陀螺仪输出的同时记录 MEMS 陀螺仪所受到的振动谱型。

(a) MEMS陀螺仪三维振动　　　　　(b) 带弹体的MEMS陀螺仪三维振动

图 3-55　大量程 MEMS 陀螺仪三维振动试验

 ## 3.7　动态应用环境下典型高性能 MEMS 陀螺仪性能提升技术

随着技术的逐渐成熟，MEMS 陀螺仪已开始在多种战术武器上得到广泛应用，将 MEMS 陀螺仪应用于精确制导高速旋转导弹的控制就是一种典型的例子。高速旋转导弹的应用具有高动态、环境复杂等特点，MEMS 陀螺仪的设计既需要满足任务所需的技术指标，又需要综合考虑任务剖面的各类环境条件，确保实现工程目标。本节以高速旋转导弹弹旋频率测量用大量程 MEMS 陀螺仪和偏航陀螺仪为例，阐述动态应用环境下高性能 MEMS 陀螺仪性能提升技术。

▶ 3.7.1 弹旋频率测量用大量程 MEMS 陀螺仪性能提升技术

精确制导高速旋转（10~30 r/s）导弹是近程导弹武器发展的重要方向之一，导弹的旋转可以采用脉冲矢量反馈控制，利于简化弹体控制系统，降低生产成本。采用"单/双通道控制＋滚转弹体"的基本框架，高速旋转导弹具有超音速、重量轻、反应快速、发射后不管等优点，在先进武器领域得到大量应用[252-254]。

旋转导弹采用单通道控制系统，接受红外导引头输出的正弦信号，操纵一对舵面做偏转运动。由于弹体高速旋转，目标相对弹体舵面的方位不断变化，需要通过弹体旋转角速率和初始相位确定每一时刻舵面所在位置，从而能够根据舵面所在位置确定舵面的切换时间，在要求的方向上产生一定的等效控制力，实现导弹在俯仰和偏航方向的运动控制，操纵导弹飞向目标[255]。

俯仰和舵偏方向产生的控制力作用频率应与弹旋频率保持一致，弹旋频率的测试精度直接决定了导弹的运动轨迹控制精度，决定导弹能否命中目标。高速旋转导弹对实时测量其弹旋频率和旋转姿态都提出了较高的需求，传统的地磁传感器或电磁传感器难以得到准确的姿态信息，而普通转子式陀螺仪和光学陀螺仪量程难以达到几千度每秒量级，采用MEMS 技术的微陀螺仪则能够实现。大量程 MEMS 陀螺仪具有体积小、功耗低、线性度优良、温度稳定性高、振动环境适应性好、快速启动特性等工程应用特点。突破基于大量程 MEMS 陀螺仪的弹旋频率测量技术，将有效促进单通道控制的旋转导弹的控制水平，提高红外复合制导系统的制导精度。

（1）大量程 MEMS 陀螺仪的设计

在现有的高速旋转导弹中，弹体滚动频率可达每秒 25 转，对应轴向旋转速度可达9 000 (°)/s。大量程 MEMS 陀螺仪的设计需要考虑尽可能减小大量程所带来的非线性误差，同时需要考虑高速旋转带来的谐振频率漂移和轴向加速度等共模干扰[256]，以减少陀螺的综合误差。大量程 MEMS 陀螺仪设计需要注意以下几个方面。

1）在仪表指标方面，在保证量程的前提下需要尽可能增大陀螺仪的标度因数，以保证其检测灵敏度。

2）在控制回路方面，大量程 MEMS 陀螺仪可以通过开环检测来实现，也可以通过闭环检测来实现。

3）在结构设计方面，大量程 MEMS 陀螺仪的结构应尽可能对称，以减小陀螺仪偏心安装时离心加速度对陀螺仪输出精度的影响。

基于以上考虑，大量程 MEMS 陀螺仪主体结构仍选择第 2 章所述的四质量音叉结构，这种结构能够最大限度减小或消除轴向加速度等共模干扰的影响，提高环境适应性。由于检测轴开环检测在方案设计上相对灵活，因此选择了检测轴开环检测方案。在结构设计上，采用有频差设计并实现了大的频差（1 000 Hz）；同时在常规检测电容间隙的基础上，适当增大电容间隙，在降低加工难度的同时，也实现了适当牺牲检测灵敏度增大量程的目的。此外，将陀螺仪的驱动幅值以及检测轴的电放大倍数作为调节变量，用于调节最终的标度因数和量程。

由于在相同的驱动振幅下，转速越高，产生的哥氏加速度越大。因而在大转速下，MEMS 陀螺仪的非线性误差会增大。在开环检测 MEMS 陀螺仪中，检测电容如果为变间隙的压膜梳齿结构，这种非线性效应会更加明显。为尽可能降低其非线性误差，应将检测电容设计为变面积的滑膜梳齿结构。图 3 - 56 给出了小量程 MEMS 陀螺仪压膜检测梳齿结构与大量程 MEMS 陀螺仪滑膜梳齿结构的对比。

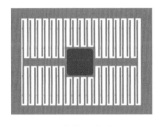 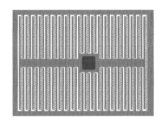

(a) 压膜检测梳齿   (b) 滑膜检测梳齿

图 3 - 56　MEMS 陀螺仪压膜检测梳齿结构与滑膜检测梳齿结构的对比

（2）大量程 MEMS 陀螺仪的参数调试

大量程 MEMS 陀螺仪参数调试实际上是陀螺仪精度、量程和非线性误差之间平衡的过程。增大质量块的驱动幅值，有利于提高检测精度，但容易增大非线性误差，并制约量程。因此，需要调节驱动环路的检测增益，进而控制驱动幅值。图 3 - 57 给出了某检测轴梳齿设计为压膜阻尼的大量程 MEMS 陀螺仪在不同驱动幅值时所对应的非线性误差的情况。其中驱动幅值通过驱动控制回路中的驱动检测放大倍数来调节。同时，在陀螺仪检测环路中适当调大增益，使陀螺仪的标度因数基本保持不变。通过调整驱动检测放大倍数，某型陀螺仪在 ±2 000（°）/s 的范围内输出的最大非线性误差可由 5 336.5 LSB

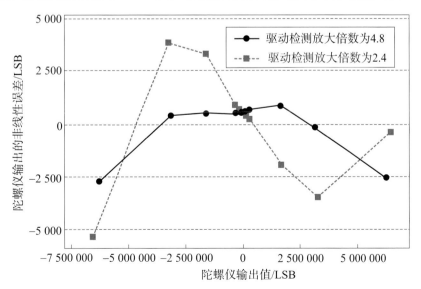

图 3 - 57　MEMS 陀螺仪在不同驱动幅值配置下陀螺仪的非线性误差对比

降至 2 777.1 LSB，对应陀螺仪的标度因数非线性由 409 ppm 降至 222 ppm。上述结果表明，在开环工作状态下，增大驱动幅值会相应增加检测梳齿的非线性响应。在开环陀螺仪工作状态下，在其他配置不变的情况下，驱动轴的质量块振动幅值应适当减小，以减小陀螺的非线性。

在上述陀螺仪的结构设计中，大量程陀螺仪的非线性误差变大与陀螺仪结构检测轴的压膜阻尼有关。为此，设计了一款检测梳齿为滑膜阻尼的 MEMS 陀螺仪结构，为了提高陀螺仪的检测精度，在陀螺仪调试中应尽量提高驱动轴的运动幅值，同时也将检测频差由原来的 200 Hz 提高到 800 Hz，以适当减小检测轴的机械灵敏度来实现大量程。两种结构的陀螺仪控制回路主要参数及标度因数非线性指标见表 3-5，其非线性误差对比如图 3-58 所示。结果表明，当检测轴采用滑膜梳齿结构时，即使配置较大的驱动位移（驱动检测放大倍数较低），陀螺仪在更大的量程 [9 000 (°)/s] 范围内仍然能够保持低至 104 ppm 的标度因数非线性。图 3-59 给出了在这种参数配置下陀螺仪的输入-输出关系测试曲线。

表 3-5　不同检测轴梳齿结构下大量程 MEMS 陀螺仪的配置参数及非线性误差对比

检测轴梳齿结构	频差/Hz	驱动检测放大倍数	检测轴放大倍数	标度因数/[LSB/(°)/s]	量程/[(°)/s]	标度因数非线性度/ppm
压膜梳齿	200	2.4	1	3 261.0	2 000	409.1
		4.8	1	1 565.8	4 000	343.4
滑膜梳齿	800	3.0	1	858.3	9 000	104.0
		4.0	1.5	859.7	9 000	125.9

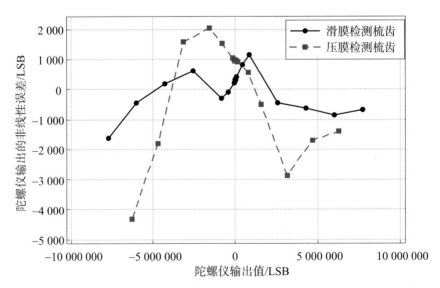

图 3-58　MEMS 陀螺仪检测轴压膜检测梳齿和滑膜检测梳齿的非线性误差对比

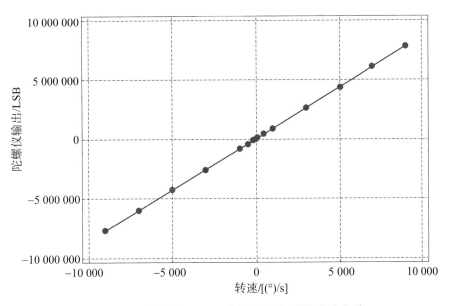

图 3-59　大量程 MEMS 陀螺仪的全量程测试曲线

（3）大量程 MEMS 陀螺仪的应用研究

大量程 MEMS 陀螺仪作为弹体的旋转频率测量元件，在弹体飞行过程中受到大过载和高强度振动等复合力学环境的作用，容易引起测量误差。地面单一环境试验与实际飞行有很大差别，因此有必要进行复合力学环境下的试验研究，通过地面试验模拟实际飞行环境，从而实现大量程 MEMS 陀螺仪测量误差的研究。

大量程 MEMS 陀螺仪安装在弹体内部，用于测量弹体滚动轴向的旋转角速度，进而得到弹旋频率。陀螺仪的测量误差构成制导系统的主要误差源，影响制导系统的精度。由于旋转导弹高速旋转，陀螺仪敏感轴心与弹体滚动轴轴心偏心安装时，将承受较大的离心加速度[257]。在弹体滚动角速率达到 9 000 （°）/s 时，偏心位置 50 mm 处产生的离心加速度高达 125.9 g，离心加速度的影响不能忽略。因此，应尽可能靠近弹体的轴心安装。

为研究大过载（离心力）条件对 MEMS 陀螺仪零偏输出和标度因数的影响情况，需要开展离心＋速率复合环境试验研究，试验时进行了 3 个轴向的离心加转速试验，试验中最大输入角速度为 5 000 （°）/s。试验发现，当离心力在 40 g 时，该型 MEMS 陀螺仪的零偏和标度因数几乎未受影响；当离心力超过 100 g 以上时，其标度因数及非线性度发生较显著的变化。

高速旋转导弹在飞行过程中会产生大的振动，大量程 MEMS 陀螺仪在工作过程中，会受到旋转导弹严苛的力学环境影响。图 3-60 给出了某型高速旋转导弹的力学环境数据。为尽可能使地面试验与实际飞行时保持一致，通过地面试验模拟实际飞行环境，需开展复合力学环境下陀螺仪性能研究。

为了验证振动环境对陀螺仪输出的影响，开展了 MEMS 陀螺仪振动-速率复合试验，在有一定转速输入时同时进行振动扫描，扫描范围为 5～3 000 Hz。大量程 MEMS 陀螺仪

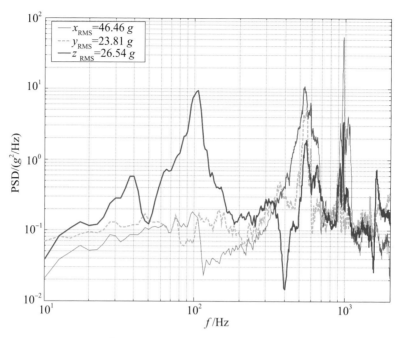

图 3-60　大量程 MEMS 陀螺仪安装位置处的力学环境

的输出如图 3-61 所示。结果表明，随着振动频率的增加，陀螺仪的输出噪声明显增大，符合线振动陀螺仪是一个二自由度谐振系统的原理。

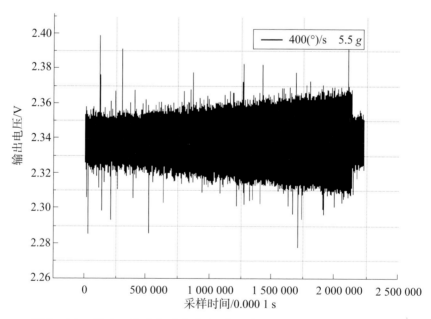

图 3-61　振动＋速率复合扫频振动下大量程 MEMS 陀螺仪的输出

大量程 MEMS 陀螺仪在旋转导弹飞行过程中，承受了 3 个方向的振动和过载等复合力学环境条件[251]。为了尽可能模拟旋转导弹空中飞行试验时的实际环境，需要进行弹体三维振动试验。三维振动试验装置如图 3-55（b）所示，x、y、z 3 个方向的振动选择激励弹体的不同位置，横向 y 激励位置可选在导引头控制舱处，横向 z 激励位置选定在引信-遥测舱间的试验环处，轴向 x 激励位置在遥测舱后端面。通过调整不同振动方向上的振动量级以及激励位置，三维复合振动试验能够复现实际飞行中所受到的复合力学载荷。在大量级的振动环境下，大量程 MEMS 陀螺仪输出会产生偏差。结合旋转导弹飞行中遥测的力学环境数据，可以确定大量程 MEMS 陀螺仪在工作过程中的力学环境数据，后续在生产中可以依据这些力学环境数据对大量程 MEMS 陀螺仪进行筛选和例行试验考核。

扫频振动试验结果表明，外界力学环境中的高频成分对大量程 MEMS 陀螺仪的测量精度影响较大，严重时会导致 MEMS 微敏感结构无法正常工作。为提高 MEMS 陀螺仪力学环境适应性，一是提高 MEMS 敏感结构的抗力学性能，二是采用减振措施。由于陀螺仪的力学环境过于严苛，单纯依靠改进 MEMS 微敏感结构来提高其抗振性能效果有限，因此在高速旋转导弹中增加 MEMS 陀螺仪的减振措施是一种十分有效的方法。依据应用特点，对大量程 MEMS 陀螺仪采取外部减振方案，在减振器设计时综合考虑了弹体或分系统的模态特性、使用环境的振动谱型、大量程 MEMS 陀螺仪自身重量以及大量程 MEMS 陀螺仪的带宽等因素。通过对飞行试验频谱图分析，并考虑了全弹的模态特性，减振器减振频率设计在 140～200 Hz。最终设计的橡胶减振器结构及改进后的大量程 MEMS 陀螺仪安装如图 3-62 所示。根据实际振动频谱模拟振动条件，对减振效果进行了对比试验。采取减振措施前后三维振动中监测传感器的响应如图 3-63 所示，加减振器后低频率段略微放大，300 Hz 后高频段开始明显衰减，到 1 000 Hz 基本降到 0，振动量级明显衰减，有效抑制了高频段的影响。三维复合振动试验表明，改进设计后安装位置处在 x、y、z 3 个轴向上的量级大幅下降，大量程 MEMS 陀螺仪的力学环境明显得到改善。在三维振动条件下，采取减振措施后，MEMS 陀螺仪在三维振动条件下的输出如图 3-64 所示，从中可以看出大量程 MEMS 陀螺仪振动中噪声明显减小，工作环境明显改善。图 3-65 对比了在减振前后的遥测数据，表明在采取相应减振措施后，陀螺仪能够满足工程任务的使用要求。

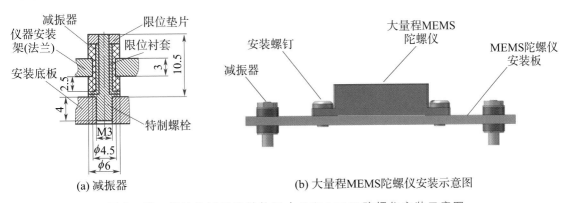

(a) 减振器　　　　　　　(b) 大量程MEMS陀螺仪安装示意图

图 3-62　设计的减振器结构及大量程 MEMS 陀螺仪安装示意图

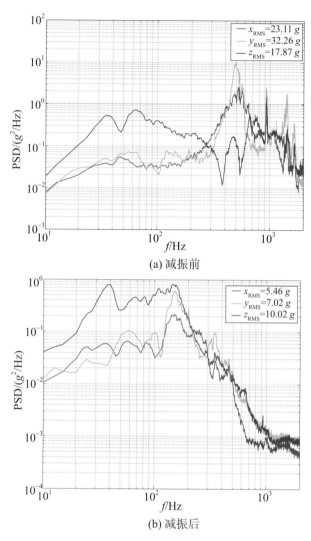

(a) 减振前

(b) 减振后

图 3 - 63　减振前后监测传感器输出响应

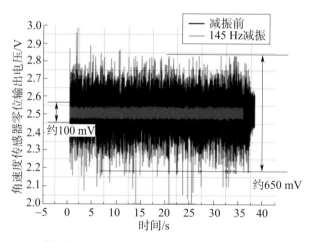

图 3 - 64　减振前后三维振动时大量程 MEMS 陀螺仪输出对比图

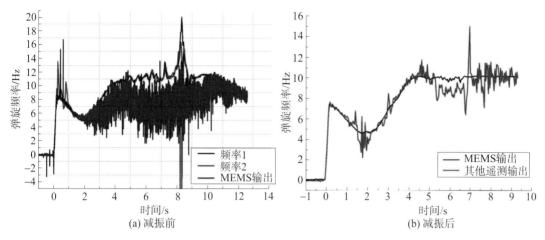

图 3 - 65　减振前后大量程 MEMS 陀螺仪遥测输出曲线

大量程 MEMS 陀螺仪在弹旋频率测量的工程应用中,实现工程应用总体目标是第一位的,因此所采取的一切技术措施应该服务于整体的工程目标。对于 MEMS 陀螺仪来说,提高其抗振性能是工程目标,但当严苛的力学环境超过 MEMS 陀螺仪结构本身的承受范围时,也需要采取其他补充措施,最终实现弹旋频率准确测量的工程目标。

▶ 3.7.2　高速旋转导弹偏航 MEMS 陀螺仪性能提升技术

高速旋转导弹偏航陀螺仪是高速旋转导弹自动驾驶仪系统的重要组成部分,其主要功能是测量弹体偏航轴向姿态的变化,输出随弹旋频率周期变化的正弦波信号,其正弦波幅值与偏航角速度大小成正比,参与弹体的稳定控制。单通道控制旋转导弹稳定回路的典型结构框图如图 3 - 66 所示,稳定回路动态性能要求系统应具有良好的阻尼特性,当导弹接近目标时,弹体抖动加大,若无陀螺仪构成的阻尼回路将导致脱靶量增加,通过引入角速度反馈后可提高稳定回路的等效阻尼系数。阻尼回路的关键在于偏航角速度的测量,旋转导弹单通道控制系统是纯极坐标控制,信息以交流载波形式进行传输、处理,控制信息要求以幅值、相位、频率来描述。要求偏航陀螺仪输出与弹体偏航轴角速率成比例的正弦波信号,信号频率与导弹自旋转频率严格一致,信号在传递过程中不允许产生相位畸变。在 MEMS 陀螺仪实现工程应用以前,旋转导弹稳定回路采用液浮陀螺仪或无驱动结构微机械陀螺仪[258]。其中无驱动结构微机械陀螺仪是一种依靠弹体自旋转获得转子(质量)角动量(H)的陀螺仪,由陀螺仪的原理可知:陀螺力矩 = $H \times \Omega = J \times \omega \times \Omega$。由于弹体自旋转,即滚动轴旋转角速率 ω 是不断变化的,从而导致陀螺力矩随弹体自旋而波动,致使偏航角速度的幅值波动、正交耦合误差加大,相位也随之波动。为了顺应武器系统结构简单、质量轻、成本低的发展趋势,旋转导弹稳定回路对 MEMS 偏航陀螺仪提出了明确需求。

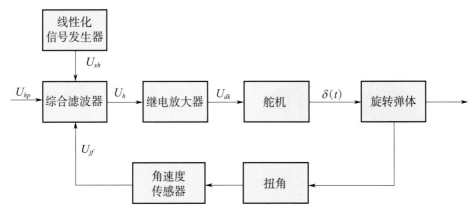

图 3-66 旋转导弹自动驾驶仪控制系统示意图

（1）高速旋转导弹偏航陀螺仪工作原理

高速旋转弹用偏航陀螺仪的工作原理如图 3-67 所示。当弹体滚动轴方向以 ω_D 的角速度旋转，偏航轴方向又有角速度 Ω 输入时，偏航陀螺仪感受到周期性变化的角速度，其输出可表示为

$$V_{out} = K_0 + K_1 \times \Omega \sin(\omega_D t + \varphi) \tag{3-58}$$

式（3-58）中，V_{out} 为陀螺仪输出（V）；K_0 为陀螺仪零偏（V）；K_1 为陀螺仪的比例系数 $[V/(°)/s]$；Ω 为偏航轴向输入角速度 $[(°)/s]$；ω_D 为滚动轴向弹旋角速度（rad/s）；φ 为陀螺仪输出初始相位（rad）。

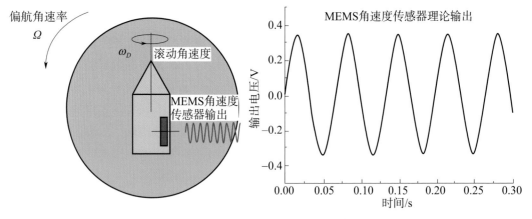

图 3-67 偏航 MEMS 陀螺仪的工作原理

建立陀螺仪的数学模型，采用频域分析法进行分析，分析结果如图 3-68 所示，从中可以看出在 6~13 Hz 工作范围内，幅值和相位特性工作在平坦段，满足系统的使用要求。

（2）高速旋转导弹偏航陀螺仪应用研究

MEMS 偏航陀螺仪用于高速旋转导弹偏航（俯仰）轴向角速率的测量时，其输出频率等于弹旋频率的正弦波。可以通过双轴转台来模拟 MEMS 偏航陀螺仪的输出，将

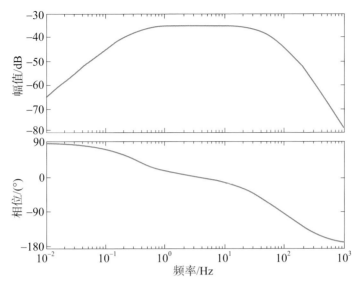

图 3-68　偏航陀螺仪的频率特性曲线

MEMS 陀螺仪安装在双轴转台上进行性能测试，试验时滚动轴以一定的角速率（例如 3 600 (°)/s，对应 10 r/s）进行高速旋转，当偏航轴分别以 30 (°)/s、60 (°)/s、90 (°)/s、120 (°)/s、180 (°)/s 进行旋转时，记录得到 MEMS 陀螺仪的输出，如图 3-69 所示。

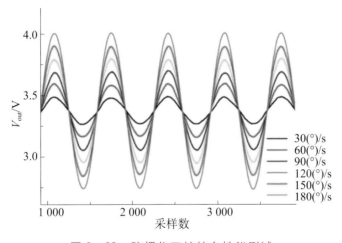

图 3-69　陀螺仪双轴转台性能测试

调整滚动轴的输入角速率，例如在滚动轴方向分别设定为 2 160 (°)/s、2 520 (°)/s、2 880 (°)/s、3 240 (°)/s、3 600 (°)/s、3 960 (°)/s、4 320 (°)/s、4 680 (°)/s，对应弹旋频率 6~13 Hz，同时偏航轴方向设定一个固定的角速度，例如 50 (°)/s，则可以得到 MEMS 陀螺仪输出幅值和相位随弹旋频率的变化，如图 3-70 所示。

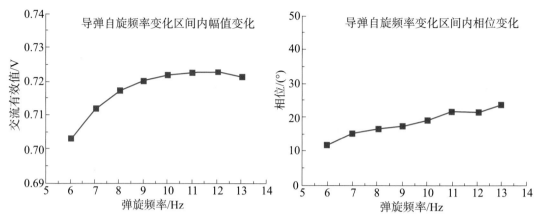

图 3-70　陀螺仪输出幅值和相位随弹旋频率的变化

高速旋转导弹 MEMS 偏航陀螺仪的敏感轴随弹体以较高的滚动角速率旋转，由于 MEMS 陀螺仪的安装误差，实际工作中，滚动轴方向的大角速率将会耦合到 MEMS 陀螺仪的敏感轴方向，即滚动轴向与偏航轴向或俯仰轴向的交叉耦合误差，图 3-71 给出了实测的弹体滚动轴旋转向偏航轴耦合的结果。从偏航 MEMS 陀螺仪工作机理出发，可采用专用焊接设备和工装，保证横向/法向 MEMS 陀螺仪与电路板的装配精度，以及电路板与壳体的装配精度，保证陀螺仪敏感轴与弹体的滚动轴垂直，减小两个轴向的交叉耦合。此外，在陀螺仪外围输出电路设计上，应采用隔直滤波器进一步减小交叉耦合带来的影响。

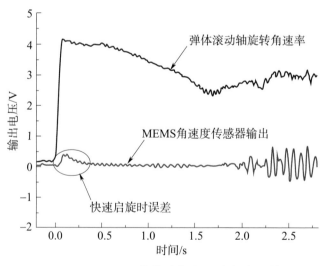

图 3-71　MEMS 偏航陀螺仪正交耦合误差

MEMS 陀螺仪安装在自动驾驶仪电路中，飞行过程中承受着发射冲击、发动机点火冲击、飞行振动等复杂力学载荷。例如，某旋转导弹稳定回路中的冷气乒乓舵机始终以

35 Hz 左右的频率工作，直接作用在 MEMS 陀螺仪安装位置处，其力学环境更加恶劣，相应会引起陀螺输出信号的畸变。MEMS 陀螺仪输出的正弦波信号是否畸变对控制系统来说至关重要。试验中采用正弦性畸变率 VHD（Voltage Harmonic Distortion）对 MEMS 陀螺仪输出正弦信号进行评估。

输出波形和正弦波形的偏差程度用电压波形正弦性畸变率 VHD 表示

$$\text{VHD} = \frac{\sqrt{U_{m2}^2 + U_{m3}^2 + \cdots + U_{mn}^2}}{U_{m1}} \times 100\% \tag{3-59}$$

$$= \frac{\sqrt{\sum_{n-2}^{\infty} U_{mn}^2}}{U_{m1}} \times 100\%$$

式（3-59）中，U_{m1} 为有用信号，$U_{m2} \sim U_{mn}$ 为其他高次谐波。

对谐波进行快速傅里叶变换（Fast Fourier Transform，FFT）或离散傅里叶变换（Discrete Fourier Transform，DFT）。为提高性能指标测量准确度和系统抗干扰能力，采用基于谐波分析和周期跟踪技术的方法测量 VHD。

设 $u(t)$ 为被测电压信号，经过信号调理电路处理后，最高谐波次数为 L，展开为傅里叶级数

$$u(t) = \sum_{n=1}^{L} \left[a_n \cos(n\omega t) + b_n \sin(n\omega t) \right] \tag{3-60}$$

$$= \sum_{n=1}^{L} U_{mn} \sin(n\omega t + \varphi_n)$$

式（3-60）中，U_{mn} 为 $u(t)$ 的 n 次谐波的幅值；φ_n 为 $u(t)$ 的 n 次谐波的初始相位；$\omega = 2\pi / T$ 为 $u(t)$ 的基频谐波角频率。式（3-60）中，各项的系数为

$$a_n = \frac{2}{T} \int_0^T u(t) \cos(n\omega t) \mathrm{d}t \tag{3-61}$$

$$b_n = \frac{2}{T} \int_0^T u(t) \sin(n\omega t) \mathrm{d}t \tag{3-62}$$

式（3-61）和式（3-62）中，$n = 1, 2, 3, \cdots, L$。

设一个基波周期内采样 N 次，采样频率为 f_s，采用 DFT 算法，对式（3-61）和式（3-62）离散化，可以得到 n 次谐波的实部和虚部分别为

$$U_{Rn} = \frac{2}{N} \sum_{k=0}^{N-1} u(k) \cos\left(2\pi n \frac{k}{N}\right) \tag{3-63}$$

$$U_{In} = \frac{2}{N} \sum_{k=0}^{N-1} u(k) \sin\left(2\pi n \frac{k}{N}\right) \tag{3-64}$$

采用式（3-63）和式（3-64）可以求出基波和各次谐波的实部和虚部，这样可以计算其相应的电压幅值，并按式（3-59）求出 VHD。

在对输出波形进行误差分析的基础上，为减小陀螺仪输出波形畸变以提高 MEMS 陀螺仪的测量精度，满足任务使用要求，设计时考虑以下几点：

1）提高 MEMS 陀螺仪敏感结构的刚度，减小外部力学环境引入的干扰误差；

2）避免 MEMS 陀螺仪敏感轴向与舵机转动方向一致，减小舵机转动引入的角振动输入到 MEMS 陀螺仪；

3）优化 MEMS 陀螺仪信号调理电路设计，减小仪表振动环境下输出噪声；

4）改善 MEMS 陀螺仪安装位置处的力学环境，必要时可采取减振措施。

通过针对性的环境试验考核验证以及设计改进，MEMS 陀螺仪的力学环境适应性明显提高，舵偏打力学环境条件下波形畸变控制在 5% 以内。某工程项目中，改进前后 MEMS 陀螺仪在舵偏打条件下的输出对比如图 3-72 所示，通过改进成功实现了 MEMS 陀螺仪在该项目中的应用。图 3-73 所示为飞行试验中 MEMS 陀螺仪的遥测输出，从中可以看出，MEMS 角速度传感器输出与弹旋频率同频率的正弦波信号，波形无明显畸变，其波形幅值以较高的精度反映了偏航角速度的大小，实现了弹体的稳定飞行控制。

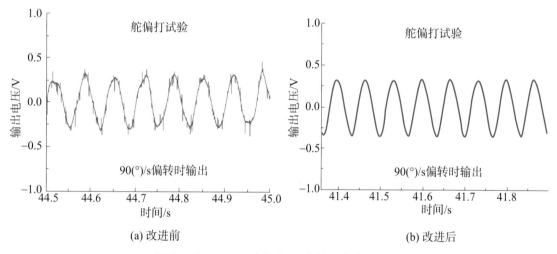

(a) 改进前   (b) 改进后

图 3-72 MEMS 陀螺仪改进前后输出对比图

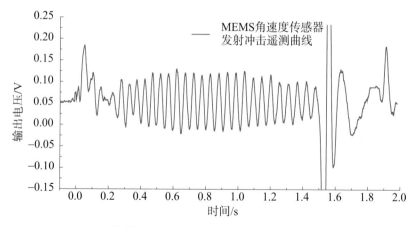

图 3-73 偏航 MEMS 陀螺仪在便携式防空导弹中的应用

　　由以上分析和试验结果可以看出，MEMS 陀螺仪在高速旋转弹偏航角速度测量中，需要结合工程任务实际，系统分析 MEMS 陀螺仪应用所处的环境条件及其对陀螺仪输出的影响。结合 MEMS 陀螺的结构特性，从仪表安装方案、电路信号处理以及隔振等方面采取相应的技术措施，方能确保 MEMS 陀螺仪高精度测量，进而确保工程任务的顺利完成。

第 4 章 MEMS 加速度计典型结构及误差机理

MEMS 加速度计的敏感结构是其感知加速度的核心部件，主要可以设计为"三明治"式、梳齿式、扭摆式和谐振式四类结构。为提高 MEMS 加速度计的性能，需要优化敏感结构设计以减少交叉轴向耦合和环境敏感性误差，同时采用先进的微弱电容检测信号处理技术和静电力闭环控制技术实现对敏感结构检测轴位移的力平衡控制，此外还需要引入温度补偿功能，以补偿由温度变化引起的零偏与标度因数波动。MEMS 加速度计性能提升的重点在于结构优化和误差抑制技术的整合，可以通过对称性结构设计降低共模误差影响，提高 MEMS 加速度计的综合精度。

本章在介绍 MEMS 加速度计的基本原理和典型敏感结构设计方法的基础上，分析 MEMS 加速度计的误差机理，并探讨各种误差的抑制方法，以提高 MEMS 加速度计的综合性能。

MEMS 加速度计工作原理

加速度计是惯性系统中的一种基本仪表，它通过测量检测质量所受的惯性力来测量载体的加速度。加速度计所测量的是非引力外力引起的运动载体的加速度（包含载体相对地球的加速度、表观重力加速度和哥氏加速度），即比力，因此加速计又称为"比力接收器"。

基于微电子工艺制造的 MEMS 加速度传感器，与传统的加速度计工作原理类似，都是通过惯性力原理来实现载体运动加速度的测量。如图 4-1 所示，MEMS 加速度计的核心敏感结构通常是由弹性梁支撑的检测质量 m，当载体受到加速度 a 时，可等效为反方向的惯性力 F（$F = -ma$）作用于该质量上，由于惯性力 F 使质量块相对载体产生运动位移 x，通过检测运动位移的大小即可以测出载体的运动加速度。

加速度计按检测方式分为开环检测和闭环检测。直接将敏感质量在加速度作用下产生的位移用微位移检测电路检测出来，即为开环 MEMS 加速度计，它由惯性敏感部分、信号传感电路和放大输出电路三部分组成。为了提高 MEMS 加速度计的量程、线性度、动态响应特性以及减小温度等因素的影响，一般采用静电平衡反馈系统实现闭环输出，闭环加速度计除了包括惯性敏感部分、信号传感电路和放大输出电路外，还包括调理控制电路，即力反馈部分。

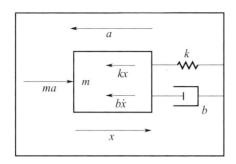

图 4-1　MEMS 加速度计的检测原理模型

 4.2　MEMS 加速度计典型结构形式

MEMS 加速度计按结构形式主要分为四种：“三明治”电容式加速度计、扭摆式加速度计、梳齿电容式加速度计和硅谐振式加速度计。“三明治”电容式加速度计是近 20 年来发展比较成熟且较具吸引力的 MEMS 加速度计之一，基于体硅工艺加工，工艺相对复杂但更易得到较高的检测精度。扭摆式加速度计用于检测垂直于芯片平面的加速度，梳齿电容式加速度计用于检测平行于芯片平面，两者既可以通过体硅工艺加工，也可以通过面硅工艺加工，因而设计灵活性较高。硅谐振式加速度计具有准数字化信号输出和潜在精度高的特点，也是一种有潜力的加速度计。

4.2.1　“三明治”式 MEMS 加速度计

“三明治”（Sandwich）式 MEMS 加速度计是从石英挠性摆式加速度计结构借鉴而来，其敏感质量被夹在两个固定极板之间，通过敏感质量摆片与上下固定电极之间形成的一对差动电容来感知输入加速度的大小。如图 4-2 所示，因其形似三明治而得名。当质量块受到加速度激励上下运动时，电容极板间距随之变化，差动电容大小发生改变。当质量块位移较小时，差动电容与位移呈近似线性关系。另外，通过上下固定电极上施加静电反馈力，可形成闭环控制系统。“三明治”结构具有检测质量大、灵敏度高的特点，但该结构的敏感质量块需要上下对称加工，工艺加工难度相对较大。如果排除加工难度的因素，这种结构是较为理想的，可研制出精度较高的加速度计。由于结构形式的限制，“三明治”结构不适用于敏感结构与检测电路的单片集成。

采用“三明治”式结构的高性能 MEMS 加速度计产品的成功案例是瑞士 Colibrys 公司开发的系列产品，该公司的代表性产品 RS9000 系列[259]，如图 4-3 所示，该公司定位于开发满足飞行器航姿稳定系统及空间应用等系列高性能 MEMS 加速度计[260]，并实现了广泛应用。

该加速度计敏感结构为三层全硅结构，中间层为检测质量和支撑系统，采用深反应离子刻蚀技术加工，以实现上百微米厚的检测质量块，进而降低了结构的布朗噪声，提高了

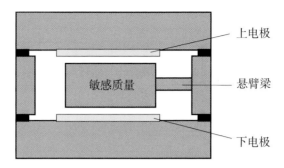

图 4-2　"三明治"式电容加速度计结构示意图

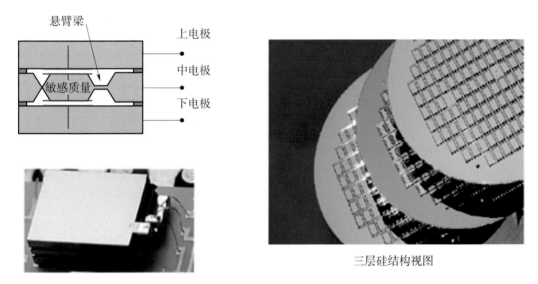

三层硅结构视图

图 4-3　Colibrys 公司 RS9000 系列 MEMS 加速度计结构

检测分辨率。顶层硅和底层硅作为固定电极，三层硅通过硅熔融键合技术连接在一起，形成一个密封的腔体，从而能够控制检测质量所处环境的气体阻尼。

● 4.2.2　梳齿式 MEMS 加速度计

硅梳齿式 MEMS 加速度计因活动电极形似梳齿而得名，又称叉指式电容加速度计，具有灵敏度高、温度稳定性好、结构相对简单、功耗比较小、直流特性好等优点。该类型的加速度计可以通过把若干对极板面积较小的电容并联起来形成相对较大的电容以提高分辨率，而且可以制作反馈结构实现闭环控制，有利于精度的提高。此外，此类型 MEMS 加速度计可采用表面硅加工工艺制造，方法与大规模集成电路的工艺相互兼容，易于与检测电路实现单片集成。目前，梳齿式 MEMS 加速度计研究较多，并已得到了成功的应用。

梳齿式 MEMS 加速度计的活动敏感质量元件一般由一个 "H" 形的双侧梳齿结构构成，相对于固定敏感质量元件的衬底悬空并与衬底平行，与两端挠性梁结构相连，并通过锚区固定于衬底上。由中央质量杆（齿枢）向其两侧伸出的梳齿可以移动，称之为动齿（动指），构成可变电容的一个活动电极；直接固定在衬底上的为定齿（定指），构成可变电容的一个固定电极，定齿动齿交错配置形成差动电容。利用梳齿结构，主要是为了增大重叠部分的面积，获得更大的电容。按照定齿的配置可以分为定齿均匀配置梳齿电容加速度计和定齿偏置结构梳齿电容加速度计，按照加工方式不同又可分为表面硅微加工梳齿电容加速度计和体硅微加工梳齿电容加速度计。

表面加工定齿均匀配置梳齿电容式加速度计的典型结构如图 4-4 所示，每组定齿由一个"Π"形齿和两个"L"形齿组合而成，每个动齿与一个"Π"形定齿和一个"L"形定齿交错等距离配置形成差动结构。该方案的主要优点是可以节省版面尺寸。由于"L"形齿的锚区面积较小，该结构难以用体硅加工工艺实现，只能采用表面硅加工工艺。由于表面硅加工的梳齿式结构测量电容偏小，影响分辨率和精度的进一步提高。为提高分辨率和精度，一般采用体硅加工方法加工得到定齿偏置结构梳齿电容加速度计。

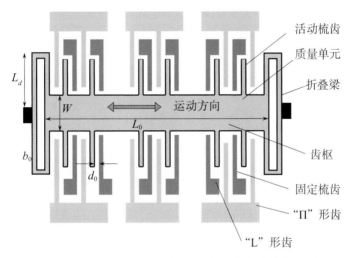

图 4-4　定齿均匀配置梳齿电容式加速度计结构示意图

定齿偏置配置梳齿电容式加速度计的典型结构如图 4-5 所示。与表面加工定齿均置结构有所不同，定齿偏置中的定齿为单侧梳齿式结构，敏感质量元件的每个动齿和其相邻的两定齿距离不等，每一动齿与两侧相邻的定齿之间的间距分别为 d_0 和 D_0，D_0 和 d_0 比值通常大于 5:1 以上，主要感知距离小的一侧形成的电容变化量，可忽略距离大的一侧的电容。敏感结构上下对称，左右两侧对称，上下相对的定齿是电连通的，左侧定齿的电极性与右侧定齿的电极性相反，总体形成差动电容。形成的电容共分为两组：差动检测电容和差动加力电容。定齿偏置结构在加工工艺上明显优于定齿均置结构。

表面加工定齿均匀配置电容加速度计中较典型的产品是美国 ADI 公司 ADXLXX 系列 MEMS 加速度计，现在多数已实现闭环控制。其结构、加工工艺与集成电路的加工工艺兼容性好，可以将敏感元件和信号调理电路用相同的工艺在同一硅片上完成，实现单片集成。

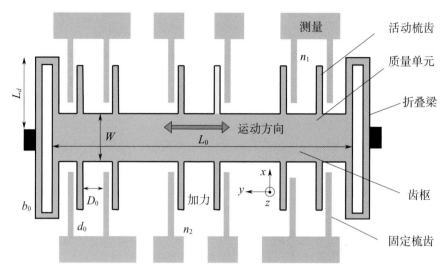

图 4-5 定齿偏置配置梳齿电容式加速度计结构示意图

● 4.2.3 扭摆式 MEMS 加速度计

电容检测扭摆式 MEMS 加速度计的敏感结构如图 4-6 所示，包括一个由扭梁支撑的敏感质量块和敏感质量下的金属电极。支撑扭梁两侧的检测质量以及惯性矩不相等，当存在垂直于衬底的加速度输入时，质量块将绕着支撑扭梁扭转，从而使支撑扭梁两侧质量块与金属电极之间的电容差动变化，测量差动电容值即可得到沿敏感轴输入的加速度。

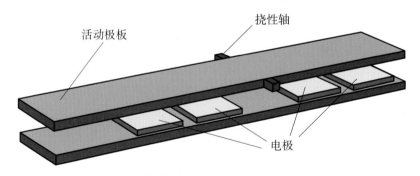

图 4-6 扭摆式电容加速度计结构示意图

扭摆 MEMS 加速度计的典型代表是美国 Draper 实验室于 1990 年研制的 MEMS 加速度计[261]，如图 4-7 所示。该加速计敏感结构的平面尺寸为 $300~\mu m \times 600~\mu m$，敏感质量与下面的玻璃衬底（衬底上镀金属电极）之间形成差动检测电容。摆片与衬底之间形成的差动电容由 100 kHz 载波信号激励，输出的电压经过放大和相敏解调作为反馈信号加给力矩器电容极板，产生静电力，使极板间的转角回到零位附近，实现闭环输出。施加在力矩器电容极板上的平衡电压与输入加速度呈线性关系。1998 年，Draper 实验室针对炮弹中的应用需求，通过调整优化结构和工艺，实现了 4 种不同量程（10 000 g，100 g，10 g，

2 g）的 MEMS 加速度计，其中 10 000 g 的 MEMS 加速度计为开环工作，其余为闭环工作。美国 Honeywell 公司已将 Draper 实验室设计开发的扭摆式加速度计应用在其 HG1920 等惯性测量装置中。

图 4-7　美国 Draper 实验室扭摆式 MEMS 加速度计敏感结构

▶ 4.2.4　谐振式 MEMS 加速度计

谐振式 MEMS 加速度计的敏感结构主要由质量块、谐振梁、驱动结构及杠杆放大结构组成，如图 4-8 所示。当有外界加速度输入时，检测质量受到的惯性力通过杠杆放大结构施加在双端音叉（Double Ended Tuning Fork，DETF）谐振梁上，作为轴向载荷改变谐振梁频率。拉力使结构刚度升高从而使其谐振频率上升，压力使结构刚度降低从而使谐振频率下降。通过频率计数装置记录并计算得出相应的加速度值。与其他检测原理的加速度计不同，谐振式 MEMS 加速度计应用力敏感原理，输出为谐振子的谐振频率变化。谐振式加速度计相比于电容式加速度计具有 3 个优点：1）由于采用频率检测，因此其量程不会取决于机械振幅或电路摆幅，可以实现较大量程；2）频率检测也意味着输出信号是一种准数字化信号，不需要复杂的 A/D 转换模块就可以实现数字输出；3）非线性误差较小，可实现较高的线性精度。

图 4-8　谐振式 MEMS 加速度计结构示意图

目前，谐振式 MEMS 加速度计结构形式大多为框架结构的音叉谐振结构。音叉结构的对称性可以使谐振过程中的机械能更容易储存在梁的内部，从而减少能量的耗散，提高结构的品质因数。此外，为了降低共模噪声，并提高谐振式 MEMS 加速度计的温度特性，一般采用双谐振器结构设计，并利用双谐振器的差分信号作为输出信号，采用静电力驱动和电容检测形式。在谐振式 MEMS 加速度计的发展过程中，惯性力对谐振频率的改变机理曾出现过 3 种形式，分别是：

1）日本丰田公司中央研发实验室提出的通过惯性力改变谐振梁的截面形状来实现刚度变化继而实现频率改变[262]。该类型加速度计成本低、性能高，但是加工参数对加速度计影响大，目前鲜有基于此机理的样机报道。

2）韩国首尔国立大学提出基于静电刚度变化的谐振式 MEMS 加速度计，如图 4-9 所示，采用改变静电刚度的方式来改变结构整体的刚度从而使频率发生变化[263]。这类加速度计的结构部分主要包括双端固支梁、平行板检测电容、梳齿驱动电容检测质量块以及检测质量的支撑结构。它是通过平行板的间隙大小与检测质量的位置相关来建立输出频率与输入加速度的关系。在工作过程中，质量块在惯性力作用下改变了电容间隙的大小，从而改变静电刚度来影响振梁的输出频率。这种结构方式有效解决了两个梁之间的机械耦合问题，但电耦合问题可能仍然存在。

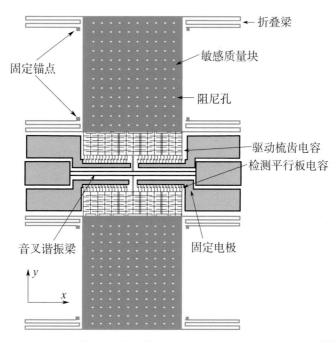

图 4-9　基于静电刚度的谐振式 MEMS 加速度计敏感结构[264]

3）通过惯性力改变谐振梁轴向应力实现频率的变化继而实现加速度检测，是目前应用最多的结构形式，典型代表是美国 Draper 实验室在 2005 年研制的谐振式 MEMS 加速度计样机[93]。Draper 实验室首次引入微杠杆结构，大大提高了谐振式 MEMS 加速度计的灵敏度，在同等频率稳定情况下，实现更高的加速度零偏稳定性，这在谐振式 MEMS 加速度计的设计上具有重要意义。同时采用器件级真空封装，实现高达 100 000 的 Q 值，可有效降低机械热噪声。该实验室设计了两种结构相同参数不同的加速度计结构，目标分别瞄准船用导航和战术导弹领域。美国 Honeywell 公司基于该结构在 2022 年推出了 MV60

型谐振式 MEMS 加速度计如图 4 - 10 所示，并已应用于其最新的 HG7930 惯性测量装置。

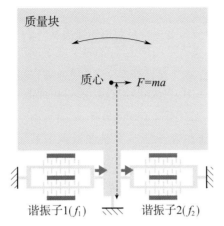

图 4 - 10　美国 Honeywell 公司谐振式 MEMS 加速度计敏感结构

4.3　典型 MEMS 加速度计结构设计

▶ 4.3.1　"三明治" MEMS 加速度计结构设计

"三明治" 式硅 MEMS 加速度计的摆组件典型结构如图 4 - 11 所示，其检测质量块由两个挠性梁支撑，摆组件各主要结构参数所用变量见表 4 - 1。"三明治" 式加速度计是利用电容的变化来感知摆片位移的变化进而感应加速度的，一般采用差动电容以提高加速度检测灵敏度。在没有加速度输入时，质量块在弹性梁的支撑下正好处于两个定电极间隙的中央位置，此时上下结构电容 C_1、C_2 相等，即

$$C_1 = C_2 = C_0 = \varepsilon S / d_0 \tag{4-1}$$

式（4 - 1）中，ε 为介电常数，S 为加速度计摆片与上下两极板间重合面积，C_0 为静态电容，d_0 为无加速度输入时摆片与上下电极板之间的间隙。

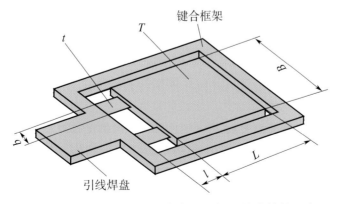

图 4 - 11　"三明治" 式加速度计摆组件敏感结构示意图

表 4 - 1　"三明治"式加速度计摆组件主要参数名称及所用变量

结构参数名称	所用变量
挠性梁长度	l
单个挠性梁宽度	b
挠性梁厚度	t
摆片长度	L
摆片宽度	B
摆片厚度	T
电容间隙	d_0

在有外界加速度信号输入时，在惯性力的作用下，质量块产生运动位移 x ，则两个电容分别变为

$$C_1 = \frac{\varepsilon S}{d_0 - x} = C_0 \frac{1}{1 - x/d_0} \tag{4-2}$$

$$C_2 = \frac{\varepsilon S}{d_0 + x} = C_0 \frac{1}{1 + x/d_0} \tag{4-3}$$

由式（4-2）、式（4-3）作差，并略去 x 的高阶小量，得到总的电容变化量 ΔC 为

$$\Delta C = C_1 - C_2 = 2C_0 \frac{x}{d_0} \tag{4-4}$$

式（4-4）表明，敏感质量块由于加速度造成的微小位移可转化为差动电容的变化，并且两电容的差值与位移量和加速度成正比。因此，将电容变化通过检测电路转换成电信号，用这个电信号来表征被测加速度 a 的大小。可得输入加速度和双边差动电容变化的关系为

$$\Delta C = \frac{2C_0 a}{d_0 \omega_n^2} \tag{4-5}$$

式（4-5）中，ω_n 为加速度计摆片固有振动角频率，可得加速度到敏感电容变化的灵敏度 S_a 为

$$S_a = \frac{\Delta C}{a} = \frac{2C_0}{d_0 \omega_n^2} \tag{4-6}$$

可见，"三明治"式电容加速度计的灵敏度除了与摆片自然固有振动角频率有关外，还与静态电容大小以及电容间隙有关。静态电容越大，电极间隙越小，机械谐振频率越低（即弹性刚度越小，敏感质量越大），则加速度计机械灵敏度越高。

"三明治"式 MEMS 加速度计采用悬臂梁式 "Π"形结构，其运动模式主要是悬臂梁在质量块惯性力的影响下发生弹性变形。通过求解挠性梁和摆在受力情况下的弹性力学微分方程，可求得挠性梁的刚度系数 k 为

$$k = \frac{2Ebt^3}{4l^3 + 6l^2 L + 3lL^2} \tag{4-7}$$

式（4-7）中，E 为硅材料的弹性模量，其他参数见表 4-1。

挠性梁的弹性刚度会影响 MEMS 加速度计的分辨率。除此之外，分辨率还取决于检测电路所能分辨的最小电容变化量 ΔC_m，分辨率 $a_{\min}$ 与弹性刚度 k、最小电容变化量 ΔC_m 之间的关系为

$$a_{\min} = \frac{kd_0 \Delta C_m}{2mC_0 g} \tag{4-8}$$

式（4-8）中，$C_0 = \dfrac{\varepsilon LB}{d_0}$，为"三明治"式加速度计的静态基础电容；$m = \rho LBT$，为加速度计摆片的质量，即敏感质量；$\rho$ 为硅材料的密度；g 为重力加速度。

为满足加速度计分辨率的设计要求，应该适当降低挠性梁的刚度，即

$$k < \frac{2mC_0 g a_{\min}}{d_0 \Delta C_m} = \frac{2\rho L^2 B^2 T \varepsilon g a_{\min}}{d_0^2 \Delta C_m} \tag{4-9}$$

对于采用静电力再平衡回路的"三明治"式加速度计，其量程 $a_{\max}$ 由电容间隙 d_0 和控制回路所能提供的最大反馈电压决定，即

$$a_{\max} = \frac{2\varepsilon S u_0 u_{\max}}{md_0^2 g} = \frac{2\varepsilon LB u_0 u_{\max}}{\rho LBT d_0 g} = \frac{2\varepsilon u_0 u_{\max}}{\rho T d_0 g} \tag{4-10}$$

式（4-10）中，$S = LB$，为硅摆片的面积，即有效电容面积；u_0、$u_{\max}$ 分别为预载电压和最大输出电压。

根据 MEMS 加速度计量程指标要求，以及控制回路所能提供的预载电压和最大输出电压，可以根据式（4-10）计算出实现特定量程所需的电极间隙。

对于采用静电力再平衡回路的"三明治"式加速度计，其标度因数 K_1 可表示为

$$K_1 = \frac{u_{\text{out}}}{a} \tag{4-11}$$

由式（4-10）可知

$$K_1 = \frac{u_{\text{out}}}{a} = \frac{md_0^2}{2\varepsilon S u_0} \tag{4-12}$$

"三明治"式加速度计的基本性能指标在原理上主要取决于其结构本身，因此结构参数选取非常重要。但是在实际工程设计中，这些参数的选择却往往处于两难境地。因为在 MEMS 加速度计设计中，很多参数是相互矛盾的。例如，要获得大的量程就要增大器件的刚度或者减小质量块的质量，提高其固有频率，扩大其频率响应范围，但这往往对器件的灵敏度带来不利的影响。同时，设计中又受到器件尺寸和加工工艺的限制，因此其设计优化都是相对的，其结构设计要综合考虑各种因素，在满足使用要求的前提下折衷优化以达到最佳综合性能。

▶ 4.3.2　梳齿式 MEMS 加速度计结构设计

图 4-12 为闭环工作的梳齿式 MEMS 加速度计敏感结构示意图。当加速度 $a = 0$ 时，敏感质量位于平衡位置，此时梳齿电容大间隙为 D_0，梳齿电容小间隙为 d_0，设加力电容

极板上施加的预载电压为 V_{ref}，施加在加力梳齿 1 上的静电力 F_{e1}，与加力梳齿 2 上的静电力 F_{e2} 大小相等，均为

$$F_{e1} = F_{e2} = \frac{\partial W}{\partial d} = \frac{1}{2} V_{ref}^2 \frac{\partial C}{\partial d} = -\frac{n_f}{2} V_{ref}^2 \frac{\varepsilon \varepsilon_0 A}{d_0^2} \tag{4-13}$$

式（4-13）中，W 为加力电容中贮存的电场能；n_f 为单边加力梳齿数；A 为梳齿交叠面积。

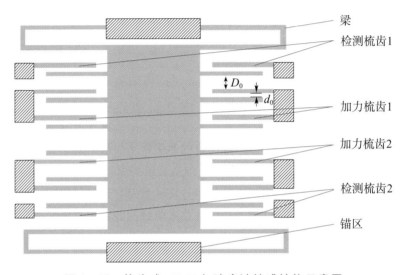

图 4-12　梳齿式 MEMS 加速度计敏感结构示意图

当加速度 $a \neq 0$ 时，惯性力使敏感质量瞬时偏离平衡位置，产生位移为 x，则此时施加在敏感质量上的静电力合力 F_e 为

$$F_e = F_{e1} - F_{e2}$$

$$= -\frac{n_f}{2}(-V_{ref} - V_{out})^2 \frac{\varepsilon \varepsilon_0 A}{(d_0 + x)^2} - \frac{n_f}{2}(V_{ref} - V_{out})^2 \frac{\varepsilon \varepsilon_0 A}{(d_0 - x)^2} \tag{4-14}$$

$$= \frac{n_f}{2}\varepsilon \varepsilon_0 A \frac{(-V_{ref} - V_{out})^2}{(d_0 + x)^2} - \frac{n_f}{2}\varepsilon \varepsilon_0 A \frac{(V_{ref} - V_{out})^2}{(d_0 - x)^2}$$

式（4-14）中，ε_0 为真空介电常数；V_{out} 为加速度计反馈电压，也是加速度计输出电压。在闭环系统负反馈的作用下，敏感质量最终位于平衡位置，$x \approx 0$，此时静电力合力 F_e 为

$$F_e = \frac{2n_f \varepsilon \varepsilon_0 A V_{ref} V_{out}}{d_0^2} \tag{4-15}$$

外部惯性力 $F = ma$，m 为加速度计敏感质量，a 为输入加速度。静电力之和与惯性力平衡，即

$$\frac{2n_f \varepsilon \varepsilon_0 A V_{ref} V_{out}}{d_0^2} = ma \tag{4-16}$$

式（4-16）为闭环检测的 MEMS 梳齿电容式加速度计力平衡方程，表明反馈输出静

电电压 V_{out} 与外部输入加速度 a 成正比，且比例系数只与敏感结构的几何尺寸以及加在加力电极上的预载电压 V_{ref} 和反馈电压 V_{out} 幅值有关。因此，得到加速度计静电力能够平衡的最大加速度为

$$a_{max} = \frac{2n_f \varepsilon \varepsilon_0 A V_{ref} V_{max}}{m d_0^2} \tag{4-17}$$

式（4-17）中，a_{max} 为梳齿电容式加速度计的量程；V_{max} 为加速度计最大反馈电压，设计中可以通过调整加速度计的预载电压 V_{ref}、质量块质量 m、梳齿间隙 d_0、梳齿交叠面积 A、加力梳齿数 n_f 等参数调整量程。

根据对加速度计闭环系统的静平衡分析，可得静电力平衡时加速度计输出为[265]

$$V_{out} = \frac{V_{ref}\left(\dfrac{d_0}{x} + \dfrac{x}{d_0}\right)}{2k_{fb}} \pm \frac{V_{ref}\left(\dfrac{d_0}{x} - \dfrac{x}{d_0}\right)}{2k_{fb}} \sqrt{1 + \frac{2K_m}{C_{f0}}\left(\frac{x}{V_{ref}}\right)^2 + \frac{2max}{C_{f0}V_{ref}^2}} \tag{4-18}$$

式（4-18）中，k_{fb} 为反馈系数，C_{f0} 为加力电容，K_m 为加速度计机械刚度。根据泰勒公式展开可得

$$V_{out} = \frac{x V_{ref}}{d_0 k_{fb}} - \frac{(K_m x + ma)d_0}{2k_{fb}C_{f0}V_{ref}} \tag{4-19}$$

式（4-19）给出了静平衡状态的二次模型，零偏 K_0 为

$$K_0 = \frac{x V_{ref}}{d_0 k_{fb}} - \frac{K_m x d_0}{2k_{fb}C_{f0}V_{ref}} \tag{4-20}$$

标度因数 K_1 为

$$K_1 = -\frac{m d_0}{2k_{fb}C_{f0}V_{ref}} \tag{4-21}$$

当敏感质量在加速度方向产生位移 x 时，检测电容 C_{S1} 与检测电容 C_{S2} 差分以后的电容变化量 ΔC 为

$$\Delta C = \Delta C_{S2} - \Delta C_{S1} = 2n_s \frac{\varepsilon \varepsilon_0 A}{d_0} \frac{x}{d_0}\left[1 - \left(\frac{d_0}{D_0}\right)^2\right] \approx 2n_s \frac{\varepsilon \varepsilon_0 A}{d_0} \frac{x}{d_0} = C_{S0}\frac{2x}{d_0} \tag{4-22}$$

式（4-22）中，n_s 为单边检测梳齿数；C_{S0} 为单边检测电容值。电容-电压转换电路能分辨的最小电容为 ΔC_{min}，则加速度计质量块的最小检测位移 x_{min} 为

$$x_{min} = \frac{d_0 \Delta C_{min}}{2C_{S0}} \tag{4-23}$$

加速度计弹性梁的弹性力 $F = K_m x$，闭环时，加速度计总刚度 K 为机械刚度 K_m 和静电力产生的负刚度 K_e 之和，此时

$$(K_m - K_e)x = ma \tag{4-24}$$

则加速度计最小可测加速度即分辨率 a_{min} 为

$$a_{\min} = \frac{(K_m - K_e) x_{\min}}{m}$$

$$= \frac{(K_m - K_e) d_0 \Delta C_{\min}}{2m C_{S0}} \tag{4-25}$$

$$= \frac{\left(K_m - \dfrac{2C_{f0}(V_{\text{ref}}^2 + k_{\text{fb}}^2 V_{\text{fb}}^2)}{d_0^2}\right) d_0 \Delta C_{\min}}{2m C_{S0}}$$

量程和分辨率决定了加速度计的动态范围，共同表征了加速度计在测量范围内的精度上限，零偏和标度因数是加速度计最重要的两个技术指标。设计时只要使零输入时的分辨率达到指标要求，则整个动态范围均能达到分辨率要求。

● 4.3.3　扭摆式 MEMS 加速度计结构设计

扭摆式加速度计敏感结构由一种类似杠杆的结构组成，主要包括敏感质量块、扭转梁、锚点、固定衬底和电极。质量块通过扭转梁连接到锚点，底部衬底上布置有金属电极，与敏感质量块之间形成检测电容。锚点两侧不平衡质量块在有加速度输入时为结构提供了扭转力矩，使质量块绕扭转梁产生扭转运动。

开环扭摆式加速度计原理如图 4-13（a）所示，扭转梁右侧质量块与衬底间距增大，检测电容变化为 $C_0 - \Delta C$；另一侧间距减小，检测电容变化为 $C_0 + \Delta C$，形成一对差分变化的电容，差分电容的变化量能够反映输入加速度的大小。闭环扭摆式加速度计原理如图 4-13（b）所示，引入闭环反馈后，力矩发生器通过向加力电极施加参考电压，产生对质量块的静电力，当有加速度输入时质量块发生扭转，力矩器通过反馈电压在检测间隙减小一侧减小静电力，该侧静电力合力为 $F_{\text{ref}} - F_{\text{fb}}$。同时，在检测间隙增加一侧增大静电力，该侧静电力合力为 $F_{\text{ref}} + F_{\text{fb}}$，静电力产生的力矩使敏感质量块重新回到平衡工作位置。

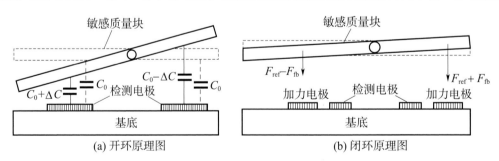

图 4-13　扭摆式加速度计原理图

扭摆式 MEMS 加速度计的扭摆结构示意图如图 4-14 所示。其中，加速度计扭摆结构长度为 L_x，宽度为 b_y，扭转梁长度为 l_y，检测质量块质量为 M（关于扭转梁对称），偏心质量块质量为 m_p。

闭环工作的扭摆式加速度计受到外界输入加速度时，质量块绕扭转梁发生微小的偏转，加力电极间隙的变化为 Δd，闭环系统通过力矩器向加力电极施加一个反馈电压 V_{fb}

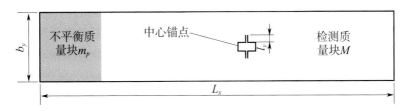

图 4 - 14　扭摆式加速度计结构图

使得质量块回转到平衡位置，加力电极间的电压由参考电压 V_{ref} 和反馈电压 V_{fb} 叠加而成。考虑两个加力电极相对于扭转梁对称分布，两个加力电极上的静电力对于扭摆的扭转作用可等效于加在其中一个加力电极上的作用力，该等效作用力为

$$F = F_2 - F_1 = \frac{\varepsilon S}{2} \left[\frac{(V_{ref} + V_{fb})^2}{(d_0 + \Delta d)^2} - \frac{(V_{ref} - V_{fb})^2}{(d_0 - \Delta d)^2} \right]$$

$$= \frac{2\varepsilon S V_{ref}(d_0^2 + \Delta d^2)}{(d_0^2 - \Delta d^2)^2} V_{fb} - \frac{2\varepsilon S(V_{ref}^2 + V_{fb}^2)d_0}{(d_0^2 - \Delta d^2)^2} \Delta d \qquad (4-26)$$

式（4 - 26）中，S 为电容极板的面积；d_0 为电容极板的间距。

在加速度计处于闭环状态，有量程范围内的恒定加速度输入时，动极板维持在平衡位置附近，可以认为 $\Delta d \approx 0$，所受式（4 - 26）表示的等效力只包含由反馈电压引起的部分，因此有

$$F = \frac{2\varepsilon S V_{ref}}{d_0^2} V_{fb} = \beta m_p a \qquad (4-27)$$

式（4 - 27）中，β 为加速度产生的惯性力与静电力的力臂之比。当输入加速度达到最大允许值时，反馈电压达到最大值 $V_{fb(max)}$，可以求出加速度计能够平衡的最大输入加速度为

$$a_{max} = \frac{2C_{f0} V_{ref} V_{fb(max)}}{\beta m_p d_0} \qquad (4-28)$$

向闭环系统输入恒定加速度，当系统达到稳态时，加速度引起的力矩与静电反馈力矩平衡。由于反馈电压 V_{fb} 是由力矩器放大得到，即

$$V_{fb} = K_{fb} V_o \qquad (4-29)$$

式（4 - 29）中，K_{fb} 为反馈电压反馈系数，其中包含了惯性力与静电力的力臂之比 β，V_o 为加速计输出，则闭环扭摆式加速度计的标度因数 K_1 可以表示为

$$K_1 = \frac{V_o}{a} = \frac{m_p d_0}{2 K_{fb} C_{f0} V_{ref}} \qquad (4-30)$$

一般而言，必须考虑加速度计的应用环境条件及加工工艺所决定的一些限制条件，并结合需达到的性能指标来设计合理的结构参数。

● 4.3.4　谐振式 MEMS 加速度计结构设计

谐振式 MEMS 加速度计敏感结构一般设计为差分形式，即由两个对称的双端音叉（Double Ended Tuning Fork，DETF）谐振器组成一个推挽的差动结构以实现温度和非线

性等共模误差的补偿。在有加速度输入时，惯性力在一个谐振器上产生轴向拉力使谐振频率增加，在另一个谐振器上产生压力使谐振频率下降。加速度计的输出为两个谐振器输出频率的差值，该差值正比于外界输入加速度。

敏感结构的设计是实现高性能谐振式 MEMS 加速度计的前提，敏感结构的设计主要包括整体结构方案设计、谐振器设计、惯性力杠杆放大结构设计、热应力补偿结构设计及谐振模态解耦设计等。结构方案的优劣和具体结构参数的选择，决定了谐振加速度计的整体性能水平。在结构设计之前，首先要进行谐振式 MEMS 加速度计工作机理研究，通过公式推导和计算，明确目标值和最优参数设置；其次开展结构模型仿真，验证理论公式计算结果，得出优化参数；最后通过敏感结构的实际加工，明确工艺过程和工艺参数对设计值的影响，根据实际加工结果修正理论设计值，通过理论和实践的反复迭代，获得最佳的结构方案和指标参数。

（1）谐振器工作模态及频率设计

谐振式 MEMS 加速度计的谐振器一般采用音叉结构方案，并选取谐振梁弯曲振动的反相谐振模态作为工作模态，此时振动过程中的剪切力和弯矩效应会在谐振梁的根部相互抵消，可以有效降低振动能量的损失，有利于提高谐振器的品质因数[266]。图 4-15 给出了谐振梁同相与反相模式的振动模态仿真图。

(a) 音叉梁反相谐振模态　　　　　(b) 音叉梁同相谐振模态

图 4-15　谐振梁同相与反相模式的振动模态仿真图

谐振器结构工作频率主要由谐振梁及与其连接的梳齿的材料、质量及尺寸决定。谐振梁具有纵向对称平面，加速度产生的惯性力也在此对称平面内，且谐振梁的长度与截面高度之比一般大于 10。根据材料力学相关理论，忽略剪切变形和转动惯量的影响，这种梁可称为欧拉-伯努利梁。此时，梁上各点的运动只需用梁轴线的横向位移表示，该类谐振梁在无轴向力作用时的固有频率 f_0 表达式为[267]

$$f_0 = \frac{1}{2\pi}\sqrt{\frac{16.115Eb\left(\frac{h}{l}\right)^3}{0.398\rho bhl + m}} \qquad (4-31)$$

式（4-31）中，m 为连接在梁上活动梳齿质量；E 为材料弹性模量；ρ 为材料密度；b 为梁的厚度；h 为梁的宽度；l 为梁的长度。

谐振器结构工作频率的基本设计原则是：

1）工作模态频率远离其他模态频率，降低模态干扰；

2）工作频率尽可能大于 3 kHz，提高振动环境下的稳定性；

3）谐振梁在设计量程内的谐振频率变化与检测电路参数匹配；

4）满足工作频率要求的结构尺寸应具有较好的工艺加工性。

基于以上考虑，某典型谐振梁的主要结构参数设计如表 4 - 2 所示，工作频率约为 18 kHz。

表 4 - 2　某典型谐振梁结构主要设计参数

结构参数	设计值
材料	硅(100)
结构厚度	60 μm
谐振梁长度	1 400 μm
谐振梁宽度	6 μm
单边质量块质量	1.21 mg
梳齿长度	31 μm
梳齿厚度	60 μm
梳齿宽度	2.5 μm
梳齿间隙	2.5 μm
梳齿交叠长度	15 μm

（2）标度因数线性化设计

谐振梁在两端轴向力作用下，谐振梁的谐振频率为[268]

$$f = f_0 \sqrt{1 \pm 0.293 \frac{Nl^2}{Ebh^3}} \qquad (4-32)$$

式（4 - 32）中，f_0 为无轴向力时谐振梁固有频率；N 为谐振器轴向输入惯性力。在轴向拉力存在下，梁的挠度将减小，相当于增加了梁的刚度，所以导致梁的固有频率升高。反之，如果 N 为轴向压力，则谐振频率取负号，梁的谐振频率相应降低。

式（4 - 32）反映了谐振器固有频率随轴向力变化的关系，固有频率对轴向力的变化率 $\mathrm{d}f/\mathrm{d}N$ 为

$$\frac{\mathrm{d}f}{\mathrm{d}N} = f_0 \times \frac{0.293 \dfrac{l^2}{Ebh^3}}{2\sqrt{1 + 0.293 \dfrac{l^2 N}{Ebh^3}}} \approx \frac{0.147 l^2}{Ebh^3} f_0 \qquad (4-33)$$

式（4 - 33）成立的条件为 $0.293 \dfrac{l^2 N}{Ebh^3} \ll 1$，即当 N 较小（DETF 梁不失稳）时式（4 - 33）成立。

假设 $S = 0.293 l^2 / Ebh^3$ 对式（4 - 33）进行受拉条件下的泰勒展开，则公式化为

$$f_1 = f_0 \sqrt{1 + SN} = f_0 \left(1 + \frac{1}{2}SN - \frac{1}{8}S^2 N^2 + \frac{1}{16}S^3 N^3 + \cdots\right) \qquad (4-34)$$

对式（4 - 34）进行受压条件下的泰勒展开，则公式化为

$$f_2 = f_0 \sqrt{1-SN} = f_0 \left(1 - \frac{1}{2}SN - \frac{1}{8}S^2N^2 - \frac{1}{16}S^3N^3 + \cdots\right) \qquad (4-35)$$

式（4-34）与式（4-35）相减，并略去高次项，得到差分式输出 DETF 结构的谐振频率改变量为

$$\Delta f = f_1 - f_2 = f_0 \left(SN + \frac{1}{8}S^3N^3\right) = f_0 SN + \frac{1}{8}f_0 S^3N^3 \qquad (4-36)$$

式（4-36）中，第一项反映了加速度计的标度因数，第二项反映了标度因数的非线性。

（3）电容驱动与检测结构设计

谐振式 MEMS 加速度计谐振梁静电驱动与谐振检测的结构方式主要有如图 4-16 所示的两种方式。相比较而言，第一种结构方式较容易实现大的电容变化量，但附加质量的不对称对音叉谐振运动的影响也较大，美国加州大学伯克利分校采用第一种方式；第二种结构方式的电容变化量较小，但谐振梁的受力状态相对较好，美国 Draper 实验室采用的是第二种方式。

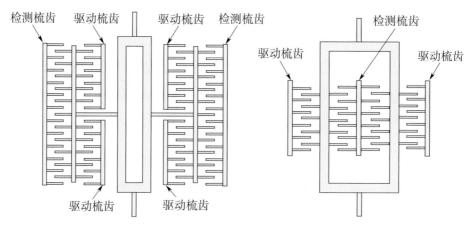

图 4-16　谐振梁静电激励和电容检测结构示意图

要使谐振梁振动起来，驱动电压必须含有交流量。但如果驱动电压是纯交流电压，谐振梁将振动在驱动频率的二倍频上。因此，为了使谐振梁振动频率和驱动频率一致，梳状驱动器采用交直流电压进行驱动

$$U = U_d + U_a \sin\omega_d t \qquad (4-37)$$

式（4-37）中，U_d 为直流电压；U_a 为交流电压；ω_d 为谐振梁的角频率。根据静电力公式 $f = \frac{1}{2}\frac{\partial C}{\partial x}U^2$（其中梳齿施加的电压为 U），则产生的驱动力矩为

$$F = 4n\varepsilon \frac{h}{d_0} U_d U_a \sin\omega_d t \qquad (4-38)$$

式（4-38）中，n 为驱动梳齿对数；ε 是介电常数。采用静电力驱动的谐振梁可以作为二阶质量弹簧阻尼系统，其运动方程为

$$m\ddot{x} + D\dot{x} + Kx = F \qquad (4-39)$$

式（4-39）中，x 为驱动位移。式（4-39）可转化为

$$\ddot{x} + \frac{\omega}{Q}\dot{x} + \omega^2 x = \frac{F}{x}\sin\omega_d t \qquad (4-40)$$

该方程的稳态解为

$$x = \frac{F}{m\sqrt{(\omega^2 - \omega_d^2)^2 + \left(\dfrac{\omega\omega_d}{Q}\right)^2}}\sin(\omega_d t + \phi) \qquad (4-41)$$

式（4-41）中，Q 为谐振梁工作模态的品质因数；ω 为谐振梁固有谐振角频率；ϕ 为谐振器输出相移。

当处于谐振状态时，即 $\omega_d = \omega$ 时，谐振梁的驱动位移为

$$x = -\frac{FQ}{K}\cos\omega_d t \qquad (4-42)$$

从式（4-42）可知，当驱动力固定时，品质因数越大，则驱动振幅越大。

（4）惯性力杠杆放大结构

惯性力的有效放大和传递是谐振式 MEMS 加速度计设计重点之一，在谐振加速度计面积受限的条件下，质量块的大小限制了惯性力的大小，在质量块和谐振器之间引入力学放大结构可有效提高惯性力的传递效率，明显提高加速度计的整体灵敏度。

力学放大结构一般包括单级杠杆机构和双级杠杆机构。单级杠杆机构主要由杠杆梁、支点梁、输入系统和输出系统组成。和传统宏观杠杆机构类似，支点梁和输入系统之间的杠杆部分定义为动力臂，而支点梁和输出系统之间的杠杆部分定义为阻力臂。根据输入系统、输出系统和支点梁相对于杠杆的位置，杠杆机构主要包括 3 种形式，如图 4-17 所示。在图 4-17（a）中，当支点梁位于输入系统和输出系统之间时，定义为第一类杠杆，如果动力臂大于阻力臂，则杠杆具有力放大特性，如果动力臂小于阻力臂，则杠杆具有位移放大特性，此外，第一类杠杆还具有改变力方向的性质；在图 4-17（b）中，当输出系统位于支点梁和输入系统之间时，定义为第二类杠杆，只有力放大特性；在图 4-17（c）中，当输入系统位于支点梁和输出系统之间时，定义为第三类杠杆，只有位移放大特性。微杠杆机构的放大倍数定义为输出力和输入力之比。对于谐振加速度计，主要采用第一类和第二类单级杠杆机构。

双级杠杆机构为两个单级杠杆机构的串联，此时第一级杠杆的输出系统是第二级杠杆的输入系统。双级杠杆机构的整体放大倍数为第一级杠杆放大倍数与第二级杠杆放大倍数的乘积。

（5）机械补偿结构设计

传感器的温度性能是评价的重要指标之一，尤其对于以硅这种温度敏感材料制成的 MEMS 传感器。单晶硅作为制作谐振式 MEMS 加速度计的主要材料，其机械特性尤其是杨氏模量易受环境温度的影响，使谐振器固有频率的温度系数通常处在（-40～-15）ppm/℃，产生严重的温度漂移，造成谐振器的全温频率稳定性较差，影响加速度

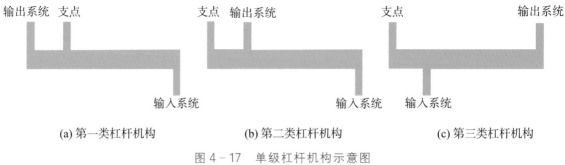

(a) 第一类杠杆机构   (b) 第二类杠杆机构   (c) 第三类杠杆机构

图 4-17　单级杠杆机构示意图

计的全温稳定性。为解决这一问题，可在结构设计环节采用机械补偿的方法降低谐振器的温度敏感性。机械补偿基于热胀冷缩原理，及时释放由温度引起的谐振器轴向应力。图 4-18 给出了带有机械补偿结构的谐振式 MEMS 加速度计结构在变温下的热应力仿真图。由于机械补偿结构可有效降低热应力对谐振梁的影响，谐振式 MEMS 加速度计在变温下的频率能够保持稳定。

由于机械补偿结构的锚区位置直接影响热应力释放效果，一般需结合有限元仿真软件，通过参数化扫描机械补偿结构的锚区位置得出最优值，如图 4-19 所示。通过锚区位置的优化设计，全温环境下谐振式 MEMS 加速度计的频率变化量可控制在 1 Hz 以内。但是考虑到加工误差，一般还需对加工出来的结构全温频率变化量进行建模，并在此基础上进行热应力补偿结构的迭代优化设计。

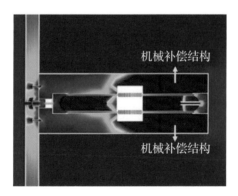

图 4-18　某谐振式 MEMS 加速度计热应力仿真图

（6）谐振器解耦设计

一般通过设计两个谐振器（谐振器 1 和谐振器 2）并取其差分信号作为加速度计的输出信号，该设计可有效降低共模噪声的干扰，并提高全温零偏稳定性指标。若谐振器 1 的两个振梁相向弯曲振动，谐振器端部会受到向右的推力并把质量块推向谐振器 2，谐振器 2 端部受到压力，使其两个振梁做相背弯曲振动，从而导致两个谐振器之间的耦合，产生死区并增大仪表阈值。图 4-20 为硅微谐振式加速度计的谐振频率-加速度曲线图。其中，图 4-20（a）为耦合区域在量程范围之内，图 4-20（b）为耦合区域在量程范围之外，其中矩形区域为耦合区域[269]。

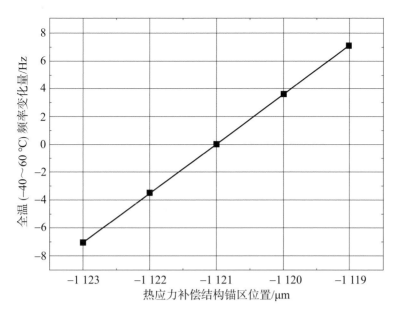

图 4-19　某谐振式加速度计机械补偿结构锚区在不同位置下的谐振器全温谐振频率变化曲线

为了消除两个谐振器耦合的影响，可采用如下两种解决方案。

1）隔离质量块，切断耦合通道：即两个谐振器使用单独的质量块，两个质量块相互隔离，可实现两个谐振器完全解耦。

2）不等基频：两个谐振器尺寸设计有所差异，拉开两个谐振器的谐振频率，在工作区间内，谐振频率不会出现交叉点，把耦合区域转移到全量程范围之外，以此避免耦合的影响。

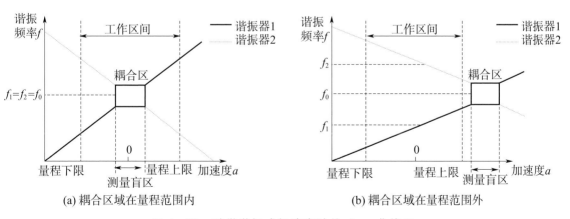

图 4-20　硅微谐振式加速度计的 f-a 曲线图

此外，由于谐振式 MEMS 加速度计的结构尺寸非常小，其活动部件如检测质量、谐振器振梁等，都会受到分子无规则运动的影响，从而引起机械噪声。由于这部分噪声处在整个传感器的前端，很可能成为系统主导噪声源。机械热噪声源与机械系统阻尼相关，系统阻尼越小，品质因数越高，机械热噪声越低。因此，对器件进行高真空封装，从而降低阻尼，提升品质因数，降低机械热噪声。

 4.4 单片三轴 MEMS 加速度计结构设计

在 MEMS 惯性测量单元等系统应用中，通常需要感知 3 个正交方向上的加速度，一般采用 3 个正交安装的单轴 MEMS 加速度计来实现。随着 MEMS 惯性仪表技术的发展，可以通过系统化设计，在单个芯片上实现 3 个正交方向加速度感知，以满足 MEMS 惯性系统进一步小体积和高集成度的需求。单片三轴 MEMS 加速度计技术，已成为国内外 MEMS 惯性器件重要研究方向之一，其具有以下优势：

1）体积小、质量轻；

2）三轴之间的正交性由光刻和干法刻蚀等工艺保证，可以精确保证 3 个感知方向的正交性，位置精度易标定且长期稳定性高；

3）使用方便，降低装配难度；

4）电路环节可以最大程度共用；

5）敏感结构温度环境单一，易实现热平衡，同时易于实现温度补偿；

6）抗振动冲击等力学性能更好。

三轴 MEMS 加速度计的敏感结构可分为单敏感质量和多敏感质量两种形式。其中单敏感质量结构采用单一敏感质量同时感知 3 个方向的加速度输入，结构紧凑，尺寸小，但测量加速度时交叉轴耦合相对较大，加速度计精度不高；多敏感质量结构采用 3 个独立的敏感质量用于感知 3 个正交方向上的加速度，既能精确保证 3 个感知方向的正交性，又能较大程度保证各个轴向敏感加速度计的精度，但这种设计会增大芯片的尺寸。

▶ 4.4.1 单敏感质量结构

某单敏感质量的单片三轴 MEMS 加速度计典型结构如图 4 - 21 所示[270]。

该加速度计敏感结构中的检测质量包含对称分布且相互连接的 4 个子质量块，每一个子质量块可以绕其锚点扭转，通过质心位置和锚点位置的合理选择，使检测质量感知两个方向的加速度。通过线性解算，得到每一个单独轴向的加速度，如图 4 - 22 所示。

其中 z 轴加速度计的工作原理是，当载体加速度向下时（$-z$ 轴向加速度），质量块与底部外框参考电极的距离会增加 Δz，如图 4 - 23 所示，电容 C_{x1} 会增大，而电容 C_{x3} 会减小。同理，电容 C_{x2} 会增大，电容 C_{x4} 会减小。所以运用这 4 个电容，可以组成双差分惠斯通桥式电路，取其差分输出电压，就可以反算载体 z 轴加速度的大小。

x 或 y 轴加速度计的工作原理是，当载体加速度方向为 x（或 y）轴向时，质量块与顶部或底部外框参考电极的距离会改变 Δx，如图 4 - 24 所示，其中电容 C_{x1} 会增大，电容 C_{x3} 会减小。同理，电容 C_{x2} 会减小，电容 C_{x4} 会增大。所以同样运用这 4 个电容，可以组成双差分惠斯通桥式电路，取其差分输出电压反算载体 x（或 y）轴加速度的大小。

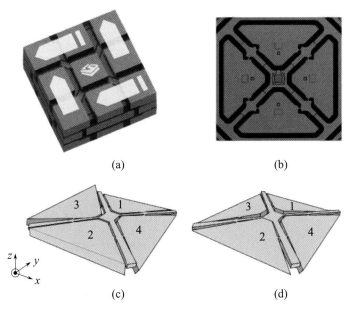

(a)　　　　　　　　　　　　(b)

(c)　　　　　　　　　　　　(d)

图 4 - 21　单敏感质量三轴 MEMS 加速度计示意图

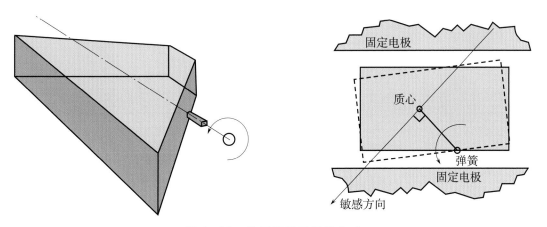

图 4 - 22　单质量单元运动方式

该单质量单片三轴 MEMS 加速度计的输出为

$$
\begin{bmatrix} a_x \\ a_y \\ a_z \end{bmatrix} = \frac{\sqrt{2}}{A_{C/a}} \begin{bmatrix} 1 & 1 & 1 & 1 \\ -1 & 1 & 0 & 0 \\ 0 & 0 & -1 & 1 \end{bmatrix} \begin{bmatrix} \Delta C_{D1} \\ \Delta C_{D2} \\ \Delta C_{D3} \\ \Delta C_{D4} \end{bmatrix}
\tag{4-43}
$$

式（4-43）中，a_x、a_y、a_z 是 3 个线性加速度分量，$A_{C/a}$ 是从每个质量的敏感轴方向上的加速度到电容的增益，$\Delta C_{Dn} = C_{DP(n)} - C_{DN(n)}$ 是加速度计差分检测电容器的变化量，$C_{DP(n)}$ 和 $C_{DN(n)}$ 分别为增大和减小的检测电容，具体可以表示为

$$
C_{DP(n)} = \frac{A\varepsilon_r\varepsilon_0}{d - \Delta d} = C_0 \left(\frac{d}{d - \Delta d} \right)
\tag{4-44}
$$

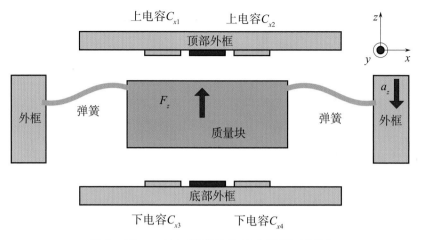

图 4-23　z 轴加速度计的工作原理示意图

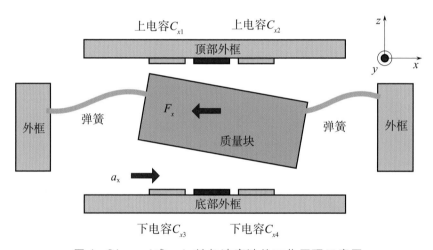

图 4-24　x（或 y）轴加速度计的工作原理示意图

$$C_{DN(n)} = \frac{A\varepsilon_r\varepsilon_0}{d+\Delta d} = C_0\left(\frac{d}{d+\Delta d}\right) \tag{4-45}$$

式（4-44）和式（4-45）中，d 为初始间距；Δd 为加速度作用下变化的间距；C_0 为初始电容。

▶ 4.4.2　多敏感质量结构

对于高精度三轴加速度计来说，有效减小不同轴向交叉轴耦合至关重要，这方面多敏感质量结构更优。3 质量三轴加速度计结构设计如图 4-25 所示，在单一芯片上集成两个正交排布的梳齿式敏感结构（分别用于敏感 x、y 轴加速度）及一个扭摆式敏感结构（用于感知 z 轴加速度）。3 个敏感结构彼此完全相互独立，梳齿式加速度计与扭摆式加速度计采用 4.3 节所述的结构设计方案。

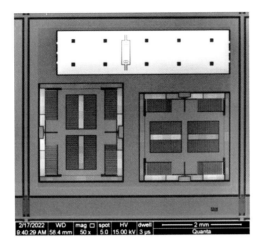

图 4 - 25　3 质量三轴加速度计敏感结构示意图

在结构参数设计上，通常采用有限元仿真软件建立 MEMS 加速度计的物理模型，对 MEMS 加速度计结构进行静力、模态、瞬态、应力应变、抗冲击能力等方面的分析与计算，从而实现器件结构参数的优化设计。仿真得到的梳齿式加速度计各阶次模态图如图 4 - 26 所示。

第一模态为质量块沿垂直于梁及梳齿面方向的平行移动，是检测中需要的运动方式；

第二模态为质量块垂直所在平面，沿 z 轴上下运动；

第三模态为质量块结构绕 x 轴摆动；

第四模态为质量块绕 y 轴摆动；

第五模态为质量块在所在平面内沿 x 轴方向平动；

第六模态为质量块在所在平面内绕 z 轴转动。

第一模态以外的其他模态均为不希望的干扰运动，须尽量抑制，即拉开它们与第一模态频率的差距，从而降低交叉耦合。改变梁的宽度、长度、结构厚度（即梁的厚度）可以改变模态频率，直至改变模态的顺序。

仿真得到的 z 轴扭摆式加速度计结构各阶次模态图如图 4 - 27 所示。

第一模态为摆片绕扭摆轴 z 向扭摆，可实现差分电容的线性变化，是检测中需要的运动方式；

第二模态为摆片垂直所在平面，沿 z 轴的上下运动；

第三模态为摆片结构绕 z 轴转动；

第四模态为摆片在所在平面内沿 x 轴方向平动，绕 y 轴摆动；

第五模态为摆片绕 y 轴转动；

第六模态为摆片长端沿 z 向弯曲振动。

与梳齿式结构相同，扭摆式结构第一模态以外的其他模态均为不希望的干扰运动，须尽量抑制，也要拉开它们与第一模态频率的差距，从而降低交叉耦合。同样需要通过改变梁的宽度、长度、结构厚度（即梁的厚度）从而改变模态频率，直至改变模态的顺序。

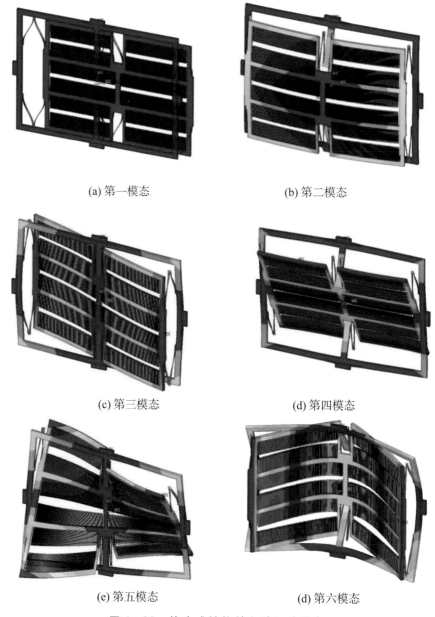

(a) 第一模态　　　　　　　　　　　(b) 第二模态

(c) 第三模态　　　　　　　　　　　(d) 第四模态

(e) 第五模态　　　　　　　　　　　(d) 第六模态

图 4-26　梳齿式结构前六阶运动模态

　　两种敏感结构活动摆片的振动模态仿真结果应满足如下要求：1）两种敏感结构的第 1 阶固有模态均满足敏感方向的要求；2）第 2 阶模态的自振频率远高于第 1 模态，以实现模态隔离的目的。

　　在结构工作模态设计的基础上，按照设计指标要求，根据 4.3 节中梳齿式加速度计和扭摆式加速度计的主要技术指标完成结构参数设计。

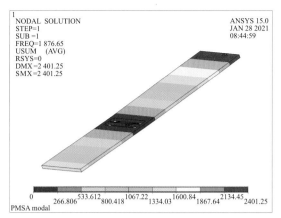

(a) 第一模态

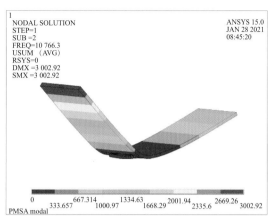

(b) 第二模态

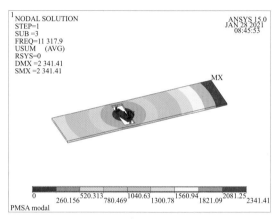

(c) 第三模态

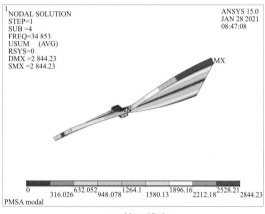

(d) 第四模态

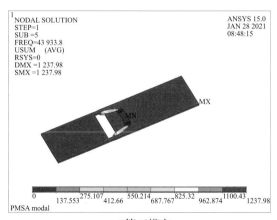

(e) 第五模态

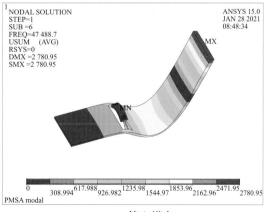

(f) 第六模态

图 4 - 27　扭摆式结构前六阶运动模态

4.5 MEMS 加速度计误差机理分析

理论上，MEMS 加速度计的输出检测信号与输入的加速度成正比。由于 MEMS 加速度计受到工作环境和使用条件的影响，其输出不可避免地存在各种误差。一般而言，造成 MEMS 加速度计测量误差的原因主要分为两方面：一方面是由于设计和加工工艺的限制，使器件难以达到要求的标准，即本征性误差；另一方面是因为外界环境的干扰导致的随机性误差，包括温度、环境噪声、机械振动等因素。MEMS 加速度计的主要误差源如图 4-28 所示。在 MEMS 加速度计结构及控制回路设计中，需要明确上述误差的产生机理及变化规律，以便通过优化设计减小各类误差的影响，确保 MEMS 加速度计的综合精度。

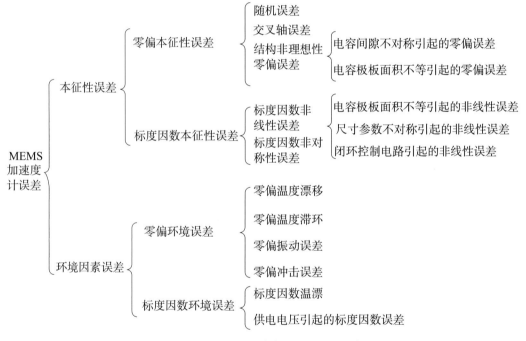

图 4-28 MEMS 加速度计的主要误差源

▶ 4.5.1 MEMS 加速度计误差模型

为便于分析、辨识 MEMS 加速度计的各类误差，需要建立 MEMS 加速度计的误差模型。MEMS 加速度计输出的简化模型可以表示为

$$A = K_0 + K_1 a + \varepsilon \tag{4-46}$$

式（4-46）中，A 为加速度计输出；a 为沿输入轴的加速度；K_0 为偏值；K_1 为标度因数；ε 为加速度计的随机误差项。

在该简化模型下，所有的高阶误差项和动态误差项都归入随机误差项 ε 中，这样不利于分析误差机理和采取相应的抑制措施，因此需要建立更为全面的误差模型。

加速度计的输出 A 与沿加速度计基准轴作用的加速度之间的模型方程可以表示为

$$A = K_1(K_0 + a_i + K_2 a_i^2 + K_3 a_i^3) +$$

$$K_1(\delta_o a_p + \delta_p a_o + K_{ip} a_i a_p + K_{io} a_i a_o + K_{po} a_p a_o + K_{pp} a_p^2 + K_{oo} a_o^2 + \varepsilon)$$

$$(4-47)$$

式（4-47）中，A 为加速度计输出；K_1 为标度因数；K_0 为零偏值；a_i、a_p、a_o 分别为沿 IA（Input Axis，输入轴）、PA（Pendulous Axis，摆轴）和 OA（Output Axis，输出轴）3 个轴向的加速度；K_2 和 K_3 分别为二阶和三阶非线性系数；δ_o 和 δ_p 分别为输入基准轴 IA 相对于输出轴 OA 和摆轴 PA 的安装误差系数；K_{ip}、K_{io}、K_{po} 为 3 个交叉耦合系数；K_{pp}、K_{oo} 为两个交叉轴非线性系数；ε 为噪声和非模型化误差。

在上述模型中，对于不同结构类型的 MEMS 加速度计，误差模型方程会略有不同，根据加速度计结构形式和误差项的具体产生机理，一些参数项可忽略。

▶ 4.5.2　MEMS 加速度计的本征性误差

4.5.2.1　MEMS 加速度计随机误差

与 MEMS 陀螺仪的随机误差相似，MEMS 加速度计的随机误差也不能确定其具体表达式，通常运用数学统计的方法，获取其基本的变化规律。参考 2.5 节中 MEMS 陀螺仪的随机误差，MEMS 加速度计的随机误差包括量化噪声、速度随机游走、零偏不稳定性、加速度随机游走、加速度斜坡等误差。这五种噪声在 $\sigma(\tau) \sim \tau$ 双对数图中具有不同的斜率。零偏不稳定性和速度随机游走是 MEMS 加速度计的主要性能指标，当对加速度信号进行积分时，速度误差的标准差最开始由速度随机游走占主导，当积分时间变大时，零偏不稳定性成为主要因素。

MEMS 加速度计的随机误差主要是其噪声，噪声主要来源于电路噪声和敏感质量的机械热噪声。其中机械热噪声构成 MEMS 加速度计的检测极限。MEMS 加速度计单位带宽内的噪声等效加速度密度（Noise Equivalent Acceleration Density，NEAD）为[3]

$$\text{NEAD} = \frac{\sqrt{4k_B T b}}{m} = \frac{\sqrt{4k_B T \omega_0}}{mQ} \qquad (4-48)$$

式（4-48）中，m 为加速度计的检测质量；k_B 为玻耳兹曼常数；T 为绝对温度；b 为加速度计敏感结构的阻尼系数；Q 为谐振子的品质因数；ω_0 为谐振子的固有谐振频率。

对于带宽为 BW 的 MEMS 加速度计，其最小可检测加速度为

$$\text{NEA} = \frac{\sqrt{4k_B T \omega_0}}{mQ} \sqrt{\text{BW}} \qquad (4-49)$$

一般而言，为生产更高分辨率、更大动态范围的 MEMS 加速度计，在提高电路性能的同时，需要同步减小 MEMS 加速度计敏感结构的热噪声，较简捷的方法是将敏感结构部分进行适度的真空封装，降低敏感结构的阻尼参数，从而提高敏感结构的品质因子。然而机械阻尼的降低导致了加速度计进入欠阻尼状态，使原有闭环结构非常容易进入自激振

荡状态，因此需要在原有 PI 反馈控制环节上增加微分环节，从而增加系统的电阻尼。但是，增加的微分电容，也将进一步占用集成电路芯片面积，使成本上升，需要根据实际情况综合考虑。

4.5.2.2 交叉轴误差

加速度计的输入加速度，可分解为沿加速度计敏感轴方向的加速度（称为沿输入轴加速度）以及位于加速度计理想敏感轴垂直平面内的加速度（称为横向加速度）。交叉轴误差是指加速度计对横向加速度的敏感输出，是各类加速度计的固有特性。MEMS 加速计中的敏感弹簧结构，例如"三明治"式加速度计中的摆片支撑梁，会感知不同方向的惯性力而产生形变，通常在 MEMS 加速度结构设计中采用对称性和差分设计减小加速度计非敏感方向的影响。当结构加工存在误差时，相应会破坏结构的对称性，从而造成非敏感轴上产生加速度输出。交叉轴耦合误差在单片三轴加速度计中会更为显著。在 MEMS 加速度计封装或使用安装中，芯片的敏感方向与名义敏感方向存在角度偏差，也会相应产生交叉轴误差。此外，对于一些特定敏感原理的加速计，例如流体式加速度计，从原理上就存在不同轴向加速度的耦合。MEMS 加速度计交叉轴误差的抑制，一方面通过优化结构设计，在加工中减小误差，从根源上予以解决；另一方面需要在应用中对交叉误差进行标定，通过算法予以消除。

4.5.2.3 MEMS 加速度计结构非理想性零偏误差

当 MEMS 加速度计处于静止零输入状态时，其输出数值不等于零，而是一个偏离零点的微弱信号值，该值被称为零偏误差。MEMS 加速度计零偏从其产生的机理上分析可分为两部分，一部分是机械零偏，另一部分是电气零偏。工艺误差是导致产生零偏误差的主要原因。

对于 MEMS 结构而言，如果没有加工误差，动齿或摆片应当在两个定齿或上下电极之间的中线上，称为中心位置，此时加速度计上下电容间隙均为 d_0，如图 4-29（a）所示。但实际上加工误差造成动齿或摆片的机械零点偏离中心位置，偏移量为 δ，此时加速度计一侧电容间隙为 $d_0+\delta$，另一面电容间隙为 $d_0-\delta$，两侧的电容存在一个固有的差值，进而形成加速度计零位误差。

除了动齿或摆片的机械零点偏离中心位置导致零偏误差外，两路施加静电力的激励信号 sin＋ 与 sin－ 的幅值不相等，前置电路走线不对称等造成的分布电容偏差均会造成作用在动齿或摆片上的静电力的差异，相应等效为动齿或摆片的偏移，形成零偏输出。这称为电气零偏，也可以等效为机械零点的变动。

此外，由于电容检测电路分辨率的限制，目前可达到的最小电容分辨率约为

$$\Delta C_{\min}/C_{S0} = (2 \sim 5) \times 10^{-7} \tag{4-50}$$

式（4-50）中，$\Delta C_{\min}$ 为可检测的最小电容变化量，C_{S0} 为加速度计的检测电容，由差动电容 ΔC 的计算公式

$$\Delta C = 2C_{S0}\Delta d/d_0 \tag{4-51}$$

式（4-51）中，d_0 为加速度计电容间隙；Δd 为加速度计梳齿或摆片在敏感方向的位移。可推知最小可测位移 $\Delta d_{\min}$ 为

$$\Delta d_{\min} = \frac{d_0 \Delta C_{\min}}{2C_{S0}} \tag{4-52}$$

MEMS 加速度计典型值 $\Delta C_{\min} = (2 \sim 5) \times 10^{-18}$ F，计算得到 $\Delta d_{\min} = (2 \sim 5) \times 10^{-13}$ m。但由于存在分布电容 C_p，则实际可检测的最小电容变化量 $\Delta C'_{\min} = (2 \sim 5) \times 10^{-7}(C_{S0} + C_p)$，实际最小可检测位移为 $\Delta d'_{\min} = \frac{d_0 \Delta C'_{\min}}{2C_{S0}}$，大于理论值。因此，只要动齿或摆片停留在机械零点两侧宽为 $\Delta d'_{\min}$ 的区域都是检测不出电容变化的，这段区域称为"检测盲区"，即图 4-29 中两段虚线之间的区域。设检测盲区的宽度为 $\Delta\delta$，则 $\Delta\delta = 2\Delta d'_{\min}$，这也是一部分零偏误差的原因。

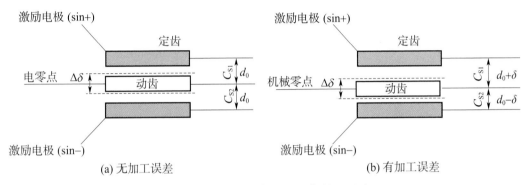

(a) 无加工误差　　　　　　　　　(b) 有加工误差

图 4-29　机械零偏和电零偏的不重合

（1）电容间隙不对称引起的零偏误差

在加速度计敏感结构的整个加工过程中，都有可能引入电容间隙的不对称问题。例如，对于"三明治"式 MEMS 加速度计结构，首先，在摆片电容间隙腐蚀过程中，硅片表面自身的缺陷或者材质的不均匀性、腐蚀液温度不均匀以及搅拌不充分引起的腐蚀液浓度梯度等都容易造成电容间隙腐蚀不对称；其次，在硅摆片敏感结构加工的过程中容易在挠性梁上引入应力，由于应力作用会导致摆结构偏离中间位置或者扭转。此外，摆组件与上下电极之间的晶圆键合工艺由于是在高温下完成，三层结构材料之间热胀系数的差异会使晶圆回到室温时产生一定的变形并给框架带来应力，从而造成摆结构的偏移。上述诸多因素最终导致电极间隙不对称。

假设硅摆结构的初始偏移为 Δd，系统检测到摆的初始偏移，产生输出电压 u_{01}，并将该电压反馈到摆片，将其拉至零偏使系统重新平衡。此时，上下极板对硅摆形成的静电力之差 ΔF 等于挠性梁产生的回复力，即

$$\Delta F = -\frac{2\varepsilon S u_0 u_{01}}{d^2} = K_m \Delta d \tag{4-53}$$

式（4-53）中，ε 为介电常数；S 为"三明治"式 MEMS 加速度计摆片面积；u_0 为预载电压；d 为电容间隙；K_m 为加速度计梁的机械刚度。

由式（4-53）可以得到

$$u_{01} = \frac{d^2 K_m \Delta d}{2\varepsilon S u_0} \qquad (4-54)$$

由此，间隙不对称量 Δd 引起的零偏误差 K_{01} 为

$$K_{01} = \frac{u_{01}}{K_1} = \frac{d^2 K_m \Delta d}{2\varepsilon S u_0 K_1} \qquad (4-55)$$

式（4-55）中，K_1 为加速度计的标度因数。从式（4-55）可以得到，摆片结构上下间隙不对称所引起的零偏误差较为显著。按 4.3 节中"三明治"式加速度计摆组件参数取值 $L=4$ mm、$B=5$ mm、$T=0.38$ mm、$l=1.5$ mm、$b=1$ mm、$t=0.034$ mm，在 10 V 预载电压下间隙不对称量达到 0.1 μm，所引起的零偏误差能够达到 89 mg。

（2）电容极板面积不等引起的零偏误差和非线性误差

在"三明治"式 MEMS 加速度计结构的生产过程中，由于各道加工工序产生的误差，尤其是晶圆键合工艺过程中键合对准的误差，容易造成上下有效极板面积不一致。假设键合对准的过程中，一个尺寸为 4 mm×5 mm 的摆片其中一个极板在宽度方向产生 50 μm 的偏差，则该极板的有效面积 S_1 与另一极板的有效面积 $S_2 = S$ 之间的关系为

$$\frac{S_1}{S_2} = \frac{4 \text{ mm} \times 4.95 \text{ mm}}{4 \text{ mm} \times 5 \text{ mm}} = 0.99 \qquad (4-56)$$

即 $S_1 = 0.99S$，极板面积不等造成上下电容不等，从而产生一个输出电压。静电力再平衡系统将这个输出反馈到中间极板上，调整上下极板对摆片产生的静电力使之再次达到平衡。此时，上下间隙分别变为 $d - \Delta d$ 和 $d + \Delta d$，并且有

$$C_1 - C_2 = \frac{0.99\varepsilon S}{d - \Delta d} - \frac{\varepsilon S}{d + \Delta d} = 0 \qquad (4-57)$$

从静电力平衡原理可知，在系统达到平衡的时候，上下极板对摆片产生的静电力之差等于挠性梁产生的回复力与作用在摆质量上的重力 ma 之和，即

$$\Delta F = F_1 - F_2 = \frac{0.99\varepsilon S (u_0 - u_{\text{out}})^2}{2(d - \Delta d)^2} - \frac{\varepsilon S (u_0 + u_{\text{out}})^2}{2(d + \Delta d)^2} = ma + K_m \Delta d \qquad (4-58)$$

将 $a = g\sin\left(\frac{\pi}{2}i\right)$（$i=0$，1，2，3）分别代入式（4-58）可以得到重力场下四位置的理论输出，见表 4-3。

表 4-3　重力场下四位置的理论输出

输入/g	输出/g
0	0.004 949
1	−0.992 671
0	0.004 949
−1	1.003 069

通常，加速度计在地球重力场的测试中，采用的静态数学模型为

$$A = K_{02} + K_1 a + K_2 a^2 \qquad (4-59)$$

式（4-59）中，A 为加速度计的输出；a 为加速度计的输入；K_{02} 为零偏误差；K_1 为标度因数；K_2 为二阶非线性系数。

将表 4-3 中 4 组数据代入式（4-59）中，可以求出加速度计静态模型的各系数值，见表 4-4。

表 4-4 加速度计静态模型的系数值

系数	值
K_{02}	0.004 949 g
K_1	$-0.997\ 87\ g/g$（归一化）
K_2	0.000 25 g/g^2

由此可见，由于上下极板不对称引起的零偏误差比较小，在 $S_1 = 0.99 S_2$ 的情况下仅为 5 mg；而由于上下极板不对称引起的非线性误差较大，在 $S_1 = 0.99 S_2$ 的情况下二次项非线性系数达到 2.5×10^{-4} V/g^2。

（3）尺寸加工误差引起仪表性能离散

MEMS 工艺加工的尺寸误差可导致仪表的标度因数、零偏等参数一致性变差，如 4.3.4 节所述谐振式 MEMS 加速度计第二类杠杆放大结构的杠杆力放大系数可表示为

$$K_{Lev} = \frac{F_{out}}{F_{in}} = \frac{L_{LI}}{L_{LO} + \dfrac{\alpha_{Lev}}{\beta_B L_{LO}}} \qquad (4-60)$$

式（4-60）中，L_{LI} 是杠杆总长度；L_{LO} 是输出力臂长度；α_{Lev} 是杠杆附加弯矩系数；β_B 是谐振梁轴向弹性系数。对于固定的杠杆总长度 L_{LI}，式（4-60）存在一个极大值点，有关变量取值为

$$\begin{cases} L_{LO\_max} = \sqrt{\dfrac{\alpha_{Lev}}{\beta_B}} \\[3mm] K_{Lev\_max} = \dfrac{L_{LI}}{2L_{LO\_max}} = \dfrac{L_{LI}}{2\sqrt{\dfrac{\alpha_{Lev}}{\beta_B}}} \end{cases} \qquad (4-61)$$

式（4-61）表明，杠杆力放大系数的极大值决定于杠杆附加弯矩系数 α_{Lev} 和谐振梁轴向弹性系数 β_B。其中 β_B 只与谐振音叉的结构参数有关，在杠杆设计过程中可以视为常数；α_{Lev} 由杠杆各个支撑臂的结构尺寸决定。实际设计中通常为了减小杠杆的附加弯矩作用而将支撑臂的宽度设计得比较薄，因而支撑臂宽度的相对工艺加工误差较大。考虑到 α_{Lev} 正比于支撑臂宽度的 3 次方，因此工艺加工误差对于设计为极大值的杠杆力放大系数的影响比较显著，如图 4-30 所示。

基于以上考虑，在杠杆设计过程中，通常不会将杠杆结构设计在杠杆力放大系数的极值点附近。实际上，将式（4-60）对 α_{Lev} 求导数，可以得到杠杆力放大系数 K_{Lev} 和 α_{Lev}

的相对变化量之间的关系，其中 L_{LO} 越小，K_{Lev} 对 α_{Lev} 的变化越敏感。因此，应将输出力臂设计在 $L_{LO} > L_{LO\_max}$ 范围内，以保证结构尺寸参数的加工误差不会对杠杆的力放大系数造成过大的影响。

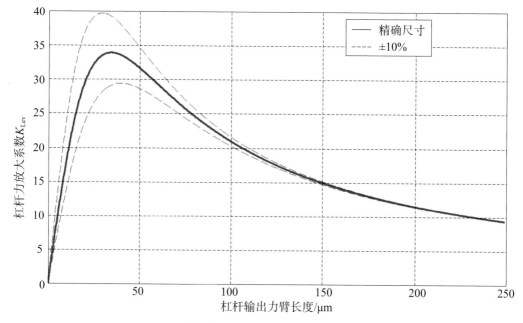

图 4 - 30　杠杆力放大系数随输出力臂的变化关系

4.5.2.4　MEMS 加速度计标度因数非线性误差

（1）电容极板面积不等引起的非线性误差

电容极板面积不等引起的非线性误差已在 4.5.2.3 中进行了详细的论述，此处不再赘述。

（2）尺寸参数不对称引起的标度因数非线性误差

在谐振式 MEMS 加速度计中，加工时可能产生的尺寸参数不对称误差主要包括：杠杆放大结构的上下不对称误差；放大结构的左右不对称误差；2 个音叉之间的不对称；音叉每个梁的上下驱动梳齿不对称等。上述各不对称误差中放大结构的上下不对称误差的影响很大，它将使上下 2 个微杠杆产生不等倍放大倍数，那么经放大结构放大后作用在音叉上的轴向力将使音叉产生偏心拉伸（或压缩）。由此在音叉的 2 个梁上产生不等的拉伸（或压缩）应力，则频率变化与加速度的变化不再是准确的线性关系，产生测量误差。为了抑制杠杆放大结构的上下不对称误差，可以在结构中设计相应的支撑结构，如图 4 - 31 所示。图中横向支撑杆具有小横向刚度和大轴向刚度的力学特征，故能消除杠杆不对称带来的横向力对谐振梁的偏心拉伸或压缩作用，同时又不会影响对谐振梁的轴向力放大作用。

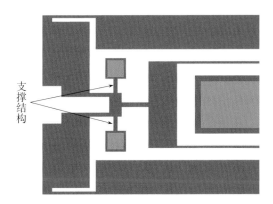

图 4-31　加工误差导致的不对称误差抑制结构

（3）闭环控制电路引起的标度因数非线性误差

在静电力平衡闭环 MEMS 加速度计中，施加在质量块上用以产生静电力平衡惯性力的反馈电压成为 MEMS 加速度计的输出信号。在闭环控制电路工作中，通常由于电气零位与机械零位不重合，在加速度计输出表达式（4-18）中，质量块的位移 x 并不为零。因此，MEMS 加速度计输出电压与加速度之间存在非线性关系。此外，在数字闭环控制系统或采用数字输出的模拟闭环控制系统中，模数转换器的非线性也会直接影响 MEMS 加速度计的非线性指标。因此，即使质量块的位移 x 趋近于零，通过线性近似得到的标度因数表达式（4-21）中，仍然存在由于模数转换带来的非线性因素。

4.5.3　MEMS 加速度计的环境因素误差

4.5.3.1　MEMS 加速度计零偏温度漂移

对于 MEMS 加速度计而言，系统受温度影响主要来源于两个方面：一是敏感结构，二是检测电路。MEMS 加速度计输出对结构残余应力比较敏感，残余应力作用于加速度计检测质量的弹簧支撑结构上，产生零偏输出，残余应力随温度变化带来零偏温漂；温度变化引起加速度计各部分几何尺寸改变，导致电极板间隙或面积发生改变，同时温度变化将引起介质介电常数变化，产生电容误差并引起电容式加速度计零偏的变化；此外，敏感结构材料的杨氏模量也会随温度发生变化，而系统的弹性刚度又与杨氏模量成正比关系，最终系统的谐振频率会受到影响，影响加速度计的控制环路，改变加速度计系统的输出。

硅材料的杨氏模量与温度的线性关系如下

$$E(T) = E_0 - E_0 K_e (T - T_0) \tag{4-62}$$

式（4-62）中，E_0 是在温度 T_0 为 300 K 时得到的硅材料杨氏模量；K_e 是硅材料的杨氏模量随温度变化的变化系数；$E(T)$ 是在温度 T 下硅材料的杨氏模量。温度与谐振频率的关系如下[271]

$$f_0 = \frac{\sqrt{K_0 [1 - K_e (T - T_0)]}}{2\pi \sqrt{m}} \tag{4-63}$$

由式（4-63）可以看出，温度与谐振频率存在非线性关系。器件的品质因数等参数伴随阻尼特性和机械结构尺寸随温度变化而改变，进而影响了 MEMS 加速度计的系统性能。

在加速度计的检测电路中，电阻、电容、运算放大器、DAC、ADC 都会受温度影响，由于这些器件本身具有的非线性和滞后性，使 MEMS 加速度计的输出信号产生较大的变化。

以上所有与温度有关的因素都会影响加速度计系统的温度特性，会使其零偏和加速度计标度因数发生漂移，影响系统精度。如果这些漂移发生在调试过程中，还可在调试时给予适当修正，但如在工作过程中发生漂移，必然要引起惯性系统输出信号的漂移。

除上述因素外，加速度计检测电路的电压基准源随温度的变化也会对 MEMS 加速度计的输出产生显著的影响，这部分内容将在第 5 章进行详细论述。

开展 MEMS 加速度计温度补偿是提高 MEMS 加速度计应用综合精度的有效方法，其中重要步骤是建立温度误差模型，温度模型的函数形式一般可分为多项式函数[272]、双指数函数[273]、一阶傅里叶函数。

（1）多项式函数模型

n 阶多项式函数模型可表示为

$$V_{\text{out}} = \sum_{k=0}^{n} a_k V_T^k \tag{4-64}$$

式（4-64）中，V_{out} 为加速度计输出电压值，V_T 为经温度传感器输出的温度电压值，a_k 代表 k 阶对应的模型系数。

（2）双指数函数模型

双指数函数模型可表示为

$$V_{\text{out}} = \alpha e^{-\lambda_1 V_T} + \gamma e^{-\lambda_2 V_T} \tag{4-65}$$

式（4-65）中，V_{out} 为加速度计输出电压值，V_T 为经温度传感器输出的温度电压值，α、γ、λ_1 和 λ_2 为模型系数。

（3）一阶傅里叶函数模型

一阶傅里叶函数模型可表示为

$$V_{\text{out}} = a + b\sin\omega V_T + d\cos\omega V_T \tag{4-66}$$

式（4-66）中，V_{out} 为加速度计输出电压值，V_T 为经温度传感器输出的温度电压值，a、b、d 为模型系数。

综合考虑温度的影响，对于 MEMS 加速度计随温度的漂移，可根据使用条件，采用温度补偿或温度控制加以解决。温控的方式能够较好地保持性能指标的稳定性，但需要额外增加温控装置并相应增大其体积；温补的方式需要测出温漂的规律，并采用热敏电阻等元件设计出符合其漂移规律的电路以抵消之或在计算中进行补偿，图 4-32 为加速度计典型温度误差补偿模块框图。

除此之外，还可预先测量加速度计在不同温度下的零点稳定输出值，建立零漂-温度表格。在加速度计工作时，由温度传感器测量其工作温度，利用软件算法进行温度补偿，

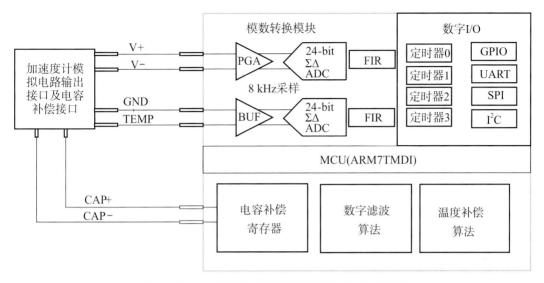

图 4 - 32　加速度计典型温度误差补偿模块框图

一般是通过温度建模试验，找出加速度计输出信号与温度变化的规律，利用数据拟合方法建立算式或补偿模型，对 MEMS 加速度计输出数据进行补偿。它比较适用于工作稳定、重复性好的加速度计。但是这种方法需要预先对加速度计进行温度扫描，整个系统还需要增加温度传感器和进行数据处理的微控制系统，较为复杂。

4.5.3.2　MEMS 加速度计零偏温度滞环

零偏温度滞环反映的是加速度计零位偏值在升温降温循环周期内，在升温与降温过程中同一温度点表现不一致的问题。MEMS 加速度计通常应用于变温环境，其敏感结构多层材料键合以及胶粘剂封装的工艺特点，决定了温度变化导致加速度计各种材料的蠕变，从而出现温度滞环现象。温度滞环的存在使加速度计输出结果补偿准确度下降，降低了加速度计的测量精度。

设计中通常根据各型加速度计工作原理、结构特点以及封装工艺分析，针对温度滞环对加速度计测量精度有较大影响这一问题，提出以下解决方案。

1）根据各型加速度计工作原理、结构特点及材料属性，分析温度滞环产生机理，识别出蠕变效应较大的材料，即找到加速度计温度滞环产生的主要源头。

2）结合加速度计变温工作环境以及结构特点，建立加速度计二维热传递仿真模型，分析主要的蠕变材料层工艺参数对温度滞环值的影响规律，得到降低温度滞环值的优化工艺参数。

3）由于加速度计温度滞环不可避免，在部分高精度应用中，研究通过合适的补偿方法来降低各类误差对温度滞环的影响。

4.5.3.3　MEMS 加速度计振动误差

随着检测精度及温度性能的不断提升，振动环境下的输出误差已成为其向高精度发展的主要瓶颈。振动整流误差是评价加速度计在振动环境下输出漂移的有效方法，振动整流误差定义为，当输入平均值为零的交流振动加速度时，加速度计输出的直流平均值与无振动输入时的输出平均值的差值除以振动幅值有效值的平方。

MEMS 加速度计的振动整流误差来源于其对加速度输入的非线性响应。当不考虑交叉轴误差、噪声及非模型化误差并只考虑 3 阶以下的非线性误差时，式（4-47）简化为

$$A = K_1(K_0 + a_i + K_2 a_i^2 + K_3 a_i^3)\qquad(4-67)$$

对于一个振幅为 a、角频率为 ω 的简谐加速度输入，即 $a_i = a\sin(\omega t)$，将其代入式（4-67）可得

$$A = K_1[K_0 + a\sin(\omega t) + K_2 a^2\sin^2(\omega t) + K_3 a^3\sin^3(\omega t)]\qquad(4-68)$$

计算式（4-68）在一个振动周期内的平均值，可以得到

$$\overline{A} = K_1 K_0 + \frac{1}{2}K_1 K_2 a^2\qquad(4-69)$$

式（4-69）表明，MEMS 加速度计存在二阶非线性误差时，当有振动加速度输入时，就会产生振动整流误差。实际上，在式（4-67）基础上考虑更高次的非线性误差项时，所有偶次非线性误差项都会对振动整流误差有所贡献，而所有奇次非线性误差项在一个振动周期的积分为零，不会对振动整流误差产生影响。由于高次非线性误差系数通常会更小，在工程上主要考虑二阶非线性误差。

对于电容式 MEMS 加速度计，在闭环控制系统中工作时，动齿或摆片的运动被静电力、惯性力和机械弹性回复力的合力所决定。静电力可控，惯性力与外界敏感方向加速度成正比，而机械弹性回复力只与检测零位和机械零位的距离成正比，这个值在检测零位确定后即为常数。在正常工作的闭环控制系统中，这 3 个力的合力必须是平衡的。然而，由于微结构加工后的初始电容不对称，其机械自然平衡位置与几何中心的距离不为零。因此，对于闭环加速度计，当检测质量块闭环平衡位置偏离几何中心对称位置时，会造成力矩器结构非线性问题，是加速度计振动误差的主要来源。

对于谐振式 MEMS 加速度计，谐振梁的幅度刚度耦合效应可引起非线性振动误差。过大的谐振梁振幅迫使梁拉伸变长，在梁的轴向上引入了额外的轴向力，导致梁的刚度上升，这种现象称为幅度刚度耦合效应。在振幅过大的情况下，该效应会导致谐振器的固有频率上升，引起非线性。

4.5.3.4 零偏冲击误差

由于部分应用环境存在载体运动速度大、冲击大和持续时间长等特点，因此对 MEMS 加速度计的抗高过载性能要求苛刻，要求加速度计在不采取系统防护的条件下，能够单独承受上万 g 甚至更大量级的冲击，且能够在冲击过后保精度工作，即加速度计零偏在冲击前后的变化量尽可能小。通常从 MEMS 加速度计脆弱结构健壮性设计、抗冲击止挡设计和封装设计等方面入手研究，降低加速度计的冲击误差，从而改善其抗过载性能，该部分内容将在 5.1.3 节中展开论述。

4.5.3.5 标度因数温漂

由式（4-21）可知，闭环 MEMS 加速度计标度因数取决于检测质量、梳齿电容间

隙、反馈系数、加力电容大小和预载电压。这些参数随温度的变化导致产生标度因数温漂，其中预载电压对标度因数的影响最为显著。预载电压随温度的变化来源于电压基准源的温度特性，可以通过调整电压基准源的参数配置优化其温度系数并相应补偿标度因数的温度变化，这部分内容将在第 5 章进行详细论述。除了预载电压外，梳齿电容间隙和加力电容大小也会随温度而变化，相应地会带来标度因数随温度的变化。由于电压基准源的温度系数的符号可以通过 ASIC 参数进行配置，因此可以在优化电压基准源温度系数的同时，使其能够部分抵偿其他因素带来的标度因数变化，可以尽可能降低标度因数的温度趋势项，并在此基础上进行标度因数数字补偿，以得到全温稳定的标度因数。

▶ 4.5.4　MEMS 加速度计误差抑制方法

对于高性能 MEMS 加速度计而言，为确保其精度与环境适应性，通常需要优化其敏感结构以减小模态耦合和环境敏感性，还要采用先进的信号处理电路，例如采用前置放大减少系统的低频噪声，通过过采样提高信噪比，这些措施能够有效抑制加速度计的常值误差。在此基础上，分析其误差机理，对其进行抑制，才能实现较高的综合性能。此外，相较于原理样机的高静态精度，工程样机往往更多要求仪表在温度、振动等环境条件下的性能水平，在方案上往往与原理样机的设计要求有所不同。因此，在工程化设计过程中，不必追求某一单个指标的高精度，往往需要根据实际应用情况进行精度分配和指标设计，予以综合考虑。

（1）采用调制解调型前置放大电路

电路低频噪声包括运算放大器闪烁噪声和元件热漂移噪声等。解调器之前的低频电路噪声不会对有效信号造成影响，故噪声可以通过调制、解调得以抑制。所以，减小解调后信号的放大倍数，使系统的增益主要集中在解调器之前，可以减小整个系统的低频噪声。同时，应注意保持载波的高度稳定，对于解调器之后的电路，由于工作的频段和低频噪声的频段相同而很难消除噪声。

前端放大器噪声主要包括热噪声及 $1/f$ 噪声。采用相关双采样开关电容电路将电路的 $1/f$ 噪声降低到可忽略程度，放大器热噪声是开关电容电路的主要噪声源。

图 4-33 是 MEMS 加速度计的典型前级电荷放大器的电路图，其热噪声如式（4-70）所示。图 4-34 显示了简化的开关电容电路中放大器的噪声模型。放大器热噪声被采样并混叠于保持电路中，其电路输出等效噪声 $e_{\text{Amplifier}}$ 为

$$e_{\text{Amplifier}} = \sqrt{\frac{8k_B T(C_S + C_P + C_f)}{3C_F(C_F + C_{\text{out}})f_S}} \approx \frac{1}{C_F}\sqrt{\frac{8k_B T(C_S + C_P + C_f)}{3f_S}} \quad (\text{单位：} V/\sqrt{Hz})$$

$$(4-70)$$

式（4-70）中，f_S 为采样频率。可以看到，电荷放大器等效噪声独立于晶体管参数，只与敏感结构电容、积分电容、采样频率相关。因此，通过提高积分电容和采样频率等手段，可以进一步消除电路噪声。

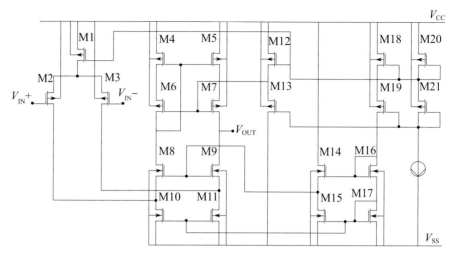

图 4 - 33　前级电荷放大器电路

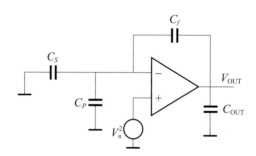

图 4 - 34　电荷放大器等效热噪声原理简图

（2）加入滤波电路

在 MEMS 加速度计检测电路中，电流通过电阻消耗能量而产生热噪声。由于热噪声是一种宽频噪声，有用的信号往往是在一定频率段内，可以根据需要加入带通滤波或低通滤波来减小噪声。通过滤波显著降低热噪声的均方值，从而减小热噪声的影响。

当外部有加速度输入时，MEMS 加速度计将加速度信号转化成差分电容信号，再经过差分电容检测电路将差分电容信号转化为高频交流电压信号。由于 MEMS 的尺寸一般都在微米级别，差分电容的值非常微弱，通常采用调制放大解调的方法来提取差分电容信号。输入加速度的频谱通常情况下都是与低频噪声的频谱重合，因此滤除低频噪声是提高信噪比的前提条件。

在进行模数（A/D）转换的过程中，理论上当采样频率大于信号带宽的 2 倍时，原模拟信号的信息就能完整地保存在采样后的数字信号中，在实际工程应用中对模拟信号进行采样时，选取的采样频率一般为带宽的 4 到 10 倍，该采样定理又被称为奈奎斯特采样定理。实际应用中原始信号包含的量化噪声总功率是不会随采样频率而变化的，但是采样频率较低时会导致带外的量化噪声混叠到低频信号上。过采样法的采样频率远高于奈奎斯特采样频率，因此白噪声被扩展到了很宽的频带上，后端采用一个理想数字滤波器就能很好地滤除掉位于信号带宽外的量化噪声。

（3）设计低噪声电容变化检测电路

电容式 MEMS 加速度计的工作原理是通过对电容变化的检测从而间接检测出质量块位移的变化。由于 MEMS 加速度计实际工作中电容变化非常微弱（小于 10^{-17} F），因此低噪声电容检测电路的优化设计成为 MEMS 加速度计的关键技术。

微弱电容检测电路主要包括电压检测方法、开关电容检测方法和电流检测方法，如图 4 - 35 所示。

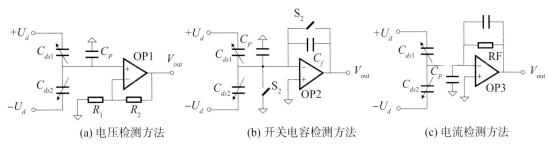

(a) 电压检测方法　　　　　(b) 开关电容检测方法　　　　　(c) 电流检测方法

图 4 - 35　微弱电容变化检测电路原理

电压检测法采用高输入阻抗运算放大器检测电容的差动变化，如图 4 - 35（a）所示，其输出电压为

$$V_{\text{out}} = \frac{(2U_d \Delta C)(R_1 + R_2)}{(2C_S + C_P)R_1} \tag{4-71}$$

$$\text{SNR} \approx \frac{4U_d^2 \Delta C^2}{\left[V_{n\_\text{amp}}^2 + \frac{V_{n\_R1}^2 R_2^2}{(R_1 + R_2)^2} \right](2C_S + C_P)^2} \tag{4-72}$$

式（4 - 72）中，ΔC 为变化电容；C_S 为可变电容的静态电容值；V_{n_amp} 为放大器在调制频率处的电压噪声；V_{n_R1} 为电阻 R_1 的噪声电压。

开关电容检测方法采用开关电容电荷拾取方法，如图 4 - 35（b）所示，其中输出为

$$V_{\text{out}} = \frac{2U_d \Delta C}{C_f} \tag{4-73}$$

$$\text{SNR} \approx \frac{4U_d^2 \Delta C^2}{\alpha V_{n\_\text{amp}}^2 (2C_S + C_P + C_F)^2} \tag{4-74}$$

式（4 - 74）中，α 为采样原理引入的噪声混叠系数。

电流检测方法多采用如图 4 - 35（c）所示的电荷放大器结构，该方法与相敏解调电路配合实现电容变化的检测，其输出噪声为

$$V_n^2 = V_{n\_\text{amp}}^2 \left(\frac{2C_S + C_P + C_F}{C_F} \right)^2 + \frac{4KTR_F}{\sqrt{(1 - R_F^2 C_F^2 \omega_S^2) + 4\omega_S^2 R_F^2 C_F^2}} \tag{4-75}$$

式（4 - 75）中，ω_S 为调制频率，当反馈电阻 R_F 阻值较大时，该方法的等效输入噪声较小，该电路结构在电荷检测电路中较为常见。

（4）降低机械噪声

由于质量块周围介质分子的布朗运动所形成的加速度噪声功率谱密度如式（4 - 48）

所示，从式（4-48）中可以看出，增加机械结构的 Q 值和质量可以降低噪声。增加弹性结构的弹性刚度系数，系统的谐振频率提高，等效噪声随之增加。检测质量越大，它受分子运动的影响就越小，机械噪声也越小。将 MEMS 加速度计适当抽真空加以封装，可有效减小阻尼，增加敏感元件的 Q 值，进而减小机械噪声。减小功耗可降低工作温度，环境温度降低则可有效降低热噪声[274]。

4.6 MEMS 加速度计工程化需考虑的因素

MEMS 加速度计的工程化是一个系统工程，需要综合考虑结构设计、加工、电路设计以及测试补偿等方面的措施，才能实现高性能的工程化 MEMS 加速度计。本节以谐振式加速度计为例，论述工程化 MEMS 加速度计实现需要考虑的因素。

▶ 4.6.1 结构设计及加工中的工程化考虑因素

工程化 MEMS 加速度计的结构设计方案不仅要满足系统方案设计指标的要求，还要结合工艺流片各加工流程的特点[275,276]，考虑工艺的可实现性。工程化结构设计方案应力求晶圆级敏感结构的加工成品率在 90% 以上，这样才能利用半导体工艺的批量加工一致性来降低成本。敏感结构设计过程中需要着重注意以下几点：

1）全面考虑工艺流程引入的工艺应力对敏感结构温度系数和重复性的影响，设计过程中以工艺可加工性和整体参数一致性为前提条件。

2）力争将谐振音叉的同相模态与反相模态频差扩大至反相模态谐振频率的 10% 以上，以降低振动耦合带来的能量损失。

3）在外界加速度输入过程中，除谐振音叉同相与反相模态谐振频率随输入加速度大幅变化外，敏感结构其他振动模态谐振频率基本不变，因此在全量程频率变化范围内，最好不存在其他振动模态，否则会在频率交叠过程中出现结构谐振失稳现象。

4）死区特性是谐振式加速度计特别需要注意的一个设计指标。由于采用两个单独谐振音叉的频率信号差值作为加速度输出，当两个谐振音叉的输出频率发生交叠时会出现死区特性，死区大小由结构死区、控制电路死区和测试系统死区等因素综合决定，其中结构死区占主要因素。某型工程样机采用双质量和双音叉结构方案，从原理上最大程度降低了样机的死区。图 4-36 为改进前后死区特性的 Ansys 仿真对比曲线。

在实际结构设计过程中，任何一个关键局部结构的改进都可以改善仪表整体性能指标。图 4-37 为某型谐振式加速度计敏感结构杠杆放大机构输出端与谐振音叉轴向力输入端的连接方式改进对比图。仿真与实测结果表明，在单位加速度输入下，改进后连接梁根部的等效应力改善了 47.5%，全温范围内（-40～60 ℃）谐振梁频率变化量改善了 16.7%。

品质因数是谐振类仪表关注的关键参数之一，通常采用低气压封装的方式来提高敏感结构的品质因数。然而，在气压降到一定程度以后，决定结构品质因数的因素仍然会归结

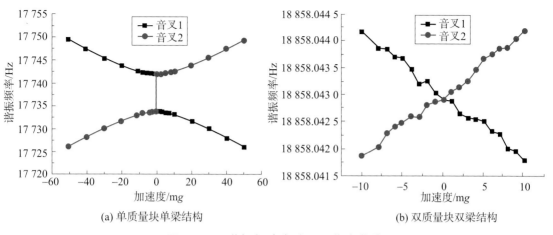

(a) 单质量块单梁结构　　　　　(b) 双质量块双梁结构

图 4 - 36　谐振加速度计死区仿真曲线

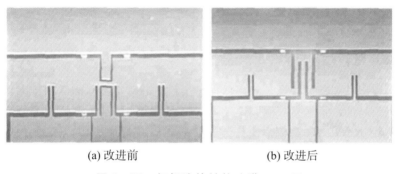

(a) 改进前　　　　　(b) 改进后

图 4 - 37　杠杆连接结构改进 SEM 图

于整体结构的设计方案，锚点位置与大小的选择、微结构内应力的影响等综合因素决定了谐振音叉的最高品质因数。图 4 - 38 为作者团队研制的某型敏感结构品质因数与气压关系和美国 Draper 实验室产品测试结果的数据对比，可以看出，排除气体阻尼的影响，作者团队研制的结构的品质因数仍然比 Draper 实验室低。从图 4 - 38 也可以看出，工程样机的气压封装值在 1 Pa 左右即可，进一步提高真空度的要求则会增加其他设计和工艺成本。

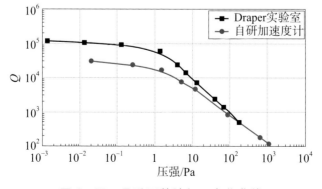

图 4 - 38　品质因数随气压变化曲线

▶ 4.6.2　电路设计中的工程化考虑因素

电路方案的工程化设计需保证仪表在实际使用环境下的适应性，主要包括以下两点：

1）提高检测电路与控制电路对敏感结构的适应性。半导体批量加工工艺不可避免会引入工艺偏差并导致敏感结构谐振频率和品质因数散布，控制电路必须具备一定的参数散布适应性，才能大幅减小电路调测的工作量。例如，某典型谐振式加速度计工程样机采用锁相环路方案作为相位闭环的控制环节[277]，其适配敏感结构谐振频率的范围为 18 kHz±3 kHz，对品质因数在 20～20 000 之间的谐振敏感结构均可实现上电 40 ms 内频率锁定和跟踪，大幅降低了后续电路的调测工作量。

2）带宽是工程化仪表的一个重要动态指标，这个指标与仪表的电路控制方案紧密相关。对于力平衡闭环摆式加速度计而言，其带宽由摆片二阶控制系统模型和控制电路共同决定。对于硅微谐振加速度计而言，若电路采用锁相环方案，仪表带宽就是锁相环带宽，若采用自激振荡方案，则仪表带宽就是敏感质量块的结构带宽。不同的控制方案选择与仪表敏感结构特性相关。例如，若采用自激振荡方案，则敏感结构的品质因数至少要高于 100，而锁相环方案在这方面的容忍程度则要大得多。

▶ 4.6.3　测试与补偿中的工程化考虑因素

高精度频率测试和补偿输出是频率信号输出仪表的关键技术之一。频率测试的基本原理是依靠输入信号的电平触发，测频误差主要与闸门时间、待测输入信号频率、标准脉冲信号频率和标准脉冲信号频率稳定性相关。一般而言，数据平滑时间和闸门时间越短，测频精度越差。然而，工程样机往往要工作在上百 Hz 的动态条件下，实际加速度输出也是两路动态频率信号的差频，这就存在两路差动频率信号的测试基准时钟和电平触发由于不同步导致差频信号存在随输入加速度频率变化相关的拍频现象，导致无法进行两路信号同步相减，这个现象可以通过保证测试时钟基准和触发基准同步加以解决。

频率信号输出建模与补偿可以采用 FPGA 方案进行，重点是零位与标度因数的温度系数与全量程非线性建模补偿，具体方法可参考相关文献[278,279]。图 4-39 和图 4-40 是典型的零位和标度因数全温建模补偿测试曲线。

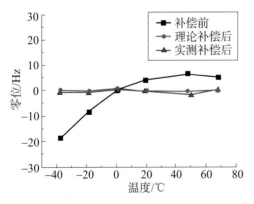

图 4-39　零位温度补偿测试曲线

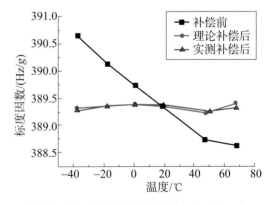

图 4-40　标度因数温度补偿测试曲线

第 5 章　高性能 MEMS 加速度计关键技术

高性能 MEMS 加速度计在载体惯性导航、姿态控制、定位定向应用中，通常需要达到战术级乃至导航级精度，并且具有高动态、环境适应性好等特点。高性能 MEMS 加速度计的实现包含了结构设计、检测电路设计、工艺制造以及产品调试测试等工作。高性能 MEMS 加速度计工程化往往是上述几个方面匹配和平衡的结果，其产品需要从应用需求出发，重点优化敏感结构设计和控制电路设计，基于工艺制造平台和测试平台加以实现验证，从而实现产品设计迭代并最终实现所需的高性能产品。

本章将重点关注高性能 MEMS 加速度计的结构设计技术、封装技术和检测电路技术，其工艺加工技术将在第 6 章展开论述。除此之外，高性能 MEMS 加速度计需要在各种复杂环境和特种工程条件下保持其主要性能，本章也将从工程设计的角度对相关技术进行论述。

5.1　高性能 MEMS 加速度计结构设计技术

● 5.1.1　高性能 MEMS 加速度计综合精度提升技术

通过第 4 章中几种 MEMS 加速度计的结构设计可以看到，采用更大的质量块能够提高加速度计敏感结构的机械灵敏度，降低热机械噪声；检测质量的增加通常会增大检测电容面积，提升加速度计的电容灵敏度。但加速度计的质量块一味增大，将引起质量块易吸合、扭转梁上集中应力较大、受温度影响形变大、加速度计闭环条件苛刻、量程较小等问题。而通过多个相同结构的差分阵列式设计，能够在提升加速度计综合精度的同时避免上述问题[280]。

下面以一种典型的扭摆式加速度计为例进行设计比对，阐明阵列式结构的优势。

5.1.1.1　阵列式扭摆加速度计性能参数分析

所设计的阵列式扭摆加速度计结构由 4 个相同的扭摆结构敏感质量单元按照阵列式排布，如图 5 - 1 所示。每个敏感质量单元由检测质量块 m_1、不平衡质量块 m_2、扭转梁、中心锚点、连接梁 L_c 组成，其中扭转梁共有 4 条，每条梁的长度为 l，中心锚点有 3 个，可称为三锚点四梁结构，如图 5 - 2 所示。

其中，检测质量块 m_1 关于扭转梁对称，不平衡质量块 m_2 位于敏感质量块 m_1 的一侧，当加速度输入时为结构提供扭转力矩。扭转梁和中心锚点位于敏感质量块 m_1 的内部，中心锚点固定在衬底上，为整个结构提供支撑，扭转梁将敏感质量块 m_1 和 m_2 连接到中心

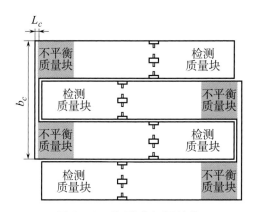

图 5-1 阵列式扭摆结构

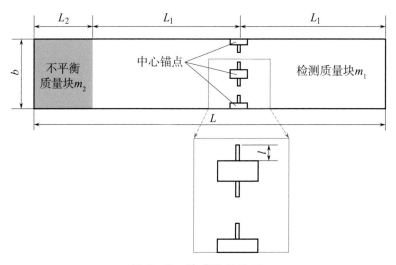

图 5-2 敏感质量单元

锚点。连接梁用于连接同向的两个敏感质量单元。敏感质量单元总长度为 L，扭转梁到检测质量块半边长度为 L_1，不平衡质量块长度为 L_2。

弹性扭转梁采用矩形截面梁，其截面如图 5-3 所示，梁宽为 $2w$，梁厚为 $2t$。

由于阵列式扭摆结构的每个敏感质量单元尺寸参数相同，因此阵列式扭摆结构的开环机械性能与其中任何一个敏感质量单元相同，可以从敏感质量单元结构参数出发推导阵列式扭摆结构加速度计的动力学参量和特征技术指标。

每个敏感质量单元具有 4 条扭转梁，根据弹性力学，当加速度输入时，惯性扭矩引起的扭转角为

$$\varphi = \frac{M_t l}{4GI_t} \qquad (5-1)$$

式（5-1）中，M_t 为扭矩力矩，G 为剪切弹性模量，I_t 为抗扭惯性矩。

$$M_t = m_2 a L / 2 \qquad (5-2)$$

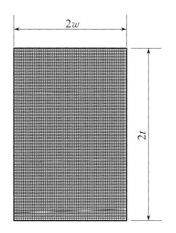

图 5-3　扭转梁截面示意图

式（5-2）中，不平衡质量块质量 $m_2 = 2\rho L_2 bt$，ρ 为硅材料密度。

式（5-1）中，剪切弹性模量 G 为

$$G = \frac{E}{2(1+\mu)} \tag{5-3}$$

式（5-3）中，E 为杨氏模量；μ 为泊松比。

抗扭惯性矩 I_t 为

$$I_t = \frac{16}{3}tw^3 \quad (w < t) \tag{5-4}$$

将式（5-2）～式（5-4）代入式（5-1），可得出输入加速度 a 引起的扭转角 φ 为

$$\varphi = \frac{3(m_2 aL)(1+\mu)l}{64Etw^3} \tag{5-5}$$

此时扭转梁上的最大切应力 $\tau_{\max}$ 为

$$\tau_{\max} = \frac{3(M_t/4)}{(2t)(2w)^2} \frac{3m_2 aL}{64tw^2} \tag{5-6}$$

敏感质量单元扭转弹性刚度 k 为

$$k = \frac{M_t}{\varphi} = \frac{32Etw^3}{3(1+\mu)l} \tag{5-7}$$

敏感结构无阻尼自振角频率 ω_n 为

$$\omega_n = \sqrt{\frac{k}{J}} = \sqrt{\frac{32Etw^3}{3(1+\mu)l \cdot J}} \tag{5-8}$$

式（5-8）中，J 为敏感质量单元的转动惯量。

$$J = \int_{-L_1}^{L_1+L_2} \rho b(2t)x^2 \mathrm{d}x = \frac{1}{3}\rho b(2t)\left[(L_1+L_2)^3 + L_1^3\right] \tag{5-9}$$

固有频率 f 为

$$f = \frac{\omega_n}{2\pi} = \frac{1}{2\pi}\sqrt{\frac{16Etw^3}{(1+\mu)l\rho bt\left[(L_1+L_2)^3+L_1^3\right]}} \tag{5-10}$$

由于偏心质量块由输入加速度引起的扭转角 φ 非常小，因此阵列式扭摆结构最大面外位移变化 Δd 可以近似为

$$\Delta d = \varphi(L_1 + L_2 + L_c) = \frac{3(m_2 aL)(1+\mu)(L_1 + L_2 + L_c)l}{64Etw^3} \qquad (5-11)$$

当输入加速度使得 Δd 达到最大（即 d_0）时，达到开环加速度计理论上的满量程 $a_{\max}$

$$a_{\max} = \frac{64d_0 Etw^3}{3m_2 Ll(1+\mu)(L_1 + L_2 + L_c)} \qquad (5-12)$$

开环加速度计的理论满量程 $a_{\max}$ 是敏感结构位移最大部分与衬底接触时取得的极限值，这种状态下作为中间极板的敏感结构容易与底部固定电极短路，敏感结构可能会与衬底吸合，并不是稳定的工作状态，因此在实际设计中需要考虑为敏感结构与衬底留出一定间隙。

由式（5-5）还可得到开环加速度计敏感结构在输入单位加速度时产生的角位移，即角度灵敏度 S_φ

$$S_\varphi = \frac{\varphi}{a} = \frac{3m_2 Ll(1+\mu)}{64Etw^3} \qquad (5-13)$$

开环阵列式扭摆加速度计的检测电容由 4 个敏感质量单元所属的检测电容并联而成，根据式（5-13）可以得到开环阵列式扭摆加速度计的电容灵敏度 S_C

$$S_C = 4\varepsilon S\left(\frac{1}{d_0 - \Delta d} - \frac{1}{d_0 + \Delta d}\right) = \frac{8\varepsilon SL_{es}S_\varphi}{(d_0 - L_{es}S_\varphi)(d_0 + L_{es}S_\varphi)} \qquad (5-14)$$

式（5-14）中 Δd 为单位加速度计下摆片间隙变量，通过对该开环扭摆式加速度计性能参数的推导，可以对常规的单锚点双梁敏感结构和阵列式扭摆加速度计采用的三锚点四梁敏感质量单元的各项参数进行对比，见表 5-1。

表 5-1　单锚点双梁敏感质量单元与三锚点四梁敏感质量单元参数对比

性能参数	单锚点双梁结构	三锚点四梁敏感质量单元
弹性刚度	k_c	$k = 2k_c$
无阻尼自振角频率	ω_{nc}	$\omega_n = \sqrt{2}\,\omega_{nc}$
角度灵敏度	$S_{\varphi c}$	$S_\varphi = S_{\varphi c}/2$
电容灵敏度	$\dfrac{2\varepsilon SL_{es}S_{\varphi c}}{(d_0 - L_{es}S_{\varphi c})(d_0 + L_{es}S_{\varphi c})}$	$S_{C0} = \dfrac{4\varepsilon SL_{es}S_{\varphi c}}{(2d_0 - L_{es}S_{\varphi c})(2d_0 + L_{es}S_{\varphi c})}$
扭转梁最大切应力	$\tau_{c\max}$	$\tau_{\max} = \tau_{c\max}/2$
理论开环最大输入加速度	$a_{c\max}$	$a_{\max} = 2a_{c\max}$

表 5-1 表明，与相同尺寸的常规扭摆式加速度计相比，采用阵列式布局的扭摆式加速度计每个敏感质量单元由于具有 4 条扭转梁，因此每个敏感质量单元的扭转弹性刚度为常规扭摆式加速度计的 2 倍，固有频率是常规扭摆式加速度计 $\sqrt{2}$ 倍，开环满量程是常规扭摆式加速度计的 2 倍，扭转梁最大切应力是常规扭摆式加速度计的 1/2，三锚点四梁结构

能够降低扭转梁上的应力。由于阵列式扭摆加速度计整体敏感结构由 4 个敏感质量单元组成，其电容灵敏度为敏感质量单元的 4 倍。

5.1.1.2　阵列式扭摆加速度计温度特性分析

阵列式扭摆加速度计由于电容检测灵敏度高，因而具有较大的精度潜力。同时，由于锚点的分布式设计且各个敏感质量单元彼此相互独立，可以有效降低衬底与扭摆结构之间应力的影响，进一步提高其全温性能。因此，对于衬底应力较大的情况，可以通过扭摆结构的阵列化设计来减小应力的影响。例如采用硅-玻璃工艺加工的 z 轴 MEMS 加速度计，由于硅材料和玻璃材料的热膨胀系数不同，当工作温度发生变化时，硅与玻璃不同的膨胀程度将会导致敏感结构形变，造成电容间隙变化，从而影响加速度计输出的稳定性。为了对比在衬底应力较大情况下阵列式结构和单质量结构温度特性优劣，下面对阵列式敏感结构开展温度特性仿真分析。

阵列式器件层材料为硅（100）晶圆，其热膨胀系数取 2.5 ppm/℃，衬底材料为 BF 33 玻璃片，其热膨胀系数为 3.25 ppm/℃。

选取参考温度为 25 ℃，对加速度计结构分别施加 60 ℃ 和 −40 ℃ 的温度载荷，仿真得到加速度计结构形变和各电容间隙变化情况如图 5-4 和图 5-5 所示。

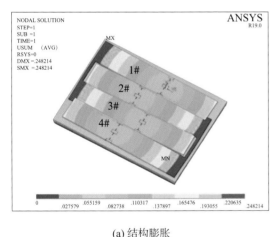

(a) 结构膨胀

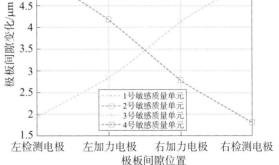

(b) 各电容间隙变化量

图 5-4　60 ℃ 温度载荷加速度计结构形变和各电容间隙变化情况

图 5-4 和图 5-5 表明，敏感质量单元的形变量以锚点为中心向外逐渐增大，4 个敏感质量单元中，靠近中心的两个敏感质量单元随温度发生的形变量相对较小。同时，图 5-4（b）表明，温度变化使敏感质量单元的扭转梁两侧产生共模形变，对 2# 敏感质量单元和 3# 敏感质量单元扭转梁的两侧检测电容进行差分运算，差分后的电容变化量显著减小，说明阵列式结构对温度变化引起的结构共模形变有显著的抑制作用。而 1# 与 4# 敏感质量单元靠近敏感结构外侧，图 5-4（b）表明，温度变化使这两个敏感质量单元两侧不仅产生共模形变，还发生了一定的差模形变，通过对扭转梁两侧检测电容的差分运算可以消除其中的共模部分。

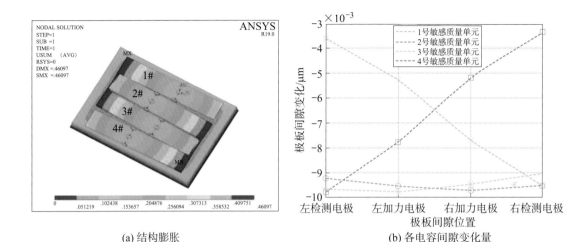

(a) 结构膨胀   (b) 各电容间隙变化量

图 5-5   -40 ℃温度载荷加速度计结构形变和各电容间隙变化情况

5.1.1.3 阵列式扭摆结构与单质量块扭摆结构温度特性对比

为了进一步验证阵列式结构对扭摆式加速度计温度特性的优化效果，依据阵列式扭摆结构的总尺寸参数设计了单质量块单路差分检测的扭摆式结构，如图 5-6 所示。该设计确保了单质量块扭摆式结构的质量块面积与阵列式扭摆结构各敏感质量单元中质量块总面积相同。同时，为了排除锚点和扭转梁对敏感结构温度特性的影响，单质量块扭摆式结构采用与阵列式扭摆结构相同数量的锚点和扭转梁，在相同条件下对上述两种结构进行温度特性仿真分析。

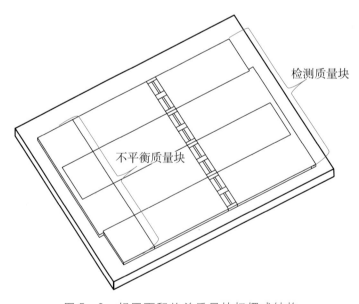

图 5-6   相同面积的单质量块扭摆式结构

单质量块扭摆结构与阵列式扭摆结构的差分检测电容变化量随温度变化对比曲线如图 5-7 所示。

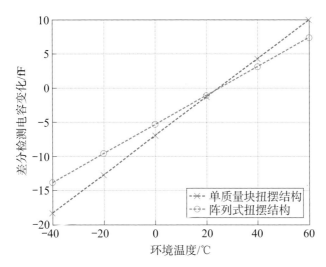

图 5-7　单质量块扭摆结构与阵列式扭摆结构差分检测电容变化量随温度变化曲线

由图 5-7 可以得到，单质量块扭摆结构在 $-40\ ℃\sim60\ ℃$ 差分检测电容变化量的极差为 28.29 fF，阵列式扭摆结构在 $-40\ ℃\sim60\ ℃$ 差分检测电容变化量的极差为 21.23 fF，相比单质量结构，阵列式扭摆结构的检测电容更加分散，具有高度的对称性，通过多路差分后温度性能更优。

当前，MEMS 惯性仪表已经在加工材料热胀系数匹配、结构应力隔离、电路误差补偿等多个方面有了较多的研究积累，后续继续挖掘提升的效果会相对有限。因此，通过阵列式结构设计消除加速度计部分共模误差，将会是提升 MEMS 加速度计综合性能的一个较为可行的思路。

▶ 5.1.2　高性能 MEMS 加速度计全温性能结构优化技术

材料热胀系数不匹配是 MEMS 加速度计温度误差的主要来源。单晶硅材料力学性能优异，具有良好的可加工性，成为 MEMS 中最常用的一种材料。但同时单晶硅材料是一种热敏材料，温度对硅的力学、热学和电学参数都有影响，给仪表的设计带来了很大困难，表 5-2 给出了单晶硅材料的热学参数随温度的变化情况。

表 5-2　单晶硅材料的温度特性

温度\项目	300 K	400 K	500 K	600 K	700 K
线膨胀系数/$(10^{-6}\ K^{-1})$	2.616	3.253	3.614	3.842	4.016
比热/$[J/(g\cdot K)]$	0.713	0.785	0.832	0.849	0.866
导热系数/$[W/(cm\cdot K)]$	1.56	1.05	0.8	0.64	0.52

图 5-8 所示的单晶硅和玻璃材料的热胀系数温度曲线表明，单晶硅的热胀系数随温度变化而变化，而硼硅酸盐玻璃 Pyrex7740 的热胀系数在 400 ℃ 以下基本不随温度变化，

"三明治"式加速度计如果采用玻璃-硅-玻璃三层结构，三层结构在高温下键合在一起，必然会由于热胀系数的失配，带来加速度计较大的温度误差。

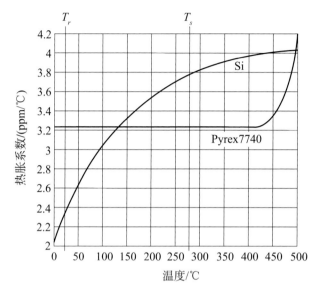

图 5-8　单晶硅/Pyrex7740 玻璃的热胀系数

根据对加速度计摆片组件的热变形（图 5-9）分析得到，"三明治"式加速度计敏感结构的三层结构不对称和材料热胀系数不匹配是仪表温度系数的主要来源。如果设计中将加速度计的梁布置在引线电极同一侧（图 5-9），就会因为梁和焊盘区域距离太近，而且焊盘区域在厚度方向不对称，使梁及摆片易受加速度摆片组件变形影响。

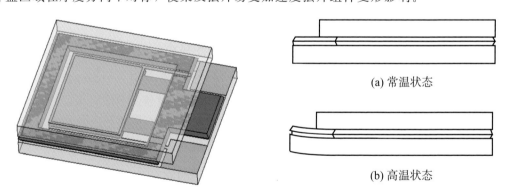

(a) 常温状态

(b) 高温状态

图 5-9　加速度计摆片组件的热变形

而将梁布置在引线电极的对侧后，就能增大梁和结构不对称部分的距离，梁及摆片受变形的影响会减小。改进前后结构的温度应力变形如图 5-10 所示[281]。

图 5-10 表明，通过提高结构的对称性设计可显著减小摆片结构的温度变形。除了通过梁位置的对称性布局优化加速计温度性能外，还可以通过优化结构设计和选择合适的衬底厚度优化加速计温度性能。下面通过对 4 种"三明治"式 MEMS 加速度计的典型结构（图 5-11）建模，仿真分析其温度特性，研究不同结构形式对加速度计温度应力的影响。

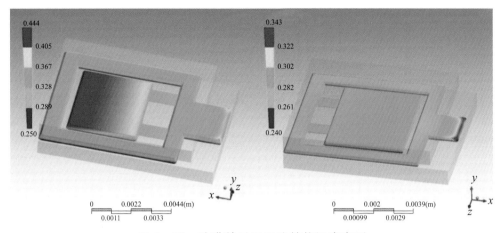

图 5-10　改进前后三明治结构温度变形

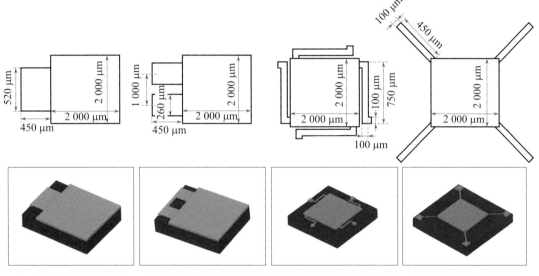

(a) 单悬臂梁结构(Ⅰ型)　(b) 双悬臂梁结构(Ⅱ型)　(c) L型旋转对称支撑梁结构　(d) 对角支撑结构(Ⅳ型)
(Ⅲ型)

图 5-11　4 种类型"三明治"式加速度计结构及基于结构化网格划分的 ANSYS 有限元模型

图 5-12 给出了上述 4 种"三明治"结构加速度计电容的温度漂移，玻璃衬底的厚度取典型值 500 μm，这种厚度的硼硅玻璃是 MEMS 加工中常采用的 MEMS 衬底，仿真的温度范围为−40～+60 ℃，仿真的温度间隔为 10 ℃。

图 5-12 表明温度升高造成的结构变形导致 MEMS 电容间隙变小，其中，采用 L 型旋转支撑梁的Ⅲ型结构具有最小的温度系数。其原因在于该结构能够通过梁-质量块的面内扭转释放一部分应力。单梁结构的Ⅰ型梁-质量块结构以及双梁结构的Ⅱ型梁-质量块结构具有十分接近的 MEMS 电容温度系数。双梁结构的温度系数略高于单梁结构的温度系

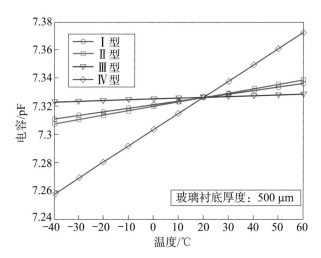

图 5-12   4 种类型"三明治"式加速度计电容温度漂移对比图

数是由于双梁结构在 MEMS 芯片上的支撑跨度略大于单梁结构，造成了其对衬底变形较为敏感。Ⅳ型梁-质量块结构的 MEMS 电容温度漂移最大，因为其很难通过结构变形释放应力。

　　玻璃衬底厚度对温度漂移的影响如图 5-13 所示，仿真时设置玻璃衬底的厚度从 300 μm 变化到 1 000 μm。从图 5-13 仿真结果看来，玻璃衬底的厚度对 MEMS 电容的温度漂移有略微的影响。对于Ⅰ型、Ⅱ型、Ⅳ型结构，随着衬底的厚度从 300 μm 增加到 500 μm，电容的温度漂移有所增加（而Ⅲ型结构电容温度漂移有所降低）。而当衬底的厚度从 500 μm 增加到 1 000 μm 时，4 种结构的温度系数均未发生明显变化。上述仿真结果也进一步印证了基于 SOG 工艺的 MEMS 加速计衬底玻璃片通常应选择厚度为 500～525 μm。

● 5.1.3   高性能 MEMS 加速度计抗高过载技术

　　大冲击载荷作用对 MEMS 加速度计零位的影响机理是 MEMS 加速度计抗高过载技术中一项很重要的研究内容，应通过深入研究冲击环境对 MEMS 敏感结构的作用机制，识别薄弱环节，通过设计敏感结构机械限位止挡结构，确保敏感结构承受冲击载荷后能够迅速恢复到初始状态，从而实现高过载精度保持。

5.1.3.1   有无面内止挡块结构抗冲击特性对比

　　提升 MEMS 加速度计的抗冲击性能，止挡结构设计是很重要的一环。通过止挡结构设计，能够降低大冲击环境下传递到敏感结构脆弱部位的应力和应变。止挡结构通常会包括面内止挡和面外止挡。某型梳齿式 MEMS 加速度计质量块面内止挡结构如图 5-14 所示。下面以梳齿式加速度计敏感结构在敏感轴方向受到固定载荷冲击为例进行应力和应变仿真对比。图 5-15 和图 5-16 分别为在敏感轴方向冲击下无止挡块结构和有面内止挡块结构的加速度计敏感结构的位移和应力仿真云图。

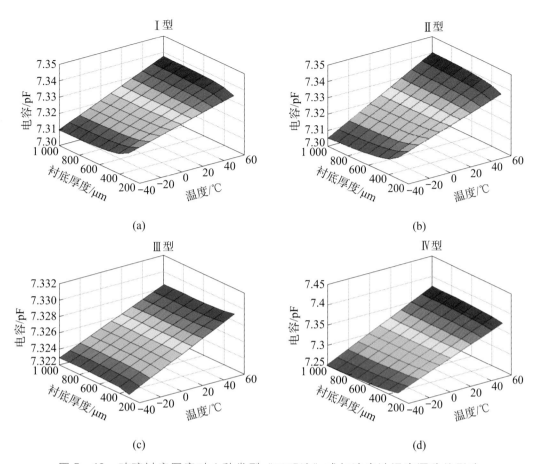

图 5 - 13　玻璃衬底厚度对 4 种类型 "三明治" 式加速度计温度漂移的影响

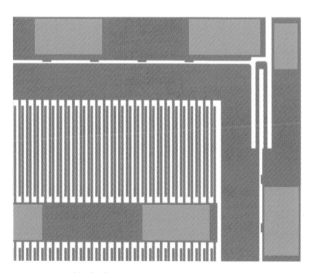

图 5 - 14　梳齿式 MEMS 加速度计质量块面内止挡结构

表面: 位移场, X分量(μm)　　　　　　　　表面: von Mises应力/(N/m²)

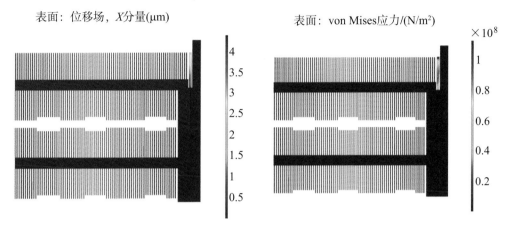

图 5－15　无止挡块加速度计敏感结构在敏感轴方向冲击下的位移和应力仿真云图

表面: 位移场, X分量(μm)　　　　　　　　表面: von Mises应力(N/m²)

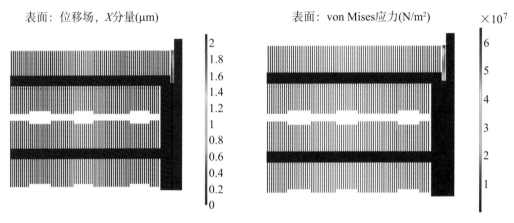

图 5－16　含有止挡块加速度计敏感结构在敏感轴方向冲击下的位移和应力仿真云图

图 5－15 表明，对于无止挡块敏感结构，在敏感轴方向固定载荷冲击下，最大位移为 4.38 μm，最大应力为 113 MPa，其位于加速度计检测梁区域。图 5－16 表明，对于有止挡块敏感结构，在敏感轴方向同样量级固定载荷冲击下，最大位移为 2.56 μm，最大应力为 64 MPa，其同样位于检测梁区域。表 5－3 为仿真结果统计表，可以看出，有止挡块结构能大幅度减少冲击应力。

表 5－3　仿真结果统计

结构类型	冲击位移/μm	冲击应力/MPa
无止挡块	4.38	113
有止挡块	2.56	64

5.1.3.2　不同面内止挡间隙下抗冲击特性对比

在止挡设计中，止挡参数对结构的抗冲击效果有直接的影响，图 5－17 为仿真得到的同一冲击量级不同止挡间隙下加速度计敏感结构最大应变与应力曲线。

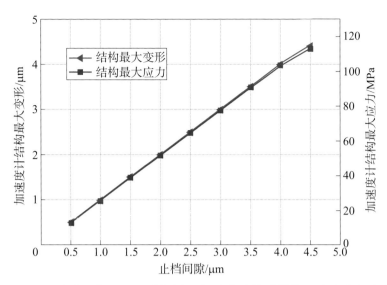

图 5-17　同一冲击量级不同止挡间隙下加速度计敏感结构最大应变与应力曲线

图 5-17 表明，对于敏感轴方向相同量级的冲击，无止挡结构时，加速度计敏感结构最大位移为 4.4 μm。当设置不同的止挡间隙后，敏感结构最大应变和最大应力会相应变化，并且随止挡间隙的减小最大应变和最大应力均相应减小。可见止挡结构有效限制了敏感结构的移动，并有效降低了敏感结构所受应力，说明止挡设计具有显著的限位作用，有效降低敏感结构所受的冲击应力。

5.1.3.3　梳齿式加速度计结构面外止挡设计及实现

对于梳齿式加速度计敏感结构，面内止挡通常在敏感质量块上设计，随敏感结构的深刻蚀工艺同步实现，相对较易设计和实现。而对于面外止挡结构，主要是针对 z 轴方向的冲击对敏感结构进行保护，设计和实现则较为复杂。基于晶圆级封装工艺的梳齿式加速度计上、下止挡结构与 MEMS 陀螺仪中的相同，如图 3-35（a）所示，它采用上、下两组止挡结构来钳制质量块在 z 轴方向受到冲击时的位移。

为防止质量块在 z 轴冲击下碰到止挡结构产生碎屑，实际设计中会将上、下止挡结构安排在面积大的质量块区域。

通常情况下，上、下止挡结构和质量块的间隙应小于敏感结构无面外止挡结构时同样量级冲击下质量块的最大位移，同时，止挡间隙的大小也要符合实际的工艺加工能力，根据抗过载性能的要求进行设计。

因加速度计敏感结构的驱动和检测均在 $x-y$ 平面内，z 轴的结构刚度较大，在高过载环境中，运动位移为几个微米，因此上、下止挡结构和质量块之间的间隙大约为几微米。只有当敏感结构采用三层结构，将上、下止挡结构分别布置在封帽层和衬底层时，才会对质量块在 z 轴方向的位移进行有效钳制。

面外止挡结构的关键工艺是精确控制上、下止挡结构和质量块之间的间隙，相对于无止挡结构的敏感结构而言，这无疑增加了工艺难度。为了精确控制上述间隙，设计中可综合采用薄膜淀积、光刻、刻蚀、腐蚀等常规微纳加工工艺，利用键合区的薄膜厚度来进行间隙的精确控制，典型工艺实现过程如图 5 - 18 所示。

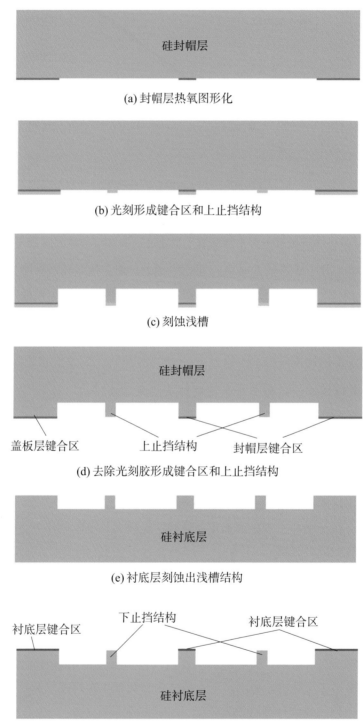

(a) 封帽层热氧图形化

(b) 光刻形成键合区和上止挡结构

(c) 刻蚀浅槽

(d) 去除光刻胶形成键合区和上止挡结构

(e) 衬底层刻蚀出浅槽结构

(f) 金属薄膜图形化形成键合区和下止挡结构

图 5 - 18　止挡结构工艺实现过程

图 5-18 表明，上止挡结构和质量块的间隙是利用氧化硅薄膜的厚度来控制，下止挡结构和质量块的间隙是利用金属薄膜的厚度来控制。无论是氧化硅薄膜还是金属薄膜，它们的淀积工艺方式决定了薄膜厚度可以控制在纳米级精度，从而保障面外止挡结构的工艺精度。

5.2　高性能 MEMS 加速度计控制系统

● 5.2.1　高性能 MEMS 加速度计闭环控制系统模型

加速度计敏感结构可以等效为一个"质量-弹簧-阻尼"模型，其机械结构模型如图 5-19 所示。其中，m 为检测质量，k 为弹簧弹性系数，b 为阻尼系数。

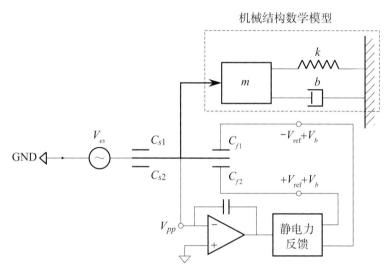

图 5-19　电容式 MEMS 加速度计静电力反馈控制环路示意图

加速度作用到活动质量块产生的惯性力使质量块产生位移进而使差动电容发生变化。为使差动电容的变化转换成电信号，通过构建信号检测电路向两个检测电极加入高频激励信号 V_{es}，对 V_{pp} 输出信号进行调制。解调的电压信号通过校正网络并由静电力反馈系统转换后反馈至加力电容，形成闭环系统。

考虑到活动电极的负刚度系数，MEMS 加速度计控制系统框图如图 5-20 所示。

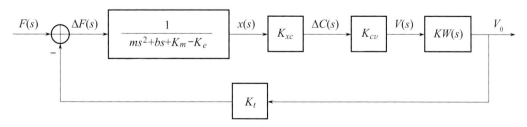

图 5-20　电容式 MEMS 加速度计控制系统框图

根据图 5-20 加速度计系统框图建立 MEMS 加速度计模拟环路系统的传递函数

$$H_{\text{LOOP}}(s) = \frac{V_0(s)}{F(s)} = \frac{K_{xc}K_{cv}KW(s)}{ms^2 + bs + [K_m + K_t K_{xc}K_{cv}KW(s) - K_e]} \tag{5-15}$$

式 (5-15) 中，m 为质量块质量；b 为 MEMS 敏感结构的阻尼系数；K_m 为 MEMS 敏感结构的机械刚度；K_{xc} 为位移/电容转换系数；K_{cv} 为电容-电压转换系数；$KW(s)$ 为加速度计控制器；K_t 为加速度计静电力反馈系数。

当 $K_m - K_e < 0$ 时，即 MEMS 加速度计敏感结构的机械刚度小于电路系统的静电负刚度时，被控对象不满足最小相位条件，校正网络的设计目标是使系统为条件稳定系统。此时，根据劳斯判据可知，加速度计系统稳定的条件是 $K_m + K_t K_{xc}K_{cv}KW(s) - K_e > 0$，即系统有足够的闭合电刚度。

对于 $KW(s)$ 控制器模块而言，其主要由一阶低通滤波器和 PID 控制器两部分构成，且满足

$$KW(s) = H_{\text{LPF}}(s) \cdot H_{\text{PID}}(s) = \frac{\omega_0}{s + \omega_0} \cdot \frac{K_p T_i s + 1}{T_i s} \tag{5-16}$$

式 (5-16) 中，ω_0 为特征角频率，K_p 为比例系数，T_i 为积分时间。

通过在控制器校正网络中引入积分环节，提供很大的电刚度，有效避免了开环加速度计的静电负刚度吸合效应。采用 Simulink 仿真某型加速度计模拟闭环系统，得到系统频率特性曲线如图 5-21 所示，其中截止频率 ω_c 为 146 Hz，相角裕度满足 $\gamma = 142.14°$。

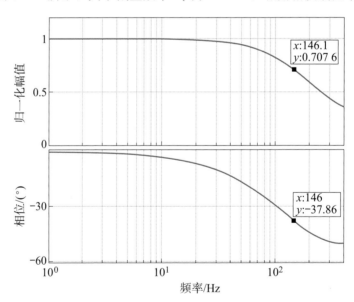

图 5-21　电容式 MEMS 加速度计模拟系统频率特性曲线

● 5.2.2　高性能 MEMS 加速度计电学模型化技术

对于集成电路设计来说，常用的 EDA（Electronic Design Automatic，电子设计自动化）工具 Cadence 没有相应的 MEMS 模型供使用。因此，敏感结构的模型化是电路设计

的一大难点。目前，MEMS 加速度计敏感结构电学模型化的方式主要有：

1) 基于 MATLAB/Simulink 的 MEMS 加速度计表头与接口电路的联合仿真模型，但其更多着眼于系统行为级仿真，无法给出电路器件级的仿真，与实际差距较大。

2) 基于 PSPICE (Personal Simulation Program with integrated Circuit Emphasis，用于 PC 机的集成电路分析程序) 的闭环 MEMS 加速度计系统仿真模型，但其电路采用的是理想模块，并不能直接应用于 ASIC 电路设计中。

3) 专用的 MEMS 建模软件，例如 MEMSplus 等，此种方式建立的模型较为精确且可以直接生成网表用于 Cadence 仿真，但其仿真节点众多，在进行联合仿真时对服务器资源消耗较大。

除上述 3 种方式之外，采用 Verilog - A 语言进行模型描述成为一种新的方式。Verilog - A 语言作为一种自由度较高的硬件语言，可以用来描述模拟电路单元的结构、行为及相应特性参数，也可以用于描述如固体力学、流体力学等传统的信号系统。目前，主流的 EDA 仿真工具 (如 Spectre、HSPICE、ELDO 等) 基本上都支持 Verilog - A 语言。使用 Verilog - A 语言对 MEMS 加速度计表头进行建模，将表头机械模型转化为电学模型，并与 ASIC 接口电路进行联合仿真，成为一种有效的指导 ASIC 电路设计的方法。

用 Verilog - A 语言对 MEMS 加速度计的电路进行仿真，加速度计的典型力学模型为

$$m \frac{\mathrm{d}^2 x(t)}{\mathrm{d}t^2} + b \frac{\mathrm{d}x(t)}{\mathrm{d}t} + kx(t) = ma(t) \tag{5-17}$$

式 (5-17) 中，m 为加速度计质量块质量；b 为加速度计阻尼系数；k 为加速度计弹簧刚度；a 为加速度；$x(t)$ 为质量块位移。

设 k_{se} 为检测激励电压引起的刚度，k_e 为预载电压引起的刚度，k_1 为反馈静电力系数，$k_c G_c(s)$ 为系统调理控制电路 (包含校正电路) 的传递函数，闭环加速度计的传递函数为

$$\frac{U(s)}{A(s)} = -\frac{k_c G_c}{s^2 + \frac{b}{m}s + \frac{k + k_c k_1 G_c - (k_{se} + k_e)}{m}} \tag{5-18}$$

由式 (5-18) 可知，在表头建模时需考虑静电负刚度对于系统刚度的影响，这样才能更准确地反映出机械运动与电学控制互相影响的过程。由此建立的表头模型主要包含积分器模块、空气阻尼模块、机械弹簧模块和静电力模块。用 Verilog - A 建立的加速度计表头模型，如图 5-22 所示。

图中 F_{res}、F_{spr}、F_e 分别为阻尼力、弹性力、静电力。阻尼力主要来自动极板运动时与定极板之间的空气阻力[183]，在常温常压下

$$F_{res} = b(x) \cdot \frac{\mathrm{d}x}{\mathrm{d}t}$$

$$b(x) = \frac{1}{2} \mu A^2 \left[\frac{1}{(d_0 - x)^3} + \frac{1}{(d_0 + x)^3} \right] \tag{5-19}$$

式 (5-19) 中，μ 是空气阻尼系数；A 是电容的面积；k 为机械弹性系数；弹性力 $F_{spr} = kx$。

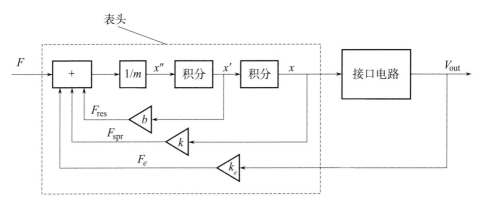

图 5-22　MEMS 加速度计仿真模型

典型梳齿电容式加速度计静电力 F_e 可表示为

$$F_e = \frac{\varepsilon\varepsilon_0 A_{se}}{2}\left[\frac{V_{se}^2}{(d_0+x)^2}-\frac{V_{se}^2}{(d_0-x)^2}\right]+\frac{\varepsilon\varepsilon_0 A_e}{2}\left[\frac{(V_e+V_x)^2}{(d_0+x)^2}-\frac{(V_e-V_x)^2}{(d_0-x)^2}\right]$$

$$(5-20)$$

式 (5-20) 中，A_{se} 为加速度计检测电容面积；V_{se} 为在加速度计差动检测电容极板上施加的反相高频激励电压的幅值；A_e 为加速度计驱动电容面积；V_e 为加力极板上的预载电压；V_x 为反馈电压；x 为质量块位移。利用 Verilog-A 中的压控电压源作为基本模型，配合积分电路，将表头位移和加速度输入分别用电压表示，具体建立的 MEMS 加速度计敏感结构模型的开环仿真图如图 5-23 所示。由图可以看出，输入分别为 1 g、2 g、3 g 的阶跃信号时，表头的输出与输入加速度值具有线性对应关系。

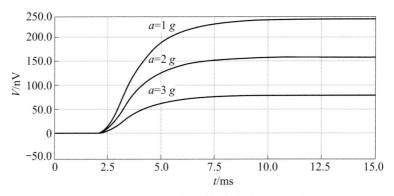

图 5-23　MEMS 加速度计表头开环仿真

在利用 Verilog-A 建模过程中，由于采用了传函等效方式建模，对环路特性的仿真比较精确。并且可以根据所关注的敏感结构特性，有针对性地在几个环节中增加描述模块，实现类似于 MOS 仿真模型的 Level 升级。

5.3 高性能 MEMS 加速度计控制电路技术

加速度计敏感结构采用差分电容结构，信号读取均可采用电容-电压转换方式。针对微型电容结构的小信号读取，通常采用基于电荷放大器原理的小电容检测方案。小电容检测方案采用载波激励敏感结构，在外界加速度的作用下产生差分电容变化并通过电荷放大器转化为电压信号，此电压信号可以看成是被加速度调制的电压信号，利用高通放大电路来提高微弱信号的幅度并抑制低频噪声，载波输入移相电路调整信号的相位使之与输入到开关相敏解调器的调制信号相位一致，解调之后通过低通滤波，可获得一个正比于外界加速度变化的电压信号。

随着集成电路技术的发展，以往使用分立电路或混合集成电路进行加速度计控制的方案基本上已经被专用集成电路所取代。在基本架构上，传统的模拟闭环电路仍然可以发挥其作用；同时，由于引入了集成电路技术，整体设计更加均衡，系统功耗较分立电路更低，系统集成度更好，易于实现小体积高性能的加速度计产品。在电容检测、静电力反馈的 MEMS 加速度计中，设计高性能 ASIC 电路需要从低噪声、有限芯片面积等方面考虑数控 PID 电路设计。

▶ 5.3.1 高性能 MEMS 加速度计闭环反馈控制技术

静电力反馈是闭环 MEMS 加速度计控制系统中的关键环节，直接影响 MEMS 加速度计的输出特性，对于"三明治"式加速度计等三电极的敏感结构，可采用静电力分时反馈的工作原理实现 MEMS 加速度计闭环电路，即电荷敏感时间与静电力反馈时间分离，从而避免静电力反馈电压对电荷检测通路的耦合，提高传感器的可靠性，其原理如图 5-24 所示。MEMS 加速度计接口 ASIC 芯片通过数字时序电路控制模拟开关 S6、S8 的轮流通断，从而分时完成电容变化检测及静电力反馈，最大程度减小反馈信号对检测信号的馈通及耦合。结合开关电容电路中的相关双采样电路噪声消除技术及电路参数噪声优化，可实现大于 120 dB 动态范围的 MEMS 加速度计。

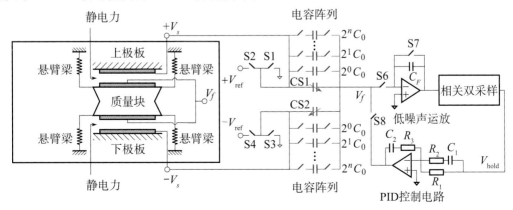

图 5-24　分时反馈闭环 MEMS 加速度计系统原理图

分时反馈更适用于三电极的敏感结构，但由于静电力反馈占空比的问题，对静电力的利用有限。因此，对于大量程加速度计，可采用全时反馈方式，其原理图如图 5 - 25 所示。全时反馈方式适用于梳齿式加速度计，需要设计 5 电极结构。在采用此种方案的梳齿式加速度计中，驱动梳齿和检测梳齿相对独立，可通过调整梳齿的比例，进一步调节反馈和检测的占比，从而适配不同的量程和灵敏度。

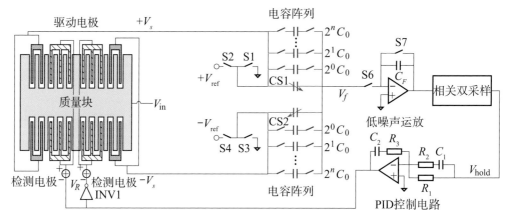

图 5 - 25　全时反馈闭环 MEMS 加速度计系统原理图

● 5.3.2　高性能 MEMS 加速度计前端放大器低噪声技术

MEMS 加速度计敏感结构输出信号为差分微弱电容信号，首先需要将微弱电容信号转化为电压信号。高性能 MEMS 加速度计典型的前端放大器如图 5 - 26 所示，图中 S_{top} 是接加速度计电容上电极的输入端，S_{etv} 是载波输入端，S_{bot} 是接加速度计电容下电极的输入端，C_c 是放大器的补偿电容，C_f 是放大器的反馈电容，V_{tp} 和 V_{tn} 分别是放大器的正负输出端口。

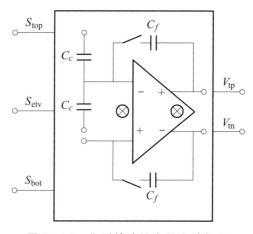

图 5 - 26　典型前端放大器电路框图

加速度的有用信号通常处于低频段，而 CMOS 电路在低频段存在 $1/f$ 噪声影响，因此需要分离 $1/f$ 噪声和微弱电容信号。目前，常用的电容读出技术主要采用斩波稳定技术或者相关双采样技术，两种技术在应用中各有优势。

▶ 5.3.3　高性能 MEMS 加速度计 PID 电路设计

要构成闭环的加速度计系统，环路的稳定性是一大难点。加速度计的敏感单元是具有二阶低通特性的连续时间传输函数，具有两个相距非常近的机械极点，在谐振频率附近，这两个极点会产生 $-180°$ 的相移，容易导致环路不稳定。由于共轭极点的存在，该极点频率周围相位从 180° 变为 0°，原处于负反馈的系统变为正反馈系统，并发生振荡。因此，需要引入 PID 电路，调节环路的稳定性。

一般加速度计结构的传递函数为

$$|H(s)| = \left|\frac{Z(s)}{A(s)}\right| = \frac{m}{ms^2 + bs + k} = \frac{1}{s^2 + \frac{b}{m}s + \frac{k}{m}} \quad (5-21)$$

其对应的幅频与相频响应曲线如图 5 - 27 所示。

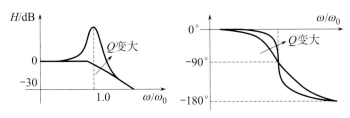

图 5 - 27　一般加速度计结构的幅频与相频响应曲线

从图 5 - 27 中可以看出，随 Q 值增大，系统会出现谐振，若不加调节而直接构成闭环，必然导致环路不稳定。因此，需要引入 PID 校正环节对环路的幅频响应进行调节。PID 校正环节的主要作用是引入极点或者零点，从而改变原来系统的零点和极点分布，进而解决原系统的不稳定问题。

通用的 PID 校正环节通常包含 PI、PD 以及 PI 和 PD 的混合工作方式，能够给系统提供多种选择，以实现闭环稳定性。典型的 PID 架构图如图 5 - 28 所示。

PID 校正环节的传递函数设计为

$$H_{\text{PID}} = \frac{R_f(C_{f1} + C_{f2})R_iC_is^2 + [R_f(C_{f1} + C_{f2}) + R_iC_i]s + 1}{R_fC_{f1}s^2 + s} \times \frac{1}{R_iC_{f2}} \quad (5-22)$$

从式（5 - 22）中可以发现，通过调节电容电阻参数可以调节 PID 的传递函数，相比于分立电路可以使用外接电阻和电容来实现不同的 PID 参数，若集成电路芯片需适配不同的敏感结构或对同一结构实现不同的带宽调整，需要使用大量的电容和电阻，且由于集成电路中差分电路的使用，电容和电阻往往是成对出现的，这就需要在芯片上设计庞大的电阻和电容网络，以实现不同的 PID 参数。同时，还需要相应的数字开关阵列对电阻和电容网络加以控制，阻容网络的版图设计还需要考虑对称性，并使用 dummy 器件降低寄生参

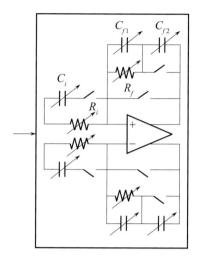

图 5-28　PID 架构图

数的影响。上述技术措施会导致芯片面积显著上升，因此，在有限芯片面积的约束下，集成电路通常很难保证对所有的敏感结构参数在不同工作要求下的通用适配性，对于敏感结构参数的匹配控制将变得十分重要。同时，由于该级负载调整范围较大且处于芯片的输出级，需要 PID 中的运放能够带的容性负载较大，且考虑到降低功耗和提高电源效率，因此通常采用折叠式输入级加上一级具有较大驱动能力的输出级。为尽可能降低噪声和失调，可以通过加入斩波电路降低输入端的噪声和失调。

● 5.3.4　高性能 MEMS 加速度计高压电荷泵设计

为了实现较高的量程，加速度计电路系统通常会使用高压（通常超过 10 V）驱动敏感结构的反馈极板实现闭环检测，而 ASIC 芯片本身的供电通常最高为 5 V，因此需要在电路芯片上集成电荷泵，用于给高压运放供电。为了适配不同的量程，电荷泵通常设计为可调输出架构。

图 5-29 是电荷泵的整体框图，包括可通过数字电路调节的电阻反馈阵列、误差放大器、电压比较器、电荷泵电路和时钟产生电路。可调的电阻反馈阵列会向误差放大器的反向端反馈一个反馈电压 V_f，误差放大器会将 V_f 与基准电压 V_{REF} 进行误差放大，输出的电压作为时钟产生电路的使能端，决定产生时钟与否，进而决定电荷泵是否工作，最终达到控制输出电压的目的。

在图 5-30 电荷泵泵体电路中，为达到预期输出电压，电荷泵泵体电路会通过频繁的电荷转移，产生一个比输入更高的电压信号 V_{CP}，并且达到目标值时电荷泵失去时钟信号会停止工作，进而降低电路功耗，提高电荷泵的工作效率。电荷泵电路包括 4 个相同的倍压器，4 个倍压器依次连接，第一级左端接输入电压 V_{DD}，最后一级右端接输出 V_{CP}，电路中使用 MOS 管作为开关，PMOS 晶体管的宽长比应该是 NMOS 晶体管的两倍，电容的大小还需要综合考虑。

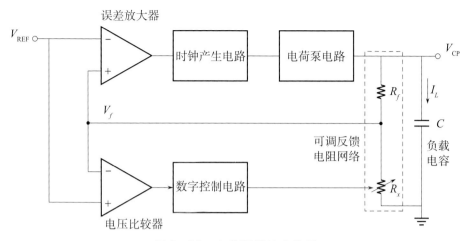

图 5-29　电荷泵模块电路图

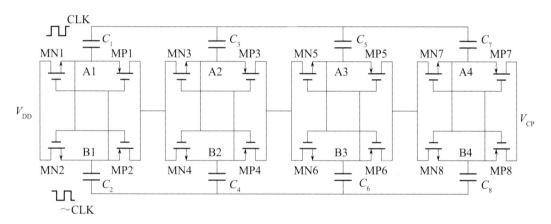

图 5-30　电荷泵泵体电路结构示意图

通过电荷守恒定律逐级推导，可以得到泵体的输出电压公式为

$$V_{CP} = 5 \times V_{DD} - \frac{3I_L}{2fC}$$

(5-23)

式（5-23）中，I_L 为电荷泵的负载电流，f 为电路的工作频率，C 为负载电容。

在加速度计电路系统中的电荷泵，由于其提供了产生静电力的直流电压，常常需要更高的输出电压范围来平衡大量级加速度输入或在机械刚度不足的情况下提供电刚度，因此加速度计 ASIC 通常需使用高压工艺来实现，甚至要求提供栅高压工艺，这会导致流片成本上升，同时也限制了工艺特征尺寸的选择空间，目前该类工艺的主流特征尺寸均在 0.11 μm 以上，工艺选择更灵活。

▶ 5.3.5　高性能 MEMS 加速度计 ΣΔ 接口电路技术

随着高性能 MEMS 加速度计对量程和分辨率的要求不断提高，整体的动态范围要求不断上升，通常要求模数转换器的精度高于 20 位。在集成电路设计中，使用传统的 ADC

（例如流水线型或逐次逼近型 ADC）已不能满足整体系统对动态范围的要求，因此使用
ΣΔ 架构，以过采样技术实现所需的高精度模数转换成为必然选择。同时，加速度信号往
往处于较低频率范围，ADC 采样率并不需要太高，这使该架构更易于实现。随着集成电
路技术的发展，以 ΣΔ 架构为主的接口集成电路正成为 MEMS 加速度计的主流控制方案。
本节主要介绍该方案的原理和主要发展情况[282,283]。

5.3.5.1 ΣΔ 加速度计接口电路原理

如 5.2.2 节所述，电容式加速度计敏感结构是一个质量-阻尼-弹簧系统，其传递函数
$M(s)$ 可表示为

$$M(s) = \frac{1}{ms^2 + bs + k} \tag{5-24}$$

式（5-24）中，m 是质量块的质量；k 是梁的刚度；b 是加速度计阻尼系数。加速度计
敏感结构可以被视为二阶电学 ΣΔ ADC 中常用的两个级联积分器。这种二阶 ΣΔ 调制器回
路[284] 的系统级示意图如图 5-31 所示，包括 MEMS 敏感结构单元、模拟读出接口、补
偿网络、量化器和反馈通道中的电压-力转换器。

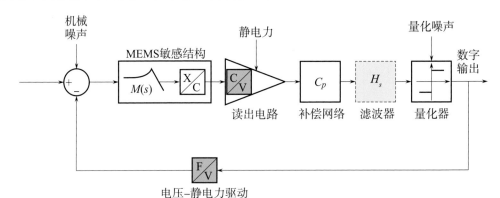

图 5-31 二阶 ΣΔ 调制器回路的系统级示意图

ΣΔ 加速度计具有脉冲密度调制比特流形式的直接数字输出信号，可以直接与数字信
号处理系统连接。数字反馈信号直接加在检测质量块两侧的平行板电容电极上，转换为作
用在检测质量块上的静电力 F_{fb}，可表示为

$$F_{fb} = \text{sgn}(D_{out}) \frac{\varepsilon_0 A_{fb} V_{fb}^2}{2(d_0 \pm x)^2} \tag{5-25}$$

式（5-25）中，ε_0 是真空的介电常数；A_{fb} 是加速度计加力电极的面积；V_{fb} 是反馈电
压；d_0 是电容间隙；x 是质量块基于敏感方向的位移；D_{out} 是数字量化器输出的瞬时值。静
电力在检测质量偏移较小的情况下（$x \ll d_0$）可被近似为常数。量化器引入的量化误差，
可被建模为附加噪声源。要实现高信噪比（Signal to Noise Ratio，SNR）需要量化噪声比
机械噪声（布朗噪声）和电学噪声电平低一个量级。尽管通过增加采样频率可以在一定程
度上改善二阶 ΣΔ 调制器的 SNR，但由于 ΣΔ 中的电子噪声和量化噪声之间的耦合，SNR

的改善有局限性。此外，较高的采样频率导致较高的系统功耗，提高 SNR 的更好解决方案是在较低采样频率下使用高阶 ΣΔ 调制器，使用额外的电学滤波器，从而在信号频带中实现高阶量化噪声整形。机械噪声和输入惯性力信号通过环路滤波器，在信号频带内没有衰减。量化噪声传递函数（Quantum Noise Transfer Function，QNTF）为

$$QNTF = \frac{1}{1 + M(s)K_{po}C_p H_s K_{fb} K_q} \tag{5-26}$$

式（5-26）中，K_{po} 是电容读出电路的增益；C_p 为补偿器的传递函数；H_s 为附加电学滤波器的传递函数；K_{fb} 为反馈增益；K_q 为量化器的等效增益。通过二阶机械环路滤波器（MEMS 敏感结构单元）与补偿器和附加电学滤波器级联，以获得进一步的量化噪声整形。高阶 ΣΔ 调制器接口电路的实现可以在离散时间（DT）域或连续时间（CT）域中实现。CT 接口与 DT 接口相比可以以更高的采样频率工作，而 DT 接口很容易从数学描述映射到实际电路设计中。

5.3.5.2　高阶 ΣΔ 加速度计接口电路

二阶 ΣΔ 调制器加速度计由于敏感结构积分器的低频增益受到折叠梁或悬臂梁结构刚度倒数的限制，在低频时具有相对较差的噪声整形。此种情况下增加积分器可以提高性能，图 5-32 给出了三阶 ΣΔ 调制器加速度计系统原理图，通过在环路中增加一个积分器来提高信噪比。以"三明治"式结构为例，在力反馈阶段，传感元件与读出电路断开，检测质量块朝中心位置驱动，整个 ΣΔ 调制器仅提供二阶噪声整形。由于加速度计的次极点往往远高于信号带宽，因此不会影响信号频带中的噪声整形。

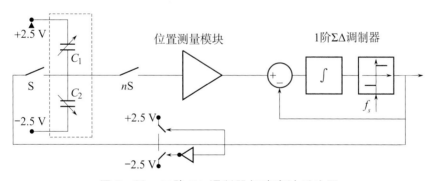

图 5-32　三阶 ΣΔ 调制器加速度计系统图

图 5-33 为四阶 ΣΔ 调制器的框图，其中不包含绕过传感元件的信号路径。补偿零点的位置被很好地控制并且在工作温度范围内相对稳定。由于传感器与滤波器和量化器串联出现，因此可以通过改变反馈脉冲的幅度来调整反馈范围。通过分配反馈增益系数使 $\gamma = 0$，则该架构可以作为加速度计的四阶低通 ΣΔ 调制器接口。

大多数 ΣΔ 调制器加速度计使用低 Q 机械元件、四阶或五阶结构和单位量化器。高过采样率、高阶噪声整形或多位量化器反馈是改善单环 ΣΔ 调制器加速度计噪声整形的有效方法[285,286]。然而增加采样频率可能会导致不同噪声源之间的相互作用，并增加功耗。实现具有高线性度静电反馈力的多位 DAC 同样具有挑战性，因为静电驱动本质上是非线性

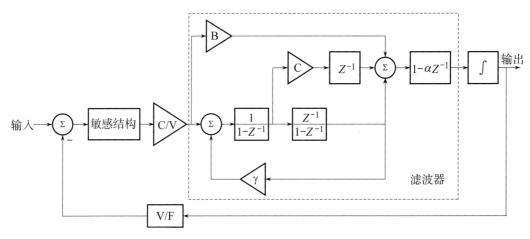

图 5 - 33   四阶 ΣΔ 调制器的框图

的。尽管可以通过使用线性化方案来改善反馈信号的线性度，但是反馈信号通过检测质量位移和偏移来调制的原理使这种方式的线性度提升较为有限。

应用环境条件下高性能 MEMS 加速度计精度提高技术

在应用环境中，MEMS 加速度计敏感结构会受到内外部应力作用，这些应力相应会转换为作用在质量块上的外力，进而影响 MEMS 加速度计的输出。当温度环境发生变化时，相应的应力变化会进一步影响 MEMS 加速度计的全温性能指标，制约了产品的批量工程化应用。因此，有必要从敏感结构应力控制的角度进行优化，并在此基础上开展应用端数字补偿，相应提升 MEMS 加速度计的全温性能。

▶ 5.4.1   采用全硅结构对其温度性能的提升

MEMS 加速度计敏感结构内的应力主要来源于不同材料之间的热胀系数差异。早期 MEMS 加速度计采用 SOG（Silicon on Glass，玻璃上硅）工艺加工，尽管设计人员通常选用与硅热膨胀系数比较一致的 Pyrex7740 玻璃作为其敏感结构的衬底，硅与衬底之间的热失配仍不容忽视。如图 5 - 34 所示，在 0 ℃～60 ℃范围，玻璃材料的线热膨胀系数为 3.25 ppm，硅为 2.25～2.7 ppm。当两种不同热膨胀系数的晶片在高温下键合到一起后，自然地会生成热应力和应变，过大的残余热应力会造成加速度计结构形变，影响加速度计的使用精度，严重的甚至会造成键合表面断裂导致器件失效。随着温度的变化，两种材料之间的热应力相应发生变化，从而带来 MEMS 加速计输出随温度波动。

目前，采用硅作为衬底的全硅 MEMS 工艺已经成为高性能 MEMS 加速度计的主流制造技术。采用全硅工艺可以抑制衬底材料与核心敏感结构之间的材料热失配，从而提高 MEMS 加速度计的温度性能。图 5 - 35 为在未经数字补偿的情况下某型加速度计敏感结构采用全硅工艺与采用 SOG 工艺时的全温偏值测试对比。对比结果表明，采用全硅工艺的

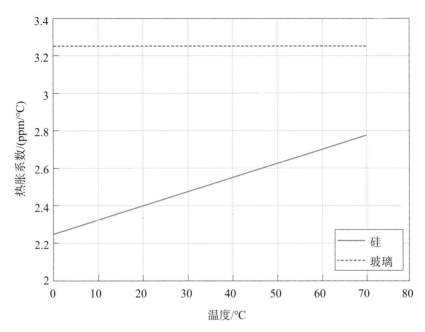

图 5-34　硅与 Pyrex7740 玻璃热胀系数差异

MEMS 加速度计全温偏值变化远小于采用 SOG 工艺的产品。因此，采用全硅工艺加工加速度计敏感结构，可以有效减小高低温对加速度计输出的影响，全温性能更好。

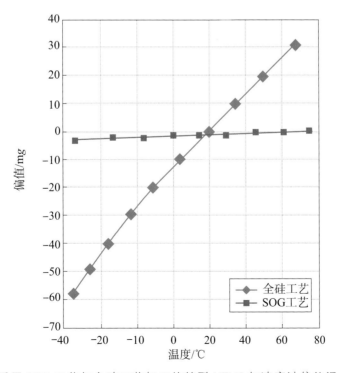

图 5-35　采用 SOG 工艺与全硅工艺加工的某型 MEMS 加速度计偏值温度特性对比

▶ 5.4.2 加速度计应力对消结构设计

在结构设计方面，可以对 MEMS 加速度计敏感结构进行优化以减小应力对其的影响，可以通过增加应力隔离框架和应力隔离梁实现应力隔离，但这种方案通常会显著增加加速度传感器体积而限制了它的应用。另一种通用的方法是进行对称性设计，通过设计对称差分结构实现应力差分进而减小面内应力的影响。除此之外，对于一器件层的锚区上下两面均需要键合的晶圆级封装 MEMS 加速度计，还可以采用键合锚区应力对消方法[287]，有效降低传递到敏感结构上的热应力，从而提升加速度计的全温性能。本节以晶圆级封装的全硅梳齿式 MEMS 加速度为例对此进行论述。

全硅加速度计芯片结构如图 5-36 所示，芯片主要由三层结构组成，包括衬底层、器件层和封帽层。其中，封帽层与器件层之间有一层图形化的二氧化硅，通过硅-二氧化硅直接键合将器件层与封帽层结合在一起，器件层与衬底层之间通过金-硅共晶键合使两层结合在一起，形成一个可供器件层微结构自由活动的空腔。衬底层上布有电极图形，采用共面电极实现空腔结构内的敏感结构与空腔外电极焊盘的互联。封帽层与器件层及衬底层与器件层之间的键合区域是锚区，锚区将三层结构连接在一起，实现了对器件层可动结构的支撑。

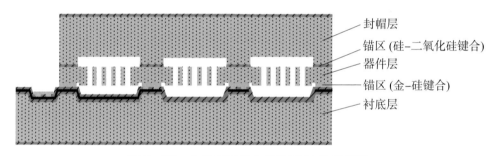

图 5-36　全硅 MEMS 加速度计结构示意图

通常而言，梳齿电容式 MEMS 加速度计器件层是对称排布的，但是器件层上下的封帽层和衬底层不是完全对称的。封帽层与器件层支撑的锚区层为二氧化硅层，衬底层与器件层支撑的锚区层为金层，这样由于二氧化硅、金与硅的热膨胀系数不一致，会引起结构两侧锚区在不同温度下所受应力不一致。由于内应力存在，导致加速度计全温性能下降。针对这种情况，可以通过设计敏感结构上下两侧锚区面积匹配从而达到两侧应力平衡，使全温下敏感结构应力最优，减小不对称应力的产生，从而提高加速度计的全温精度。

锚区受力差值为不同温度下硅-二氧化硅锚区和金-硅锚区受力差值，锚区受力大小为面上正应力乘以锚区面积。锚区比定义为硅-二氧化硅锚区面积除以金-硅锚区面积后的平方根。以某加速度计产品的硅-二氧化硅锚区尺寸为基准，锚区尺寸变化方式是按边长等比例缩放衬底层的金-硅键合锚区，锚区比值取值在 0.1～2 之间，分别在 233.15 K、278.15 K、333.15 K 温度条件下进行仿真，图 5-37 给出典型的锚区比值与受力差值在不同温度下的关系图，可以看出三条曲线的变化趋势基本一致，锚区比值小于 0.6 的区域均变化比较平缓，0.6～1.2 之间呈上升趋势，之后是一个急剧下降与上升的变化过程，最后又趋于平缓。仿真结果表明，加速度计敏感结构受力差值随锚区比值的变化趋势在不同温度下具有较好的一致性。因此，可以通过选取合适的锚区比值，降低加速度计敏感结构在不同温度下的应力，从而改善加速度计的温度性能。

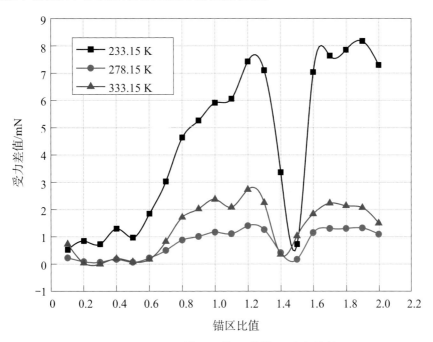

图 5 - 37　不同锚区比值下的锚区受力差值

由于在实际加工过程中，过小的锚区会影响键合强度，通常不会设计锚区比值为 0.1 和 0.3 的锚区。因此，根据图 5 - 37 可以选择 0.5 和 1.5 这两个极点，但是锚区比值在 1.5 附近的应力差值起伏过大，容易因加工误差引起较大的差异，所以选择锚区比为 0.5 作为优化参数进行版图设计，如图 5 - 38（a）所示。工艺加工后的扫描电子显微镜（Scanning Electron Microscope，SEM）图如图 5 - 38（b）所示，能够确保在一定工艺误差范围内仍然具有比较小的结构应力。

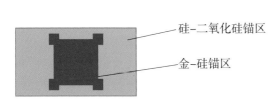

(a) 锚区比为0.5的锚区工艺版图

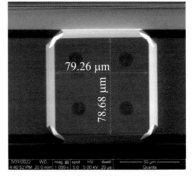

(b) 锚区比为0.5的锚区SEM图

图 5 - 38　锚区比为 0.5 的锚区版图设计及加工出的锚区 SEM 图

为验证上述结论，在 0.5 锚区比的基础上，按照图 5 - 37 曲线，在锚区比 0.6～1.2 之间选择另一锚区比 0.8 作为对照组进行版图的设计和加工，设计的工艺版图和加工后的 SEM 图分别如图 5 - 39（a）和图 5 - 39（b）所示。

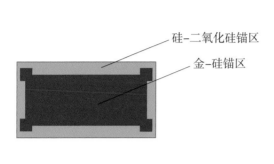

(a) 锚区比0.8的锚区工艺版图　　　　　　　　(b) 锚区比0.8的锚区SEM图

图 5 - 39　锚区比为 0.8 的锚区版图设计及加工出的锚区 SEM 图

选取加工完成的锚区比为 0.8（编号分别为 1♯、2♯、3♯、4♯）和锚区比为 0.5（编号分别为 5♯、6♯、7♯、8♯）各 4 只典型加速度计开展全温性能实验研究，测试两种锚区比的加速度计零偏和标度因数全温稳定性，分析验证键合锚区应力对消方法的有效性，图 5 - 40 至图 5 - 43 为该典型加速度计两种键合锚区下的全温测试曲线。

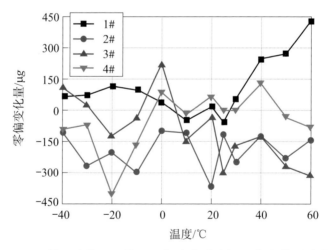

图 5 - 40　锚区比为 0.8 的 4 只加速度计全温零偏变化测试曲线

从图 5 - 40 至图 5 - 43 可以得出，锚区比为 0.5 的加速度计全温零偏稳定性和全温标度因数稳定性整体上要显著优于锚区比为 0.8 的加速度计，从而验证了锚区应力对消方法对优化电容式 MEMS 加速度计全温性能的关键作用。

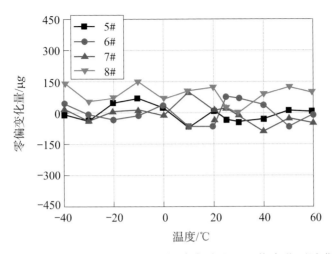

图 5-41　锚区比为 0.5 的 4 只加速度计全温零偏变化测试曲线

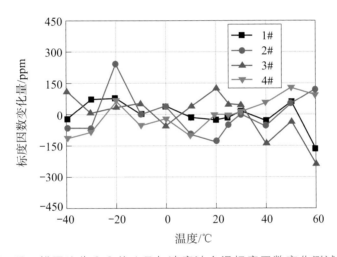

图 5-42　锚区比为 0.8 的 4 只加速度计全温标度因数变化测试曲线

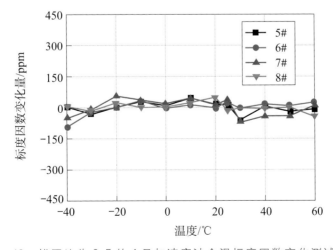

图 5-43　锚区比为 0.5 的 4 只加速度计全温标度因数变化测试曲线

◐ 5.4.3　加速度计应用系统级的温度补偿

提升 MEMS 加速度计全温性能除了通过材料选择、加工工艺、结构设计等方面的改善和优化外，通常也可以在其应用系统（如惯性测量组合）中采用温度误差建模进行温度补偿，通过温度补偿，可以显著减小加速度计的温度误差。图 5-44 和图 5-45 分别为某典型加速度计偏值和标度因数应用端温度补偿前后随温度变化的曲线。

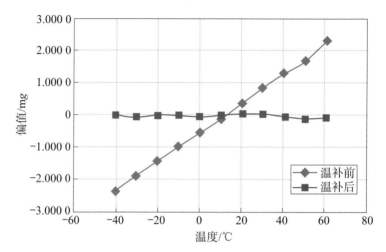

图 5-44　温度补偿前后偏值全温变化对比

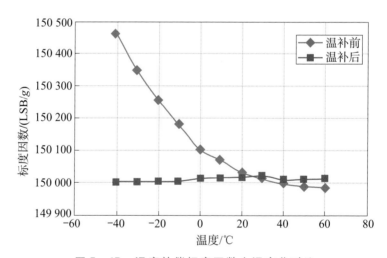

图 5-45　温度补偿标度因数全温变化对比

图 5-44 和图 5-45 表明，温度补偿可以有效减小高低温环境对 MEMS 加速度计输出的影响，通过温度补偿，加速度计的全温性能通常可提高一个数量级以上。

◐ 5.4.4　适度的老化试验

采用温度循环进行加速度计老化试验，使加速度计结构中由工艺加工和封装胶粘剂引起的应力得到释放，可以减小高低温环境对加速度计输出的影响，改善加速度计的全温性能。但过量的高低温度循环试验也会影响使用寿命。因此，需要通过监测温度循环过程中加速度计的输出变化，找出最佳的温度循环次数，从而达到最佳的老炼效果。

将某典型加速度计按图 5-46 所示程序进行 4 轮次温度循环试验，温度范围为 $-45 \sim +70\ ℃$，温箱升、降温速率为 $5\ ℃/min$，一次循环时间为 4 小时。温度循环过程中加速度计全程通电，并全程采集数据，每轮温度循环次数为 10 次。

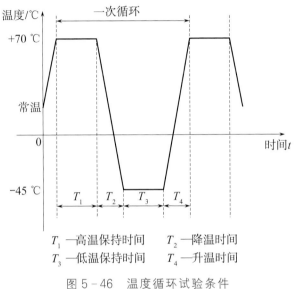

图 5-46　温度循环试验条件

温度循环试验结束后，对采集到的加速度计输出数据进行 10s 滑动平均处理，绘制 4 轮次温度循环试验共计 160 小时的温度-加速度计输出曲线，典型曲线如图 5-47 至图 5-50 所示。为了便于分析 4 轮温度循环试验中加速度计在应力释放过程下的收敛情况，每轮温度循环试验过程中的加速度计输出曲线用不同颜色进行区分。

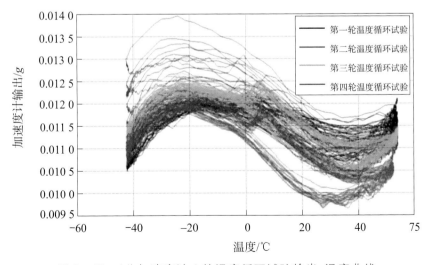

图 5-47　1# 加速度计 4 轮温度循环试验输出-温度曲线

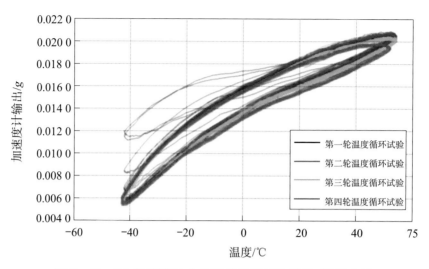

图 5-48　2#加速度计 4 轮温度循环试验输出-温度曲线

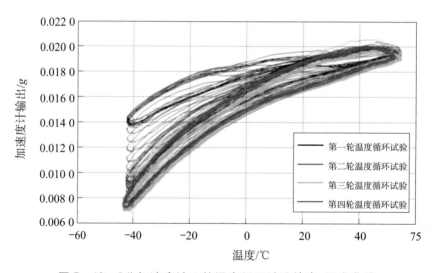

图 5-49　3#加速度计 4 轮温度循环试验输出-温度曲线

　　从 4 轮温度循环试验输出曲线可以看到，温度循环试验对加速度计应力释放的时效作用效果显著，特别是第一轮温度循环试验过程中加速度计输出曲线较为离散。但是，经过两轮 20 个温度循环后，加速度计温度循环试验输出均趋于收敛，到第三轮和第四轮温度循环试验时，各个循环过程中加速度计的输出基本一致，具有了较好的重复性。考虑到不同批次不同晶圆上的各加速度计之间的个体差异，所需温度循环试验次数相应会有一定差异，将温度循环试验次数设定为不少于 20 次能够较为充分地完成加速度计的应力释放。

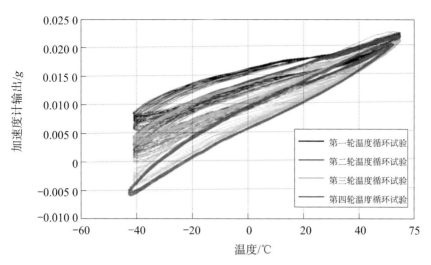

图 5-50　4#加速度计 4 轮温度循环试验输出–温度曲线

5.5 高性能 MEMS 加速度计相关工程性能设计技术

高性能 MEMS 加速度计在工程应用中除关心精度指标外，还关注大动态（宽频带）、高低温、复杂力学环境下的稳定性能，以及加速度计的可靠性等方面。

5.5.1 宽频带应用领域高性能 MEMS 加速度计带宽设计技术

MEMS 加速度计由于应用领域的不同，所需带宽要求也不同，大部分应用领域 150 Hz 带宽能够满足要求，对于 150 Hz 以内的带宽，通常较为容易通过 MEMS 敏感质量、梁刚度、闭环电路 PID 参数和加速度计后端的带宽滤波器综合调节实现。而对于超过 1 000 Hz 带宽的闭环加速度计，则要考虑更多环节进行设计，比如某典型应用要求电容式 MEMS 加速度计带宽为 2 000 Hz，也就是 12 560 rad/s。

根据式（5-17）电容式 MEMS 加速度计二阶微分方程进行拉氏变换可得

$$(ms^2 + bs + k)X(s) = mA(s) \tag{5-27}$$

得到以加速度 $a(t)$ 作为输入，质量块相对位移 $x(t)$ 作为输出的传递函数如下

$$\frac{X(s)}{A(s)} = \frac{m}{ms^2 + bs + k} = \frac{1}{s^2 + 2\frac{b}{2\sqrt{km}}\sqrt{\frac{k}{m}}s + \left(\sqrt{\frac{k}{m}}\right)^2} = \frac{1}{s^2 + 2\zeta\omega_n s + \omega_n^2}$$

$$\tag{5-28}$$

式（5-28）中，加速度计无阻尼自振角频率 ω_n 为

$$\omega_n = \sqrt{\frac{k}{m}} \tag{5-29}$$

加速度计阻尼比 ζ 为

$$\zeta = \frac{b}{2\sqrt{km}} = \frac{b}{2m\omega_n} \qquad (5-30)$$

品质因子 Q 为

$$Q = \omega_n m / b = \sqrt{km} / b \qquad (5-31)$$

从式（5-30）和式（5-31）可以得出 3 种不同阻尼情况，见表 5-4。

表 5-4 不同阻尼系统取值

欠阻尼系统	$Q>1/2$	$b<2\sqrt{km}$
临界阻尼系统	$Q=1/2$	$b=2\sqrt{km}$
过阻尼系统	$Q<1/2$	$b>2\sqrt{km}$

令 Q 值分别为 1/4、1/2、2，不同阻尼特性下 MEMS 加速度计系统波特图如图 5-51 所示，当系统为过阻尼系统时，带宽为 488 Hz，远小于加速度计工作模态的频率；当系统为临界阻尼系统时，带宽为 1 250 Hz，比工作模态频率略小；当系统为欠阻尼系统时，带宽约为 2 970 Hz，大于工作模态频率。

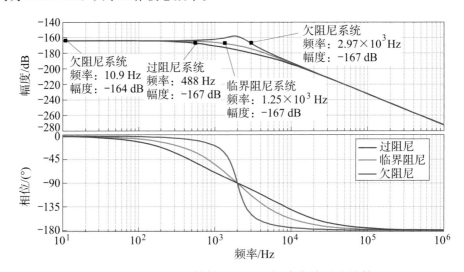

图 5-51 不同阻尼特性下 MEMS 加速度计系统波特图

当加速度计谐振频率为 2 000 Hz 时，品质因子选 1/2，此时，加速度计带宽为 1 250 Hz，难以达到带宽 2000 Hz 的要求。

因此，需要设计加速度计谐振频率略大于带宽，令 $\omega_n = 22\ 608$ rad/s，即谐振频率 3 600 Hz，此时 $Q=1/2$，得到的加速度计频率特性曲线如图 5-52 所示，该设计参数下加速度计带宽为 2 360 Hz，满足系统设计要求。

▶ 5.5.2　高低温环境下高性能 MEMS 加速度计性能提升技术

由于 MEMS 加速度计所应用的各类制导弹药、无人机、无人驾驶汽车、无人舰船等

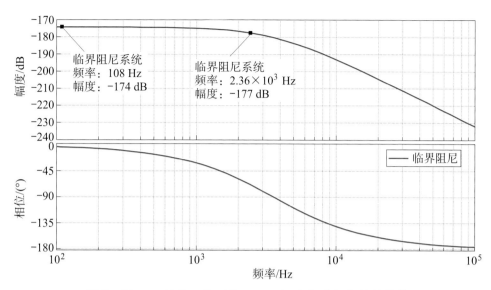

图 5-52　Q 值为 1/2 时的 MEMS 加速度计频率特性曲线

均属于复杂工况下使用，其中最典型的是复杂的温度环境，实际应用中往往需要在较大温度范围保持较高的精度，因此对 MEMS 加速度计在高低温下的高性能保持有着迫切需求。而对于高低温环境下高性能 MEMS 加速度计性能提升技术，除了前面章节所述的全硅工艺、结构应力对消、应用端温度补偿等措施外，封装工艺和电路系统对加速度计温度性能的影响及解决措施也尤为重要[288-290]。

5.5.2.1　高性能 MEMS 加速度计低应力封装技术

　　为了减小 MEMS 加速度计封装体积，通常不采用传统的两芯片平铺的封装方式，而是采用 MEMS 敏感结构和 ASIC 两芯片堆叠封装设计，如图 5-53 所示。将 MEMS 芯片通过粘接胶粘贴在陶瓷管壳底板上，ASIC 芯片粘贴在 MEMS 芯片之上，二者之间通过引线键合进行互联并与封装壳体之间互联，完成金属封帽后形成最终的加速度计产品。

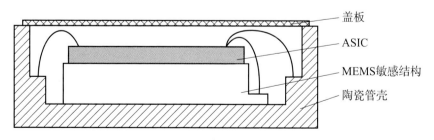

图 5-53　MEMS 加速度计堆叠封装示意图

　　由于在堆叠封装设计中，敏感结构粘接和 ASIC 粘接都会引入粘接应力，是 MEMS 加速度计整表应力的重要来源。粘接应力会影响加速度计零偏和标度因数全温性能，为了尽可能降低 ASIC 粘接胶和 MEMS 敏感结构粘接胶带来的封装应力影响，建立 MEMS 加速度计堆叠封装有限元模型如图 5-54 所示。通过有限元分析方法，分析封装点胶量、胶点尺寸等关键工艺参数对 MEMS 加速度计芯片粘接应力或检测电容变化量的影响，明确粘接层的几何参数与热应力的关系，将有助于选择合理的胶点尺寸参数，从而降低封装热应力，提高加速度计的全温性能。

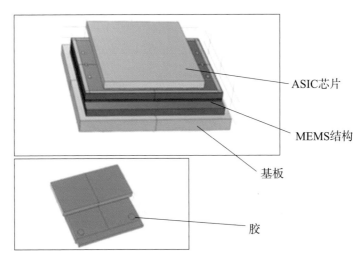

ASIC芯片

MEMS结构

基板

胶

图 5-54　MEMS 加速度计堆叠封装有限元模型

通常而言，由于 ASIC 尺寸小，ASIC 的多点粘接方式在实际工艺中可行性差，只能采用单点粘接的方式堆叠粘接于加速度计敏感结构上方，因此只对 ASIC 粘接胶厚度进行研究。设置 ASIC 粘接胶厚度为 $10 \sim 150~\mu m$，仿真加速度计敏感结构所受的最大应力仿真结果如图 5-55 所示。从图 5-55 可以看出，胶厚度大于 25 μm 以后应力基本不变。在实际粘接工艺中，为了确保足够的粘接强度，ASIC 粘接胶厚度也不会低于 25 μm，因此在可靠的粘接范围内，ASIC 粘接胶厚度参数可选范围较大，对加速度计敏感结构热应力影响不明显。

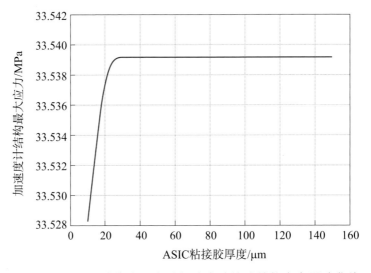

图 5-55　ASIC 粘接胶厚度对加速度计敏感结构应力影响曲线

为研究加速度计敏感结构粘接胶点分布和胶点尺寸对加速度计敏感结构封装应力的影响，建立在不同点胶接方式下的胶点尺寸模型，通过仿真分析确定在特定胶接方式和胶点尺寸下加速度计敏感结构的最大应力。仿真结果如图 5-56 所示。图 5-56（a）、（c）、（e）、（g）分别为加速度计敏感结构 1 点粘接、2 点粘接、3 点粘接和 4 点粘接示意图，图 5-56（b）、（d）、（f）、（h）分别为在加速度计敏感结构 1 点粘接、2 点粘接、3 点粘接和 4 点粘接方式下粘接胶胶点半径与加速度计敏感结构最大应力的关系曲线。从 4 种点胶方式下的最大应力横向对比来看，4 点粘胶方式下加速度计结构的最大应力最小，在33.202 MPa 左右，而其余 3 种点胶方式下加速度计敏感结构最大应力均大于 33.5 MPa。因此，选择 4 点粘接方式作为加速度计敏感结构的粘接方式。此外，由图 5-56（h）可以看出，胶点半径在 138～206 μm 范围内结构应力均相对较小，因此在工艺参数设置时，选择敏感结构的粘接半径在 138～206 μm 范围内，既降低了点胶工艺控制难度，也能将加速度计敏感结构粘接引入的应力控制在相对较低的范围。

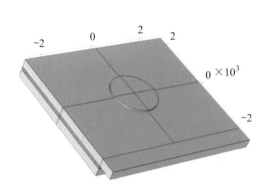

(a) 1 点粘接示意图

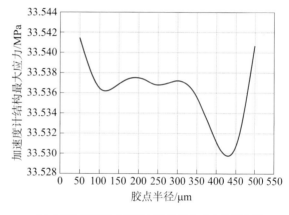

(b) 1 点粘接下胶点半径与结构最大应力关系曲线

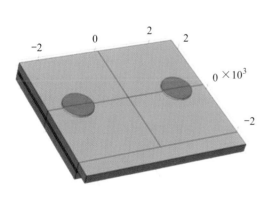

(c) 2 点粘接示意图

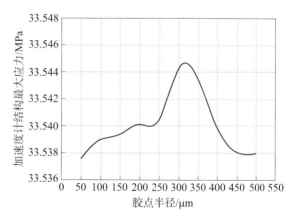

(d) 2 点粘接下胶点半径与结构最大应力关系曲线

图 5-56　典型加速度计敏感结构粘接形式和粘接胶半径与结构应力关系

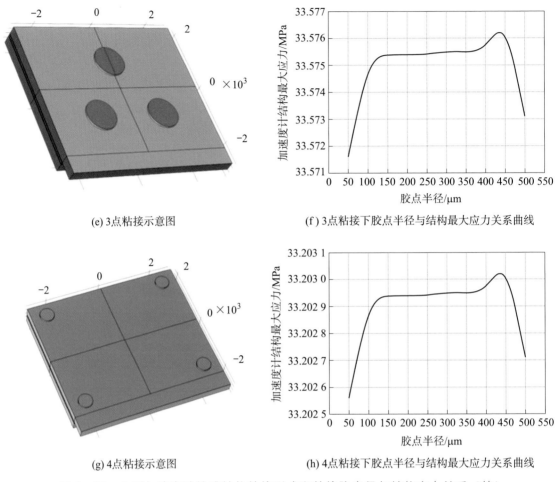

(e) 3点粘接示意图   (f) 3点粘接下胶点半径与结构最大应力关系曲线

(g) 4点粘接示意图   (h) 4点粘接下胶点半径与结构最大应力关系曲线

图 5 - 56   典型加速度计敏感结构粘接形式和粘接胶半径与结构应力关系（续）

为了分析加速度计敏感结构粘接胶厚度对敏感结构应力的影响，在确定加速度计敏感结构 4 点粘接和粘接胶点胶半径的基础上，以常温下粘接前加速度计敏感结构应力为基准，设置 4 点粘接胶厚度为 $10\sim150~\mu m$，当温度从 $-40~℃$ 升到 $60~℃$ 时，计算加速度计敏感结构中最大应力，图 5 - 57 为加速度计结构应力受粘接胶厚度的影响曲线。由图 5 - 57 可以看出，粘接应力随粘接层厚度的增加而减小，并且当厚度超过 $60~\mu m$ 时，粘接热应力的减小幅度变小。因此，设置加速度计敏感结构粘接胶厚度在 $60~\mu m$ 以上时，能够将敏感结构粘接引入的应力控制在相对较低的水平。

通过对 ASIC 粘接参数及加速度计敏感结构粘接方式和粘接参数的研究，明确了 MEMS 加速度计堆叠封装的粘接工艺参数，实现了加速度计低应力堆叠封装，图 5 - 58 为加速度计堆叠封装实物图。

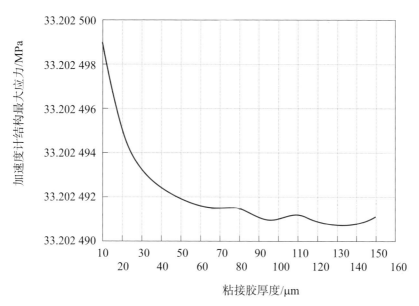

图 5-57　粘接层厚度与热应力的关系

图 5-58　某型加速度计堆叠封装照片

5.5.2.2　电路系统中基准源温度特性补偿

（1）基准源温度特性补偿方法

MEMS 加速度计的全温性能，除了与敏感结构的材料选择、结构设计、芯片加工、芯片封装工艺等方面相关，还受电路系统温度特性影响。因此，MEMS 加速度计在温度环境下的性能改善和提升，一方面要从敏感结构的设计、制造和封装等进行优化，从而降低加速度计的温度应力；另一方面也要分析电路系统对加速度计温度性能的影响，并相应采取措施，减小电路系统温度特性对 MEMS 加速度计的影响，并在此基础上进行数字温度性能补偿，以提高 MEMS 加速度计的综合温度性能。

图 5-59 为某典型 MEMS 加速度计接口 ASIC 芯片原理图，其中包括 MEMS 加速度计微弱电容检测电路、静电平衡反馈、高精度 24 位 ΣΔ 模数转换器、数字补偿（增益、

量程、非线性、温度补偿等）及数字 SPI 串行接口输出等模块，MEMS 加速度计静电力平衡采用高压 V_R 及 PID 控制器原理来实现。反馈 PID 控制电路中所采用的运算放大器的失调电压将直接反映在传感器输出中，其失调温度系数也将成为加速度计温度系数中的关键组成部分。电路设计中采用三级运算放大器拓扑结构和二级电容器补偿，其中运算放大器采用二级差分放大结构以实现低失调温度系数。除了采用低失调温度系数运算放大器外，加速度计力矩器参考电压的稳定性直接影响加速度计的输出电压。尤其是当环境温度变化时，其参考电源电压的变化将引起加速度计输出变化。由第 4 章的论述可知，多种加速度计输出 V_{out}、零偏 K_0 与参考电源电压 V_{ref} 直接相关，加速度计标度因数与驱动参考电压 V_{ref} 呈反比关系。因此，为提升 MEMS 加速度计的全温性能，研究提升加速度计闭环控制电路中参考电压 V_{ref} 的温度稳定性非常关键[279]。

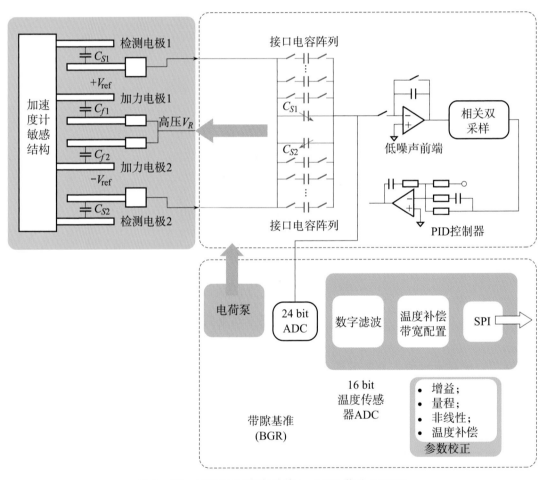

图 5-59　MEMS 加速度计接口 ASIC 芯片原理图

MEMS 加速度计接口电路参考电压来源如图 5-60 所示。图 5-60 表明，ASIC 所使用的带隙基准，是后续驱动参考电压的初始来源，其温度特性对加速度计最终温度特性有直接影响。因此，通过补偿基准电压温度特性，能够从闭环控制电路环路内提升加速度计

图 5-60 加速度计 ASIC 参考电压来源

的温度性能，从而降低加速度计数字端温度模型残差，为提升加速度计数字端温度补偿效果打好基础。

常见的 BGR 电路通过将两个电压值相等、温度系数符号相反的电压相加，从而得到与温度无关的电压源。负温度系数电压由衬底三极管的基极-发射极电压 V_{BE} 实现。正温度系数由两个工作在不同电流密度下的三极管的基极-发射极电压差值 ΔV_{BE} 来完成。实际应用中，两个温度系数之和并不精确为零。

典型的 BGR 电压源如图 5-61 所示[291,292]。其中 V_{OS} 为失调电压，双极晶体管 Q_2 的发射器面积是 Q_1 的 n 倍。在运算放大器的作用下，节点 X 和 Y 的电压相等，流过双极晶体管 Q_2 和 Q_1 的电流也相等，Q_1 和 Q_2 的基极-发射极电压差值为

$$\Delta V_{BE} = V_T \ln n \tag{5-32}$$

式（5-32）中，$V_T = kT/q$，k 为玻耳兹曼常数；T 为绝对温度；q 为电子电荷。在失调情况下参考电压输出为

$$V_{REF} = V_{BE2} + \left(1 + \frac{R_2}{R_3}\right)(V_T \ln n + V_{OS}) \tag{5-33}$$

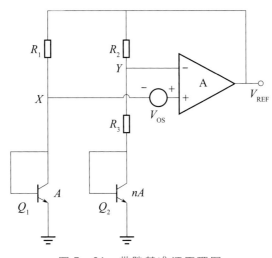

图 5-61 带隙基准源原理图

通过选择适当的 n 和电阻 R_2、R_3 的比例，可以对基准源的温度系数进行调控，并在一定条件下得到与温度近似无关的输出参考电压。在集成电路设计中，出于版图对称性的考虑，n 一般取 8，R_2、R_3 采用电阻修调网络的方式实现，并通过数字寄存器或其他手段加以控制。

图 5 - 62 给出了某典型基准源电阻修调参数配置优化后输出电压温度特性的仿真结果，在 −50 ℃到 85 ℃范围内，输出电压随温度变化一次项系数接近 0，全温输出电压最大变化量为 1.55 mV，温度系数为 9 ppm/℃，说明了上述基准源温度补偿方法的有效性。

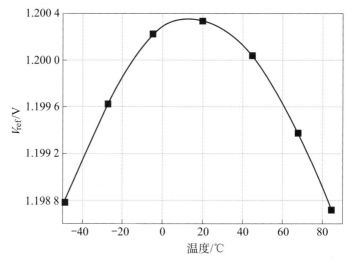

图 5 - 62　带隙基准的温度特性仿真

在 ASIC 具体设计过程中，三极管的数量为确定值，其温度特性由器件本身决定，受加工工艺影响，而电阻通过构成电阻网络的方式，可以实现后期调整。加速度计的标度因数与高压驱动电压 V_R 直接相关，因此标度因数温度特性将直接受高压驱动电压特性影响，即直接受 BGR 温度特性影响。受限于 ASIC 芯片 PAD 数量和抗干扰设计，BGR 的直接输出不容易测得，因此选择芯片 4.5 V 的输出点在 −40〜+60 ℃范围内进行测试，对基准温度特性进行评估[293]。

图 5 - 63 为测得的某 ASIC 出厂状态下基准源温度特性曲线，图 5 - 64 为通过调整电阻网络完成温度补偿后测得的基准源温度特性曲线。

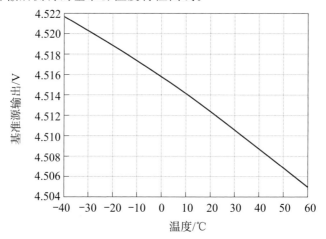

图 5 - 63　电路芯片出厂状态基准源温度特性

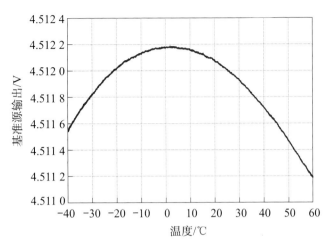

图 5-64　电路芯片修正后的基准源温度特性

图 5-63 和图 5-64 表明，由于 ASIC 设计值和实际加工之间的偏差，实际测得的 4.5 V 基准电压值和理论值存在一定偏差。出厂状态 4.5 V 基准电压随温度基本呈线性变化。经过调整电阻网络进行温度补偿后，4.5 V 基准电压随温度变化量大幅降低，并且随温度呈二阶曲线变化，与图 5-62 仿真曲线趋势一致，测得 -40～+60 ℃ 范围内 4.5 V 基准电压变化量典型值为 200 ppm，从而验证了上述基准源温度补偿的可行性。

（2）基准源温度特性补偿效果验证

为了验证 MEMS 加速度计基准源温度补偿效果，选取某典型加速度计 5 只（编号为 acc1～acc5），对该型加速度计分别进行均未温度补偿、仅基准源温度补偿、仅数字端温度补偿以及基准源温度补偿和数字端温度补偿的双重补偿下的全温零偏和标度因数测试对比。图 5-65 至图 5-68 为该典型加速度计在各种温度补偿状态下零偏和标度因数全温测试结果。

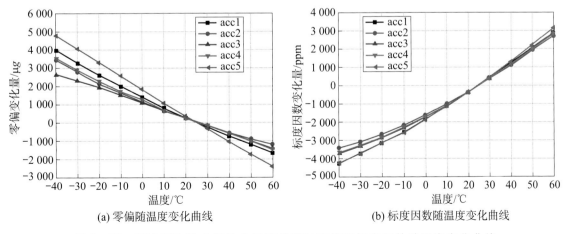

(a) 零偏随温度变化曲线　　　　　　　(b) 标度因数随温度变化曲线

图 5-65　基准源和数字端均未温度补偿时零偏和标度因数随温度变化曲线

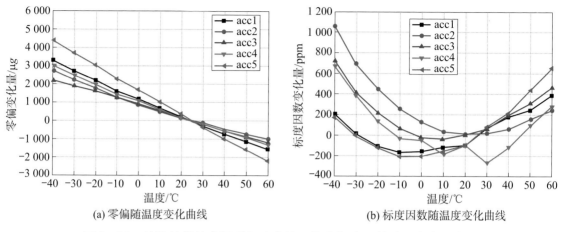

(a) 零偏随温度变化曲线 （b) 标度因数随温度变化曲线

图 5-66　单独补偿基准源后加速度计零偏和标度因数随温度变化曲线

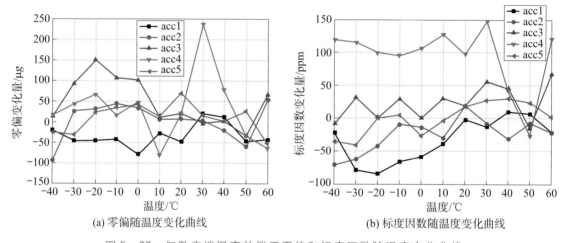

(a) 零偏随温度变化曲线 （b) 标度因数随温度变化曲线

图 5-67　仅数字端温度补偿后零偏和标度因数随温度变化曲线

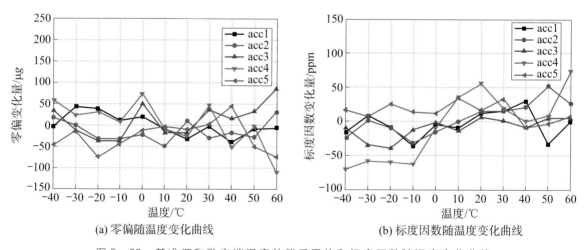

(a) 零偏随温度变化曲线 （b) 标度因数随温度变化曲线

图 5-68　基准源和数字端温度补偿后零偏和标度因数随温度变化曲线

上述测试结果表明，复合温度补偿方式相较任何一种单一的温度补偿方式，对加速度计全温性能的提升有明显优势。通过采用电阻修调网络的方式实现对加速度计闭环控制环路内基准源的温度补偿，减小数字端温度模型残差。在此基础上，再进行数字端温度补偿，实现对加速度计零偏和标度因数的温度补偿，能够对提高 MEMS 加速度计全温性能起到重要作用。

▶ 5.5.3　力学环境下高性能 MEMS 加速度计性能提升技术

高性能 MEMS 加速度计在应用中面临的力学环境通常是冲击环境、振动环境或冲击和振动复合力学环境，因此在加速度计工程化研制中对冲击和振动环境下性能的优化提升工作尤为重要。

5.5.3.1　冲击环境下高性能 MEMS 加速度计性能提升技术

MEMS 加速度计在应用中的冲击环境主要可分为两种情况：一种是不通电的大量级冲击，冲击量级通常在 10 000 g 以上，持续时间从几十 μs 到几 ms 不等，要求 MEMS 加速度计具备在大冲击条件下的生存能力以及经历冲击后性能保持能力；另一种是通电冲击，冲击量级在几十 g 至几千 g，持续时间在 ms 量级，要求 MEMS 加速度计具有相应的冲击耐受性以及性能保持能力。为提高 MEMS 加速度计的抗冲击能力，主要从以下几个方面采取措施。

（1）脆弱部位分析和健壮性设计

在大冲击过后，一些加速度计会出现输出异常、无数据输出等故障，其原因主要是加速度计敏感结构部分区域在大冲击下发生过疲劳甚至断裂，相应引起输出异常。其解决措施主要包括：1）采用有限元仿真方法分析加速度计结构在 x、y、z 方向冲击下的应力云图，分析容易引起结构断裂的脆弱部位；2）冲击试验后对 MEMS 加速度计进行剖片分析，通过显微镜观察找出结构冲击后的断裂部位，与仿真分析相结合，进一步明确脆弱部位；3）对结构脆弱部位进行结构刚度改进提升，使其在所要求的过载量级冲击下不会出现过疲劳或断裂，从而提升其健壮性。

（2）敏感结构防撞止挡设计

除了脆弱部位健壮性设计外，在加速度计结构中设计合理的防撞止挡结构也是提升其抗冲击性能非常有效的手段，止挡结构的设计方法和效果已经在 5.1.3 节中进行了详细论述。通过合理的防撞止挡结构设计，一方面使结构在最大冲击下，质量块最大位移小于加速度计的电容间隙，防止加速度计敏感结构发生吸合失效；另一方面，因为有止挡块的限位作用，在能够限制敏感结构在高过载下的位移的同时，也有效降低了敏感结构所受到的冲击应力。x、y 方向的止挡通常是面内止挡，可随结构一起加工，典型的面内止挡结构如图 5-69 所示。面外止挡主要是针对 z 轴方向的冲击，通常采用上、下两组止挡结构来钳制质量块在 z 轴方向受到冲击时的位移，需要设计单独的工艺步骤进行加工实现。

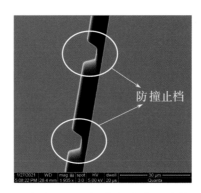

图 5-69　某型 MEMS 加速度计芯片防撞止挡结构

（3）多级抗过载外缓冲设计

在封装层面，通过设计外止挡结构，可以限制 MEMS 敏感结构芯片在高过载环境下的位移，卸载掉部分过载应力，从而降低传递到敏感结构上的应力。通过在 MEMS 敏感结构芯片端面和上表面涂覆一层应力缓冲层，在高过载情况下，当 MEMS 敏感结构芯片与外止挡产生碰撞时，利用应力缓冲层储存和耗散能量机制，减小传递到芯片上冲击力，避免 MEMS 敏感结构芯片物理性损伤。还可以通过 MEMS 敏感结构芯片和封装管壳之间粘结剂材料和粘结形式的选择，有效释放 MEMS 器件在高过载下的形变应力。

5.5.3.2　振动环境下高性能 MEMS 加速度计性能提升技术

在振动环境下，MEMS 加速度计的噪声被相应放大，对于振动过程中的噪声，可以通过系统机械减振和对 MEMS 加速度计输出进行数字滤波等措施进行抑制。振动环境对 MEMS 加速度计的另一重要影响是其敏感方向上的振动会产生振动整流误差。整流误差的产生与 MEMS 加速度计的非线性响应有关，特别是与偶次非线性系数相关[294,295]。对于闭环检测电容式 MEMS 加速度计，低频下由于工作点误差带来的非线性进而带来整流误差问题是影响其振动性能的主要原因，下面进行定量分析。

图 5-70 为梳齿式、"三明治"式等结构形式的闭环检测 MEMS 加速度计敏感结构模型，其在控制系统中既作为传感器以差动电容敏感外界加速度变化存在于前置级中，又作为执行器和受控对象以差动静电力发生器存在于反馈通道中。

图 5-71 为闭环检测 MEMS 加速度计控制系统框图，加速度 a 经过敏感质量 m 后形成惯性力 F_{in}，F_{in} 与原始静电力 F_e 的合力 F_{ext} 进入敏感结构后，质量块位移 x 通过检测电路被检测为直流电压 V_d，经过控制器得到输出 V_{out}，这个电压值被常系数放大后得到反馈电压 V_{fb}，再通过静电力发生器产生新反馈力 F_e 作用到敏感结构的加力电极上完成闭环。

图 5-71 中电容检测电路是比例环节，设空气中介电常数为 ε，敏感结构电容的极板正对面积为 S，电容名义间隙为 d_0，敏感结构的电容为 C_0。一对大小相等、方向相反的预载电压被加到两侧加力电极上，以使预载电压与反馈电压共同作用下可以产生正负任一方向上的静电反馈力。由此，在理想模型中静电反馈力的大小应与反馈电压 V_{fb} 成正比。

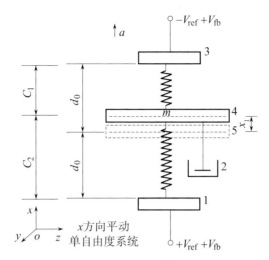

图 5-70　闭环检测 MEMS 加速度计敏感结构模型

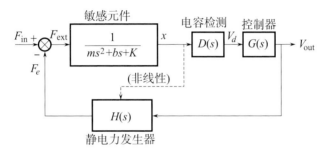

图 5-71　闭环检测 MEMS 加速度计控制系统框图

在初始情况下，两侧由预载电压 $\pm V_{\text{ref}}$ 决定的静电吸引力应大小相等，方向相反，合力为 0。当反馈电压 V_{fb} 加到两侧定电极上后，两侧定电极上的电压分别是 $(V_{\text{ref}} + V_{\text{fb}})$ 和 $(-V_{\text{ref}} + V_{\text{fb}})$，两侧静电力的合力形成执行器的反馈力，作用到敏感结构加力电极上，大小和方向如下

$$F = F_1 - F_2 = \frac{1}{2}\varepsilon S\left[-\frac{(-V_{\text{ref}} + V_{\text{fb}})^2}{(d_0 - x_1)^2} + \frac{(V_{\text{ref}} + V_{\text{fb}})^2}{(d_0 + x_1)^2}\right] \tag{5-34}$$

式（5-34）中，ε 为介电常数；S 为加速度计加力电容正对面积；V_{ref} 为预载电压；V_{fb} 为反馈电压。如图 5-70 和图 5-71 所示，在加速度计闭环回路中，敏感结构的中间极板在加速度计正常工作时应在图 5-70 中的位置 4 处微动，这个位置是电容检测电路输出为 0 的位置，将两者之差记为 x_1，x_1 在一般情况下远小于 d_0，忽略掉关于 x_1 的高阶项，得

$$F = F_1 - F_2 \approx \frac{2\varepsilon S[V_{\text{ref}} V_{\text{fb}} d_0 - (V_{\text{ref}}^2 + V_{\text{fb}}^2)x_1]}{d_0^3} \tag{5-35}$$

因此，执行器的传递函数如下

$$H(s) = \frac{F}{V_{\text{fb}}} = \frac{2\varepsilon S V_{\text{ref}} d_0}{d_0^3} - \frac{2\varepsilon S\left(\dfrac{V_{\text{ref}}^2}{V_{\text{fb}}} + V_{\text{fb}}\right)x_1}{d_0^3} \tag{5-36}$$

式（5-36）表明，x_1 决定了反馈通道 $H(s)$ 的非线性程度，因此在调试过程中将 x_1 调至 0 能够使闭环检测 MEMS 加速度计的非线性指标得到优化。

在闭环控制系统中，质量块的运动被静电力、惯性力和机械弹性回复力的合力所决定。静电力可控，惯性力与加速度成正比，而机械弹性回复力只与检测零位（图5-70中的 4 点）和机械零位（一般情况下与图5-70中的 5 点不重合）的距离 x_2（图中未示出）成正比。在闭环控制系统中，这 3 个力的合力必须是平衡的。由于控制系统是力平衡系统，其力平衡方程如下

$$K_m x_2 + \frac{2\varepsilon S[V_{ref} V_{fb} d_0 - (V_{ref}^2 + V_{fb}^2)x_1]}{d_0^3} - ma = 0 \tag{5-37}$$

式（5-37）中，K_m 为加速度计弹性梁的机械刚度，$K_m x_2 = m\left(\dfrac{K_m}{m}x_2\right)$，则式（5-37）可化为

$$\left(\frac{V_{fb}}{V_{ref}}\right)^2 x_1 - \left(\frac{V_{fb}}{V_{ref}}\right)d_0 + x_1 + \frac{d_0^3 m\left(a - \dfrac{K_m}{m}x_2\right)}{2\varepsilon A V_{ref}^2} = 0 \tag{5-38}$$

外界输入加速度 a 是输入信号，与输出电压成正比的反馈电压 V_{fb} 是输出信号。式（5-38）表明，反馈电压 V_{fb} 与外界加速度 a 的关系，会由于 x_1 和 x_2 的存在而表现出非线性。可用下面的无量纲量表达式表示输入/输出关系

$$\frac{a}{g} = K_0 + K_1 \frac{V_{fb}}{V_{ref}} + K_2\left(\frac{V_{fb}}{V_{ref}}\right)^2 + K_3\left(\frac{V_{fb}}{V_{ref}}\right)^3 + \cdots \tag{5-39}$$

式（5-39）中，g 是重力加速度，K_1 为一次项系数；K_2、K_3 是从式（5-38）中推导出的二阶非线性系数和其他因素带来的三阶非线性系数。根据式（5-39），当忽略三阶以上非线性项，用多项式拟合的方式来近似输入/输出模型时，非线性指标可以用参数 K_2/K_1 来描述，得到

$$\frac{K_2}{K_1} = -\frac{x_1}{d_0} \tag{5-40}$$

由于反馈电压 V_{fb} 与输出电压 V_{out} 成正比，因此在讨论输入/输出的非线性问题时二者不作特别区别。研究输入/输出关系的二次项模型时，定义 $a_1 = \dfrac{K_m}{m}x_2$，$C = \dfrac{2\varepsilon S V_{ref}^2}{d_0^3 m} = \dfrac{a_{max}}{d_0}$，$V = \dfrac{V_{fb}}{V_{ref}}$，因此 a-V 关系的无量纲的输入/输出表达式为

$$a = -Cx_1 V^2 + Cd_0 V - Cx_1 + a_1 \tag{5-41}$$

考虑到 $V_{fb} = V \cdot V_{ref}$，根据式（5-41）可以绘出反馈电压 V_{fb} 随外界加速度 a 的变化曲线，如图5-72所示。实际上，图5-72中的曲线是抛物线的一部分，因为一般情况下 d_0/x_1 非常大，因此不可能使 $V_{fb} \geq V_{ref} \cdot d_0/2x_1$ 在有饱和电压的实际电路中出现。同样一些 V_{fb} 较小的取值也不可能实际出现。实际曲线仅是图中抛物线的曲率接近直线部分的一段。

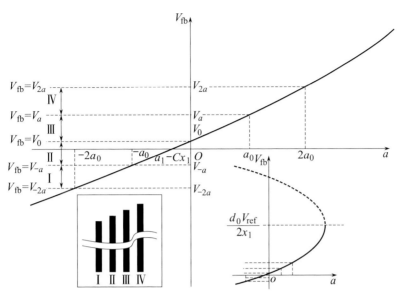

图 5-72　$a - V_{fb}$ 关系模型

系数 x_1/d_0 决定了曲线的曲率，而与 x_2 成正比的 a_1 像平移变换一样决定了实际工作范围从曲线的哪一段截取。显然 x_2 也决定了最后工作线段的曲率，实际上加速度计的非线性度随外界输入加速度的改变而略有变化。由于 x_1 和 x_2 都是相对 d_0 的小量，x_2 对稳态系统非线性的影响远小于 x_1。因此可假定 $x_2 = 0$，即 $a_1 = 0$，将式（5-41）对 V 求可行解并在 $a = 0$ 附近作泰勒级数展开，并略去 3 阶以上小量，得到

$$V = \frac{a}{a_{\max}} + \left(1 - \frac{a^2}{a_{\max}^2}\right)\frac{x_1}{d_0} \tag{5-42}$$

式（5-42）是 MEMS 加速度计为静态无差系统模型的分析结果，在式（5-42）等号两边同时乘以 $a_{\max}$，并注意到加速度计的标度因数为 $\dfrac{V_{ref}}{a_{\max}}$，则可以得到加速度计输出量 a_{out} 的表达式为

$$a_{out} = a - \frac{a^2 x_1}{a_{\max} d_0} + \frac{x_1}{d_0} a_{\max} \tag{5-43}$$

式（5-43）的单位为 g，在此基础上，取一组静电力反馈电容式 MEMS 加速度计典型参数进行振动整流误差的估计，其中 $d_0 = 4~\mu m$，$x_1 = 2~nm$，$a_{\max} = 15~g$。设存在 1 g 幅值的正弦交流加速度 $\sin\omega t$ 输入，并根据式（5-43）计算 a_{out} 的平均值。由于 $\sin^2\omega t$ 项的存在，其对应直流值计算结果为 $-16.7~\mu g$，可见，在稳态下这个量程为 $\pm 15~g$ 的静电力反馈电容式微加速度计在 1 g 交流输入下的整流误差量 16.7 μg。

上述结论说明，由于上述系统模型非线性带来的整流误差与加速度计质量块与几何中心的相对距离 x_1/d_0 成正比，因此，如果不将加速度计质量块向几何中心调整，而任其保留初始存在约 0.2 μm 量级的差值，这个 1 g 幅值振荡输入下的整流误差量将达到 1.67 mg，满量程幅值（15 g）振荡输入下的整流误差量将放大到 25 mg。说明将 MEMS

加速度计工作零点调至几何中心（电零点）的必要性。然而，由于微结构加工后的初始位置不对称，其机械自然平衡位置与几何中心的距离（$x_1 + x_2$）不为零。因此，将 MEMS 加速度计工作零点调至几何中心后，需要用静电力克服机械弹性回复力，此时若加速度计的机械刚度受外界封装应力和自身温度应力、加工残余应力等因素影响，产生时漂、温漂等情况就会表征到 MEMS 加速度计输出上，其量级与（$x_1 + x_2$）值有关。因此，需要尽可能在结构设计和加工工艺上采取措施，使（$x_1 + x_2$）尽可能趋近于 0。

经上述分析可知，为减小振动整流误差，需尽可能使加速度计质量块处于两个差动电容极板的中心位置，当质量块偏离中心位置时，需要在 MEMS 加速度计调试过程中将其尽可能向几何零位调整，这是减小 MEMS 加速度计振动整流误差的关键。

除上述方法外，还可以对非线性误差进行算法补偿，当补偿掉偶次项非线性误差后，相应也会减小 MEMS 加速度计的振动整流误差[296]，确保其在振动环境中的使用精度。

● 5.5.4 高性能 MEMS 加速度计可靠性评估技术

MEMS 加速度计作为一种低成本的惯性仪表，在长期贮存过程中通常不会定期对其进行测试标校。作为一种复杂的 MEMS 仪表，其在长期贮存过程中存在表面粘附、结构断裂、温度漂移等失效模式，因此，确保加速度计长期贮存的可靠性和精度保持性是十分重要的。

表面粘附是 MEMS 加速度计的主要失效模式，它是指两个光滑表面相接触时依靠范德华力彼此粘附在一起的现象。敏感结构梳齿发生表面接触，会造成短路，表现为输出饱和或输出异常。当表面粘附力达到难以分开的程度时，会导致器件彻底失效。图 5 - 73 为 MEMS 加速度计梳齿产生粘附的显微镜照片，引起粘附的原因主要有结构设计缺陷、湿度及静电等。

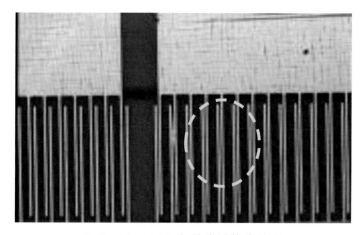

图 5 - 73　MEMS 加速度计梳齿粘附

MEMS 加速度计结构设计缺陷包括止挡设计缺陷、梁的设计缺陷、梳齿设计缺陷等。止挡结构是 MEMS 惯性器件的结构保护装置，它可以阻止敏感结构在外界输入超过器件量程或发生大冲击时发生粘附；梁是可动结构，同时又是质量块的承载结构，梁的设计应在允许量程范围内有一定的冗余，才能有效避免粘附而造成结构整体失效；梳齿是结构的加力和检测部件，在静电力的作用下极易发生粘附导致敏感结构失效。

湿度是引起粘附的另一原因，当空气湿度比较大时，很容易在 MEMS 敏感结构器件表面附着一层水分子，致使梁和齿等间隙比较小的部位发生粘附。通过对一静电驱动悬臂梁进行分析，发现当空气相对湿度为 30% 左右时，试验测得的下拉电压与理论值基本接近，悬臂梁变形主要受所加电压影响。当空气湿度增大到 70% 时，表面张力对悬臂梁的作用超过静电力，悬臂梁变形主要受表面张力影响。当采用晶圆级封装时，敏感结构内部填充氮气等惰性气体，可以有效避免湿度引起的粘附。

静电也会引起粘附的产生，随结构特征尺寸减小，粘附力和静电力等表面力对器件性能的影响将发挥越来越重要的作用，而引力、惯性力等体力成为次要的因素。MEMS 敏感结构的特征尺度为微米量级，电荷产生的静电力很容易使微型活动部件与固定部件粘附在一起，产生"微焊接"效应，严重时甚至烧毁结构的介质材料。

结构断裂是 MEMS 器件一种致命的失效模式，它会造成结构彻底失效，一般是由于机械预应力过大或受环境应力影响而造成的。当结构受到剧烈冲击或振动时，很容易产生梁或梳齿断裂。结构断裂表现为表头输出随加速度的变化呈现明显非线性或输出饱和。

以上几种失效模式主要是由于结构设计缺陷、外界环境突变或外界突发激励引起。近年来，随着国产化 MEMS 加速度计设计及加工工艺日趋成熟，由于结构设计缺陷带来的可靠性故障在很大程度上可有效避免。

在外界环境不发生突变的情况下，MEMS 加速度计的长期稳定性不仅要在理论上能够满足任务的贮存寿命要求，同时也可以通过等效试验及应用中积累的大量试验数据进行综合评估，证明 MEMS 加速度计可以满足工程应用中的贮存期间精度保持要求。

通常可依据 GJB 548B—2023《微电子器件试验方法和程序》（对应美军标 MIL - STD - 883F）规定的高温寿命试验条件进行加速试验等效评估，如某典型加速度计在 +85 ℃ 条件下，工作 1 400 小时可等效常温工作 15.4 年，或在更高温度下开展相应时间的等效试验。表 5 - 5 为某典型加速度计的高温加速老化试验测试结果，并对试验前后加速度计的零偏及标度因数进行测试，评估其等效时间内零偏和标度因数的重复性。

表 5 - 5　某型加速度计高温寿命试验结果

编号	试验前零偏/mg	试验前标度因数/（LSB/g）	试验后零偏/mg	试验后标度因数/（LSB/g）	零偏变化量/mg	标度因数变化量/（LSB/g）
1#	2.30	150 002	3.60	149 990	−1.3	12
2#	−2.40	150 033	−2.80	150 083	0.4	−50
3#	8.30	150 043	9.70	150 008	−1.4	35
4#	−9.20	150 058	−7.70	149 995	−1.5	63
5#	8.10	149 970	6.80	150 030	1.3	−60

表 5-5 测试结果表明，经过 1 400 小时高温工作后，加速度计零偏变化量约为 0.4～1.5 mg。因此，根据上述加速老化试验标准，表明该加速度计常温存储 15.4 年后零偏重复性约为 0.1～0.5 mg，具有较好的长期贮存精度保持特性。

5.6　高性能 MEMS 加速度计相关测试技术

高性能 MEMS 加速度计测试的主要内容包括静态精度指标、环境特性指标、动态特性指标等，这里主要对环境特性指标和动态特性指标的测试技术进行介绍。

MEMS 惯性仪表由于小型化和低成本特点，通常应用于各种恶劣环境中，而且相较于石英材料的惯性仪表，硅基 MEMS 惯性仪表性能指标的温度系数相对较大，产品出厂前温度环境性能测试和力学环境性能测试也与传统惯性仪表略有不同。此外，当前 MEMS 惯性仪表普遍采用数字输出模式，而且在数字端设计了可配置的数字滤波器，ADC 和数字滤波器相应会造成系统延时，因此通常需要对仪表的带宽和延时等动态特性进行测试评估。

▶ 5.6.1　全温零偏稳定性及全温标度因数稳定性测试

MEMS 加速度计全温零偏稳定性及全温标度因数稳定性测试是中高精度 MEMS 加速度计基础测试项目之一，是对加速度计零偏和标度因数温度误差的基本表征。全温稳定性测试温度范围通常为 −45～+85 ℃，能够覆盖大多数应用要求，测试用的典型设备如图 5-74 所示，即为带温箱的分度装置。测试温度点可以为 −45 ℃、−40 ℃、−30 ℃、−20 ℃、−10 ℃、0 ℃、10 ℃、20 ℃、30 ℃、40 ℃、50 ℃、60 ℃、70 ℃、80 ℃、85 ℃，设置温箱每个温度点保温 30 min～1 h（以温箱内的加速度计达到温度平衡为宜），使加速度计能够达到各测试温度点下的温度，之后加速度计上电并进行四位置翻转测试，按式（5-44）和式（5-45）分别计算各测试温度下加速度计的标度因数和零偏，按式（5-46）和式（5-47）计算全温度域内的零偏稳定性和标度因数稳定性。

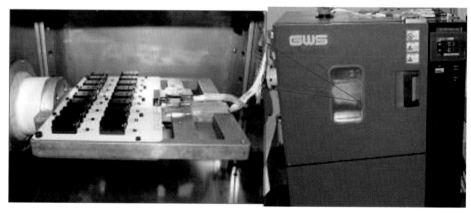

图 5-74　加速度计温度性能测试系统

式（5-44）为加速度计标度因数计算公式

$$K_1 = \frac{E_{+1g} - E_{-1g}}{2g} \tag{5-44}$$

式（5-44）中，E_{+1g} 和 E_{-1g} 分别为加速度计在 $+1g$ 和 $-1g$ 输入时的输出。

式（5-45）为加速度计零偏计算公式

$$K_0 = \frac{E_{+0g} + E_{-0g}}{2K_1} \tag{5-45}$$

式（5-45）中，E_{+0g} 为加速度计在 $+0g$ 输入时的输出，E_{-0g} 为加速度计在 $-0g$（即 $+0g$ 翻转 $180°$）输入时的输出。

加速度计全温零偏稳定性计算公式如下

$$K_0(T) = \left[\frac{1}{n-1}\sum_{m=1}^{n}(K_{0m} - \overline{K_0})^2\right]^{1/2} \tag{5-46}$$

式（5-46）中，$K_0(T)$ 为加速度计全温零偏稳定性，K_{0m} 为第 m 次测试的零偏，$\overline{K_0}$ 为各温度点零偏的平均值，n 为测试的温度点数。

加速度计全温标度因数稳定性计算公式如下

$$K_1(T) = \frac{1}{\overline{K_1}}\left[\frac{1}{n-1}\sum_{m=1}^{n}(K_{1m} - \overline{K_1})^2\right]^{1/2} \tag{5-47}$$

式（5-47）中，$K_1(T)$ 为加速度计全温标度因数稳定性，K_{1m} 为第 m 个温度点测得的标度因数，$\overline{K_1}$ 为各温度点标度因数的平均值。

图 5-75 和图 5-76 分别为测试处理得到的某典型 MEMS 加速度计全温零偏稳定性曲线和全温标度因数曲线。

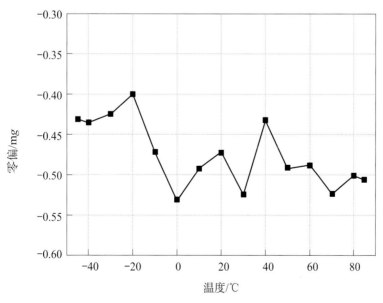

图 5-75　某典型加速度计全温零偏稳定性曲线

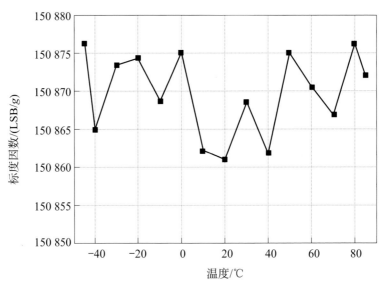

图 5-76　某典型加速度计全温标度因数曲线

5.6.2　全温变温输出稳定性及零偏温度滞环测试

全温变温输出稳定性通常是 MEMS 系统中的常规测试项目之一，用于评价 MEMS 惯性仪表输出随温度变化情况和温度滞环情况。因此，在 MEMS 加速度计出厂前，在仪表一级进行该项试验测试是非常必要的。

将加速度计置于温控分度装置的测试台上，放置加速度计确保处于 0 g 状态，连接电源线和数据线，设置温箱温度曲线如图 5-77 所示。加速度计上电即进行输出数据采集，将温箱从常温 25 ℃以 1 ℃/min 速率降至−45 ℃，保温 60 min 后，再以 1 ℃/min 速率升至 85 ℃，保温 60 min 后，再以 1 ℃/min 速率降至 25 ℃，然后加速度计断电，加速度计上电过程全程进行数据采集。

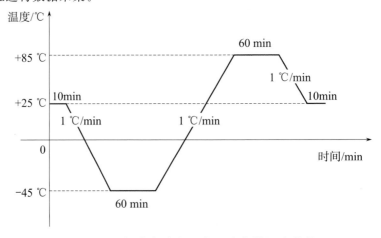

图 5-77　加速度计全温变温稳定性温度曲线

按式（5-48）计算加速度计变温输出稳定性 B_{st}，并按式（5-49）计算每只加速度计的零偏温度滞环，即加速度计升温过程和降温过程中同一个温度点下输出的最大变化量 $\Delta B_0(T)$。

$$B_{st} = \frac{1}{K_1}\left[\frac{1}{N-1}\sum\nolimits_{j=1}^{N}(F_j - \overline{F})^2\right]^{1/2} \tag{5-48}$$

式（5-48）中，K_1 为加速度计标度因数。F_j 为平均采样后得到的数据样本，$\overline{F}$ 为采样得到的输出平均值，N 为数据点数。

$$\Delta B_0(T) = \frac{\max\left|B_0(T) - B_0'(T)\right|}{K_1} \tag{5-49}$$

式（5-49）中，$B_0(T)$ 为升温过程中温度为 T 时加速度计输出值，$B_0'(T)$ 为降温过程中温度为 T 时加速度计输出值。

图 5-78 为测试处理得到的某典型加速度计变温输出稳定性及零偏温度滞环曲线。

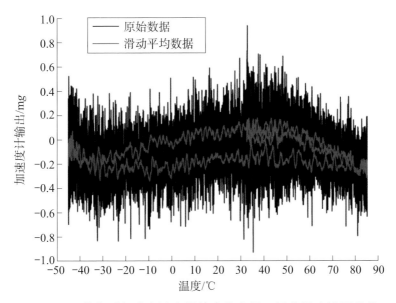

图 5-78　某典型加速度计变温输出稳定性及零偏温度滞环曲线

5.6.3　全温度域稳定性及重复性测试

全温度域稳定性和重复性主要是为了评估加速度计在不同温度环境中的稳定性和重复性水平，一般是在全温范围内从常温、高温和低温段分别取 1 个温度点进行测试，测试完成后分别取各温度点下测得的稳定性和重复性中的最大值作为该加速度计的全温度域稳定性和全温度域重复性结果，通常可以分别选取 25 ℃、+85 ℃、-40 ℃作为常温、高温和低温测试点。

安装好加速度计后，将加速度计温控分度装置调整至 0 g 输入状态，设置温箱温度为 25 ℃，温箱到温后保温 1 h（以温箱内的加速度计达到温度平衡为宜）后加速度计上电，上电即进行输出数据采集，采集 1 h，并对采集数据进行 1 s 平滑处理，按式（5-50）和式（5-51）计算加速度计 25 ℃零偏稳定性 K_{0stab}。

$$K_{0stab} = \frac{1}{K_1}\left[\frac{1}{(n-1)}\sum_{i=1}^{n}(E_{0i} - \overline{E}_0)^2\right]^{1/2} \tag{5-50}$$

式（5-50）中，$\overline{E}_0$ 为加速度计输出均值，E_{0i} 为平滑后加速度计第 i 个输出值，n 为平滑后数据量。

$$\overline{E}_0 = \frac{1}{n}\sum_{i=1}^{n}E_{0i} \tag{5-51}$$

25 ℃零偏稳定性测试结束后，加速度计断电 30 min，上电后进行四位置翻转测试，翻转测试完成后加速度计断电，用式（5-44）和式（5-45）分别计算加速度计标度因数和零偏。重复四位置翻转试验测试 6 次零偏和标度因数，每次测试后断电均为 30 min。计算测得加速度计 6 次的零偏和标度因数的标准差，零偏的标准差即为加速度计在该温度下的零偏重复性，标度因数的标准差与 6 次标度因数均值的比值，即为加速度计在该温度下的标度因数重复性。

按照同样的方法测试 85 ℃、-40 ℃下的零偏稳定性、零偏重复性及标度因数重复性。

▶ 5.6.4 长期重复性测试

当前多数应用场景还重点关注 MEMS 加速度计零偏和标度因数等参数的长期保持性，在系统应用中长期免标定的条件下对加速度计长期贮存后的性能进行综合评估。因此抽取部分 MEMS 加速度计进行长期重复性测试也是非常重要的工作。例如，针对某典型 MEMS 加速度计，抽取同一晶圆中的 32 只加速度计开展长期重复性测试，32 只加速度计每 15～30 天通一次电，每次上电后做一次四位置翻转测试，采集、处理得到该次四位置翻转测试的零偏和标度因数，测试完成后加速度计断电。重复上述测试共 575 天，图 5-79 为 32 只加速度计 575 天零偏重复性测试曲线，图中各点为每次测得的加速度计零偏

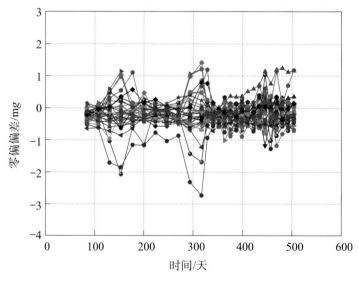

图 5-79 32 只加速度计 575 天零偏重复性测试曲线

的相对变化量；图 5−80 为 32 只加速度计 575 天标度因数重复性测试曲线，图中各点为
每次测得的标度因数相对变化量。

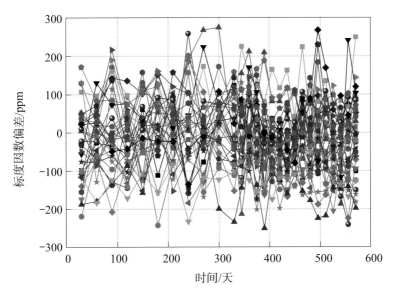

图 5−80　32 只加速度计 575 天标度因数重复性测试曲线

上述 32 只加速度计 575 天零偏重复性和标度因数重复性统计分布情况分别如图 5−81
和图 5−82 所示。从图 5−81 中可以看到，32 只加速度计零偏长期重复性优于 0.2 mg 的
加速度计有 10 只，占总数的 31%；零偏长期重复性优于 0.5 mg 的加速度计有 24 只，占
总数的 75%；零偏长期重复性最大的 1 只为 0.96 mg。从图 5−82 中可以看到，32 只加
速度计标度因数长期重复性优于 100 ppm 的加速度计有 27 只，占总数的 84.4%；标度因
数长期重复性优于 150 ppm 的加速度计有 31 只，占总数的 96.9%；标度因数长期重复性
最大的 1 只为 157.6 ppm。

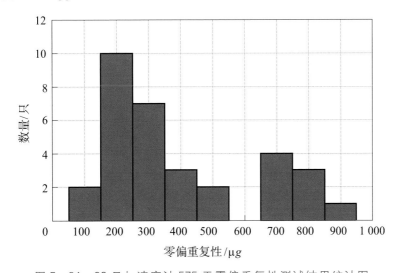

图 5−81　32 只加速度计 575 天零偏重复性测试结果统计图

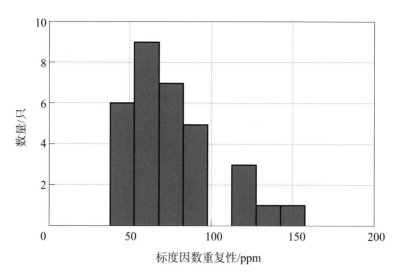

图 5-82 32 只加速度计 575 天标度因数重复性测试结果统计图

从上述 575 天重复性测试曲线可以看到，大部分加速度计的零偏和标度因数只是在一定范围内上下波动，没有明显的随一个方向变化的趋势，因此可以预判其更长期的重复性也能保持在同等精度水平内。

5.6.5 加速度计环境适应性测试

在航空航天、国防兵器、智能装备的多数应用场景中，环境通常比较恶劣，对 MEMS 加速度计的抗振动及抗冲击性能有较高的要求。抗振动方面主要关注加速度计零偏在振中输出均值与振前输出均值的偏差以及零偏在振动前后的输出变化。抗冲击方面考核加速度计零偏在冲击前后的变化量，确保加速度计在大振动和大冲击下的可靠性和精度保持特性。下面分别以某典型 MEMS 加速度计大量级振动测试和大冲击测试为例进行论述。

5.6.5.1 大量级振动测试

图 5-83 为某典型 MEMS 加速度计大量级振动试验现场照片，大振动试验选择某典型应用场景的振动谱线（图 5-84）作为振动输入，该振动量级约为 27.38 g，对加速度计 3 个轴向分别开展该量级的随机振动试验，振动前、振动中、振动后对加速度计零偏输出各采样 1 min。图 5-85～图 5-87 为典型的加速度计振动测试曲线。

大量级振动试验结果表明，该典型加速度计在 27.38 g 量级随机振动后，功能均正常，各加速度计各轴向振动中和振动前输出变化量在 14 mg 以内，振动前后输出变化量在 1 mg 以内，说明该型加速度计在大量级振动下具有较高的可靠性，能够满足在大量级振动环境下的高性能使用要求。

图 5-83 大量级振动试验现场

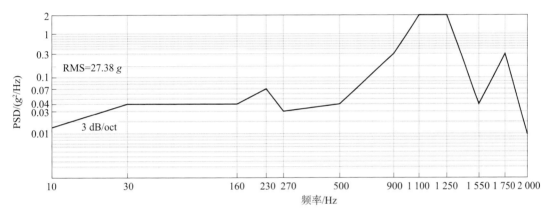

图 5-84 大量级振动谱线

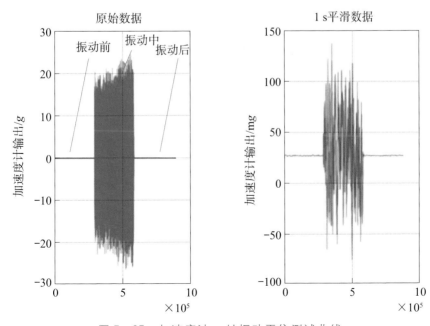

图 5-85 加速度计 x 轴振动零位测试曲线

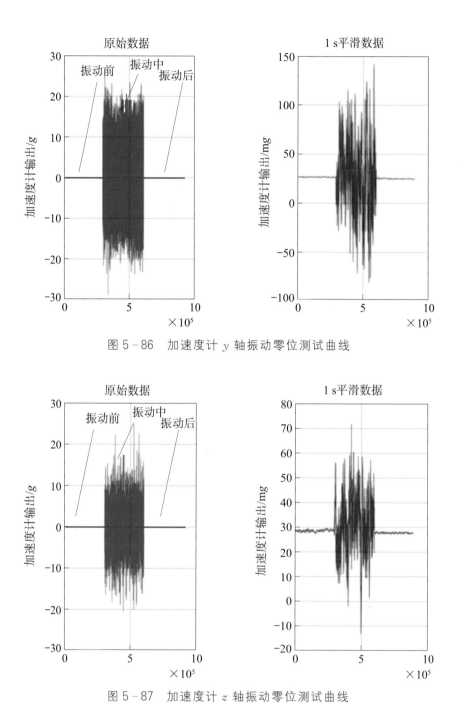

图 5-86　加速度计 y 轴振动零位测试曲线

图 5-87　加速度计 z 轴振动零位测试曲线

5.6.5.2　大冲击测试

大冲击测试有跌落台、马歇特锤、霍普金森杆、空气炮、火炮等测试手段，利用马歇特锤开展 MEMS 加速度计大冲击试验最为便捷和有效，马歇特锤能够产生高 g 值、窄脉宽的冲击，通过对比分析加速度计冲击前后的功能和零偏变化，以判断加速度计在该量级冲击下的存活能力和精度保持能力。

　　冲击试验装置如图 5 - 88 所示，锤体与 MEMS 加速度计工装刚性连接，监测传感器刚性固定于工装上，通过放大器连接至示波器，实际冲击量级以该传感器输出为准。

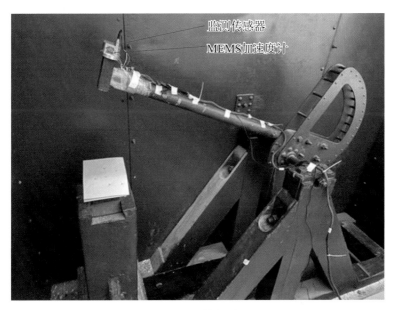

图 5 - 88　马歇特锤试验现场

　　通常以加速度计的零偏在冲击试验前后的变化来评价其抗冲击特性，冲击前通过采集卡采集加速度计零偏数据，冲击过程中加速度计断电，冲击结束之后再在同一水平台面上对加速度计上电采集零偏数据，判断加速度计输出是否正常。如果加速度计输出正常，则对该加速度计继续加大冲击量级进行同样方法的测试，直至冲击到加速度计功能或性能异常，以确定加速度计最大抗冲击量级。由于大量级冲击试验属于破坏性试验，因此通常采用 3 只不同的加速度计完成 3 个轴向的冲击。

▶ 5.6.6　频带特性测试

　　频带特性测试系统如图 5 - 89 所示，该系统包括加速度计带宽测试硬件电路模块、振动试验台及控制器、双通道扫频上位机软件、MOXA 数据传输终端。加速度计数字输出信号经 STM32 系列 MCU 进行信号处理，通过数模转换器转为扫频振动台可识别的波形电位信号，在与参考的压电传感器标定比较过后，最终得出所测加速度计的幅频及相频特性。输出的幅值及相移特性结果涵盖了加速度计闭环系统及后端滤波器各个模块，能够全面表征加速度计系统带宽及相位延迟特性。

　　图 5 - 90 给出了某典型 MEMS 加速度计模拟输出下的幅频特性及相频特性曲线，图 5 - 91 给出了加速度计在数字滤波器直通条件下的数字输出幅频特性及相频特性曲线。

图 5-89　MEMS 加速度计频带测试系统实物图

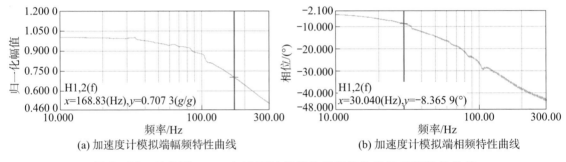

(a) 加速度计模拟端幅频特性曲线　　　　　(b) 加速度计模拟端相频特性曲线

图 5-90　某典型 MEMS 加速度计模拟输出幅频特性及相频特性曲线

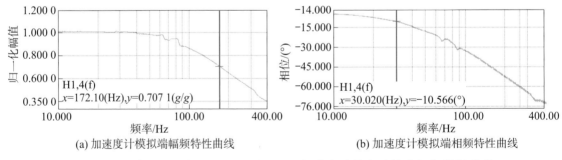

(a) 加速度计模拟端幅频特性曲线　　　　　(b) 加速度计模拟端相频特性曲线

图 5-91　滤波直通条件下某典型 MEMS 加速度计数字端输出幅相特性曲线

5.6.7　空间环境适应性测试

在空间型号应用中，除了对加速度计静态精度指标测试外，环境特性测试通常还需要额外评价其抗辐照性能以及热真空和高低温浸泡等环境下的性能。

在抗辐照性能评价的基础上，为满足空间环境应用要求，通常需要开展 MEMS 加速度计抗辐照加固研究，如某典型加速度计通过选取合适的抗辐照防护壳进行二次封装，实现了抗辐照加固，该典型加速度计通过了总剂量为 10 krad（Si）地面辐照试验。

为提升 MEMS 加速度计在热真空环境下的性能，某典型加速度计采用敏感结构键合和整表平行缝焊两级气密封装的措施，保证加速度计的气密性。在此基础上，该型加速度计通过了 1×10^{-3} Pa（48 h，25 ℃）热真空试验，部分数据如图 5 - 92 所示，参试的 4 只 MEMS 加速度计全过程零偏变化均小于 1 mg。

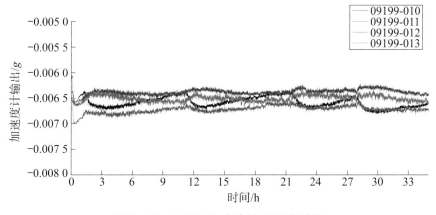

图 5 - 92　MEMS 加速度计热真空试验

除了必需的抗辐照与热真空试验外，宇航型号通常还会对加速度计的长期通电可靠性提出特殊要求，需要加严测试其高低温环境下的可靠性，某典型空间型号要求 MEMS 加速度计进行高低温老炼筛选试验共计 480 h，其典型热循环验收试验条件如下。

1）环境压力：正常环境压力。

2）试验温度：高温端温度取 55 ℃，低温端温度取 −25 ℃。

3）循环次数：不少于 18.5 次。

4）温变速率：升降温过程的温度变化率为 3 ℃/min～5 ℃/min。

5）停留时间：高/低温端温度达到后进行温度保持，时间为 1h，性能指标测试时间不少于 4 h。

热循环试验过程示意图如图 5 - 93（a）和图 5 - 93（b）所示。在保证性能指标的温度范围内，性能指标应满足要求，测试结果如图 5 - 93（c）所示，典型的高温浸泡条件如下。

1）温度：+70 ℃。

2）时间：累计时间 180 h。

3）温度偏差：（0～4）℃。

每个老炼工作循环的加电时间为 3.5～4 h，断电时间不少于 0.5 h；当老炼达到规定累计时间后断电，恢复至常温，检查加速度计功能是否正常。图 5 - 94 所示高温浸泡试验测试结果表明某典型 MEMS 加速度计在高温老炼中功能正常，性能保持满足该任务对仪表长期通电可靠性的要求。

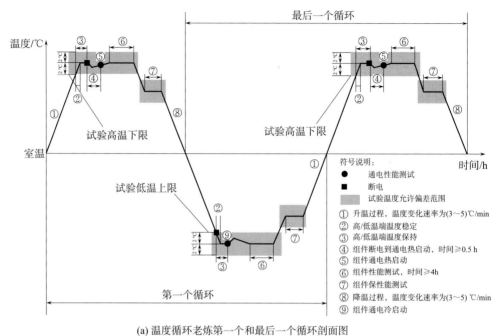

(a) 温度循环老炼第一个和最后一个循环剖面图

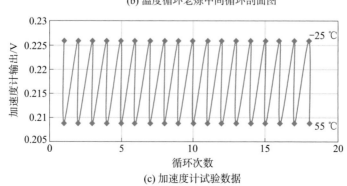

(b) 温度循环老炼中间循环剖面图

(c) 加速度计试验数据

图 5-93　MEMS 加速度计温度循环试验

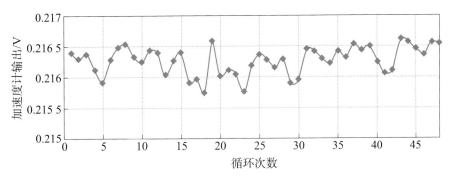

图 5‐94　某典型 MEMS 加速度计高温浸泡试验测试结果

● 5.6.8　高性能 MEMS 加速度计在惯性测量组合振动条件下的性能测试

与宇航应用相比，通常武器型号的力学环境更为恶劣，主要体现在对加速度计的振动环境适应性要求更高。下面通过某典型 MEMS 加速度计在某武器型号中基于惯性测量组合开展的振动测试进行举例论述。

根据该典型应用环境条件要求，按照图 5‐95 所示振动曲线，对惯性测量组合进行振动试验。惯性测量组合中加速度计典型振动曲线如图 5‐96 所示。

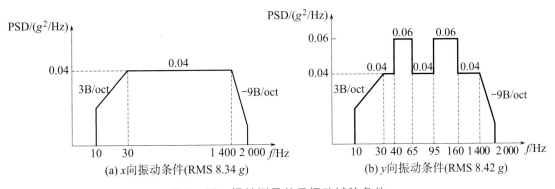

图 5‐95　惯性测量单元振动试验条件

由图 5‐96 可知该惯性测量组合中加速度计沿敏感轴向振动时输出幅值在 8 g 左右，非敏感轴向输出幅值在（0.05～0.1）g，1 s 平滑后敏感轴向峰‐峰值在 50 mg 左右，非敏感轴向峰‐峰值在（0.5～2）mg，均在该应用要求的范围内。

因为装备 MEMS 惯性仪表的武器型号通常为制导炮弹、防空炮弹、航空制导炸弹等小型弹药，普遍具有大动态、大振动或大冲击等特性，因此 MEMS 惯性仪表在武器领域应用中，除了高精度要求外，更需要提升仪表在恶劣环境中的适应性。此外，在仪表一级环境适应性工作做充分的同时，还需要结合惯性测量组合等系统，做好系统一级的减振设计等工作，既要通过合适的减振设计降低传递到仪表一级的振动和冲击量级，又需要确保加装减振后的仪表线振动特性和角振动特性满足型号带宽和时延的要求。因此，在型号应用工作中仪表级、系统级的协同设计也是十分重要的。

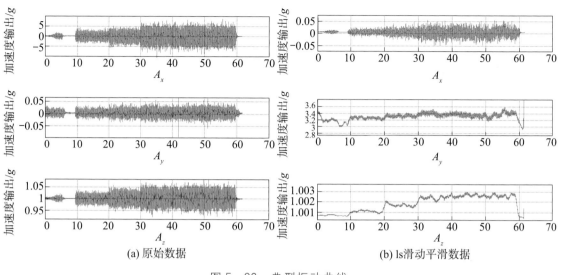

(a) 原始数据   (b) ls滑动平滑数据

图 5-96　典型振动曲线

在做好仪表的力学环境适应性设计和惯性测量组合减振的基础上，惯性测量组合在测试中还要注意以下事项。

1）振动工装应合理设计，工装结构要有足够的刚性，从而将工装引入的振动误差控制在较小的范围。

2）产品在振动台上应合理紧固安装，避免安装紧固不足导致振动量级放大等问题。

3）用于振动量级控制的传感器通常要布置在产品上或靠近产品的区域，避免在测试环节中传递到产品上的振动量级失真。

第6章 高性能 MEMS 惯性器件工艺技术

MEMS 惯性器件基于半导体微纳加工工艺制造，是其有别于其他惯性器件的关键特征，敏感结构工艺加工决定了产品的关键特性。MEMS 惯性器件工艺是将诸多单项基础工艺组合应用实现器件级产品的制造过程，其技术包含两个层次：一是 MEMS 制造中的单项基础工艺技术；二是以实现具体 MEMS 器件芯片为目的的相关单项工艺的整合。前者既包含集成电路制造所用的工艺方法，如光刻、扩散、氧化、薄膜物理/化学沉积、外延、等离子刻蚀、湿法腐蚀等，体现了 MEMS 工艺对半导体集成电路工艺的继承性；也包含 MEMS 所特有的工艺技术，如深硅刻蚀、晶圆键合等，体现了 MEMS 工艺对集成电路工艺的发展性。MEMS 工艺的整合是 MEMS 器件的工艺流程设计过程，它面向 MEMS 器件的功能实现，结合芯片的结构设计和材料选择，通过对各个单项工艺的排列组合以确保器件芯片的工艺实现。

本章在介绍 MEMS 单项基础工艺的基础上，重点论述 MEMS 惯性器件的工艺整合即集成制造技术，阐述晶圆级封装的 MEMS 惯性器件制造工艺流程及其关键技术。作为 MEMS 器件实现的重要工艺环节，对芯片的筛选检测技术及封装技术也进行了论述。

MEMS 惯性器件制造的主要工艺路线

高性能 MEMS 惯性器件芯片以硅材料为主，按照核心敏感结构加工方法的不同，其工艺路线一般可分为表面硅加工技术和体硅加工技术。其中表面硅加工技术是基于半导体集成电路工艺，通过材料沉积、刻蚀加工形成 MEMS 敏感结构的过程；体硅加工技术则以单晶硅为加工对象，根据器件的设计通过光刻、刻蚀等工艺去除部分材料，实现 MEMS 敏感结构。前者可以充分利用成熟的集成电路加工工艺实现 MEMS 结构，降低 MEMS 器件的成本，而后者可以充分利用单晶硅优异的材料特性来提高 MEMS 传感器的性能。目前，晶圆级封装已经成为 MEMS 芯片制造的主流工艺，MEMS 惯性器件芯片的制造通常是一个基于表面硅加工技术或体硅加工技术的晶圆级封装制造过程。

▶ 6.1.1 表面硅加工技术

表面硅加工技术是基于半导体集成电路平面工艺，以薄膜沉积和牺牲层释放为主要工艺过程，通过在衬底表面逐层沉积不同的材料并利用牺牲层腐蚀来实现三维微结构的过程。表面硅加工技术还可以通过工艺设计进一步用薄膜沉积的方式来实现微结构的晶圆级密封；如果选择集成电路晶圆作为衬底继续进行 MEMS 表面硅加工，则可以实现 MEMS 与 IC 的 SOC（System on Chip，片上系统）集成。

多晶硅是 MEMS 表面硅加工中比较常用的微结构材料，通常采用薄膜沉积技术特别是低压化学气相沉积（Low Pressure Chemical Vapor Deposition，LPCVD）技术进行生长。此外，根据不同的器件设计，也可以选择金属或其他介质材料作为微结构材料。表面硅加工技术中牺牲层对于实现微结构的构造也是必不可少的，常用的牺牲层材料有二氧化硅、磷硅玻璃（Phosphosilicate Glass，PSG）等，经过牺牲层的沉积以及后续的腐蚀，可实现 MEMS 所需的悬空结构。

图 6-1 以实现微悬臂梁为例给出了 MEMS 表面硅加工的典型工艺流程。首先，将磷硅玻璃沉积在硅衬底的表面作为牺牲层；接着进行光刻并湿法腐蚀出磷硅玻璃的窗口，以实现后续生长材料与衬底的连接；然后沉积多晶硅薄膜作为微结构材料，并通过二次光刻蚀出微悬臂梁的图形；最后通过腐蚀去掉剩余的磷硅玻璃薄膜，形成图 6-1 第 6 步中所要求的微悬臂梁。PSG 牺牲层腐蚀通常用 $HF：H_2O＝1：1$ 的氢氟酸溶液，腐蚀完成后，用去离子水冲洗并在红外灯下烘干。在牺牲层腐蚀进行结构层释放的过程中，悬臂梁可能会在水表面张力作用下粘附于衬底，导致微结构失效。近年来发展起来的气态氢氟酸释放工艺可以有效避免这种情况。

表面硅加工技术的特点是，整个加工工艺以半导体平面工艺为主，可以充分利用成熟的集成电路工艺。这种工艺路线所实现的器件层通常较薄，不超过 10 μm，对于 MEMS 惯性器件而言，薄的敏感结构不利于加工出大的质量块结构和电容结构，一定程度上影响了 MEMS 惯性器件的检测灵敏度。随着工艺技术的进步，表面硅加工所能实现的敏感结构厚度也逐渐提升，并可以通过灵活设计工艺流程，实现更复杂 MEMS 结构的加工。

比较而言，表面硅加工中沉积的多晶硅材料的力学性能不及单晶硅材料，在多晶硅材料沉积过程中容易造成较大的内应力，一定程度上限制了表面硅加工的 MEMS 惯性器件性能。因此，高性能的 MEMS 惯性器件更倾向于使用基于体硅加工的 MEMS 惯性器件。

▶ 6.1.2 体硅加工技术

体硅加工技术是利用湿法腐蚀或干法刻蚀从硅晶圆上去除一部分材料，从而形成所需的三维微结构的技术。湿法腐蚀体硅工艺加工主要是通过氢氧化钾、四甲基氢氧化铵等碱性溶液对硅材料进行各向异性湿法腐蚀，实现期望的三维敏感结构的过程。硅的湿法腐蚀最早在 20 世纪 60 年代开始应用，到 70 年代逐渐发展成为成熟的硅三维结构制造技术，并应用于 MEMS 加速度计、压力传感器等微型传感器上。湿法腐蚀技术由于发展得较早，相应的技术也比较成熟，能够加工出相对较大的质量块结构，在 MEMS 加速度计中得到应用。由于湿法腐蚀所形成的晶面之间不一定相互垂直，且通常需要凸角补偿，因此湿法腐蚀能够加工的三维结构特征尺寸通常在几十微米以上，在加工特征尺寸为几个微米的微细结构方面，湿法腐蚀显示出其局限性。

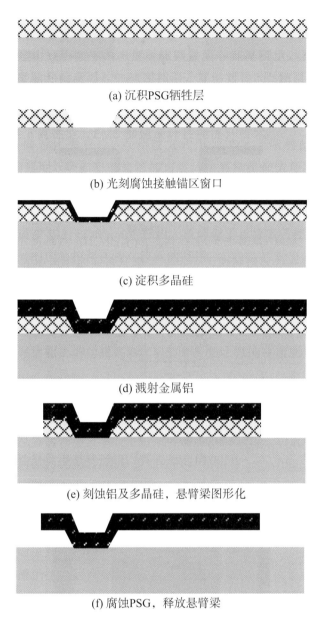

(a) 沉积PSG牺牲层

(b) 光刻腐蚀接触锚区窗口

(c) 淀积多晶硅

(d) 溅射金属铝

(e) 刻蚀铝及多晶硅，悬臂梁图形化

(f) 腐蚀PSG，释放悬臂梁

图 6-1　典型的表面硅加工工艺流程

　　在干法刻蚀体硅工艺中，硅片经光刻图形化后，放入干法刻蚀设备中，反应气体在真空条件下通过射频放电形成等离子体，等离子体中的高活性原子、分子和离子轰击硅材料表面，并与硅材料发生反应生成气态挥发物，从而实现对硅衬底材料的选择性去除。早期的等离子体刻蚀尽管有一定的方向性，但其所刻蚀的沟槽侧壁与深度在方向上仍存在一定的夹角，因而刻蚀沟槽结构的深宽比限制在 15:1 以内，以致于长期以来体硅加工技术被认为只能实现低深宽比的 MEMS 结构，或者实现带有锥形腔体的 MEMS 产品，难以满足诸多高性能 MEMS 结构的需求，例如在 MEMS 陀螺仪梳齿结构中，通常要求结构相对的侧壁互相平行。一种被称为"Bosch"工艺的深反应离子刻蚀技术（Deep Reactive Ion Etching，DRIE）的出现解决了这一难题，它通过向反应室内交替通入刻蚀气体与钝化气体，交替进行刻蚀与钝化层沉积，实现可控的各向异性刻蚀，使刻蚀结构深宽比可达100∶1。深反应离子刻蚀技术推动 MEMS 器件微加工向高深宽比发展，是 MEMS 器件加工的主流工艺之一。

体硅工艺流程中通常都会包括晶圆键合工艺，以实现三维结构的微组装，使加工出的硅 MEMS 结构成为具有一定功能的 MEMS 芯片。典型的基于硅-玻璃阳极键合和干法刻蚀的 MEMS 器件加工工艺流程如图 6-2 所示。首先，在玻璃衬底上通过光刻、腐蚀加工出用于 MEMS 硅结构电互联的电极结构；其次，在硅片上加工出空腔结构和浅槽结构，空腔结构的深度决定了最终 MEMS 可动结构与玻璃衬底的距离，浅槽结构与玻璃片上的电极结构相对应，用于控制金属电极图形凸出键合面的高度，避免其影响键合强度；接下来进行阳极键合，将硅片与玻璃片键合在一起，并对硅片进行减薄，以实现所设计的MEMS 结构厚度；最终，通过光刻和干法刻蚀形成可动 MEMS 敏感结构，实现敏感结构释放。

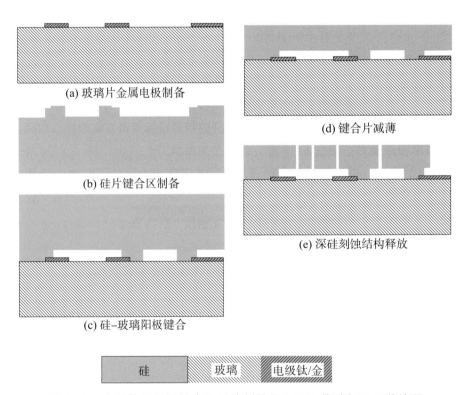

(a) 玻璃片金属电极制备

(b) 硅片键合区制备

(c) 硅–玻璃阳极键合

(d) 键合片减薄

(e) 深硅刻蚀结构释放

硅　　　玻璃　　　电级钛/金

图 6-2　典型基于阳极键合和干法刻蚀的 MEMS 体硅加工工艺流程

在基于体硅加工工艺的 MEMS 芯片中，单晶硅材料构成了 MEMS 器件的主体结构，单晶硅本身优异的材料特性有利于保证器件的结构特性。基于单晶硅材料，可以实现几微米到上百微米厚度的 MEMS 敏感结构，能够实现大的质量块结构和电容结构，可显著提升 MEMS 结构设计的灵活性，这对于静电驱动的 MEMS 陀螺仪、MEMS 加速度计特别有利。

6.2　高性能 MEMS 惯性器件制造中的单项基础工艺

尽管体硅加工技术和表面硅加工技术的工艺流程有明显不同，但都是由光刻、氧化、薄膜沉积、湿法腐蚀、干法刻蚀、晶圆键合单项工艺按照不同的顺序裁剪和组合而成，这些单项工艺成为硅 MEMS 的基本工艺单元。在基于压阻检测的 MEMS 器件中，还会涉及硅掺杂和扩散工艺，但在电容检测的 MEMS 惯性器件中，可以直接选用高掺杂的低阻硅为材料来实现与金属的欧姆接触，因而不需要进行掺杂和扩散。在本节中将对电容检测 MEMS 惯性器件制造所需的单项基础工艺进行介绍。

▶ 6.2.1　光刻工艺

MEMS 器件制造过程中的光刻工艺是按照器件设计要求，通过以光刻胶为感光材料的照相技术，实现器件图形从掩模版向晶圆本身或其表面的金属薄膜、二氧化硅或其他介质薄膜层转移的工艺过程。MEMS 惯性器件芯片光刻工艺产生的图形缺陷会在后续工艺中得以延续，产生电容和系统刚度的误差，从而影响 MEMS 惯性器件的性能及其一致性，因此在高性能 MEMS 惯性器件制造中需要对光刻工艺进行严格控制。MEMS 惯性器件制造中的光刻工艺与集成电路中的光刻本质上并无二致，但由于 MEMS 惯性器件结构的特点，用于 MEMS 器件制造的光刻机通常要求具有背面对准和双面光刻的功能。由于MEMS 特征尺寸在微米以上，因而传统的接触式光刻以及 g/i-line 步进式光刻仍然是MEMS 光刻工艺中的主流。光刻工艺中光刻胶按照其化学性质可以分为负性光刻胶和正性光刻胶。负性光刻胶经过曝光后材料发生聚合反应，使已感光的部分在显影液中不能溶解，而未感光部分则能溶于显影液中；正性光刻胶与负性光刻胶正好相反，它经过曝光后由于材料发生光分解反应，使已感光的部分能溶于显影液中，而未感光的部分则不溶于显影液中。利用正性光刻胶所得图形和光刻掩模版是一致的，因而被定义为"正性"，而负性光刻胶反之，则被定义为"负性"。可通过反转光刻掩模版的透光特性，利用负性光刻胶和正性光刻胶均可实现相同的图形结构。

光刻工艺的目的是实现图形向光刻胶的转移，就此而言，光刻并不算是一个完整的工序，它需要和后续的工艺结合起来，实现后续的图形转移才能实现其最终工艺目的。MEMS 结构图形从光刻胶再进一步向晶圆上转移通常有两种方法：一种是腐蚀或刻蚀；另一种是剥离。两种方法会直接影响光刻的具体工艺步骤。图 6-3 给出了基于用正性光刻胶分别采用腐蚀工艺和剥离工艺实现相同的图形转移工艺流程对比。在光刻腐蚀（或刻蚀）工艺中，光刻和腐蚀过程需在薄膜生长工艺之后进行，除非是向晶圆本身进行图形转移，具体流程一般包括晶圆清洗、匀胶、前烘、对准与曝光、显影、坚膜、打胶、腐蚀和去胶等步骤。在光刻剥离工艺中，光刻需在薄膜生长之前进行，具体流程一般包括晶圆清洗、晶圆预烘、匀胶、前烘、对准与曝光、显影、打胶、薄膜生长和剥离等步骤。

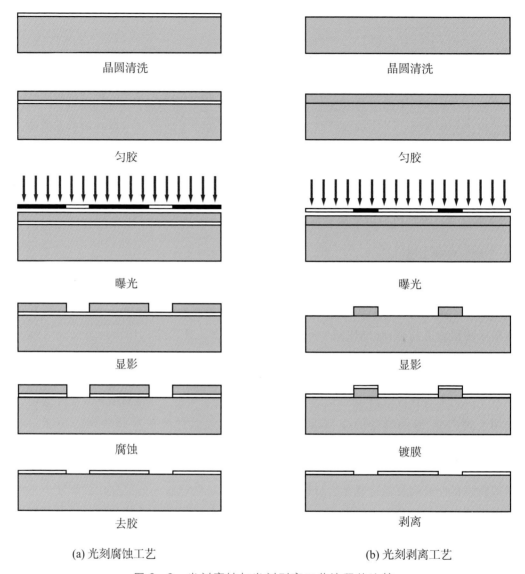

(a) 光刻腐蚀工艺 (b) 光刻剥离工艺

图 6-3 光刻腐蚀与光刻剥离工艺流程的比较

在接触式光刻中，晶圆与光刻掩模版的接触方式有接近式、软接触、硬接触和真空接触等方式。在接近式曝光中，晶圆与光刻掩模版保持一定的距离，因此几乎没有光刻版的磨损，但由于存在衍射效应，其曝光线条的分辨率不高；软接触和硬接触较为类似，晶圆与掩模版在曝光过程中以一定的压力保持接触，区别在于硬接触过程中，晶圆背面会吹入一定压力的氮气以使晶圆与光刻掩模版的压力更大，以便克服晶圆存在的翘曲，由于减小了晶圆与掩模版的间距，光刻的分辨率和光刻胶的侧壁形貌得以优化；真空接触通过在晶圆和光刻掩模版之间形成真空负压来实现晶圆与光刻掩模版的紧密接触，能够获得高分辨率和高陡直的光刻胶侧壁形貌，不过也会带来光刻掩模版的磨损。晶圆与光刻掩模版的接触方式决定了光刻胶的形貌，并直接影响后续的工艺过程效果。在使用正性光刻胶的光刻剥离工艺以及用于深硅刻蚀的光刻胶掩模光刻中，需要实现尽可能陡直的光刻胶侧壁，因此推荐使用真空曝光方式。

● 6.2.2　氧化工艺

硅片的氧化是硅片在高温的环境中与氧气发生反应生成二氧化硅的过程，二氧化硅薄膜在硅 MEMS 工艺中被用来当作刻蚀/腐蚀的掩模或者导电材料中间的绝缘层，是常用的绝缘介质材料。热氧化生长的二氧化硅是最致密的二氧化硅。

硅片的氧化通常在管式氧化炉中进行，氧化炉管的中间部位可以提供一个均匀的恒定温度场，以确保处于其中的所有硅片实现均匀氧化，氧化炉内通入氧气作为氧化剂。氧化的温度可以选择在 $800\sim1\,200\ ℃$ 范围内，温度越高，氧化的速度越快。氧化过程只通入纯氧，化学反应只有氧气和硅参与，被称为干氧氧化；此外，氧气进入氧化炉前可以先通过加热的水（温度通常为 $95\ ℃$）形成氧气和水蒸气的混合物，此时化学反应除了硅与氧气之间的反应外，还有硅与水汽之间的反应，被称之为湿氧氧化。硅与氧气反应和硅与水汽反应的反应式分别为

$$Si+O_2 \rightarrow SiO_2 \tag{6-1}$$

$$Si+2H_2O \rightarrow SiO_2+2H_2 \tag{6-2}$$

干氧氧化生长的二氧化硅结构致密，均匀性和重复性好，其对杂质的掩蔽能力强，钝化效果好，但缺点是生长速率慢；湿氧氧化的生长速率要快得多，但其薄膜结构疏松，缺陷较多，含水量也较多，对杂质的掩蔽能力差。在 MEMS 器件中，希望用较厚的氧化层（$2\ \mu m$ 以上）来减小寄生电容，因此通常采用干氧—湿氧—干氧的顺序进行氧化。最初的干氧氧化过程确保表面二氧化硅的致密性，接下来的湿氧过程能够以较快的速度实现期望的二氧化硅厚度，最后的干氧氧化过程能够确保氧化层与硅片有良好的晶格匹配，以提高氧化膜与衬底的粘附性。

● 6.2.3　薄膜沉积工艺

除硅材料外，各种金属和非金属薄膜也是 MEMS 器件中的重要组成部分，用于 MEMS 器件的导电、绝缘隔离、构成机械结构和作为特殊的功能材料等。薄膜沉积工艺是采用物理方法或化学方法将金属或非金属材料以原子或分子的形式沉积到晶圆表面，形成所需要的薄膜的工艺过程。薄膜沉积工艺主要包括物理气相沉积、化学气相沉积、原子层沉积、分子束外延等。在 MEMS 器件工艺中，物理气相沉积和化学气相沉积的应用较为普遍。

物理气相沉积是采用物理方法，将材料源固体或液体表面气化成气态原子、分子或部分电离成离子，并通过低压气体（或等离子体）过程，在晶圆表面沉积具有某种特殊功能的薄膜的工艺过程，包括真空蒸发镀膜、磁控溅射镀膜。绝大部分金属材料都可以通过物理气相沉积工艺进行镀膜，如 Ti、Cr、Au、Pt、Al、Ni 等，在 MEMS 工艺中这些金属

常用于导电材料；介质材料也可以通过物理气相沉积来制备薄膜，绝大部分光学薄膜都是利用物理气相沉积蒸镀的；对于一些功能材料，还可以通过反应溅射的方式进行生长，如压电材料氮化铝（AlN）可通过 Al 在溅射过程中与氮气发生反应生成相应的化合物来制备。

化学气相沉积（Chemical Vapor Deposition，CVD）则是采用化学方法，通过加热或在等离子体作用下，使反应气体在晶圆表面发生化学反应生成薄膜材料，包括常压化学气相沉积（Atmospheric Presuure Chemical Vapor Deposition，APCVD）、低压化学气相沉积（Low Pressure Chemical Vapor Deposition，LPCVD）、等离子体增强化学气相沉积（Plasma Enhanced Chemical Vapor Deposition，PECVD）等，沉积的材料主要是多晶硅、氧化硅、氮化硅等非金属材料。化学气相沉积既可以制备出高纯度的晶态物质，也可以制备出非晶态物质。相比于物理气相沉积，化学气相沉积技术灵活性强，工艺兼容性强。PECVD 能在较低的温度下制备氮化硅、氧化硅，可以避免晶圆上已有金属材料的扩散，适于钝化层的沉积。PECVD 生长的薄膜可通过调节工艺参数来调节薄膜的应力状态，这有利于实现低应力的 MEMS 器件结构。

▶ 6.2.4 湿法腐蚀工艺

湿法腐蚀工艺是指采用液态腐蚀剂，有选择地从晶圆上去除一部分材料，从而形成所需的三维几何微结构的工艺过程。在 MEMS 湿法腐蚀工艺中，通常会利用硅材料不同晶向抗蚀性的差异来实现各向异性腐蚀，以在受控条件下实现所需的三维微结构。单晶硅的晶格结构属于金刚石立方晶体结构，在 MEMS 制造中常用的晶面分别是（100）、（110）和（111）晶面，如图 6-4 所示。其中，（111）晶面的腐蚀速率最慢，其腐蚀速率最小可以达到（100）晶面的 1/400。利用这一特性，通过选择适当的晶向并经过腐蚀图形设计，实现特定的三维微结构。

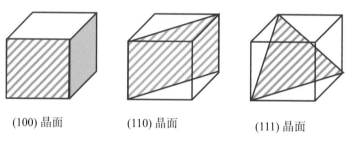

(100) 晶面 　　　(110) 晶面 　　　(111) 晶面

图 6-4　硅晶体的 3 个主要晶面

单晶硅各向异性湿法腐蚀的腐蚀液主要有 KOH 溶液、乙二胺-邻苯二酚（EDP）溶液、四甲基氢氧化铵溶液等。表 6-1 给出了上述腐蚀液对硅及其氧化物、氮化物的腐蚀速率，从中可见，腐蚀溶液对硅（100）晶面和二氧化硅的腐蚀选择比可以达到 100 倍以上，对氮化硅的腐蚀速率还要低一个量级。因此，在硅湿法腐蚀加工中，通常会选择二氧化硅或氮化硅作为硅湿法腐蚀的掩模材料。当需要用腐蚀剂在硅表面腐蚀一个中等深度的凹槽时，推荐选择热氧化的二氧化硅作为腐蚀掩模；如果腐蚀的深度较深，特别是需要腐蚀硅通孔时，硅片需要长时间放置在腐蚀溶液中，二氧化硅难以抗住腐蚀液的腐蚀，则需要选择氮化硅作为掩模材料。

在硅的各向异性湿法腐蚀加工中，一个 MEMS 结构所获得的三维结构取决于其腐蚀缓慢的晶面。对于具有凸角的 MEMS 图形，通常会在凸角处存在过腐蚀，如图 6-5（a）所示。为此，需要在掩模版图设计过程中对凸角结构进行预补偿［图 6-5（b）］，经过补偿后可以实现所期望的三维结构。关于更详细的硅湿法腐蚀的掩模凸角补偿方法可以参考 M. Elwenspoek 的专著[297]。

表 6-1　硅及其化合物在腐蚀液中典型的腐蚀速率[298]

材料	腐蚀剂	腐蚀速率
硅（100）	KOH	$0.25 \sim 1.4 \ \mu m/min$
	EDP	$0.75 \ \mu m/min$
	TMAH	$1 \ \mu m/min$
二氧化硅	KOH	$40 \sim 80 \ nm/min$
	EDP	$12nm/min$
	TMAH	$0.05 \sim 0.25 \ nm/min$
氮化硅	KOH	$5nm/min$
	EDP	$6nm/min$
	TMAH	$0.05 \sim 0.25 \ nm/min$

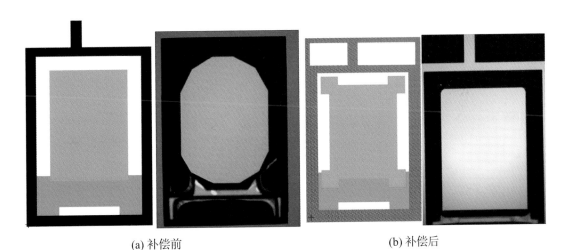

(a) 补偿前　　　　　　　　　　(b) 补偿后

图 6-5　进行凸角补偿前后的版图及腐蚀结果对比图

▶ 6.2.5 干法刻蚀工艺

MEMS 制造中的干法刻蚀工艺是在光刻工艺基础上实现硅的各向异性刻蚀，进而实现高深宽比 MEMS 器件敏感结构的过程。各项异性和高深宽比是 MEMS 器件制造中的干法刻蚀有别于集成电路工艺的重要特征，刻蚀过程中线条的横向展宽、侧壁陡直度的偏差，都会相应带来 MEMS 惯性器件的误差，因此干法刻蚀是形成 MEMS 敏感结构加工误差的主要工艺过程之一，需要优化工艺过程参数并进行严格控制，以保证高性能 MEMS 惯性器件芯片的实现。

（1）干法刻蚀工艺原理

干法刻蚀工艺是在真空中利用等离子体放电使反应气体与硅材料发生化学反应去除一部分材料，从而形成所需的三维几何微结构的工艺过程。在体硅 MEMS 工艺中，干法刻蚀特指可以实现高深宽比沟槽刻蚀的深反应离子刻蚀（Deep Reactive Ion Etching，DRIE）。相比于常规集成电路工艺中的反应离子刻蚀工艺（Reactive Ion Etching，RIE），体硅 MEMS 工艺中的深反应离子刻蚀要求具有更高的刻蚀速率和更好的各向异性控制能力，以实现高深宽比图形的刻蚀。DRIE 通过在刻蚀过程中在侧壁上形成一层保护薄膜，从而避免侧向钻蚀，以获得在深度方向的刻蚀选择性。根据侧壁保护膜形成方式不同，深反应离子刻蚀可以分成 Bosch 刻蚀工艺和低温刻蚀工艺两种。

Bosch 刻蚀工艺由德国 Bosch 公司发明并因此而得名[299,300]，刻蚀中的侧壁保护膜是利用高密度等离子源，使碳氟化合物（通常为 C_4F_8）产生电离并发生聚合反应而生成。整个深反应离子刻蚀过程分为聚合物保护膜沉积和衬底刻蚀两个交替变化的过程，实现衬底的各向异性刻蚀（图 6-6）。在具体刻蚀工艺中，沉积和刻蚀的切换周期通常为秒量级。硅的深反应离子刻蚀一般采用 C_4F_8 和 SF_6 作为工艺气体，工艺气体通过 ICP 射频功率源产生高密度等离子体和活性基团，活性基团到达硅晶圆表面发生物理化学反应，达到各向异性刻蚀效果。

沉积过程中通入 C_4F_8 气体，C_4F_8 在等离子状态下分解成离子态 CF_x^+ 基、CF_x^- 基与活性 F^- 基，其中，CF_x^+ 基和 CF_x^- 基与硅表面反应，形成 nCF_2 高分子钝化膜覆盖在硅片表面，其反应式如下

$$C_4F_8 + e^- \rightarrow CF_x^+ + CF_x^- + F^- + e^- \qquad (6-3)$$

$$CF_x^- \rightarrow nCF_2 \qquad (6-4)$$

刻蚀过程中通入 SF_6 气体，增加 F 离子解离，F^- 与 nCF_2 反应刻蚀掉钝化膜并生成挥发性气体 CF_2，由于活性反应离子在偏压作用下刻蚀底部材料更快，底部保护膜被刻蚀掉后，接着进行硅基材的刻蚀，相应的反应式如下

$$nCF_2^+ + F^- \rightarrow CF_x^- + CF_2 \uparrow \qquad (6-5)$$

$$SF_6 + e^- \rightarrow S_xF_y^+ + S_xF_y^- + F^- + e^- \qquad (6-6)$$

$$Si + F^- \rightarrow SiF_x \qquad (6-7)$$

待侧壁的聚合物被刻蚀尽时，又开始了下一个周期的聚合物保护膜沉积过程，两个过

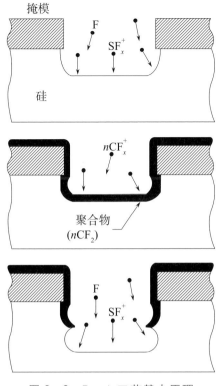

图 6-6　Bosch 工艺基本原理

程交替循环，实现硅片向深度方向的刻蚀。在 Bosch 工艺中，由于刻蚀/沉积交替进行，在侧壁上形成了周期性扇贝型微观形貌，其表面起伏在 50～200 nm 之间（图 6-7）。

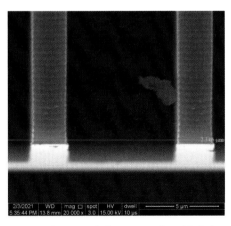

图 6-7　刻蚀-钝化交替进行所形成的侧壁扇贝形起伏

　　除 Bosch 工艺外，另一种实现在侧壁上沉积保护膜的方法是低温刻蚀工艺[301]，整个刻蚀工艺中硅片处于约 $-30\ ℃\sim-150\ ℃$ 的低温环境下，通入的 SF_6/O_2 气体在等离子作用下发生电离，并与硅发生反应，在低温下硅与活性氟离子发生反应的产物 SiF_xO_y 在低温下会附着于刻蚀表面[302]，特别是附着在侧壁的反应产物的刻蚀速率较底部慢，从而起到了侧壁保护的作用。低温刻蚀以连续的方式进行，因此可以得到近似于光学平面的光滑侧壁。

（2）深硅刻蚀侧壁形貌的控制

MEMS 惯性器件敏感结构中，需要刻蚀出角度接近 90° 的垂直侧壁。在 Bosch 工艺中，影响刻蚀形貌的参数主要有参与反应的 SF_6 和 C_4F_8 的气流、气压、刻蚀/沉积时间、刻蚀/沉积功率、下极板温度等。刻蚀侧壁垂直度的控制是一个刻蚀和沉积达到平衡的过程，为此需要对刻蚀和沉积的各个参数进行精细调节以控制刻蚀/沉积的比例，以实现期望的侧壁形貌。

为在深硅刻蚀中实现垂直的侧壁形貌，需要针对具体的敏感结构图形对刻蚀工艺参数进行优化，对钝化/刻蚀周期、下极板功率进行微调，并观测各个工艺条件下的结构垂直度。设定 W、D、H 分别为刻蚀形成的梳齿结构的上表面尺寸、下表面尺寸和结构层厚度，利用扫描电镜（SEM）对加工尺寸进行准确测量，定义刻蚀结构的侧壁垂直度为

$$\theta = 90° - \arctan\left(\frac{W-D}{2H}\right) \qquad (6-8)$$

针对某 MEMS 陀螺仪结构进行工艺优化，试验过程中各主要工艺参数及相应的侧壁垂直度见表 6-2。其中保持聚合物沉积周期不变，调整刻蚀周期和射频功率。由于工艺中这两个参数为线性渐变模式，因此实际工艺试验中只调整刻蚀周期和射频功率的终点值。从表中可以看出，随着终点刻蚀周期缩短，临近终点阶段的聚合物保护作用增强，减小了底部侧向刻蚀，侧壁垂直角度近似线性变化。序号为 3 的工艺条件能够确保刻蚀侧壁的垂直度保持在 90°±0.05°，是一个优化的工艺参数。图 6-8 是经过优化后的刻蚀侧壁形貌。相应地，图 6-9 给出了偏离优化工艺参数形成的非垂直侧壁形貌，梳齿结构的上下表面宽度存在明显差异。

表 6-2　刻蚀工艺典型参数优化列表

序号	钝化周期/s	起始刻蚀周期/s	终点刻蚀周期/s	起始射频功率/W	终点射频功率/W	结构垂直度/(°)
1	4.8	5.6	5.6	15	15	89.86
2	4.8	5.6	5.0	15	13	89.93
3	4.8	5.6	4.7	15	13	90.04
4	4.8	5.6	4.0	15	10	90.31

（3）干法刻蚀中的聚合物残留

在 Bosch 工艺中，通过在工艺中引入聚合物保护膜的沉积实现硅的各项异性刻蚀，这种聚合物保护膜的沉积具有各向同性的特点。如果刻蚀的硅结构层底部存在凹腔结构（刻蚀后即实现敏感结构的释放，例如图 6-2 中的结构），由于 MEMS 结构上粗线条区域会先刻穿，在后续的刻蚀过程中，聚合物得以在凹腔内沉积并残留下来。这种聚合物的残留

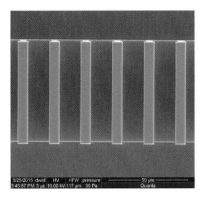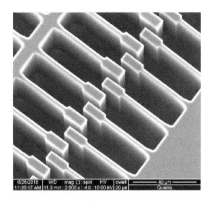

图 6-8　优化后的 MEMS 结构形貌

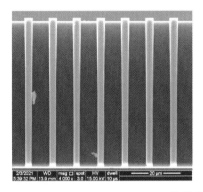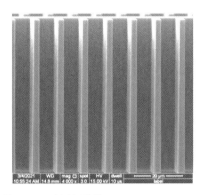

图 6-9　工艺优化前的 MEMS 结构形貌

会影响到 MEMS 器件的功能，要尽可能减少，或者在其后续的工艺过程中予以清洗去除。

图 6-10 给出了在硅-玻璃结构 MEMS 器件干法刻蚀后在玻璃衬底上聚合物沉积的图片，为便于观察，硅结构刻蚀释放后已将硅结构层剥离掉，可以看到与硅结构对应的电极表面明显增加了一层聚合物。图片的左上角的金属焊盘对应着硅结构上较大的刻蚀窗口，是最先刻蚀透的部分，该部分由于受刻蚀周期的作用，而观察不到聚合物的存在。

图 6-10　硅-玻璃结构 MEMS 器件干法刻蚀后玻璃衬底上的残留聚合物

经试验研究表明[303]，干法刻蚀在凹腔结构中的聚合物残留与沉积气体的流量有关，也与刻蚀过程中衬底的温度有关。沉积气体流量越大，聚合物残留就越多，试验中 C_4F_8 的流量由 360 sccm 降低至 180 sccm，钝化聚合物的厚度由 1 200 nm 降低至 980 nm；衬底温度越高，聚合物残留就越少，衬底温度由 -10 ℃ 升高至 30 ℃，钝化聚合物的厚度由 1 200 nm 降低至 270 nm。聚合物残留与衬底温度的相关性可以解释为在较高温度下钝化聚合物 $(CF_2)_n$ 的脱附率明显增大。因此，通过优化聚合物沉积气体的流量和衬底的温度，可以明显减小凹腔内聚合物残留（图 6 - 11）。

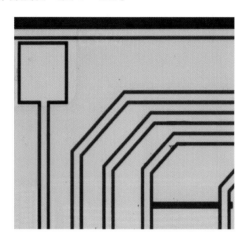

图 6 - 11　工艺优化后聚合物明显减少的玻璃衬底

由图 6 - 10 和图 6 - 11 还可以看出，凹腔内聚合物的残留还与刻蚀工艺的掩模图形相关，若不同区域掩模窗口的差别较大，则会影响各个区域刻蚀速率的均匀性，不均匀的刻蚀速率会加重聚合物的残留。因此，还需要在干法刻蚀掩模图形的设计上进行优化，以减小聚合物残留。

考虑到干法刻蚀掩模设计上的局限性，聚合物残留难以绝对避免，因此需要在后续的工序中进行特殊的清洗以去除聚合物残留。由于残留的聚合物在高温下容易分解，因此也可以将刻蚀后的 MEMS 晶圆再进行高温热处理以去除凹腔内的残留聚合物。

（4）干法刻蚀中的横向切口效应

在 MEMS 器件的干法刻蚀中，由于器件设计的原因，必然存在不同的刻蚀线条宽度，线条宽的结构先于线条窄的结构刻穿，因而一部分区域内的过刻蚀是难以避免的。对 SOI 结构或 SOG 结构来说，带电的刻蚀活性基团与衬底上的介质层接触时，电荷被捕获并累积形成内建电场，后来的活性基团受电场力排斥，偏离原来竖直向下的运动轨迹，使刻蚀硅结构的底部产生明显的横向刻蚀（图 6 - 12），被称为横向切口（Notching）效应。为消除 Notching 效应，可以在刻蚀过程中采用 380 kHz 低频刻蚀[304] 或在高频（13.56 MHz）刻蚀中同时耦合一个低频脉冲偏压信号[305]，使介质层中的积累电荷得以释放耗散，从而减小或消除 Notching 效应。

在具体的 MEMS 芯片工艺流程中，为避免 Notching 效应可根据其结构特点进行工艺

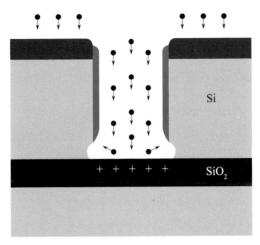

图 6-12　SOI 刻蚀中横向切口（Notching）效应的形成

优化设计。例如，在 SOI 器件层背面先镀一层铝膜，再从正面进行干法刻蚀，铝膜起到消除电荷累积的作用，进而可以消除 Notching 效应[306]，最后去除铝膜，实现 MEMS 活动梳齿结构释放。对于硅结构底部存在凹腔的情况，例如在图 6-2 所示的工艺流程中，由于 Notching 效应的存在，部分结构底部被严重过刻蚀所破坏。底部被破坏的结构如图 6-13（a）所示，线条的底部部分区域已经刻蚀掉。因此，对于 SOG 结构，为了降低刻蚀过程中的结构破坏，在需要刻穿的硅结构所对应的玻璃上溅射一层金，则刻穿后金薄膜层可以将离子电荷转移以消除电场，从而抑制 Notching 效应，改进后的效果如图 6-13（b）所示。同时，将刻蚀时下电极上的射频源由原来的 13.56 MHz 调整为 380 kHz 低频，频率降低后可以进一步降低带电离子的反溅几率，刻蚀结果如图 6-13（c）所示，结构底部线条并无明显的 Notching 效应。

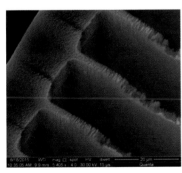

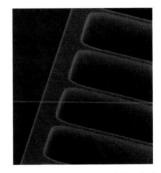

(a) 改进前　　　　　　　(b) 凹腔内覆金后　　　　　(c) 凹腔内覆金且增加低频脉冲

图 6-13　带有凹腔结构的典型 SOG 结构深硅刻蚀工艺改进前后对比

▶ 6.2.6　晶圆键合工艺

晶圆键合是指通过化学或物理作用实现晶圆之间永久或临时黏结在一起的工艺过程。

在 MEMS 工艺中，晶圆键合用于实现硅微结构与衬底或不同硅微结构之间的微组装，因而在 MEMS 芯片产品制造中发挥着不可替代的作用。晶圆键合曾是 MEMS 制造的特有工艺，是其有别于集成电路工艺的重要特征。但随着技术的发展，晶圆键合也在集成电路的制造，特别是晶圆 3D 堆叠封装制造中得到了广泛应用。晶圆键合工艺主要包括阳极键合、直接键合和中介层键合[307]。

6.2.6.1 阳极键合

在 MEMS 工艺中，阳极键合实现硅与玻璃之间的键合，实现以玻璃为衬底的体硅 MEMS 结构，或者用于"三明治"式 MEMS 加速度计中，实现加速度计硅摆片与玻璃基电极结构的微组装。

硅-玻璃阳极键合装置与原理如图 6-14 所示。硅片和玻璃贴合在一起后被加热到 $T=200\ ℃\sim450\ ℃$，在较高温度下玻璃电阻率降低到 $0.1\ \Omega\cdot cm$ 以下，玻璃变成了具有导电性的固体电极。此时，硅片接电源的正极，玻璃接电源的负极，所加键合电压 $U=200\sim2\ 000\ V$，玻璃中带正电的钠离子变得非常活跃，钠离子向电源的负极移动，在与硅片接触的玻璃表面留下氧负离子，从而形成空间电荷区（耗尽层），绝大部分电压降都落在这个空间电荷区内。耗尽层中的氧负离子与硅片表面的正电荷之间由于高电场产生强大的静电吸引力，使硅片与玻璃紧密接触。当温度较高时，玻璃软化并具有粘滞流动性，填补硅与玻璃间的空隙，使硅与玻璃接触得更紧密。在静电场作用下，硅与玻璃界面间发生氧化反应，产生 Si—O—Si 化学键，使硅与玻璃间实现牢固的键合。

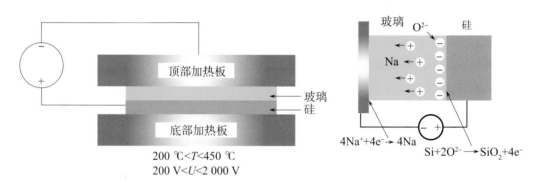

图 6-14　硅-玻璃阳极键合装置与原理示意图

由阳极键合原理可知，用于阳极键合的玻璃必须在高温下具有导电性，因而只有特定牌号的玻璃适用于硅-玻璃阳极键合，此外还需要选择与硅材料热胀系数相近的玻璃牌号，以减小两种材料之间的热失配。基于以上两点考虑，常见的适于与硅键合并加工 MEMS 芯片的玻璃有美国康宁公司的 Pyrex7740 和德国肖特公司的 BF33 两种牌号，两种牌号玻璃的热胀系数温度曲线基本一致，其中 Pyrex7740 玻璃与硅片的热膨胀特性的对比如图 6-15 所示。利用其热胀系数的温度曲线与硅之间的差异，通过调整其键合温度，可以使键合片恢复至常温时具有最小的翘曲，即具有最小的热应力。从图 6-15 可以看出，对于 Pyrex7740，键合温度选择在略低于 300 ℃ 和 530 ℃，两种材料的热膨胀应变可以保持一致，因而可以使键合片恢复至常温时具有较小的热应力。在实际应用过程中，不同批次玻璃材料的热胀系数会存在一定差异，需要结合试验确定最佳的键合温度。对于 BF33 玻璃，试验结果表明，键合温度选择为 320 ℃，可使键合片在常温下具有最小的热应力。典型的阳极键合的晶圆如图 6 - 16 所示。

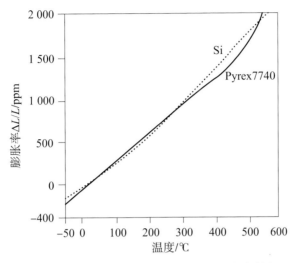

图 6 - 15　Pyrex7740 玻璃与硅片的热膨胀特性

图 6 - 16　完成阳极键合的晶圆样品

　　阳极键合本身的工艺实现难度不大，容易实现高的键合强度。但在 MEMS 器件中，通常在玻璃上设计有金属电极以实现 MEMS 器件微结构电信号的引出，并且硅片上通常设计有图形结构，这些金属电极及硅片上的微结构在键合工艺过程相互影响，这些影响主要体现在键合强度、金属电极与硅结构之间的欧姆接触以及部分敏感结构在静电作用下的吸合等方面。金属电极的一部分与硅材料接触并形成欧姆接触是实现 MEMS 器件功能所必需的，因此键合金属电极的高度应凸出玻璃与硅的界面，并且硅材料（至少在与金属电极接触点上）应是高掺杂的低阻硅（电阻率控制在 0.003 Ω·cm 以下），但这会直接影响键合强度。一方面，金属电极凸出键合面的厚度过大，玻璃材料变形的弹性力超过静电力，在金属电极与硅材料接触点周围则会形成局部键合失效区，如果接触点位于一个较小面积的锚点上，则会造成该锚点处键合失效；另一方面，在阳极键合过程中，金属电极与硅材料之间形成的良好欧姆接触则会造成局部短路，在其周边难以形成稳定的静电电压，影响玻璃中可动金属离子扩散，难以在玻璃层中形成耗尽层，同样也会影响局部键合强度。实践表明，金属电极凸出玻璃-硅界面的厚度控制在几十纳米量级，可忽略其对键合强度的影响；同时，在硅片的清洗方面，避免将 HF 去除自然氧化层放在清洗的最后一步，使硅片表面保留一薄层自然氧化层，则能够在确保键合强度的同时保证较好的欧姆接触。为避免硅可动结构在键合过程中由于静电作用吸合，需要在可动结构所对应的玻璃表面设计电极结构，并将其与硅材料连接，实现在键合过程中这部分电极结构与硅材料处于等电位状态，在后续工艺中还需要通过其他工艺手段将用于等电位目的的电极结构与硅敏感结构断开。这些都需要在工艺流程和版图设计中予以考虑。

6.2.6.2 直接键合

直接键合是指两片表面平整光滑的硅片无需借助中间介质或外力而结合在一起的过程，又称熔融键合。在键合过程中，使硅片结合在一起的力是范德华力（Van der Waals force）和氢键作用力。在 MEMS 工艺中，直接键合可以实现硅-硅、硅-二氧化硅、二氧化硅-二氧化硅之间的键合，直接键合也成为 SOI 晶圆制备所需的主要技术途径之一。

直接键合通过范德华力来实现自发的键合。由于无任何粘合剂和外加电场，且范德华力为短程力，故需要施加一定的压力使晶圆紧密接触。为了获得很高的键合强度，直接键合通常需要在较高温度下退火处理，形成牢固的化学键。直接键合对接触界面光滑度、平整度要求非常高，表面不平整会导致键合面产生空洞。另外，接触面上的污染物也会降低表面反应能力和化学键键能[308]。

为获得洁净光滑的待键合表面，需要对待键合表面进行严格的清洗处理。原子级清洁材料表面具有很强的表面能，室温下如果将两个原子级清洁表面的硅晶圆贴在一起，在表面张力的作用下，晶圆表面的原子就能形成较强范德华力，从而降低了键合表面能。这一过程无激活能，理论上能够实现任何物质之间的键合[309]。

根据清洗后硅片表面状态不同，硅片直接键合可分为亲水键合（Hydrophilic bonding）与疏水键合（Hydrophobic bonding）。在亲水键合中，硅片表面有一层二氧化硅并在表面形成大量的羟基（—OH 基团）；在疏水键合中，硅片表面经去除自然氧化层后，会形成大量的—H 基团或—F 基团。

（1）亲水键合

硅-二氧化硅直接键合属于亲水键合。为了提高硅-二氧化硅键合强度，国内外研究人员对硅-二氧化硅键合技术进行了大量研究[310]。研究表明，通过表面亲水性处理能够显著提高硅-二氧化硅键合质量。硅片经 RCA 清洗后，形成羟基（—OH）密度较高的亲水表面，大气环境中的水分子易于吸附到该亲水表面。将经过亲水性处理的两个晶圆相互接触后，两个表面的—OH 间能够形成比普通分子间作用力更强的氢键，从而将两个晶圆吸附在一起。晶圆在一定温度下退火，—OH 基团间发生脱水缩合反应，形成牢固的 Si—O—Si 共价键，从而获得牢固的键合界面，其反应方程式为

$$Si—OH+HO—Si\rightarrow Si—O—Si+H_2O \qquad (6-9)$$

在实际亲水性键合过程中，脱水缩合反应并不是直接在硅醇键（Si—OH）上进行的。这是因为—OH 具有很强的极性，经过亲水性处理后硅醇键会首先和水分子通过氢键结合在一起。在脱水缩合过程中，水分子也参与了反应，起到一定的催化反应作用。亲水性键合的反应机理，如图 6-17 所示。

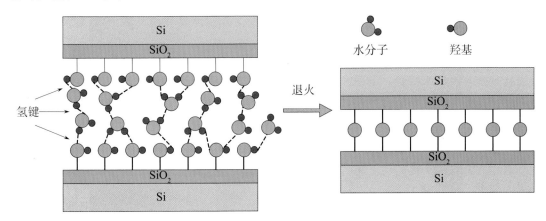

图 6-17　亲水性键合反应机理

（2）疏水键合

在疏水键合中，硅片表面的自然氧化层通过稀氢氟酸去除，硅的表面会被高浓度的—H 基团或—F 基团所覆盖，尽管在水中—F 基团会被—OH 基团所代替，但整体上硅片表面具有足够高浓度的—H 基团保持疏水。由于疏水表面容易被碳氢化合物污染，因此经疏水处理的硅片应尽快进行键合。当两片疏水的硅片贴合在一起时，如图 6-18 所示，覆盖有—H 基团的两个硅片通过 HF 分子发生相互作用，在经历 150 ℃到 300 ℃退火时，HF 的分子重新排列，形成更多的 H—F 键相互作用；随着退火温度升高至 300 ℃到700 ℃ 时，—H 基团发生去氢反应，形成强的 Si—Si 共价键 ［图 6-18（c）］。相应的化学反应式如下[311]

$$Si—H+Si—H\rightarrow Si—Si+H_2 \qquad (6-10)$$

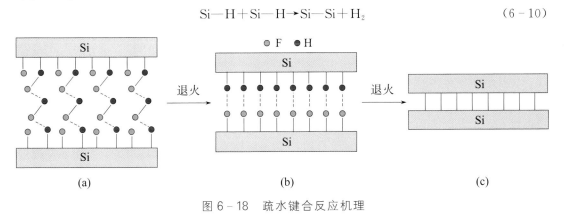

图 6-18　疏水键合反应机理

硅材料的疏水键合可以实现两个硅晶圆高强度键合，在某些应用中可以用来替代硅的外延生长。在直接键合中，由于没有水分子的 H 键桥接作用，因此疏水键合对表面粗糙度的要求非常苛刻，以确保两个硅片之间获得足够大的范德华力。随着技术的发展，可以通过等离子体表面激活技术[312] 提高晶圆之间的范德华力，并适当放宽对表面粗糙度的要求，提高键合强度。

硅片的亲水键合和疏水键合在键合强度方面存在较大差异，键合表面能与退火温度之间的关系如图 6-19 所示。从图 6-19 中可以看出，当退火温度低于 550 ℃时，通过亲水键合法获得的键合能高于通过疏水键合法获得的键合能，随着退火温度升高，疏水键合的表面能逐渐超过亲水键合，表明疏水键合只有经过较高的退火温度，才能获得足够高的机械强度。但是无论采用哪种方法，均需要经过较高温度退火，才能获得大于 2.0 J/m² 的键合能。由于高温退火过程能够诱发内部元件热应力，导致掺杂元素有害扩散，损坏温度敏感元件，因此很大程度上限制了晶圆键合技术在 MEMS 制造和晶圆级封装等方面的应用。采用表面等离子体激活工艺直接键合可以使退火温度降至 400 ℃以下，从而保证足够的键合强度。

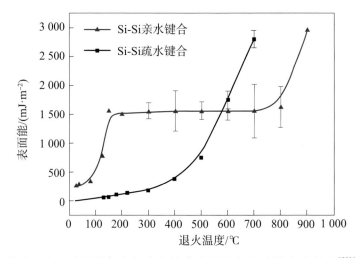

图 6-19　硅晶圆亲水和疏水键合表面能与退火温度的关系[309]

6.2.6.3　中介层键合

中介层键合是借助两个晶圆表面之间的过渡介质层结合在一起的键合工艺。中介层可以是金属、合金焊料、玻璃浆料、聚合物等。键合前中介层先涂敷或生长在晶圆表面，既可以仅在一个晶圆表面生长中介层，也可以在两个晶圆上都生长中介层。

按照所使用的中介层及键合机理不同，中介层键合又可以细分为共晶键合、焊料键合、热压键合、玻璃浆料键合、聚合物键合等。不同的中介层键合所涉及的材料及典型工艺温度见表 6-3。中介层键合由于工艺温度低，能够与芯片上的金属布线工艺兼容，因此在 MEMS 芯片晶圆级封装中发挥着特殊作用。

表 6 - 3　不同种类中介层键合材料体系及典型工艺温度[313,314]

中介层键合种类	中介层材料体系	典型工艺温度/℃
共晶键合	Au—Si	400
	Au—SiGe	400
	Au—Ge	400
	Al—Ge	450
	AuSn—Au	300
	AuIn—Au	160
焊料键合	SnAg—Au/Ni/Au	240
	SnPb—Au/Ni/Au	210
	SnBi—Au/Ni/Au	160
热压键合	Au—Au	380
	Cu—Cu	350
	Al—Al	450
玻璃浆料键合	FX11 - 036 玻璃浆料	425～450
	DL11 - 205 玻璃浆料	～445
	CN33 - 246 玻璃浆料	425～450
	G018 - 173 玻璃浆料	430
	5290D1 玻璃浆料	～430
	AP4115AB 玻璃浆料	～440
聚合物键合	BCB	～250

6.3　高性能 MEMS 惯性器件集成制造技术

　　MEMS 惯性器件集成制造是利用前述 MEMS 制造单项工艺，对其进行裁剪和组合，实现 MEMS 惯性器件的过程。MEMS 惯性器件加工具有如下特点：

　　1）MEMS 惯性器件主要利用硅微结构的力学特性，工艺加工带来的结构缺陷会产生相应的误差，因此需要尽可能保证结构加工的完美性；

　　2）对于电容式 MEMS 惯性器件，希望在有限的空间内获得尽可能大的电容，以提高 MEMS 惯性器件的检测精度，而减小电容间隙是增大电容的有效途径之一，需要在保证结构加工高度完美性的同时，尽量实现小的电容间隙；

　　3）MEMS 惯性器件通常在载体的导航、控制系统中发挥关键作用，对 MEMS 惯性器件的可靠性要求比较高，因而对加工工艺也提出高可靠性的要求；

　　4）MEMS 惯性器件敏感结构通常要求工作在稳定的气压环境中，如 MEMS 陀螺仪需要高真空封装，MEMS 加速度计需要具有一定真空度的气密封装，因此芯片工艺设计中需要综合考虑最终的封装工艺过程。

根据敏感结构实现气密封装的方式，MEMS 惯性器件制造工艺可以分为器件级封装和晶圆级封装两种技术路线。前者在芯片的制造中不包含微敏感结构的密封，需要在后续的器件封装中来实现，因此在芯片的划切过程中需要对微可动结构进行特殊保护；后者将微敏感结构封装作为芯片制造工艺流程的一部分，因此在芯片划切中无需特殊的保护措施，有利于批量制造。器件级封装适用于结构方案快速验证，而晶圆级封装更适用于批量生产。随着技术的进步，晶圆级封装的 MEMS 惯性器件芯片制造工艺技术已经成为主流。

高性能 MEMS 惯性器件需要在工艺制造方面保证 MEMS 敏感结构芯片具有高性能、高可靠和高稳定的特性。在整体制造方案上，选择体硅加工工艺，以充分利用单晶硅的优良材料特性；选择晶圆级真空封装制造技术方案，有利于实现 MEMS 敏感结构芯片的高质量、高可靠的批量制造，符合 MEMS 惯性器件加工制造的发展趋势。在工艺过程控制上，需要对晶圆键合、光刻、干法刻蚀等关键工艺过程严格控制，以减小 MEMS 惯性器件工艺误差的影响。

本节以"三明治"式 MEMS 加速度计和音叉结构 MEMS 陀螺仪为例，分别介绍基于湿法腐蚀和干法刻蚀的全硅 MEMS 惯性器件的集成制造技术，并阐述其中的关键技术。为便于与接口电路集成和仪表的工程应用，这两种 MEMS 惯性器件芯片均采用晶圆级封装的技术路线。

▶ 6.3.1 MEMS 芯片晶圆级封装制造技术

MEMS 芯片晶圆级封装制造技术是指在单个 MEMS 芯片分离之前，以硅晶圆为单位，通过晶圆键合或薄膜沉积等技术途径，实现 MEMS 芯片不同层次之间机械与电气连接，并实现晶圆上各个 MEMS 芯片微结构的独立密封技术。与器件级封装相比，晶圆级封装使芯片上的可动结构不受后道划切工序的影响，提高了器件成品率，同时可以显著节省封装成本，缩小封装尺寸。对于微系统集成而言，晶圆级封装的 MEMS 芯片有利于提高系统的集成度，减小最终产品的体积，因此 MEMS 晶圆级封装成为微系统所需 MEMS 器件的主要封装形式，而且随着技术的进步，晶圆级封装也成为 MEMS 器件的主流技术[315]。对于 MEMS 陀螺仪而言，其敏感结构需要工作在谐振条件下，真空封装能够尽可能减小空气阻尼，提高谐振品质因数，从而获得更高的精度，因此需要对其进行晶圆级真空封装。此外，MEMS 加速计一般也需要工作在一定真空度下以控制其阻尼，同样也需要进行晶圆级真空封装。

MEMS 惯性器件晶圆级封装主要需实现两个目的：一是为微可动敏感结构提供一个气密的（包括较高真空度的）工作环境；二是同时实现可动结构与封装结构外的电气互联。其中，后者对整个晶圆级封装的工艺路线及相关结构设计影响更为显著，整个晶圆级封装的工艺设计主要是围绕如何将电信号引出并尽可能避免受到干扰展开。

日本东北大学的 M. Esashi 在其综述文章[316] 中对 MEMS 产品实现晶圆级封装并实现电极信号的引出方式进行了系统总结，其各种工艺实现方案汇总于图 6 - 20。总体而言，其工艺方案一般分为两种：一种是基于薄膜沉积和牺牲层腐蚀的方案，即通过一个小的开口实现牺牲层的干法刻蚀进而完成微可动结构释放，然后进行二氧化硅等薄膜沉积，薄膜沉积过程上述开口会被封住进而实现结构的密封，如图 6 - 20 （h） 至图 6 - 20 （j） 所示；另一个是基于晶圆键合的方案，完成 MEMS 微结构加工的晶圆与一个盖帽晶圆相键合，实现晶圆的密封，晶圆键合可以采用直接键合来实现 ［图 6 - 20 （a） 至图 6 - 20 （e）］，也可以采用中间介质材料来实现 ［图 6 - 20 （f），图 6 - 20 （g）］。基于晶圆键合的晶圆级封装中，电极的引出主要有两种，一种是通过晶圆上的通孔来实现 ［图 6 - 20 （a） 至图 6 - 20 （d）］，另一种是通过芯片侧面引出电极 ［图 6 - 20 （e） 至图 6 - 20 （g）］。目前，业界 MEMS 惯性产品既有采用基于晶圆键合的体硅加工工艺方案，也有基于薄膜沉积的表面加工工艺方案，具体产品采用的晶圆级封装方案取决于自身的结构和功能需求。除上述方案外，"三明治"式加速度计由于结构的特殊性，也有其独特的晶圆级封装和电极引出方式，这将在下一节中进行详细论述。

对于 MEMS 惯性器件而言，面硅工艺的主要局限在于结构层材料沉积的厚度有限以及多晶硅材料力学性能的不足，这制约了 MEMS 惯性器件性能的进一步提升。因此高端应用的 MEMS 惯性器件更倾向于体硅加工晶圆级封装、敏感结构与控制电路多芯片集成的制造方案。

▶ 6.3.2　全硅晶圆级封装"三明治"式加速度计集成制造技术

图 6 - 21 所示为晶圆级封装"三明治"式 MEMS 敏感结构示意图，整体结构由三层硅片加工而成，中间层为摆片结构层，由质量块、支撑梁、键合框架、引线焊盘等组成；上下两层的硅片整体作为上下极板，由硅衬底、二氧化硅绝缘层和引线焊盘等组成。二氧化硅绝缘层保证了上下极板与摆片结构绝缘，其厚度决定了电极间隙。由于可以精确控制二氧化硅的厚度，因此这种结构的上下极板电极间隙可以精确控制，并能保证上下极板的对称性。摆片结构层通过湿法腐蚀来实现，上下极板主要通过硅片干法刻蚀工艺刻蚀完成，通过溅射金属焊盘实现欧姆接触电极。

"三明治"式加速度计敏感结构的加工包括摆片结构层加工和上下极板加工。摆片结构层中主要加工挠性梁结构，并实现质量块与周围键合框架的释放。对于硅摆片上不同深度的结构，常规的腐蚀工艺是在腐蚀掩模保护下逐层腐蚀，一次产生一个新的层面或台阶高度，每腐蚀出一个硅台阶后，需要进行一次光刻，去除下一层次上的牺牲层掩模（如氮化硅或二氧化硅），然后再进行下一阶段腐蚀。然而，这样的工艺方法对于光刻工艺本身带来了挑战，由于台阶高度较大（几微米至几十微米），常规的光刻胶旋涂方法会造成光刻胶在台阶下堆积，而在台阶上的胶量很少，甚至无法实现覆盖（图 6 - 22）；尽管可以通过喷胶的方法实现光刻胶相对均匀覆盖，但台阶本身的存在同样也会造成光刻中的衍射效应而影响光刻的精度。

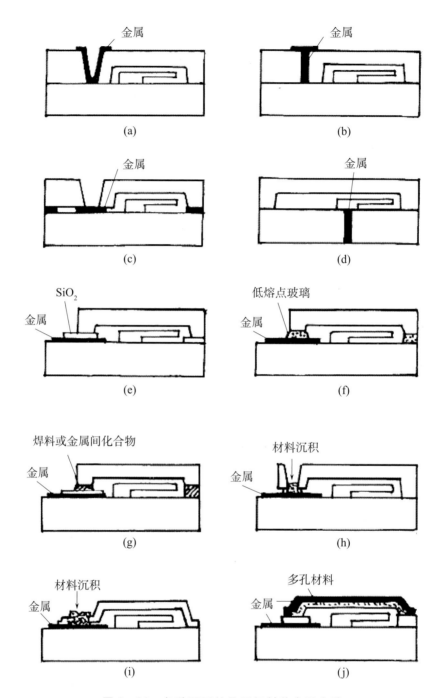

图 6 - 20　各种不同的晶圆级封装实现方法

　　针对上述问题，作者团队开发了一种硅摆片加工方法[317,318]，即在硅片上生长厚氧化层，并对氧化层多次光刻，形成不同氧化层台阶，之后对硅片进行腐蚀成型。整个加工流程示意图如图 6 - 23 所示。硅片首先进行氧化处理［图 6 - 23（a）］，在其表面生长一层二氧化硅，二氧化硅的厚度至少能够耐受硅片一半厚度的腐蚀，例如对于厚度为 300 μm

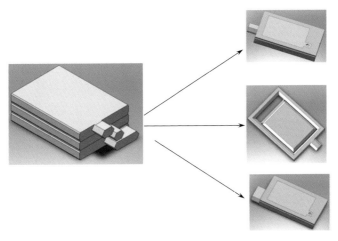

图 6-21　全硅晶圆级封装的"三明治"式加速度计敏感结构示意图

图 6-22　光刻胶在台阶下堆积，台阶上不完全覆盖

的硅片，考虑到湿法腐蚀对 Si 和 SiO₂ 的选择比以及必要的工艺冗余，可把氧化层厚度定为 3 μm。然后对硅片进行光刻和二氧化硅腐蚀，整个过程需要进行二次双面光刻、腐蚀，第一次双面光刻、腐蚀将最终需要释放的部分二氧化硅彻底腐蚀干净［图 6-23（b）］；第二次光刻、腐蚀需要精确控制二氧化硅腐蚀的腐蚀量，使剩余的二氧化硅能够耐受硅腐蚀的厚度应略大于挠性梁厚度的一半，从而将单层氧化膜层分成不同结构的 2 层氧化膜层［图 6-23（c）］。接下来进行硅的湿法腐蚀，腐蚀分两个阶段进行：第一阶段，腐蚀深度为挠性梁厚度的一半，然后去除挠性梁位置处的残余氧化膜层［图 6-23（d）］；第二阶段，腐蚀至挠性梁的厚度达到设计要求，此时刚好能够释放摆片结构［图 6-23（e）］。最后，用 HF 去除剩余的氧化层［图 6-23（f）］。

　　作为上下电极的硅片加工工艺流程如图 6-24 所示。硅片首先经过氧化［图 6-24（a）］，氧化层的厚度决定了最终"三明治"式加速度计摆片与上下极板之间的间隙；硅片经过双面光刻腐蚀二氧化硅，形成电极间隙，并形成二氧化硅上的键合框架图形［图 6-24（b）］；最后，经过干法刻蚀硅片，形成键合框架外突出的电极结构［图 6-24

（c）]。从实现 MEMS 加速计功能的角度讲，二氧化硅的腐蚀通过单面腐蚀即可，但双面腐蚀可以保持硅片两面与二氧化硅之间的应力平衡，避免产生翘曲而影响后续的键合质量。

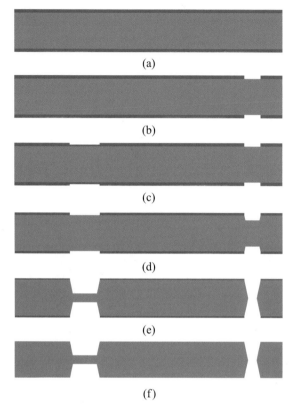

图 6-23　"三明治"式加速度计摆片结构工艺流程图

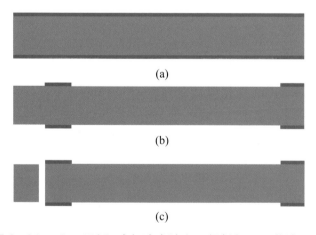

图 6-24　"三明治"式加速度计上下极板加工工艺流程图

　　上下极板与摆片结构层同时进行硅-二氧化硅直接键合，即可形成晶圆级封装的"三明治"式 MEMS 加速度计结构（图 6-25）。图 6-26 给出了加工完成的"三明治"式

MEMS 加速度计晶圆照片。结构上的金属引线焊盘通过磁控溅射进行生长，在溅射过程中在晶圆上覆以阴影掩模（Shadow mask），即可实现敏感结构的局部镀膜而省去光刻图形化的过程。

图 6-25　"三明治"式加速度计完成键合后的剖面示意图

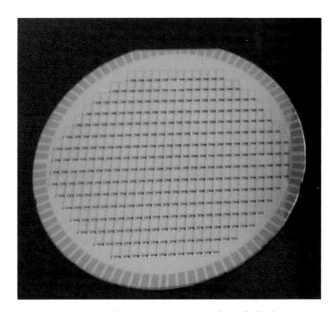

图 6-26　键合后的"三明治"式加速度计晶圆

在摆结构的加工过程中，光刻过程所涉及的台阶高度仅有几微米，这样的台阶在 MEMS 光刻工艺中较为常见，不存在台阶覆盖性问题，能够加工出表面光滑、尺寸精度满足要求的敏感芯片，从而保证了尺寸控制精度和加工质量，提高了敏感芯片的质量和成品率。

上下极板与摆片结构层的键合是整个流程的关键，键合过程决定了各结构层之间的应力，并影响 MEMS 加速度计的最终性能。需要对硅-二氧化硅键合中的各个参数进行严格控制，以确保键合强度并减小键合中形成的应力对敏感结构的影响。

🔵 6.3.3　晶圆级真空封装 MEMS 陀螺仪集成制造技术

由于 MEMS 结构本身对应力敏感，因此工艺设计需要尽可能实现 MEMS 敏感结构的对称性，包括在 z 方向各种膜层的对称性，以减小 MEMS 惯性器件对热应力的敏感性。基于晶圆键合的晶圆级封装 MEMS 陀螺仪芯片整体结构如图 6 - 27 所示[104,319]，芯片由三层结构组成，包括衬底层、器件层和封帽层。其中，器件层的 MEMS 陀螺仪可动结构是整个芯片的核心部分，可动结构周边的键合环用于与衬底层和封帽层进行键合，形成密封空腔结构；封帽层与器件层之间有一层图形化的 SiO_2，通过 $Si-SiO_2$ 直接键合将器件层与封帽层键合在一起，SiO_2 确保器件层与封帽层绝缘；衬底层上布有电极图形，与器件层之间通过 $Au-Si$ 共晶键合[320] 使两层结合在一起，形成一个可供器件层梳齿微结构自由活动的空腔，并采用侧面电极引出的方式实现空腔结构内器件层结构与空腔外电极焊盘的互联。

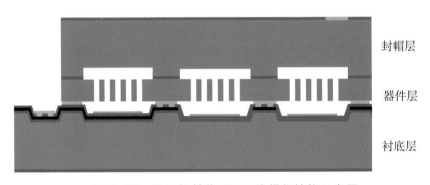

图 6 - 27　晶圆级封装 MEMS 陀螺仪结构示意图

上述结构的工艺加工流程如图 6 - 28 所示。其中，图 6 - 28（a）为封帽层与器件层可动结构加工的各工序流程。首先，在封帽层硅片上通过干法刻蚀形成表面带有 SiO_2 的锚区结构及凹腔结构；然后，通过 $Si-SiO_2$ 直接键合实现与器件层的键合；最后，器件层经减薄抛光后，采用干法刻蚀工艺加工出陀螺仪的微可动结构。

陀螺仪衬底层的加工如图 6 - 28（b）所示。首先，通过湿法腐蚀在衬底层硅片上形成凹腔结构，并经热氧化形成绝缘层；然后，在绝缘层上制作电极层，并生长第二层 SiO_2 绝缘层；接下来，在第二层 SiO_2 绝缘层上刻蚀出接触孔，以便于电极与后续的金层连接；最后，在衬底层上形成薄膜吸气剂[321] 和金电极，后者用于电气互联并作为后续 $Au-Si$ 键合的介质。

MEMS 陀螺仪芯片晶圆级真空封装通过 $Au-Si$ 共晶键合实现，在真空条件下，衬底层上的金与器件层的硅发生共晶反应，形成芯片的真空封装。金硅共晶键合过程中的升温过程可以实现吸气剂激活，从而提高真空密封的真空度。最后，晶圆经过划切即可得到如图 6 - 27 所示的 MEMS 陀螺仪敏感结构。图 6 - 29 给出了按照上述工艺流程加工的 MEMS 陀螺仪芯片实物照片。

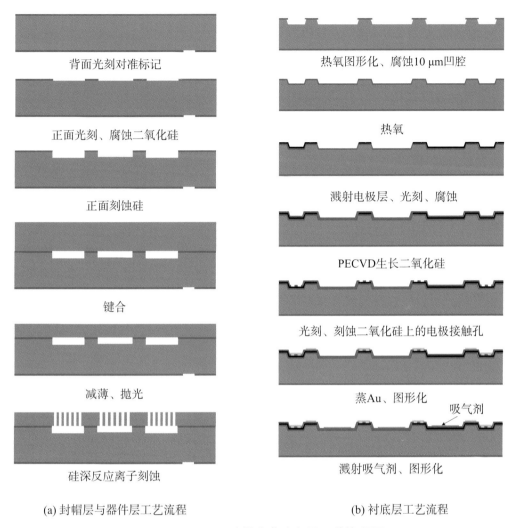

背面光刻对准标记

正面光刻、腐蚀二氧化硅

正面刻蚀硅

键合

减薄、抛光

硅深反应离子刻蚀

热氧图形化、腐蚀10 μm凹腔

热氧

溅射电极层、光刻、腐蚀

PECVD生长二氧化硅

光刻、刻蚀二氧化硅上的电极接触孔

蒸Au、图形化

吸气剂

溅射吸气剂、图形化

(a) 封帽层与器件层工艺流程　　　　　(b) 衬底层工艺流程

图 6-28　MEMS 陀螺仪芯片各层工艺流程图

本节所述晶圆级真空封装工艺流程，除了用于 MEMS 陀螺仪芯片制造外，还可用于梳齿式加速度计、硅谐振式加速度计以及其他硅谐振器件的加工。当用于梳齿式加速度计等不需要高真空的器件时，需要略过吸气剂薄膜的加工过程。

● 6.3.4　单片多轴 MEMS 惯性器件集成制造技术

在前述 MEMS 惯性器件制造工艺流程中，检测质量通常具有一个或两个方向上的运动自由度，并检测相应的电容变化。对于单片三轴或六轴 MEMS 惯性器件，需要在芯片上设计出具有各个方向上运动自由度的检测质量，以及 3 个方向上不同硅结构之间的电容。同时，还需要尽可能减小硅可动结构与衬底之间的寄生效应。

在前述晶圆级真空封装 MEMS 陀螺仪集成制造技术中，通过微调部分工艺，可以实现单片多轴 MEMS 惯性器件的加工。例如对于三轴加速度计，x、y 方向上的加速度

图 6-29　完成划切的晶圆级封装 MEMS 陀螺晶圆及芯片

计采用梳齿结构，z 方向采用扭摆式结构。x、y 向加速度计检测质量仅分别在其敏感方向具有运动自由度，而在 z 方向上刚度大，需要尽可能加大敏感结构与衬底的距离，以减小寄生电容；z 向加速度计检测质量是绕着水平方向的旋转轴扭摆运动，需要尽可能减小扭转摆与衬底的距离，以提高扭转运动的检测灵敏度。三轴加速度计的结构示意图如图 6-30 所示。其封帽层和器件层的加工与上一节的工艺流程基本一致，与前述工艺流程对比，可以看到差别主要在于衬底层的凹腔内加工出一个台阶结构，用以在其上形成金属电极，该电极作为最终惯性器件芯片检测敏感质量 z 向运动的电容极板。

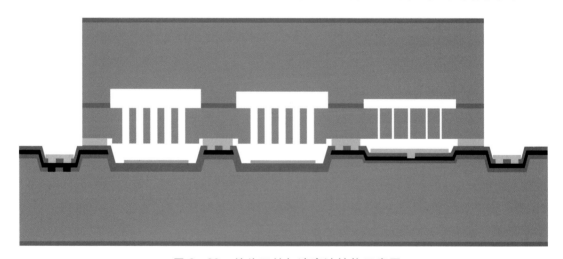

图 6-30　单片三轴加速度计结构示意图

对于单片六轴集成 MEMS 惯性器件，MEMS 陀螺仪需要高真空，而加速度计需要一定的气体阻尼。因此，需要通过工艺设计，将 MEMS 陀螺仪和 MEMS 加速度计分别密封在各自的微腔内，二者之间相对独立，并且在衬底层上有选择地生长薄膜吸气剂，兼顾两者的需求。其衬底层的加工如图 6-31 所示。

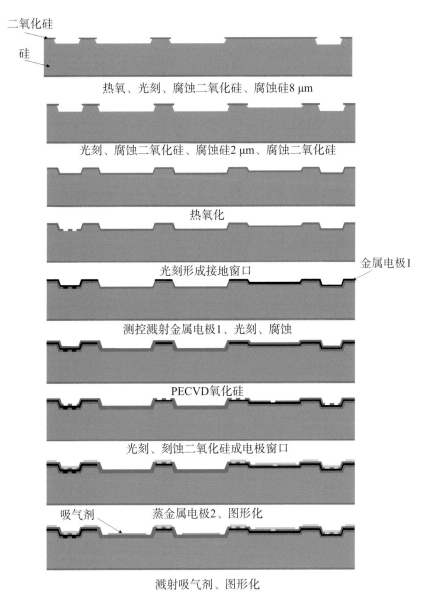

二氧化硅

硅

热氧、光刻、腐蚀二氧化硅、腐蚀硅8 μm

光刻、腐蚀二氧化硅、腐蚀硅2 μm、腐蚀二氧化硅

热氧化

光刻形成接地窗口　　　　　　　　　金属电极1

测控溅射金属电极1、光刻、腐蚀

PECVD氧化硅

光刻、刻蚀二氧化硅成电极窗口

吸气剂　　　蒸金属电极2、图形化

溅射吸气剂、图形化

图 6‐31　单片六轴 IMU 衬底层工艺流程示意图

对于工程化的高性能 MEMS 惯性器件，在敏感结构设计时，需要结合芯片流片工厂的工艺条件，相应进行敏感结构微调，结构设计中尽可能避免工艺加工极限，以确保工艺加工的稳定性。

6.4　高性能 MEMS 惯性器件晶圆级真空封装关键工艺技术

6.3 节所述的晶圆级真空封装工艺流程用于高性能 MEMS 惯性器件制造，在工程研制中需要着重考虑的关键技术有预埋腔体的 SOI（Cavity‐SOI）制造技术、Au－Si 共晶键合技术和薄膜吸气剂的制备与应用技术等。本节对这些关键技术进行详细论述。

▶ 6.4.1 预埋腔体 SOI 制造技术[322]

在图 6-28（a）所示的工艺流程中，器件层与封帽层的加工利用了 Cavity-SOI（预埋腔体绝缘体上硅）制造技术，即在封帽层先刻蚀出腔体然后再与器件层键合形成 SOI 结构[323-325]。通过在 SOI 制备中预埋腔体结构，MEMS 器件可以充分利用单晶硅材料特性和氧化层绝缘特性来确保器件的性能，同时使敏感结构与封帽层之间的距离不再像常规 SOI 一样局限于埋氧层的厚度，通过器件层干法刻蚀即可实现可动结构释放而无需埋氧层 HF 腐蚀，从而为 MEMS 器件的设计和工艺加工提供了更多的灵活性和工艺可控性。目前，Cavity-SOI 制造技术已经广泛应用于谐振器[326,327]、压力传感器、惯性器件、麦克风等 MEMS 器件加工中。

MEMS 器件用 Cavity-SOI 晶圆通过直接键合工艺制备，首先需要在氧化后的硅片上形成腔体，然后通过晶圆直接键合技术将封帽层和器件层键合在一起，并通过晶圆减薄技术实现期望的器件层厚度。事实上，预埋腔体形成工艺可以根据 MEMS 器件设计需要灵活调整，既可以在封帽层上刻蚀出预埋腔体结构，也可以在器件层上刻蚀出预埋腔体结构，或者在封帽层、器件层上都刻蚀出预埋腔体结构。

6.4.1.1 预埋腔体的制备

Cavity-SOI 的制备首先从硅片的氧化和预埋腔体的制备开始，氧化的二氧化硅作为最后 SOI 中的绝缘层。预埋腔体通过干法刻蚀或湿法腐蚀工艺制备，如果通过湿法腐蚀制备，则需要在完成预埋腔体制备后去除二氧化硅重新氧化，因为经过湿法腐蚀的二氧化硅表面变得粗糙，很难进行后续晶圆键合。预埋腔体的深度需根据 MEMS 器件的设计要求确定。

6.4.1.2 硅-二氧化硅键合

在 6.3.3 节给出的晶圆级封装工艺流程中，封帽层的键合面上覆盖一层 SiO_2，并且在硅片上经刻蚀形成锚区结构，另一片为双抛硅片。硅-二氧化硅键合的工艺流程如图 6-32 所示，待键合片需要进行彻底清理，去除表面的颗粒、有机杂质和金属离子杂质。为了提高键合强度，需要对待键合硅片表面进行等离子活化处理。通过等离子活化处理，在待键合晶圆表面形成一层活性氢氧基团悬挂键。两个硅片接触并加压后，氢键将硅键合起来；硅片表面的活性氢氧基团相互结合后经过退火，开始进行脱水，最终形成稳定的硅氧烷键。

图 6-32 硅-二氧化硅键合工艺流程

待键合硅片表面的等离子活化处理[328] 是保证键合强度的关键。通过等离子活化处理，待键合晶圆表面的氢氧基团悬挂键密度得到显著增加，这有利于晶圆通过氢键结合在一起，同时有利于亲水键合在退火过程中水分子的逸出，可以在较低的退火温度下实现高的键合强度。等离子体活化可以选择氮、氩或氧等离子体，通常裸硅片激活采用氧等离子体，氧化硅片采用氮等离子体，等离子体的频率既可以是射频，也可以选择较低的频率。在实际键合中需要根据硅片表面情况对相关工艺参数进行优化。

图 6-33 给出了用不同等离子体激活键合表面能的对比，从图中可见，不同的等离子体激活方法所形成的硅键合表面能存在明显差异，但总体上经过等离子体激活处理的晶圆键合表面能明显高于未经等离子体激活的键合晶圆。晶圆键合表面能总体上是随着退火温度的升高而增大，这是因为即使经过等离子激活处理的晶圆，室温下相互贴合的晶圆键合表面能仍不强，此时的晶圆键合仍然是可逆的，在两个晶圆之间插入刀片即可实现晶圆分离，难以满足 MEMS 器件制备需求，因此必须经过退火以增强键合强度。经过退火，—OH 基团间发生脱水缩合反应，形成牢固的 Si—O—Si 化学键进而形成牢固的晶圆键合。对于表面存在离子扩散结构或金属层的硅片，其退火温度应尽可能低，以降低掺杂离子和金属层的非预期扩散。而对于 Cavity-SOI 制备中的硅-二氧化硅键合而言，由于不存在构成功能结构的掺杂离子或金属层，其键合后的退火温度应尽可能高，最高可选择硅片氧化的温度，以确保其键合强度。影响退火效果的主要参数是退火温度和退火时间，此外，退火过程中的气氛也会影响到键合片的残余应力，这需要在具体的实践中进行工艺优化。

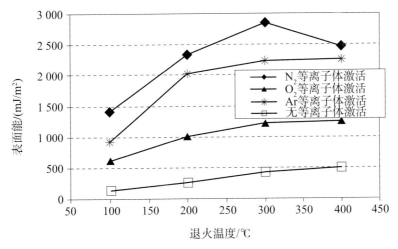

图 6-33 用不同等离子体激活的硅-二氧化硅键合表面能随退火温度变化曲线[328]

6.4.1.3 Cavity-SOI 晶圆的减薄抛光技术

MEMS 惯性器件的器件层受干法刻蚀图形深宽比的限制，其厚度通常设计为几十微米。而作为原材料的硅片，其厚度至少在 300 μm 以上。因此，器件层与封帽层完成键合后，需要通过研磨、磨削或湿法腐蚀等方法对器件层进行减薄并进行表面抛光。减薄和抛光决定了器件层的最终厚度、总厚度变化（Total Thickness Variaion，TTV）以及晶圆的表面质量（粗糙度）。目前的减薄抛光技术可以实现最终厚度精度在 $\pm 0.5~\mu m$ 以内，TTV 精度在 $0.5~\mu m$ 以内，表面粗糙度（Ra 值）优于 $0.1~nm$。需要注意的是，器件层的最终厚度和 TTV 通常不能直接测量，需要通过控制整个键合片的面形参数来实现。为此，封帽层的厚度及 TTV 参数必须严格控制，并将这些参数作为整个减薄抛光的基本信息输入。

键合晶圆的减薄方法主要有研磨减薄、磨削减薄、湿法腐蚀减薄等。

（1）键合晶圆的研磨减薄

键合晶圆的研磨减薄是利用研磨液中游离磨料对硅片表面产生微细去除效果的一种超精加工方法。硅片的研磨是最早发展的硅片表面加工技术之一，用于硅晶圆的制备，不仅可以进行单面研磨也可以进行双面研磨。对于键合晶圆减薄，仅需单面研磨减薄。研磨过程中键合硅片需要采用粘接或真空吸附的方式固定于研磨头上，放置于硬质研磨盘上并施以适当的压力，同时在研磨盘上喷洒研磨料，研磨盘转动时，通过晶圆与研磨盘之间的相对运动以及研磨料的作用，实现硅材料的去除。尽管研磨对于硅片加工来说是一项成熟的技术，但对于 MEMS 晶圆减薄来说，这种技术也存在一定的局限性，主要体现在控制最终厚度准确性方面。因为传统的硅片晶圆加工需要控制晶圆厚度的均匀性，而对其最终厚度的控制并不严格，硅片通常有 $10~\mu m$ 的厚度偏差，即便是几个微米的偏差，也难以满足 MEMS 器件的要求。此外，随着晶圆尺寸增加，需要增加研磨盘尺寸，这又为控制研磨盘的面形提出了挑战，同时也增加了整个研磨设备的体积。通常认为，研磨减薄工艺只适用于 6 寸以下的工艺制程。

（2）键合晶圆的磨削减薄

硅片的磨削减薄技术最早由 S Matsui 等人于 1988 年提出[329]，这种工艺采用略大于硅片的工件转台，通过真空吸盘固定硅片，每次只装夹一个硅片，硅片中心与转台中心重合。金刚石砂轮（磨头）调整至与硅片贴合，硅片与砂轮绕各自轴线旋转，产生摩擦实现硅的磨削。在加工过程中，金刚石砂轮只沿着轴向进给，进给量可以精确控制，因而可以精确控制硅片的剩余厚度。与研磨不同，磨削过程中所需的辅料是由纯水和活性剂构成的切削液，而无需其他磨料。这种加工方式实质上是采用金刚石磨头直接对键合硅片表面进行磨削加工，在磨削加工过程中，选择合适的工艺参数如接触压力、金刚石磨头的粒度、磨盘的转速、切削液粘度及流量等，可以获得较大的磨削速率。硅片自旋转表面磨削具有加工效率高、加工后表面平整度好、成本低、产生表面损伤小等优点，因此在大直径硅片减薄中已经逐步采用表面磨削技术来代替传统的研磨技术。特别是在 MEMS 芯片加工中，也越来越多地采用磨削减薄技术。

（3）键合晶圆的湿法腐蚀减薄

除上述研磨和磨削减薄外，还可以采用湿法腐蚀技术对键合晶圆进行减薄。对于 (100) 晶面，可以选用 KOH、EDP、TMAH（Tetramethylammonium Hydroxide，四甲基氢氧化铵）等各向异性腐蚀剂，对于 (111) 晶面，则需要选择各向同性腐蚀剂，如硝酸、冰醋酸和氢氟酸混合溶液，腐蚀速率与混合比例和温度相关，一般腐蚀速率为 $0.7\sim 7~\mu m/min$。在湿法腐蚀过程中需要注意晶圆背面的保护。可以在晶圆背面生长一层氮化硅作为保护层，保护层的厚度需要根据硅的腐蚀厚度以及腐蚀选择比进行计算。通常在 KOH 腐蚀中，用 PECVD 生长 1 μm 厚的氮化硅足以实现深度大于 250 μm 的（100）硅晶面的腐蚀。湿法腐蚀的均匀性取决于腐蚀液的循环速度，增大循环速度有助于反应产物的扩散，保持腐蚀速率的一致性。通过优化工艺参数，可以实现硅片优于 1 μm 的 TTV。硅片湿法腐蚀的优点是，在腐蚀液充分循环的条件下，硅片腐蚀减薄后的 TTV 仅取决于硅片初始的 TTV，湿法腐蚀可以有效避免翘曲硅片由于装夹不当造成的 TTV 放大。湿法腐蚀是采用化学方法去除材料，因而不存在硅表面的损伤层。

（4）键合晶圆的化学机械抛光

键合晶圆经过前述的减薄后，其表面粗糙度尚不能满足后续 MEMS 工艺加工的要求。这主要是由于研磨和磨削都会在硅片表面留下一层微米量级的损伤层，这种损伤层会影响 MEMS 器件的性能。此外，减薄形成的硅片表面粗糙度比较大，即便是湿法腐蚀的表面，也会由于硅片中的氧缺陷而形成微米量级的浅坑。因而需要通过化学机械抛光（Chemical Mechanical Polishing，CMP）降低表面的粗糙度，并去除损伤层。

将前述研磨或磨削的设备经过适当调整，即可以实现硅晶圆的化学机械抛光。当采用类似于研磨机的抛光设备时，需要将磨盘替换为粘有一层聚氨酯抛光垫的抛光盘；当采用类似于磨削机的抛光设备时，需要将金刚石磨头替换为粘有聚氨酯抛光垫的抛光头。

CMP 过程分为表面材料与磨料反应生成易溶解易去除的表面层的化学过程，以及硅片表面层与抛光液的纳米颗粒在抛光头的压力作用下相互摩擦导致表面层去除的物理过程。抛光过程中抛光垫上喷入抛光料，抛光料是一种含有几十纳米粒径的氧化硅颗粒的碱性液体，可以与硅发生一定化学反应，并通过氧化硅颗粒摩擦去除反应生成物。在抛光垫上，聚氨酯材料具有像海绵一样的机械特性和多孔吸水特性，能够帮助传输抛光料，并提高抛光均匀性。

在抛光过一定数量硅片表面之后，抛光垫会被磨损造成抛光速率降低，需及时更换。抛光过程中，硅片的去除量为微米量级，不仅能够去除研磨、磨削产生的损伤层，也能大幅降低硅片的表面粗糙度，CMP 抛光后硅片的表面粗糙度 Ra 可优于 0.1 nm。

6.4.1.4　Cavity‑SOI 晶圆键合质量表征

键合强度是评价 Cavity‑SOI 制备水平的重要指标，测量晶圆键合强度目前有两种方法：一种是通过刀片从边缘插入键合面检测裂纹长度的裂纹传播扩散法（Crack Opening）[311]，或称为刀片法；另一种是在芯片上制备出特定结构的 MC 测试法[330]。这两种方法通常用于评估无图形结构的整片晶圆键合，但对于有图形结构的 Cavity‑SOI 晶圆来说，上述方法很难评价特定图形区域上的键合强度，特别是 MC 测试法中制备测试所需的结构也很难与具体的器件工艺兼容。为此，在生产中常采用超声波扫描和破坏性剪切强度测试相结合的方法对键合强度进行评估。

超声扫描法测试键合强度是利用超声扫描显微镜的超声换能器和探头在键合晶圆表面进行扫描，进而识别出键合空洞的检测方法。这种检测方法适合工艺过程控制，具有快速、无损的优点。图 6‑34 给出了键合后的 MEMS 陀螺仪 Cavity‑SOI 晶圆的超声扫描显微镜测试结果。结果表明，除刻蚀锚区形成的空腔外，其他区域未出现空腔，表明整体键合强度较好。超声扫描显微镜的横向分辨率与超声频率有关，考虑到 MEMS 惯性器件的锚区通常在几十微米的量级，为了识别键合锚区上的键合空洞，需要使用高频探头，需要降低扫描速度以实现较高的横向分辨率。

对于 MEMS 惯性器件而言，其微结构上所有锚点均应具有高的键合强度以确保其稳定可靠工作。由于芯片上各个锚点键合面积小（$50~\mu m \times 50~\mu m \sim 200~\mu m \times 200~\mu m$），采用超声扫描检测键合强度受其横向分辨率的制约。为进一步评估芯片结构上各个锚点的键合强度，可采用破坏性剪切测试结合统计分析的方法对键合强度进行评价。具体方法是在 Cavity - SOI 上刻蚀出最终的微结构，并对这些微结构进行破坏性剪切测试，通过观察微结构锚区断裂面进行统计分析，进而做出键合强度的评价。图 6 - 35 给出锚区的破坏性剪切强度试验结果，其中显示的是 SOI 器件层，键合面断裂后将封帽层上的 SiO_2 撕裂留在器件层上，表明 Si—SiO_2 的键合强度已经超过了热氧化法生长的 SiO_2 的强度。以单个芯片内所有锚区键合面撕裂后 SiO_2 均留在器件层作为此芯片键合强度合格的判据，统计整个晶圆上键合强度合格的芯片比例，作为整个晶圆键合强度的量度。经多个晶圆测试表明，晶圆内 Si—SiO_2 键合强度合格的芯片比例可以达到 95％以上，说明该 Si—SiO_2 键合工艺可以满足 MEMS 惯性器件芯片的加工需求。

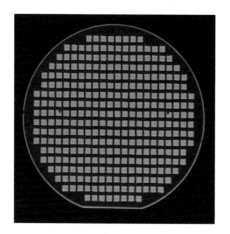

图 6 - 34　键合片超声扫描结果

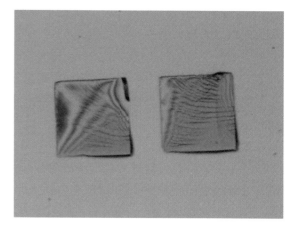

图 6 - 35　锚区键合面破坏性测试结果

除上述方法外，还可以将 Cavity - SOI 晶圆划切成小片，对小片进行剪切力测试，从而获得键合面的剪切强度。图 6 - 36 是晶圆上不同小片样品的典型剪切强度测试数据，结果表明，Cavity - SOI 中 Si—SiO_2 的键合剪切强度典型平均值为 97.9 MPa。

6.4.1.5　Cavity - SOI 晶圆制备中的键合质量影响因素

影响 Cavity - SOI 晶圆键合质量的因素有很多，其中一类是键合晶圆本身所固有的，如晶圆的表面颗粒、表面粗糙度、表面翘曲等；另一类是制备预埋腔体所带来的晶圆宏观翘曲、局部应力集中[331] 等。此外，键合压力、退火温度等工艺条件也会直接影响晶圆的键合质量。

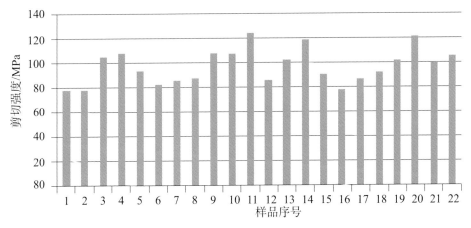

图 6-36　晶圆键合剪切强度典型测试数据

（1）表面颗粒

尽管晶圆键合过程是在洁净厂房内完成，晶圆表面仍然会存在一些颗粒。这些颗粒会造成直接键合界面产生空洞，且空洞的半径 R 会远大于颗粒的半径 h。根据弹性变形理论[332]，可以得出空洞半径 R 与颗粒半径 h 的关系

$$R = \left[\frac{2Et_w^3}{3\gamma(1-\nu^2)} \right]^{1/4} h^{1/2} \tag{6-11}$$

式（6-11）中，E 为材料杨氏模量；ν 为材料泊松比；t_w 为键合晶圆厚度；γ 为晶圆键合表面能。当颗粒尺寸小于一个临界尺寸 h_{crit} 时，颗粒自身的形变将远大于晶圆的形变，这种情况下所形成的空洞大小接近于颗粒自身的尺寸，此时颗粒所造成的空洞几乎可以忽略。颗粒的临界尺寸 h_{crit} 表示为

$$h_{\mathrm{crit}} = 5(t_w\gamma/E)^{1/2} \tag{6-12}$$

在键合工艺中，颗粒主要通过清洗过程进行控制。硅片的清洗采用 RCA 清洗，同时增加兆声清洗以去除表面的颗粒，具体实践中需深入研究硅片清洗工艺方法，形成过程控制规范，避免晶圆表面污染及颗粒对键合过程的影响。

（2）晶圆表面粗糙度

晶圆直接键合所利用的范德华力和氢键作用力的大小与晶圆表面粗糙度紧密相关，因此需要严格控制晶圆的表面粗糙度，通常要求晶圆键合面达到原子级尺度光滑。图 6-37 给出了两组不同表面粗糙度晶圆制备 Cavity-SOI 后经湿法减薄的试验结果，其中两组晶圆的 Ra 值分别为 0.113 nm 和 0.495 nm。从图中可以看出，对于第一组晶圆，经 Cavity-SOI 键合后键合强度高，能够耐受氢氧化钾的腐蚀，晶圆上各芯片单元无钻蚀；对于粗糙度较大的第二组晶圆，键合强度明显低，耐受不住氢氧化钾的腐蚀，不仅晶圆边缘发生了钻蚀，而且相当多的芯片单元也出现了钻蚀损坏。这样的晶圆经过破坏性键合强度评价，绝大部分二氧化硅都保留在封帽层上，显示其键合强度难以满足 MEMS 惯性器件的制造要求。

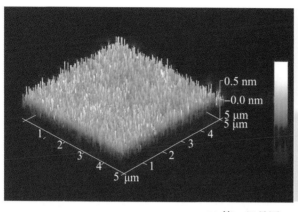

(a) 第一组晶圆，$Ra=0.113$ nm

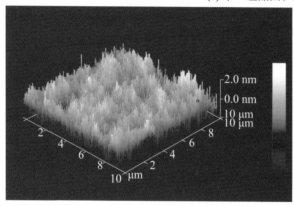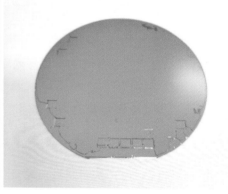

(b) 第二组晶圆，$Ra=0.495$ nm

图 6 - 37   两组不同粗糙度晶圆制备 Cavity - SOI 效果对比

上述结果表明，Cavity - SOI 晶圆直接键合过程中，晶圆表面的粗糙度对晶圆键合强度的影响大，需要对晶圆的粗糙度进行控制。通常需要将晶圆的表面粗糙度控制在 $Ra <$ 0.2 nm 以内，才能使键合后晶圆的键合强度满足后续芯片加工的要求。

（3）Cavity - SOI 中氧化硅图形化[333]

在 Cavity - SOI 中，预埋腔体的加工中所需的图形化二氧化硅薄膜会改变晶圆整体的应力状态，相应会产生晶圆的翘曲。根据晶圆键合理论[334]，只有当键合过程中克服表面翘曲产生的弹性应变能小于键合过程中释放的化学能时，才能实现键合，即

$$\frac{U}{A} - \Gamma < 0 \qquad (6-13)$$

式（6-13）中，$\frac{U}{A}$ 为单位键合面积上的弹性形变能；Γ 为吸附能，表示键合单位面积所需的能量，$\Gamma = \gamma_1 + \gamma_2 - \gamma_{12}$，$\gamma_1$、$\gamma_2$ 是待键合的晶圆的表面能，γ_{12} 是键合后的界面能。式（6-13）表明，只有两个晶圆键合后单位面积上的弹性形变能小于两晶圆的界面能的减少量时，两晶圆才能很好地键合在一起。

对于晶圆翘曲采用小挠度理论模型，晶面表达式为

$$w_{0i} = c_i r^2 \qquad (6-14)$$

经理论计算可得键合过程中克服表面翘曲所需的弹性应变能为

$$\frac{U}{A} = \frac{E_1 t_1^3 E_2 t_2^3 (c_1 + c_1)^2}{3(1-\nu)(E_1 t_1^3 + E_2 t_2^3)} \qquad (6-15)$$

式（6-15）中，E_1、E_2 为待键合晶圆的杨氏模量；t_1、t_2 为待键合晶圆的厚度；c_1、c_2 为待键合晶圆的表面曲率；ν 为材料泊松比。

在预埋腔体制备过程中，二氧化硅的图形化可分为如图 6-38 所示的 3 种状态，即非键合面保留完整热氧化层［图 6-38（a）］、二氧化硅被腐蚀成与键合面镜像对称的图形［图 6-38（b）］、二氧化硅被完全腐蚀掉［图 6-38（c）］。3 种状态所对应的非键合面的翘曲情况如图 6-39 所示，由于晶圆表面的二氧化硅存在压应力，当晶圆两面的图形化不对称时，两面二氧化硅膜的压应力不再平衡，相应产生晶圆的宏观翘曲。对于晶圆两面存在镜像对称的二氧化硅图形的情况，其翘曲最小，这得益于双面对称的二氧化硅图形结构，使衬底晶圆两侧的应力保持了平衡状态。至于非键合仍存在的小幅凸起翘曲，是由键合面的硅材料被部分刻蚀掉所引起。

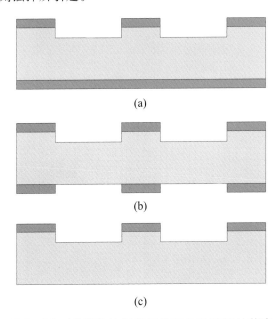

图 6-38　预埋腔体制备后晶圆 3 种不同的状态

由二氧化硅图形化所产生的晶圆宏观翘曲会影响晶圆键合的键合质量。对 3 种情况的晶圆进行键合、减薄、刻蚀敏感结构后，采用破坏性剪切测试的方法对晶圆中每个芯片上各锚区的键合强度进行检测，并标出存在不合格键合锚区的芯片单元。3 种不同情况下键合强度典型检测结果分别如图 6-40（a）至图 6-40（c）所示。图 6-40（b）中对应非键合面进行二氧化硅图形化的情况，不合格芯片单元明显多于其他两种情况，而图 6-40（c）中的缺陷芯片均位于晶圆边缘，因此这种情况下的键合强度是最优的。

晶圆的键合强度与待键合晶圆的翘曲紧密相关，使 2 片晶圆能够键合在一起，需满足

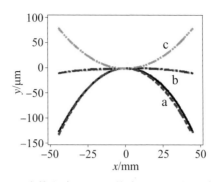

图 6-39　预埋腔体制备后不同状态晶圆的非键合面翘曲情况

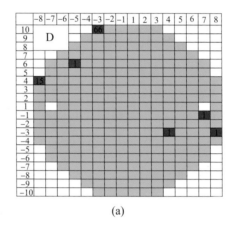

(a)

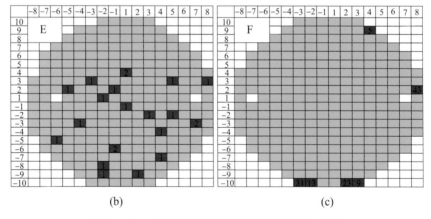

(b)　　　　　　　　　　　　　　　　　　　(c)

图 6-40　典型晶圆剪切测试失效芯片分布图

式（6-13）所示的键合条件，即只有两个晶圆键合后单位面积上的弹性形变能小于两晶圆的界面能的减少量时，两晶圆才能很好地键合在一起。弹性形变能与晶圆的翘曲形变有关[335]，由于封帽层不同表面翘曲状态不同，对应的键合弹性形变能也不同。对于图 6-38（c）中的情况，器件层晶圆为平面，封帽层晶圆的键合为凸面，其中心区域无需加外力即可实现键合，且具有较小的弹性形变能，具有最佳的键合质量。

（4）键合工艺参数

晶圆键合中的工艺参数包括等离子体激活的工艺参数、晶圆键合所加的压力、退火条件等。等离子体激活用于键合表面的改性，所用的气体种类及等离子体的射频频率、功率、激活时间对于确保键合强度十分重要。晶圆键合所用的压力主要用于克服晶圆表面的宏观翘曲，确保范德华力和氢键能将两个晶圆结合在一起。退火过程中退火温度对于键合片最终键合强度发挥重要的作用，通常温度越高，键合强度越大。对于 Cavity - SOI 而言，由于晶圆上不存在其他的有源层或金属，因此可以选择更高的温度以确保键合强度，这对于 Cavity - SOI 中小面积的锚区键合显得尤为重要。

在实践中，需要结合具体的 Cavity - SOI 图形及最终的 MEMS 惯性器件敏感结构，对各个工艺参数进行系统优化，以实现优化的键合强度和产品特性。

▶ 6.4.2　Au - Si 共晶键合技术

Au - Si 共晶键合是晶圆级真空封装 MEMS 惯性器件制造的关键技术之一。利用 Au - Si 合金共晶熔融温度低的特点，将金作为中间介质层，在较低的温度下通过加热使金与硅发生熔融共晶反应，实现两片晶圆之间的键合。在 MEMS 晶圆级封装中，Au - Si 共晶键合用于实现 MEMS 芯片的气密封装。由于各种气体分子在金属及合金中渗透性差，因此 Au - Si 共晶键合可以保证较好的气密性。金具有良好的导电性、延展性与抗氧化性，在 MEMS 工艺中也作为电极引线及电极焊盘材料，因而 Au - Si 键合可实现 MEMS 结构层的电学互联。

6.4.2.1　Au - Si 共晶键合工艺原理与工艺流程

Au - Si 共晶键合是利用 Au - Si 二元合金在特定质量比下具有低熔点的特性，通过加热实现固—液—固的相变实现硅片与另一表面镀金晶圆的键合过程。金、硅两种材料熔点很高（Au 熔点 1 064 ℃、Si 熔点 1 414 ℃）且互不相溶，当二者紧密接触并升温至 363 ℃时，两种材料会以 97.1∶2.9 的质量比液化，随着时间增长，硅与金会逐渐溶解形成液相合金。在实际键合工艺中，键合最高温度通常需要高出共晶温度点 20 ℃～40 ℃，此时液相金中两种成分的溶解组分比范围更宽，液化速率更快。当温度降低时，液相合金会依其饱和组分逐渐析出，温度低于合金共晶点后液相合金完全析出，实现键合。

Au - Si 共晶键合过程中要求两种材料必须实现紧密接触才能实现材料之间的扩散并发生共晶反应，键合前晶圆的状态影响键合过程中两种材料接触效果，其中主要的影响因素有晶圆翘曲、晶圆厚度均匀性、晶圆表面待键合区域洁净程度和表面的氧化层厚度。晶圆翘曲是由于晶圆表面生长不同膜层材料后引入了应力，应力的大小与所生长材料类型、生长温度、膜层厚度与膜层形状及面积等有关。晶圆厚度均匀性源于键合衬底片和结构片两个方面，衬底片厚度的 TTV 由选用的衬底原材料决定，结构片厚度的 TTV 由封帽层的 TTV 和研磨抛光工艺过程决定。键合表面洁净程度及自然氧化层厚度由键合前清洗过程决定，需要在键合前进行相应的表面清洗处理。

为克服晶圆翘曲及晶圆厚度均匀性对晶圆表面接触效果的影响，需要在键合过程中施加足够的键合压力。在键合压力的作用下，晶圆能够克服自身的翘曲，保证晶圆各处都能接触到。键合工艺过程温度直接影响共晶反应过程。温度越高，共晶反应速率越快，液相合金组分比范围越宽，所产生的液相合金越多。共晶反应时间决定了反应进程，影响生成液相合金量。键合工艺过程中的压力、温度和时间共同决定了共晶反应的效果。增大这 3 个参数，有助于提高共晶反应程度，但也会带来负面作用。比如温度越高、时间越长，共晶液相合金越多，同时其流动性也越强；而压力越强也会造成液相合金流动性更强，这都可能造成液相合金在键合区域的边缘溢出，若其流动到器件结构上则会影响器件的性能。因此，需要设置合理的工艺参数，保证键合的质量，如键合强度和键合气密性等。

在 MEMS 惯性器件的晶圆级真空封装中，Au－Si 共晶键合决定了最终封装的气密性及真空度，在键合过程同时完成吸气剂的激活。在 6.3.3 节的工艺流程中，Au－Si 共晶键合从衬底层与器件层的对准开始，在键合对准机上将两层晶圆对准并固定在夹具上，两层晶圆之间需要插入一个金属插片，以便于后续 MEMS 结构排气，然后放入键合机中进行键合。键合过程可分为 4 个阶段，可以用图 6－41 所示的典型键合过程温度曲线来描述。

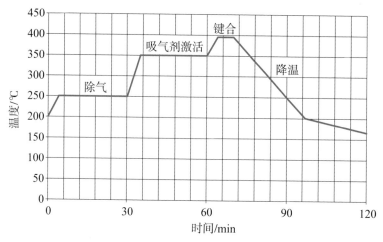

图 6-41　Au－Si 共晶键合过程温度曲线

1）对键合腔体抽真空，并将晶圆加热到 250 ℃进行除气，吸附在 MEMS 微结构表面的气体分子会脱离表面并排出键合腔外，两晶圆之间的金属插片为这些脱附的气体分子提供了向外扩散的通道。由于 250 ℃的高温尚未达到吸气剂的激活温度，此时的除气过程并不会缩短吸气剂的使用寿命。

2）抽掉两个晶圆之间的金属插片，使两个晶圆完全贴合在一起，然后晶圆的温度升至 350 ℃（比共晶温度略低）保持 20 min 至 30 min，以实现吸气剂的激活。对于 MEMS 加速度计等需要阻尼气体的 MEMS 器件，在金属插片被抽出之前可以向键合腔内填充一定压力的阻尼气体。

3）晶圆的温度被快速升至 400 ℃附近，并保持 10 min 以使晶圆的温度达到平衡状态，在此过程中硅向金中扩散并形成液相合金，流动的液相合金形成了 MEMS 敏感结构的密封环。

4）晶圆开始降温，温度降至共晶温度以下后，液相共晶中的金和硅分别析出，形成固态的密封环。在降温初期键合腔体仍保持真空状态，待温度降至 300 ℃ 以下时可以向真空腔内通入氮气以加快降温速度。当温度降至 200 ℃ 以下时，即可开腔取出完成键合的晶圆。

6.4.2.2　键合前表面清洗工艺

Au - Si 共晶键合的实现需要确保金与硅片的良好接触，因此键合表面上的任何颗粒、有机杂质以及硅的自然氧化层都会阻碍硅向金中扩散，因此金硅键合前需要对晶圆表面进行彻底清洗。在实际的 MEMS 芯片加工过程中，清洗工艺的选择除需要关注清洗本身对于去除杂质的效果外，还需要兼顾清洗液对于晶圆表面的图形以及微结构的影响。

（1）衬底片清洗工艺

对于衬底片，清洗的重点是去除晶圆表面光刻胶等有机物。衬底片上完成金图形的光刻腐蚀后，光刻胶难以去除，常规的丙酮浸泡超声去胶效果较差，因此可以使用 NMP（N - methylpyrrolidone，N -甲基吡咯烷酮）去胶液去胶或者采用氧等离子体干法去胶。

光刻胶经 NMP 或等离子体去胶后，金表面仍然可能还存在有机物残留。由于电极片表面含有 Au、Cr、Ti 等金属，因此不能选用标准清洗的 SC1、SC2、SC3 清洗液，可以用重铬酸钾洗液（重铬酸钾：浓硫酸：水＝50 g：1 000 mL：100 mL）进行短时间浸泡处理。重铬酸钾洗液具有强氧化性，晶圆表面的有机物被碳化去除，晶圆表面的金属会因钝化不会受到损伤。用重铬酸钾洗液清洗之后，采用 QDR（Quick Dump Rinse，快速冲水）冲洗，去除表面的杂质离子。清洗后的晶圆可以经过 EDS（Energy Dispersive X - Ray Spectroscopy，能量色散 X 射线光谱）分析，确保金的表面彻底去除有机杂质。

（2）器件层表面清洗工艺

对于完成 MEMS 敏感结构释放的器件层而言，其表面影响金硅共晶反应的杂质主要是刻蚀残留的聚合物、干法等离子去胶后残留的光刻胶以及在此过程中形成的自然氧化层。其中自然氧化层的影响更为显著，由于金在二氧化硅表面的浸润性非常差，纳米量级的硅片自然氧化层就足以阻止金硅接触，使金硅共晶熔融无法实现。

由于在金硅键合阶段，器件层材料仅仅是硅和二氧化硅，因此它的清洗可以采用标准的 SC1、SC2 清洗液，然后用稀氢氟酸腐蚀掉自然氧化层。稀氢氟酸在去除 Au - Si 共晶键合面上的自然氧化层的同时，也会对 SOI 结构中的绝缘层产生一定的腐蚀，因此稀氢氟酸的腐蚀时间需要进行严格控制。带有可动梳齿结构的晶圆湿法清洗的主要难点在于，晶圆在湿法清洗后的干燥过程中，由于水分子表面张力，容易造成梳齿或梁结构吸附。在湿法清洗过程中，只要敏感结构始终浸没在液体中，敏感结构并不会发生吸附，因此在清洗的最后一步需采用低表面张力、强挥发的异丙醇进行脱水，然后进行烘干。清洗后的敏感结构局部如图 6 - 42 所示，整个晶圆上的可动结构未发生吸合，晶圆表面干净，未引入杂质和颗粒。

图 6 - 42　采用湿法键合清洗后的晶圆表面

6.4.2.3　晶圆键合表面状态对 Au - Si 共晶键合的影响

（1）晶圆表面翘曲

为保证金硅键合具有强的键合强度，要求待键合面翘曲较小。衬底层晶圆上的主体结构是硅深槽结构及键合锚区，上面带有热氧化层、金属电极图形、氧化层、金键合环图形以及吸气剂图形。硅槽结构及键合锚区通过湿法腐蚀工艺形成，对晶圆翘曲几乎没有贡献。热氧化层生长过程在衬底两侧生长相同厚度，因此两侧应力大小相同，对器件结构翘曲影响较小。衬底层的翘曲主要来源于金属电极和金键合环图形结构、二氧化硅以及图形化的吸气剂薄膜。金属电极及金键合环腐蚀后的晶圆凹形翘曲小于 10 μm，在此基础上形成图形化的吸气剂薄膜，则整个晶圆的凹形翘曲达到 30 μm 左右。对于器件层和封帽层，晶圆的翘曲取决于 Cavity - SOI 埋氧层图形化所带来的应力，埋氧层图形化通常会产生几十微米的晶圆翘曲。对于翘曲的晶圆需要施加足够的键合压力以克服晶圆翘曲，确保金与硅紧密接触，保证键合的均匀性。

（2）晶圆 TTV 对键合的影响

衬底片的 TTV 取决于硅片制造过程，通常可以保证优于 1 μm，而 Cavity - SOI 的 TTV 则主要取决于减薄和抛光工艺。TTV 过大则会造成晶圆键合面受力不均，即使增加键合压力也难保证所有区域 Au - Si 紧密接触，从这个意义上说，晶圆 TTV 对金硅共晶键合的影响要甚于翘曲的影响。图 6 - 43（a）中给出了经研磨减薄和化学机械抛光后 TTV 较差的厚度分布，由于研磨盘状态没有得到优化，最终形成的 TTV 大于 5 μm，并且主要表现为边缘的厚度偏厚，完成 Au - Si 键合后进行划切，绝大部分键合面完全脱开，如图 6 - 43（b）所示，表明脱开的键合面 Au - Si 共晶反应不充分。

在 MEMS 制造过程中，为确保 Au - Si 共晶键合的效果，需要在 Cavity - SOI 减薄抛光过程中加强对晶圆 TTV 的控制，特别需要关注由于减薄前晶圆存在翘曲而造成的 TTV 变差的情况。实践表明，Cavity - SOI 的 TTV 控制在 2 μm 以内，即可保证较好的金硅键合均匀性。

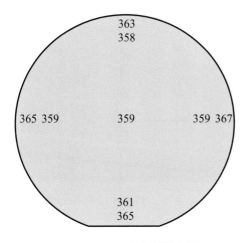

(a) Cavity-SOI晶圆厚度数据　　　　(b) 划切后大部分芯片脱落的实物照片

图 6-43　晶圆 TTV 不佳对 Au-Si 共晶键合强度的影响

6.4.2.4　金硅键合表面的结构优化

金硅键合过程中生成液相共晶合金具有的流动性能够保证其形成连续的密封键合环，然而液相合金的流动性也会导致其在键合压力的作用下被挤出键合界面。图 6-44 给出了金硅共晶液严重外溢的红外显微图像。键合过程中施加压力是必要的，它能够克服晶圆的翘曲使晶圆能够紧密贴合，但压力过大共晶液更容易被挤出，共晶溢出严重时可造成器件结构短路（图 6-45），因此这两者间存在一定的矛盾。为了施加足够的压力以保证良好键合质量，且又能确保共晶液不至于溢出，可在器件层的键合面上设计防溢出浅槽结构[104]，如图 6-46 所示。键合面上的防溢出浅槽由方形阵列槽和边缘的长条形槽组成，在键合过程中，液态 Au-Si 共晶体在压力的作用下首先填充到浅槽中，尽可能避免了 Au-Si 共晶液外溢，边缘的长条形槽对可能外溢的少量共晶液体起到一定的阻断作用，确保少量外溢的共晶液不致于造成结构短路。实际器件中槽的尺寸需要根据具体的器件结构以及金层的厚度进行优化，典型的方形阵列槽的尺寸为 $5~\mu m \times 5~\mu m \sim 15~\mu m \times 15~\mu m$，占空比为 $1:1$；边缘长条形槽宽度为 $10 \sim 15~\mu m$，槽的深度为 $1 \sim 2~\mu m$。

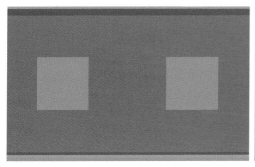

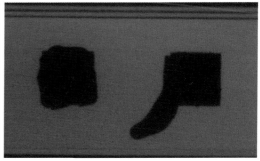

(a) 键合锚区版图　　　　　　　(b) 键合后透射红外显微图像

图 6-44　Au-Si 共晶键合过程中的液态共晶外溢红外显微图像

图 6-45　共晶外溢造成器件短路

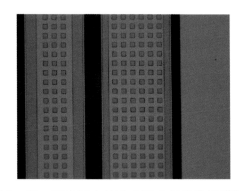

图 6-46　键合环上的防金硅共晶溢出浅槽结构

◉ 6.4.3　吸气剂制备与应用技术

MEMS 陀螺仪敏感结构需要工作在真空环境中，以减小气体阻尼，进而实现高的机械灵敏度。由于 MEMS 结构的比表面积与 MEMS 结构的尺寸成反比，因而 MEMS 微结构表面释放的气体明显制约了晶圆级真空封装的真空度，即使金硅键合在高真空的键合腔体内完成，MEMS 结构微腔体内的真空度通常在千帕量级。因此，在晶圆级真空封装中集成吸气剂，是获得陀螺仪所需真空度的必要条件。吸气剂能够吸附、吸收微腔体内的残余气体以及后续微纳结构表面释放的气体分子，进而实现较高的真空度并保持真空度的长期稳定。

吸气剂主要利用多孔结构吸收气体分子，来保证晶圆级封装过程中的真空度。在大气环境暴露过的吸气剂多孔结构内部会吸收大量的气体分子，同时表面会覆盖一层气体分子，造成钝化，使吸气剂活性丧失。在使用前必须在真空条件下加热激活，使吸气剂恢复吸气能力。实现多孔结构是吸气剂材料制备的关键。此外，成功使吸气剂在真空封装过程中完成激活、恢复吸气能力是其应用的关键，而吸气剂的激活温度需要与 MEMS 工艺兼容，才能实现其在 MEMS 晶圆级真空封装中的作用。

6.4.3.1　吸气剂的分类

根据工作方式不同，吸气剂可分为蒸散型和非蒸散型两大类。蒸散型吸气剂是一种在蒸散时和蒸散成膜后能吸气的吸气剂。蒸散型吸气剂的成分主要由钙、镁、锶、钡以及它们与铝的合金组成，典型的蒸散型吸气剂是 $BaAl_4$。蒸散型吸气剂的特点是吸气面积和吸气速率大。但在使用过程中蒸散出来的金属颗粒会在腔室和器件表面形成金属膜，会造成电极间短路，限制了应用范围。非蒸散型吸气剂在使用过程中始终以固态形式存在，利用其大的多孔结构表面积吸附气体。其优点是体积小、吸气量大、工作寿命长、可反复激活、不会造成电气元件短路，因而得到了广泛应用。非蒸散型吸气剂包括 Ti、Zr 和 ZCR 合金等。

根据非蒸散吸气剂的制备工艺不同，吸气剂可以分为压制型、多孔烧结型和薄膜型。压制型吸气剂是利用机械方法将吸气材料颗粒压制成片状或环状，其特点是制备工艺简单，但需要感应加热或烘烤加热激活且容易出现掉粉现象；通过真空烧结工艺制备的多孔烧结型吸气剂可有效改善金属颗粒之间的结合力，具有孔隙率大、比表面积高的特点，吸气剂可以内置加热丝，可通过小电流加热激活；薄膜型吸气剂是利用丝网印刷或薄膜沉积等工艺方法制备，具有激活温度低、节省空间、牢固度高的特点。

非蒸散型吸气剂的材料主要是 Ti、Zr 以及它们与过渡金属形成的合金。从材料构成看，非蒸散型吸气剂已经由早期的纯 Ti、Zr 金属发展到 Ti - Zr、Zr - Co 等二元材料，再发展到 TiZrV、ZrCoRe 等多元材料。对于吸气剂国内外已开展了大量的研究工作，涉及制备工艺、性能评价、激活机理等方面，研究的目标是实现高吸气量、低激活温度并且应用方便。不同材料体系的吸气剂材料见表 6 - 4。

表 6 - 4　不同材料体系的吸气剂材料

材料体系	激活温度/℃	特点	主要应用领域
Ti	300～450	机械强度高	行波管、磁控管、真空管、MEMS 等
Zr	≥450	激活温度高,吸气性能偏低	行波管、磁控管、真空管等
Ti - Zr	650～800	吸氢量大、吸氢平衡压低	吸氢、储氢材料
Zr - Fe	700～950	吸收氢气	灯泡、气体纯化、电真空器件
Zr - Pd	300	水蒸气吸附效率高	白炽灯、内壁涂磷光质的灯泡
Zr - Co	350～500	激活温度适中	储氢合金
Ti - Zr - V	150～250	激活温度低,薄膜型	粒子加速器、同步辐射器
Zr - V - Fe	350～500	激活温度适中	红外探测器、行波管、离子加速器、气体纯化剂
Zr - Co - Re	180～350	激活温度低	氚的处理和存储,高真空微电子器件
Zr - Co - Ce	300～400	激活温度低	MEMS 真空封装,晶圆级真空封装

MEMS 器件所使用的吸气剂大部分为薄膜型非蒸散吸气剂。在晶圆级真空封装 MEMS 器件中，吸气剂的选择需要考虑以下几方面的内容：首先，薄膜吸气剂的制备工艺需要与 MEMS 制造工艺兼容，吸气剂薄膜图形的形成不能影响已有的 MEMS 图形结构；其次，吸气剂的激活温度需要与密封工艺兼容，在材料选择方面，需要选择低激活温度的吸气剂材料以确保其在 MEMS 晶圆级封装所需的最高温度范围内得到激活；再次，吸气剂的吸气能力需要足够大，以保证能够在 MEMS 器件整个寿命周期内持续吸收掉 MEMS 结构表面释放以及渗入到腔体内的气体分子，保证 MEMS 器件的工作寿命。

6.4.3.2　吸气剂制备工艺

在 MEMS 应用中，物理气相沉积（Physical Vapor Deposition，PVD）方法成为吸气剂薄膜制备的主要工艺方法。其中，磁控溅射镀膜技术是研究较多、较成熟的薄膜吸气剂制备技术。其工作原理是在被溅射的靶材上加上正交的电场和磁场，在电场作用下氩气被电离成正离子，由于靶材上有较高的负电压，氩离子在洛伦兹力的作用下高速撞击靶面。根据动量守恒原理，靶表面的金属原子获得较高的动能脱离靶面飞向晶圆，形成金属薄膜。根据薄膜生长理论[336]，溅射到晶圆上的金属原子由于本身带有一定的能量，会将能量传给衬底并在衬底表面发生表面迁移和扩散。一部分原子会和其他原子结成原子团，另一部分原子会发生再溅射脱离衬底表面，还有一部分原子则在比一般表面处更容易被捕获的位置被捕获而成核。这些核随着到来原子数的增多而不断长大，达到某个临界值时趋于稳定。随着晶圆上成核数的增多，它们互相接触、合并进而形成岛状结构（一般 8 nm 左右）。随着溅射过程的持续，岛与岛之间将连成一片，片与片之间会留下海峡状的沟道（11~15 nm），然后海峡状沟道进一步收缩成孔洞，直至最后孔洞消失形成连续的膜。

吸气剂材料需要在镀膜过程中形成纳米尺度的柱状纤维结构[337]，因此需要对磁控溅射的功率、气压、衬底温度等工艺条件进行优化。图 6-47 给出了磁控溅射气压、衬底相对温度 T/T_M 对薄膜微观组织结构的影响。理想的吸气剂材料生长条件应使其形成 T 区的微观组织结构，在这种状态下，到达衬底或薄膜表面的粒子具备一定的表面扩散能力。形成的薄膜组织保持了柱状细纤维状的组织，但纤维边界变得致密且纤维内部的孔洞明显减少，形成的薄膜结构相对致密。薄膜中含有的柱状纤维晶粒边界有利于薄膜表面的气体向薄膜内部扩散，增加了薄膜的吸气效率。

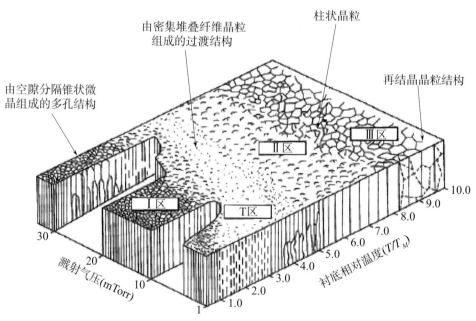

图 6-47　溅射气压和衬底相对温度 T/T_M 对薄膜组织结构的影响[338]

表征薄膜吸气剂微观结晶形貌的特征参量是其比表面积，比表面积越大，吸气剂对气体分子的吸附能力越强。磁控溅射工艺参数影响吸气剂薄膜微观结晶形貌，直接表现为比表面积随工艺参数的变化。图 6-48 给出了 Zr-Co-Ce 薄膜吸气剂的比表面积随工艺参数变化的试验数据，当溅射压力由 0.2 Pa 增加到 8 Pa 时，吸气剂比表面积呈先增加后减小的趋势，在 3 Pa 时达到最大值；衬底温度由 25 ℃ 增加到 300 ℃ 时，吸气剂比表面积先增加后减小，在 150 ℃ 时达到最大值。因此，磁控溅射时的溅射参数应该根据具体的材料和溅射设备进行优化设计。

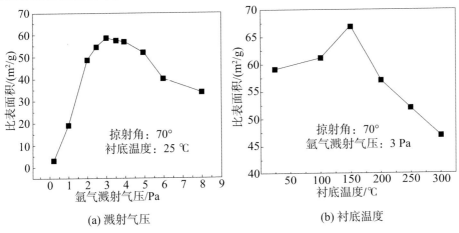

(a) 溅射气压　　　　　　　　　　　(b) 衬底温度

图 6 - 48　溅射过程工艺参数对吸气剂比表面积的影响[339]

6.4.3.3　吸气剂薄膜的分析与表征

吸气剂薄膜的分析与表征主要从材料、微观结构以及吸气能力 3 个方面进行。在材料方面，主要通过 EDS 和 XPS（X - ray Photoelectron Spectroscopy，X 射线光电子能谱）分析吸气剂材料各种合金元素的比例，以及测定表面吸附气体分子的含量。图 6 - 49 给出了利用 EDS 对经历过晶圆级真空封装的 Ti 吸气剂薄膜样品的分析结果。分析结果表明，经历过晶圆级真空封装后，Ti 吸气剂薄膜表面会吸附 N 原子和 O 原子，通过分析对比 N、O 以及其他杂质的原子含量在晶圆级封装前后的变化情况，可以评估吸气剂薄膜对杂质原子的选择性吸附特性，对于改进吸气剂薄膜的组分和制备工艺具有重要意义。

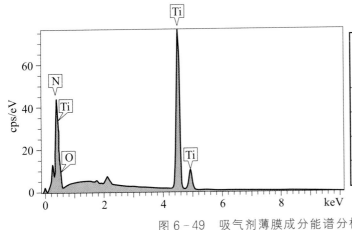

元素	谱线类型	质量百分比（%）	原子百分比（%）
N	K线系	1.10	3.32
O	K线系	5.40	14.26
Ti	K线系	93.50	82.42
总量		100	100

图 6 - 49　吸气剂薄膜成分能谱分析结果

在薄膜微观形貌方面，主要通过 X 射线衍射法分析其吸气剂薄膜合金的相结构，依据 GB/T 19587—2004 分析样品的比表面积，用扫描电镜观察吸气剂薄膜的微观结构形态。其中，扫描电镜分析是比较直观且便捷的结构分析方法。图 6-50 是生长的 Ti 薄膜的扫描电镜图像。

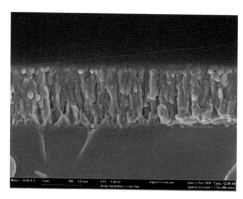

(a) 吸气剂表面

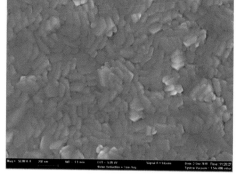

(b) 吸气剂断面

图 6-50　Ti 薄膜吸气剂 SEM 图像

在吸气剂性能测试方面，主要依据 ASTM F798-97（2002）或 GB/T 25497—2010 等标准的要求对吸气剂薄膜的吸气速率以及吸气能力进行测试。吸气速率和吸气量是吸气材料吸气性能的两个主要评价指标，前者是指单位面积的薄膜吸气剂材料在某温度下单位时间内吸收被测气体的体积；后者则表示当吸气速率下降至特定值时单位面积薄膜吸气剂吸收被测气体的总量。吸气剂材料对某种气体的吸气特性曲线通常用对数坐标下的吸气速率-吸气量曲线来表示。吸气特性曲线与吸气剂材料、制备工艺以及激活温度有关。

图 6-51 给出了用磁控溅射生长的两种吸气剂薄膜在不同激活温度下吸氢特性曲线，一种是单 Ti 薄膜，另一种是以 Cr 为粘附层的 Ti 薄膜。在真空条件下，对两片样品在 300 ℃、340 ℃、380 ℃下进行加热 30 min 激活处理，并用定压法[339] 测试了两片样品的吸气性能曲线。测试表明，两种薄膜吸气剂在 300 ℃下已经具备吸气能力，随着激活温度升高，吸气能力逐渐增大，其最大初始吸气速率在 380 ℃ 激活条件下达到 $130 \text{ cm}^3/\text{s/cm}^2$；在 300 ℃ 激活条件下，Cr/Ti 薄膜具有比单层 Ti 薄膜更高的吸气能力，而随着激活温度的提高，两者的吸气能力趋于一致，表明 Cr/Ti 薄膜具有比单层 Ti 薄膜更低的激活温度，这可以解释 Cr 层的存在会在一定程度上增加 Ti 薄膜的孔隙率。因此，对于较低的晶圆级键合封装温度，Cr/Ti 薄膜更有利于获得较高的真空度。在 Au-Si 键合晶圆级真空封装中，实际键合温度最高可以到 400 ℃，此时 Ti 和 Cr/Ti 的吸气性能已趋于一致，因此两者均可用于 Au-Si 共晶晶圆级真空封装，其吸气能力足以满足晶圆级真空封装的要求。

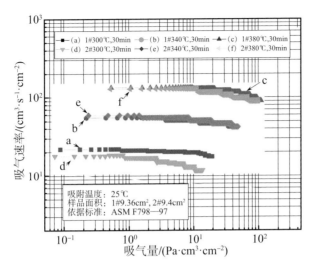

图 6-51 两种薄膜吸气剂样品在不同激活温度下的吸氢性能曲线[104]

(1#：Ti；2#：Cr/Ti)

6.4.3.4 吸气剂图形化工艺

晶圆级真空封装要求薄膜吸气剂具有 MEMS 器件相匹配的图形结构。MEMS 器件中吸气剂可以采用阴影掩模法实现图形化。采用金属或硅加工出阴影掩模，将阴影掩模对准并固定在晶圆上，然后进行吸气剂薄膜溅射镀膜，在晶圆上形成由阴影掩模所定义的吸气剂图形结构，如图 6-52 所示。这种方法适用于吸气剂面积较大的情况，其优点是吸气剂薄膜不会受到其他化学试剂的影响而导致吸气性能下降。在具体实施过程中，由于衬底上可能存在台阶结构，或者由于晶圆的翘曲，导致硬掩模与衬底之间的距离过大，吸气剂在溅射过程中由于溅射材料原子运动方向存在一定的发散性，进而造成吸气剂图形展宽，严重的情况可能会造成晶圆上已有的电极线条之间短路（图 6-53）。因而需要优化硬掩模的设计及相应的工装卡具，确保硬掩模与衬底之间的距离 H 尽可能小，减小吸气剂图形的扩散[340]。

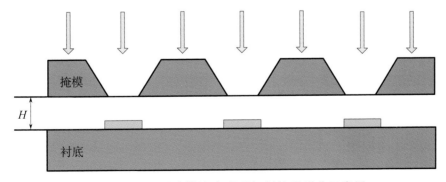

图 6-52 阴影掩模法实现吸气剂的图形化示意图

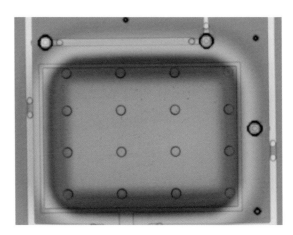

图 6-53　吸气剂图形展宽造成的短路

　　另一种薄膜吸气剂图形化方法是光刻腐蚀法，是在镀膜完成之后进行，适用于吸气剂面积较小或者吸气剂面积不规则的情况，其特点是可以充分利用芯片的面积，制备面积尽可能大的吸气剂薄膜。需要注意的是，湿法腐蚀实现吸气剂的图形化，吸气剂需要接触光刻胶等化学试剂，会产生吸气剂的毒化现象，因此在最后去除光刻胶后，需要进行特殊处理，减小毒化影响。

　　湿法腐蚀吸气剂薄膜还需要选择合适的腐蚀液以避免其对 MEMS 结构上既有图形或结构产生影响。在 Cr/Ti 吸气剂腐蚀中，可使用草酸、氢氟酸和水的混合液（1 g：1 mL：100 mL）对 Ti 吸气剂薄膜腐蚀。研究结果显示，该混合液对 Ti 腐蚀速率快，大于 1 μm/min；由于其下有一层 Cr，可以避免 Ti 腐蚀液中的氢氟酸对 MEMS 结构中二氧化硅的侵蚀，最后通过 Cr 腐蚀液将 Cr 腐蚀干净。去除光刻胶后，整个晶圆放入重铬酸钾洗液中处理，去除残留的有机物，减少吸气剂的毒化作用。图 6-54 给出了腐蚀后的吸气剂薄膜图形。

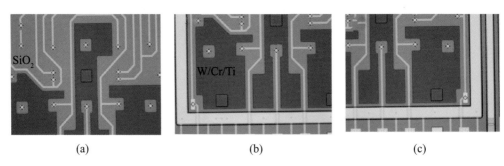

(a)　　　　　　　　　　　(b)　　　　　　　　　　　(c)

图 6-54　腐蚀后的吸气剂薄膜图形

　　需要指出的是，尽管吸气剂薄膜在光刻腐蚀后进行特殊处理一定程度上减少了毒化作用，但总体上还是会造成吸气能力下降。图 6-55 给出了用硬掩模法和湿法腐蚀法图形化吸气剂薄膜吸氢性能曲线对比，可以明显看出湿法腐蚀的吸气剂吸气性能较硬掩模法生长的吸气剂退化了，因此在具体的应用中需要适当增加吸气剂的面积以弥补上述不足。

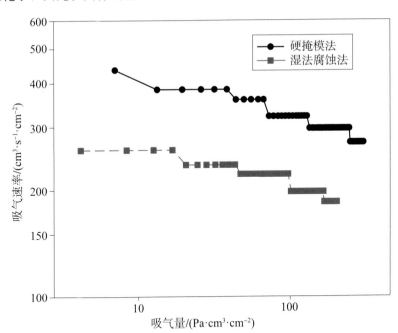

图 6-55 硬掩模法和湿法腐蚀法图形化吸气剂薄膜吸氢性能曲线对比

6.5 高性能 MEMS 惯性器件芯片测试技术

在 MEMS 惯性器件加工过程中，会由于环境因素或工艺参数波动而产生结构缺陷进而造成特征参数波动，因此器件芯片制造过程中需要进行测试以确保工艺状态稳定，并在划片之后和封装之前进行筛选测试，以剔除缺陷芯片。对于 MEMS 惯性器件本身而言，MEMS 芯片测试的全面性是相当重要的，它一定程度上决定了最终惯性器件产品的成品率。

6.5.1 MEMS 芯片工艺过程测试

在 MEMS 芯片制造过程中，芯片的测试贯穿整个加工流程，用于实现工艺控制和良率管理，进而确保芯片的可靠性。为此，需要设计一系列 PCM（Process Control Monitor，工艺控制监控）图形，并实施相应的测试监控。对于 MEMS 惯性器件芯片，工艺过程中需要进行测试和监控的特征变量主要包括晶圆的厚度及 TTV、薄膜厚度、特征尺寸、不同层之间的对准关系、薄膜应力等，此外还包括电极引线的欧姆接触特性、导通电阻特性等。MEMS 惯性器件芯片的特征尺寸远大于集成电路并且需要监控的电特性通常比集成电路要少，因而其 PCM 图形设计相对简单，通常可以选择特定位置上的有效芯片图形进行测试。

6.5.1.1　硅片厚度及 TTV 的测试

在 MEMS 陀螺仪和加速度计中，器件层硅片的厚度决定了相邻两部分微结构之间的电容大小，并在特定器件结构设计中影响敏感结构的刚度。同时，晶圆厚度的变化也会直接影响电容和结构刚度的一致性。因此，器件层的厚度和 TTV 需要精确控制，以保证芯片的主要特性符合设计预期并确保加工的一致性。此外，在晶圆键合过程中，参与键合的每一层硅片的 TTV 都会影响最终键合强度和键合密封效果，因此 MEMS 结构中的硅片均需要严格控制其 TTV。

目前，硅片生产厂的减薄抛光工艺已经十分成熟，能够将硅片晶圆的 TTV 控制在约 $1~\mu m$ 的水平。由于 IC 工艺的晶圆对其厚度控制并不严格，不同批次硅片的厚度偏差通常会在 $\pm 10~\mu m$ 范围内，在大部分 IC 和 MEMS 应用中都能够满足使用要求，但在基于 Cavity - SOI 的体硅工艺中，器件层的厚度控制需要在晶圆减薄和抛光工艺中进行。由于在减薄过程中，通常测试的厚度为 SOI 硅片的总厚度，因此 SOI 片的衬底层（Handle Layer）硅片的厚度需要精确测量，才能保证器件层厚度。为此，在基于 Cavity - SOI 的体硅 MEMS 工艺中，每个硅片都需要在使用前和工艺过程中精确测量其厚度。

硅片厚度的测试仪器可以分为接触式测厚仪和非接触式测厚仪[341]。接触式测厚仪由带指示仪表的探头及支持硅片的夹具和平台组成，由于测试过程中探头会与硅片表面接触，会造成硅片表面划伤或沾污。非接触式测厚仪由可移动基准环、带有指示器的固定探头装置、定位器和平板组成，其中基准环用于晶圆的承载和定位，探头用于硅片表面位置的传感，其原理可以是电容式的、光学的或基于其他原理非接触方式的，定位器和平板分别用于基准环移动限位和基准环承载。

硅片厚度的测量可以采取分立点式测量，也可以采用扫描式测量，并在此基础上得到硅片的总厚度变化。分立点式测量是在硅片中心点和距硅片边缘 6 mm 圆周上 4 个等分点上测量硅片厚度（图 6 - 56），硅片中心点厚度作为硅片的标称厚度，5 个厚度测量值的极差作为硅片晶圆的总厚度变化。扫描式测量是先在硅片中心点进行厚度测量，测量值作为硅片的标称厚度，然后按照规定的图形路径（典型路径包括距离边缘 6 mm 的圆周和圆周内两条相互垂直的直径）扫描硅片表面，进行厚度测量，然后取厚度测量数据的极差作为晶圆的总厚度变化。由于分立点式测量总厚度变化只基于 5 个点的测量数据，硅片上其他部分的无规则几何变化不能被检测出来，扫描式测量的结果可以反映更多的硅片厚度变化情况，不过它的测量结果依赖扫描路径，当扫描路径不同时，也会呈现不同的测试结果。

6.5.1.2　薄膜厚度测试

在 MEMS 惯性器件制造过程中，需要沉积各种介质薄膜和金属薄膜，这些薄膜的厚度及其他物理特性需要进行监测以确保其符合器件设计要求和工艺标准。此外，MEMS 结构加工过程中也需要加工各种台阶结构，这些台阶结构的高度也需要进行检测和控制。台阶高度的测试与具有图形结构的薄膜厚度的测试在本质上是一致的。

薄膜厚度测试比较直接的方法是用台阶仪进行测试。台阶仪是一种接触式形貌测量仪

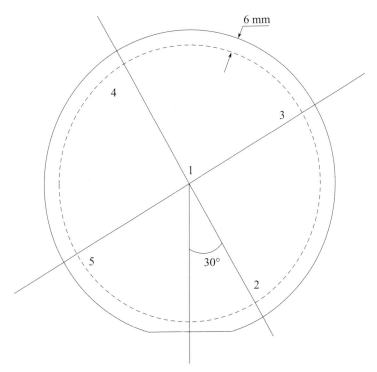

图 6-56 分立点测量方式测量点位置

器,其测量原理为:当触针沿被测表面轻轻滑过时,薄膜图形化所形成的台阶结构使触针在滑行同时产生上下运动,触针的运动情况反映了图形化表面轮廓的情况。触针的运动经传感器变换和信号处理后,输出与触针上下位移成正比的信号。台阶仪测量的特点是测量精度高、量程大、测量重复性好、稳定可靠,常用于与其他形貌测量技术进行比对。由于测量过程中硬质触针与被测表面接触时可能会对被测表面带来损伤,因此该方法不适用于精密表面或软质表面的测量。由于触头为了保证耐磨性和刚性而不能做得非常细小尖锐,被测薄膜图形的特征尺寸小于触头头部曲率半径时,会在该处带来较大的测试偏差。此外,由于触头与被测样品接触造成的触头变形和磨损,仪器在使用一段时间后测量精度会下降。

除用台阶仪测试外,其他非接触测试薄膜厚度的仪器还有椭偏仪、白光干涉仪、扫描电镜等,对于导电薄膜,还可以用四探针法进行测试。这些测试方法的特点及其对薄膜材料的要求见表 6-5。从表中可以看出,每种薄膜测试仪器或方法均有自己的适用条件,需要结合薄膜的材料特点以及图形化情况进行相应测试方法的选择。

表 6-5 不同薄膜图形厚度测试方法

测试方法	测试是否需要图形化	薄膜材料	测试方式
台阶仪	是	无要求	接触式
椭偏仪	否	透明材料(测试光谱范围内)	非接触式

续表

测试方法	测试是否需要图形化	薄膜材料	测试方式
白光干涉仪	是	非透明材料	非接触式
四探针法	否	导电或半导体材料	接触式
扫描电镜测试	是	导电或半导体材料	非接触式

6.5.1.3 特征尺寸测量

MEMS 惯性器件中，芯片上微结构的特征尺寸决定了芯片的谐振频率、基础电容等重要特性指标。因此，微结构图形的特征尺寸，特别是线条宽度尺寸的控制成为芯片质量控制的重要内容。

在 MEMS 芯片中，特征尺寸的典型宽度为微米量级，其典型线宽尺寸在光学直接显微成像测量法所覆盖范围之内。光学显微直接成像法具有样品直观成像、大视场、测量速度快、成本低的特点。在线宽测量过程中，需要通过成像系统对待测线条成像，并根据相应算法进行线条边缘识别，再通过线条内的像素个数自动计算出线条的宽度。为了确保足够的测试精度，应通过光学系统尽可能放大待测线条的图像。待测线条边缘的识别以及线条宽度自动计算与样品的照明条件、样品的反光程度以及判断边缘时选取的强度阈值有关[342]，因此需要针对一类样品进行校准，并将上述影响因素控制在不敏感区域内。由于光学显微成像的极限分辨率约为 200 nm，这影响到线条边缘的定位分辨率，进而影响测量精度的提高，相应的解决方法是通过亚像素细分技术[343] 对像素插值，进而提高边缘定位分辨率。

由于光学直接显微成像法受衍射极限的限制，其测量的最小线条限制在微米量级。随 MEMS 惯性传感器精度提升的需求，目前已经出现了局部具有纳米级特征尺寸的纳机电（Nano‐Electro‐Mechanical System，NEMS）敏感结构[344]。在这种情况下，纳米量级的特征尺寸需要利用 CD‐SEM（Critical Dimension Scanning Electronic Microscope，关键尺寸扫描电子显微镜）等集成电路常用的线宽测量仪器进行测试。

6.5.1.4 对准关系测试

在 MEMS 器件芯片的加工过程中，图形对准关系测试包括以下 3 个方面内容：晶圆同一面不同层次图形之间的对准、晶圆双面图形之间的对准、两层晶圆之间键合的对准。为实现晶圆不同层次图形之间的对准，需要设计相应的对准标记。在 MEMS 惯性器件中，通常在平行于晶圆基准边的直径上左右各设计一个对准标记，对准标记的位置需要满足光刻过程中能够同时观察两个对准标记的要求。图形对准关系的测试是通过测量两个层次图形的对准标记的对准偏差，对整个晶圆上图形的对准程度进行评估。

在晶圆同一面上不同层次图形之间的对准关系测试与图形特征尺寸的测试方法是一致的，通常会在同一个测量仪器中完成。通常用光学显微直接成像法测量两层对准图形上下左右之间的间隙，即可以实现对准关系的评估。

晶圆双面图形的对准检查通常用一对显微物镜直接观察晶圆双面的对准标记，进而评估对准偏差[345]。这种方法适于检测有左右两个对准标记的晶圆，其检测原理如图 6-57 所示。进行检测时先将待检测晶圆固定于工作台上，移动工作台使晶圆左侧的上下两面标记分别进入顶部及底部显微物镜视场范围，并通过成像系统成像，适当移动顶部显微镜和底部显微镜的位置，使上下表面的对准标记均成像于显微镜显示器的中心位置，由于上下表面的对准标记存在对准偏差，因此两个显微镜的光轴并不重合［图 6-57（a）］。然后以其中一面（不失一般性，可选择正面）左右两个对准标记的连线的中点为中心，将工作台平面旋转 180°，使该面上另一对准标记（右侧标记）成像在顶部显微镜显示器的中心位置［图 6-57（b）］；由于存在对准偏差（仅考虑在 x 及 y 方向平移对准误差 Δx 和 Δy），则在另一面（背面）上的对准标记图像与显示器中心位置之间会存在偏差，该偏差为 $2\Delta x$ 和 $2\Delta y$ ［图 6-57（c）］。通过数据处理系统计算出该偏差值，即可以用于评价双面图形的对准偏差。基于上述晶圆对准标记偏差测量方法原理，国外半导体设备厂商已经推出了专用的量测设备，例如德国 SUSS 公司的 DSM 8 双面测量设备、奥地利 EVG 公司的 EVG 40NT 测量系统等，这些设备通常集成了特征尺寸检测功能，实现特征尺寸、对准精度同步检测。

对于红外透明的晶圆，除了上述方法外，还可以用透射式红外显微镜检测上下对准标记的对准情况。上述两种方法能够满足绝大部分晶圆双面光刻、晶圆键合对准的检测需求。在一些特殊情况下，例如在晶圆键合中，晶圆从对准设备向键合设备转移的过程中，由于有键合对准夹具的存在，上述两种方法都不适用，因此需要采取其他特殊的对准检测方法，以确保晶圆由于存在应力释放等因素而发生的对准偏差得到识别和纠正。

在晶圆键合过程中，可以通过对位于晶圆边缘的辅助对准标记进行相对位置测量的方式进行对准检查[346]。为实现这一目的，在版图设计上，上层晶圆的图形相对下层晶圆旋转 180°，使晶圆对准后，上层晶圆的基准边位置能露出下层晶圆的一部分，并在此区域内设计一组辅助对准标记（图 6-58）。由于上下两层晶圆在基准边处存在一个错位，使上下两层的辅助对准标记均可以观测，然后进行横纵向的偏差测量，与设计的数值进行对比，得到辅助对准标记实际距离与设计值的位置偏差，通过坐标变换可以推算晶圆辅助对准标记处的键合对准偏差，进而实现非透明晶圆键合前对准定量测试。

6.5.1.5　薄膜应力测试

在 MEMS 惯性器件芯片加工过程中，需要生长或沉积多层介质薄膜或金属薄膜，薄膜生长形成的残余应力及其缓慢释放是影响 MEMS 惯性器件长期可靠性的重要因素，因此需要对残余应力进行测试并尽可能从源头上消除或减小。

目前，广泛应用的薄膜残余应力测试方法是曲率测试法，即测量生长薄膜前后晶圆表面翘曲的变化，并通过相应的模型计算出薄膜的残余应力。用 R_1 和 R_2 分别表示薄膜生长前后衬底的曲率半径，则薄膜应力与衬底翘曲的曲率半径之间的关系可由 Stoney 公式[347]来确定

$$\sigma_{th} = \frac{E_s t_s^2}{6(1-\nu_s)t_f}\left(\frac{1}{R_2} - \frac{1}{R_1}\right) \tag{6-16}$$

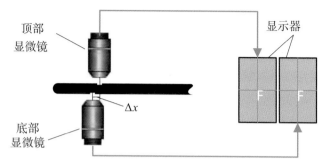

(a) 调整左侧对准标记于显微镜视场中心

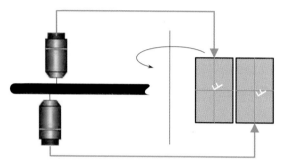

(b) 晶圆绕上表面左右两个对准标记中点旋转180°

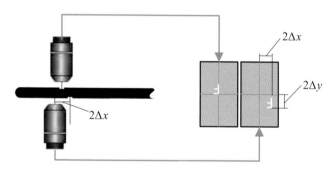

(c) 顶部显微镜瞄准对准标记，底部显微镜测量对准偏差距离

图 6-57　双面对准精度测量系统原理图

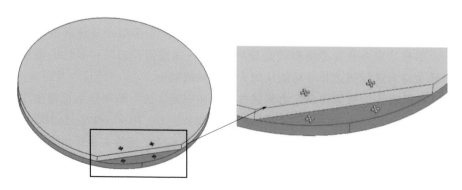

图 6-58　辅助对准标记结构示意图

式（6 - 16）中，E_s、ν_s 分别为衬底的杨氏模量和泊松比；t_s 和 t_f 分别为衬底和薄膜的厚度。通常晶圆在生长薄膜前裸硅片可认为不存在翘曲，即 $R_1 = \infty$，因此式（6 - 16）简化为

$$\sigma_{th} = \frac{E_s t_s^2}{6(1 - \nu_s)t_f} \frac{1}{R_2} \tag{6 - 17}$$

晶圆生长薄膜后的曲率半径既可以通过激光扫描仪进行非接触式测量，也可以通过探针扫描的方式进行接触式测量。实际上，通常可以直接用晶圆生长薄膜后的翘曲作为应力大小的间接评估，据此可以开展相关 MEMS 工艺优化以减小薄膜应力。

◉ 6.5.2　MEMS 芯片综合测试

6.5.2.1　MEMS 芯片阻容测试

电容是 MEMS 惯性器件芯片中的基本电学单元，通过电容测试可直接评估 MEMS 芯片加工与设计的符合性及整个晶圆的加工质量。电容测试系统包括探针台、探针卡、转换开关、LCR 测试仪等，其中转换开关用于 LCR 测试仪与 MEMS 惯性器件芯片各个焊盘之间进行切换，以实现探针卡与芯片焊盘接触一次即可实现任意两个焊盘之间电容的测试。在测试过程中，测试线缆的寄生电容必须予以考虑，并通过系统校准予以扣除。在MEMS 惯性器件芯片中，各个电容值通常在 $1\sim100$ pF 之间，电容的测试既要关注其具体的电容值，又要关注对称设计的两个电容之间的对称性，经测试需要剔除电容值超标及对称性超标的 MEMS 器件。

MEMS 陀螺仪中两个检测电容及其差值的分布如图 6 - 59 所示。从图 6 - 59 中可以看出，两个电容容值基本符合正态分布，并且两个电容之间的差值的均值在 0.1 pF 左右，这种偏差由寄生电容的不同所造成。

MEMS 芯片的电阻特性测试包括接地焊盘的接地阻值、各不相连电极之间的绝缘阻值和通过硅微结构相互连通的两个焊盘之间的特征阻值，其中两个通过硅微结构相互连通焊盘可用于评估金属电极与硅结构之间的欧姆接触阻值。其测试系统与电容测试系统相同，只需将 LCR 测试仪设置为电阻测试即可。

6.5.2.2　MEMS 结构谐振特性测试

MEMS 陀螺仪、谐振式 MEMS 加速度计的敏感结构谐振特性（振动模态、谐振频率、品质因数）是表征其性能的关键性指标。MEMS 结构谐振特性测试主要包括工作模态频率、品质因数的测试，并通过品质因数评估真空封装 MEMS 器件的真空度。

MEMS 陀螺仪的真空封装，应尽可能将封装真空度提高到谐振结构品质因数对气压不敏感的区间，在达到相应的真空度后，Q 值的提高主要从结构设计优化上来实现。对于一个敏感结构，有必要通过试验的方法得到其 Q 值与环境气压的关系曲线，以确定真空封装的压力下限。

在 MEMS 结构谐振特性测试环节，需要对芯片的谐振频率、驱动-检测模态的频差、品质因数进行统计分析，不仅需要剔除这些指标超标的芯片，也需要剔除那些指标合格但数据异常的芯片。

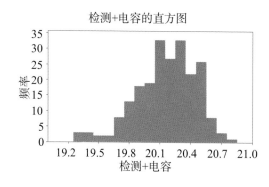
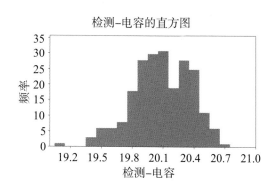

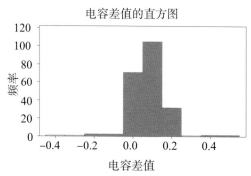

图 6 - 59　MEMS 陀螺仪典型差动检测电容及其差值分布图

MEMS 结构谐振频率和品质因数测试方法主要有扫频法和时域衰减法。扫频法是在激励电极上施加频率连续变化的激励信号，同时在敏感结构振动检测端进行检测，则可以得到检测信号强度随频率变化的曲线，当敏感结构发生谐振时，可以得到最强的信号输出，进而计算出谐振的品质因数。

扫频法测试 MEMS 陀螺仪谐振结构 Q 值的电路原理图如图 6 - 60 所示。在质量块上施加直流静电力，驱动正负电极输入幅值相同、相位相反的交流信号，在检测电极上检测电容变化并采用差分电荷放大器，实现 C/V 转换。该检测电路被集成到一个探针卡上，连同信号发生器、数据采集卡、探针台共同组成一个谐振频率/Q 值测试系统。利用该系统测试谐振频率，在谐振频率附近的典型频率响应曲线如图 6 - 61 所示，从中可以读出响应幅值最大值对应的频率 f_r 即为谐振频率，同时可以读出频率响应的 3 dB 带宽 Δf，根据式（6 - 18）计算品质因数 Q。

$$Q = \frac{f_r}{\Delta f} \tag{6 - 18}$$

扫频法对于谐振频率的测试具有足够高的精度，但是对于品质因数较高的谐振结构，其 3 dB 带宽变小，因而系统测试 3 dB 带宽的精度变差。通常品质因数高于 200 000 时，该测试系统难以准确测量品质因数。

另一种测试方法是时域衰减法。利用脉冲电信号对 MEMS 敏感结构进行激励，使微结构处于自由振动状态，通过 C/V 检测电路得到谐振信号随时间衰减的曲线。由高速示

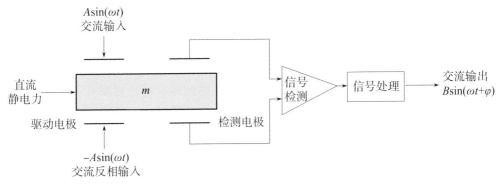

图 6-60　扫频法测试 MEMS 陀螺仪结构 Q 值原理图

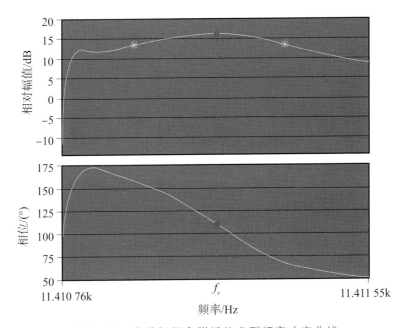

图 6-61　在谐振频率附近的典型频率响应曲线

波器或测试计算机提取衰减振荡波形的频率 $f_r \approx f_n$ 及振幅衰减包络曲线，拟合出曲线衰减函数的时间常数。根据典型二阶欠阻尼系统冲击响应函数，计算谐振结构品质因数 Q 值。

根据典型二阶系统阶跃响应函数可知谐振信号的解析表达式为

$$y(t) = A_0 e^{-\zeta \omega_n t} \sin(\omega_n \sqrt{1-\zeta^2} t) \tag{6-19}$$

式（6-19）中，A_0、ω_n、ζ 分别为初始振幅、谐振子固有频率和二阶系统的阻尼比，其振幅包络线是衰减函数

$$A(t) = A_0 e^{-\zeta \omega_n t} = A_0 e^{-\frac{\omega_n}{2Q} t} = A_0 e^{-\frac{t}{\tau}} \tag{6-20}$$

式（6-20）中，τ 为振幅衰减时间常数。衰减时间常数仅与谐振频率和 Q 值相关，即

$$Q = \frac{1}{2}\omega_n\tau \qquad\qquad (6-21)$$

谐振信号随时间衰减的曲线如图 6-62 所示，通过谐振频率和衰减时间的测试，便可计算出 Q 值。此方法的优点在于，不依赖高稳定性时基，Q 值越高测量精度越精确。

为便于对比两种测试方法所得到的品质因数，用时域衰减法对图 6-61 中所测试的 MEMS 陀螺仪芯片进行 Q 值复测，所测结果与扫频法的测试结果基本一致。

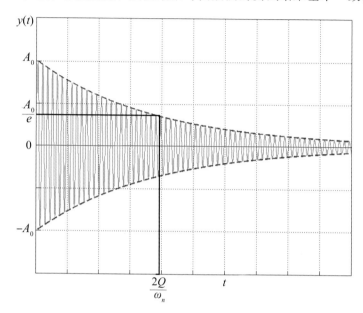

图 6-62　谐振信号随时间衰减曲线

在 MEMS 芯片谐振结构 Q 值测试的基础上，可以对 MEMS 结构的封装真空度进行评估。为此，需要事先测得该结构 Q 值随环境气压 P 的变化曲线，图 6-63 给出了某 MEMS 陀螺仪结构的 Q 值随压力变化的曲线，以此作为标准对 MEMS 结构的封装压力进行反推。

● 6.5.3　MEMS 惯性器件芯片与 ASIC 接口电路匹配性测试

为确保 MEMS 惯性器件芯片与接口电路之间能够实现最佳匹配，有必要在系统集成前对 MEMS 惯性器件进行接口电路的匹配性测试。为此，需要设计一个含有 MEMS 惯性器件专用接口电路的探针测试系统，该系统由探针台、专用探针卡以及外围数据采集计算机组成。专用探针卡上集成了 MEMS 惯性器件专用集成电路芯片（ASIC）、MEMS 惯性器件工作所必需的外围电子元器件以及单片机芯片。单片机用于实现 ASIC 的参数配置以及 MEMS 惯性器件信号的收发。图 6-64 是 MEMS 陀螺仪探针测试系统的实物照片。通过探针测试系统，可以实现 MEMS 惯性器件芯片整体功能的初步评估和调试，如 MEMS 惯性器件芯片的启动特性、噪声特性等，便于在导航、制导与控制（GNC）微系统综合调试中保证 MEMS 惯性器件的综合性能，便于提高 GNC 微系统的调试合格率，降低成本。

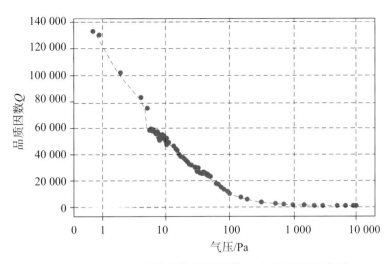

图 6 - 63 MEMS 陀螺芯片品质因数 Q 与气压关系曲线

图 6 - 64 MEMS 陀螺仪探针测试系统的实物照片

6.6 高性能 MEMS 惯性器件封装技术

6.6.1 MEMS 器件封装的作用和主要形式

6.6.1.1 MEMS 器件封装的作用

MEMS 惯性器件只有经过封装才能保证其性能稳定，才能实现工程应用。MEMS 惯性器件封装作用在于：1）提供机械支撑。MEMS 器件是一种易损器件，因此需要机械支撑来保护器件在运输、存储和工作时，避免热和机械冲击、振动、高的加速度、灰尘以及其他物理损坏。2）提供环境隔离。封装外壳起到保护 MEMS 器件不受到机械损坏的作用，提供气密/真空的环境，为 MEMS 惯性器件提供特定的气体阻尼，同时防止 MEMS

器件在环境中受到化学腐蚀和物理损坏。3）提供与外界系统和媒质的接口。由于封装外壳是 MEMS 器件及控制电路与外界的主要接口，外壳完成电源、敏感信号与外界的电连接。4）提供热的传输通道。MEMS 惯性器件在控制电路芯片工作过程中产生的热量需要通过封装管壳向外传递，以确保封装内部尽快实现热平衡。

封装直接影响 MEMS 惯性器件的可靠性、环境适应性和仪表精度，MEMS 惯性器件的封装是最终决定其体积、可靠性和成本的关键技术。对于没有经过晶圆级封装制造的 MEMS 陀螺仪、MEMS 谐振式加速度计等敏感结构芯片而言，封装管壳将为其提供真空环境，因此在封装过程中如何获得高的真空度以减小气体阻尼，成为 MEMS 陀螺仪封装的重要研究课题。由于 MEMS 敏感结构对于应力极其敏感，因此封装工艺中应力的控制成为保证其综合性能的关键技术。

6.6.1.2 MEMS 器件常用封装技术及封装形式

MEMS 器件的封装技术按照不同的层次可以分为 3 类，分别为晶圆级、器件级和系统级封装。

MEMS 器件的晶圆级封装是指 MEMS 芯片在进行划片之前实现微可动结构的封帽保护，可动敏感结构的封装已经与 MEMS 芯片的制造过程融为一套有机的、完整的工艺流程，晶圆级封装在文献中也被称为零级封装。MEMS 芯片晶圆级封装制造已在 6.3 节进行了详细论述，本节不再赘述。

器件级封装也称为单芯片封装，是用管壳等将易损的 MEMS 芯片保护起来，并通过引脚为其提供接口，实现与外部的电气互联的过程。对于一些 MEMS 芯片，封装管壳还需要提供 MEMS 芯片与外界的其他物质、能量或信息接口，如 MEMS 压力传感器的流体通道、红外器件的光学窗口等。器件级封装的对象既可以是经过上述晶圆级封装的芯片，也可以是未经晶圆级封装的芯片。对于后者，器件级封装需要实现保护微可动结构，提供其所需工作环境的功能。例如，未经晶圆级封装的 MEMS 陀螺仪芯片，需要在器件级封装中实现高真空密封，典型的 MEMS 芯片器件级真空封装如图 6 - 65 所示。

系统级封装是将两个或多个芯片组装在一个基板上组成一个电子系统或子系统的过程。多芯片模组（Multiple Chip Module，MCM）是系统级封装的典型形式。在器件级封装中，所有的封装都是为芯片服务，起到保护芯片和电气连接的作用，没有任何集成设计。随着 MCM 兴起，电子封装才有了集成的概念，封装也发生了本质的变化，正是 MCM 将封装的概念由芯片转向模块、部件或者系统。它提供了一种新的 MEMS 器件集成封装的方法，支持在不改变 MEMS 和 ASIC 电路生产工艺的情况下，在同一基板上集成不同功能的芯片。根据基板和芯片间互连方法的不同，MCM 可以有金丝引线键合、凸点倒装焊等多种不同的形式。MCM 具有明显的封装密度优势，从而降低信号的延迟性，提高系统整体性能。对于通过体硅加工的 MEMS 陀螺仪和 MEMS 加速度计，它们与 ASIC 是通过这种方式实现集成封装的。图 6 - 66 给出了 MEMS 陀螺仪封装的内部图片，这是只包含两个芯片的最小规模的 MCM 系统级封装。

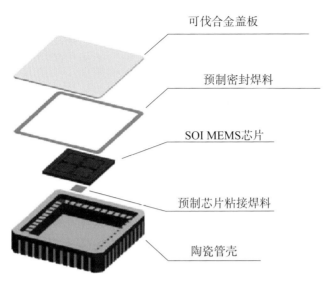

图 6-65　MEMS 芯片的器件级封装

图 6-66　MCM 系统级封装的 MEMS 陀螺仪

6.6.1.3　MEMS 器件封装材料

不同的 MEMS 器件对封装材料的要求也不尽相同。MEMS 器件封装对相关材料的要求主要有：电连接材料的电导率要尽可能高，以降低电信号的传输干扰；材料导热性尽可能好，以确保发热元件的散热或使 MEMS 器件与外界温度保持一致；密封性要好，以实现敏感结构的有效保护。按照不同的封装材料，MEMS 器件封装技术可以分为金属封装、陶瓷金属化封装以及塑料封装等。

MEMS 器件金属封装是采用金属作为管壳或底座，MEMS 芯片直接或通过基板安装在外壳或底座上的一种封装形式。金属管壳具有良好的热散性，并能提供电磁干扰屏蔽，其信号引线大多采用玻璃-金属密封工艺或金属陶瓷密封工艺来实现。通过在陶瓷基板上共晶焊接 MEMS 芯片及其他控制电路，然后将基板粘接或焊接到金属管壳底座上，并通过金丝引线键合到对应的 I/O 接口，最后利用平行缝焊、共晶焊接等封帽工艺焊接管壳封帽。金属外壳的封帽工艺决定了封装后器件的气密性、水汽含量、可靠性等特性，因此需要对其工艺过程进行严格控制。

陶瓷是硬脆性材料，化学性能稳定且热导率高，具有较高的绝缘性能和优异的高频特性，其线性膨胀系数与电子元器件非常相近，因而被广泛用于多芯片组件（MCM）、焊球阵列（BGA）等封装中。在陶瓷封装中，MEMS 芯片以及 ASIC 芯片通过胶粘剂或共晶焊料固定在陶瓷管壳底板或管座上，通过金丝键合工艺实现芯片与陶瓷管壳外部的电气互联，或者采用倒装焊方式实现芯片与陶瓷金属图形层键合，同时实现芯片固定与电气连接。最后，通过平行缝焊或共晶回流工艺实现封装体的封盖。陶瓷封装有质量轻、气密性好、可真空密封、可大量生产等特点，相比于塑封成本偏高。

MEMS 芯片的塑料封装是指对 MEMS 芯片采用树脂等材料进行包封的一类封装。塑料封装可以采用预成型和后成型两种封装方法。预成型是指塑料壳体在 MEMS 芯片安装到引线框架之前制成；在后成型塑料封装中，塑料壳体在 MEMS 芯片安装到引线框架后形成，这会造成 MEMS 芯片和键合引线遭受恶劣制模环境的影响。塑料封装中 90％以上使用环氧树脂或经过硫化处理的环氧树脂。环氧树脂除成本低廉外，还具有成型工艺简单、适合大规模生产、可靠性与金属或陶瓷材料相当等优点。另外，经过硫化处理的环氧树脂还具有较快的固化速度、较低的固化温度和吸湿性、较高的抗湿性和耐热性等特点。塑料封装一般被认为是非气密性封装，此外，塑料封装通常不能形成一个腔体结构，因此塑料封装所适用的 MEMS 芯片须是经过晶圆级封装的芯片。

▶ 6.6.2 MEMS 惯性器件晶圆级封装工艺

MEMS 惯性器件晶圆级封装是指在芯片制造的前道工艺中实现可动敏感结构的密封，敏感结构封装是 MEMS 惯性器件工艺设计的重要组成部分。基于晶圆键合的 MEMS 惯性器件晶圆级真空封装工艺，已在 6.3.3 节进行了重点论述。除此之外，基于薄膜沉积的晶圆级封装工艺也是主要的技术路线之一，特别是在集成电路与 MEMS 敏感结构集成制造中[348]，基于薄膜沉积的晶圆封装具有明显的优势。

基于薄膜沉积的晶圆级封装工艺流程如图 6-67 所示[349]。首先加工出 MEMS 可动结构 [图 6-67（a）]，然后在敏感结构上涂敷一层易分解的聚合物牺牲层并光刻出相应的图形 [图 6-67（b）]，该聚合物牺牲层实现了可动敏感结构上层腔体的临时填充；接下来再沉积一层聚合物薄膜，并进行图形化 [图 6-67（c）]；通过加热使第一层有机材料分解，分解的气体产物通过聚合物上的孔隙排出 [图 6-67（d）]，最后在聚合物上沉积一层金属，实现敏感结构的最终密封。

晶圆级封装的工艺流程具有个性化特点，需要依据封装敏感结构特点、封装材料选择等诸多要素进行优化设计。

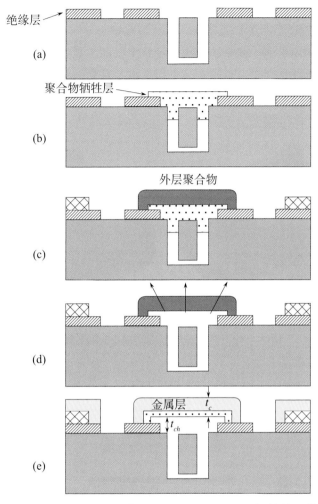

绝缘层

(a)

聚合物牺牲层

(b)

外层聚合物

(c)

(d)

金属层　t_c

t_{ch}

(e)

图 6-67　典型的基于薄膜沉积的 MEMS 晶圆级封装工艺

● 6.6.3　MEMS 惯性器件单芯片封装工艺

对于在芯片制造过程中没有完成晶圆级封装的 MEMS 惯性传感器芯片，器件级封装或单芯片封装是其敏感结构获得真空环境的唯一途径。对于 MEMS 陀螺仪来说，其工作的真空度越高越好，通常需要将真空压力控制在 1 Pa 以下，一般采用陶瓷管壳在真空下进行回流焊来实现真空封装。

MEMS 惯性器件的单芯片真空封装工艺流程通过芯片贴片、金丝引线键合和真空密封 3 个工序来实现。先将芯片通过共晶焊料或胶粘剂粘接在陶瓷管壳上，实现芯片固定。可以采用成熟的自动贴片机实现对 MEMS 器件芯片的拾取和固定。由于 MEMS 芯片没有经过晶圆级封装，其梳齿结构暴露于大气之下，因而需要设计专门的芯片夹取工装，以保护芯片的微敏感结构。共晶焊料或胶粘剂应尽可能选择挥发性小的材料，以利于实现较高的真空度。此外，应尽可能选择导热系数高的胶粘剂，以减小芯片工作时的温度梯度，降低仪表的迟滞效应。共晶焊料或胶粘剂的耐受温度范围也是对其选型的重要考虑因素，它应该能够耐受后续封帽工艺的工艺温度。金丝引线键合是 LCC 封装中实现芯片敏感结构与外界电气互联的常用工艺，也是非常成熟的技术。在工艺中需要对芯片焊盘表面进行控制，以确保去除有机杂质污染，保证金丝键合强度。最后，器件放入真空回流炉中，在真空条件下进行合金焊料的回流，实现真空密封。典型 MEMS 器件芯片级真空封装如图 6 - 68 所示。

图 6 - 68   典型 MEMS 器件芯片级真空封装

真空回流是 MEMS 器件芯片级真空封装的关键环节，它决定了管壳内高真空度的实现，可以分为如图 6 - 69 所示的 3 个子过程。

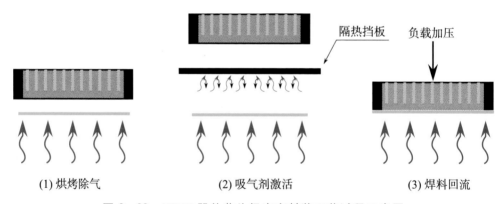

隔热挡板

负载加压

(1) 烘烤除气   (2) 吸气剂激活   (3) 焊料回流

图 6 - 69   MEMS 器件芯片级真空封装工艺过程示意图

1）烘烤除气。封装过程中需要在真空条件下对器件进行烘烤以去除 MEMS 结构及封装材料所吸附的气体分子，尽可能减少在封装后吸附气体分子的释放，实现水汽含量以及可挥发气体的控制。适当提高烘烤温度会有利于 MEMS 结构及其粘接剂吸附气体分子的释放。

2）吸气剂激活。为尽可能提高真空封装的真空度，需要在芯片级真空封装中集成薄膜吸气剂材料，通常在盖板上的非焊接区预先溅射薄膜吸气剂。对吸气剂进行高温加热激活才能够实现其吸气能力，但在此过程中需要避免焊料提前回流。为此，在吸气剂激活过程中，盖板与陶瓷管壳之间插入一个挡板以有效隔离盖板上进行高温吸气剂激活所产生的热量，确保预固定在陶瓷壳上的焊料不被预先熔化。

3）焊料回流。当结束吸气剂激活并适当降温后，移除挡板，陶瓷管壳连同工装下移，使焊料与陶瓷壳紧密接触，然后对陶瓷壳和盖板再次加热，进行焊料共晶回流，实现真空密封。

对于不需要真空环境的 MEMS 惯性器件，不需要在盖板上集成薄膜吸气剂，因此真空回流过程除了吸气剂激活外，其他过程仍然适用。当然，在焊料回流前，需要在真空腔内回填惰性气体。

▶ 6.6.4　MEMS 惯性器件系统级封装工艺

MEMS 惯性器件系统级封装通常是指通过 MCM 实现 MEMS 敏感结构与 ASIC 芯片集成。在此基础上，还可以进一步实现多轴 MEMS 惯性器件的 SIP（System In Package，系统级封装）集成。这种封装通常会采用无引线陶瓷芯片载体 LCC 封装。根据不同设计，MEMS 敏感结构与 ASIC 芯片既可以并排平铺于陶瓷管壳基板上，形成 2 维多芯片封装；也可以采用堆叠设计，形成 3 维多芯片封装。最后形成的 MEMS 惯性器件将直接应用于板级封装中。MEMS 惯性器件系统级封装示意图如图 6 - 70 所示。MEMS 惯性器件系统级封装涉及的工艺包括芯片贴片、金丝引线键合、共晶回流密封等。图 6 - 71 给出了 MEMS 加速度计的 3 维多芯片系统级封装的实例。

MEMS 惯性器件对于应力敏感，芯片所受的应力很大程度上来源于芯片粘接胶带来的应力，因此在芯片粘接胶选用时，需要对其热胀系数、弹性模量、导热系数、硬度等方面进行综合考虑，并开展结构仿真分析，以优选粘接胶的型号；此外，在粘接工艺设计上，需要对粘接胶的用量、点胶位置进行优化设计，以减小粘接胶的影响，提升 MEMS 惯性器件的综合性能。对于 3 维多芯片封装而言，ASIC 工作过程中的发热会直接作用在 MEMS 敏感结构上，一定程度上会影响 MEMS 惯性器件的温度性能，这需要在封装设计中予以充分考虑。

对于经过晶圆级封装的 MEMS 惯性器件芯片，其 MCM 封装不再需要实现腔体内的真空度，而对于没有经过晶圆级封装的 MEMS 惯性器件芯片，特别是 MEMS 陀螺仪、谐振式 MEMS 加速度计芯片，则需要在封装壳盖板上集成吸气剂。对于任何一种情况，都需要确保经过共晶回流的管壳保持良好的气密性，以确保封装壳体内部的 ASIC 电路免受水汽侵袭，保证器件的可靠性。

MEMS 芯片与 ASIC 系统级封装，可以使 MEMS 惯性器件敏感结构和专用集成电路各自独立设计、制造，能够充分发挥各自制造技术的优势，有利于实现 MEMS 惯性器件的高性能。此外，该类封装还有利于实现多功能、高集成密度的产品，在提高生产效率方面有明显优势。

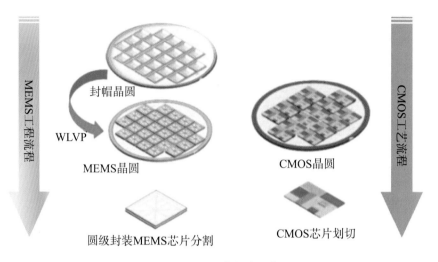

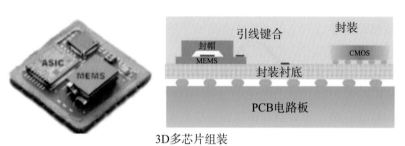

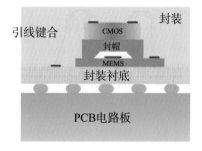

图 6-70　MEMS 芯片与 ASIC 系统级封装示意图[320]

图 6-71　典型 MEMS 加速度计系统级封装

6.7 关于高性能 MEMS 惯性器件工艺技术的认识和体会

有效增大敏感质量是 MEMS 惯性器件提高精度的关键。在有限的 MEMS 芯片尺寸内，增大器件层的厚度是提高敏感质量的有效途径。基于体硅加工技术的 MEMS 晶圆级封装制造是当前及未来十年高性能 MEMS 惯性器件主流芯片工艺，在干法刻蚀有限深宽比制约下，器件层厚度的提升通常会增大梳齿间隙，在一定程度上降低电容检测的灵敏度。目前，一般的体硅加工 MEMS 器件层厚度被限制在 $60~\mu m$ 以内。器件层厚度的提升有赖于干法刻蚀技术的进一步突破，随着干法刻蚀技术所能实现的深宽比进一步提升，体硅加工 MEMS 惯性器件的器件层厚度可进一步增加。

随着表面硅加工技术中多晶硅材料内部应力控制水平的提升，表面硅加工技术所能实现的器件层厚度也得到了显著提升。表面硅加工技术也会成为高性能 MEMS 惯性器件制造的另一工艺方案。通过表面硅加工灵活的工艺流程设计，可生长 2 层多晶硅材料以实现大敏感质量的加工。这种方案典型的例子是 2022 年意法半导体发布的 ThELMA - Double 工艺，其特征在于能够实现两层厚达 $80~\mu m$ 的多晶硅结构层，两层既可以单独进行图形刻蚀，又可以组合起来同步进行图形刻蚀，其中第二层多晶硅层还可以当作一层的电极层，可以实现 z 向运动敏感结构的差分电容检测，从而有效提高检测灵敏度，使 MEMS 器件结构设计更加灵活[102]。基于此工艺，意法半导体已经成功实现了 6 轴 IMU 的芯片加工。

MEMS 惯性器件敏感结构中存在的应力及其稳定性，对于高性能 MEMS 惯性器件，特别是 MEMS 加速度计的性能具有显著的影响。结合敏感结构改进设计在工艺中开展工艺流程优化，实现低应力制造或者实现应力相互抵偿，减小应力对敏感结构的影响，是 MEMS 惯性器件芯片工艺工作的重要组成部分。

提高 MEMS 惯性器件检测传感器的灵敏度是高性能 MEMS 惯性器件制造技术的重要发展方向。通过提高干法刻蚀的深宽比或发展特种窄间隙、高深宽比敏感电容制造技术[38]，可以提高检测电容的灵敏度，进而提高 MEMS 惯性器件的检测灵敏度。此外，发展其他更高灵敏度、更低噪声的检测途径，例如基于 NEMS 技术加工纳米结构的压阻检测传感器[30]，用于 MEMS 惯性器件的检测传感器，也是提高 MEMS 惯性器件精度的有效途径。

从应用层面来看，MEMS 敏感结构与 ASIC 系统级封装、多轴高性能 MEMS 惯性器件与其他传感器的异质异构集成是其重要发展方向。通过多传感器融合，形成惯性微系统，进一步减小惯性系统的体积，可以更好发挥 MEMS 惯性器件体积小、重量轻、高集成度的优势。

缩略语

ADC	Analog - to - Digital Convertor	模数转换器
ADI	Analog Devices Inc.	亚诺德半导体公司
AGC	Automatic Gain Control	自动增益控制
APCVD	Atmospheric Presuure Chemical Vapor Deposition	常压化学气相沉积
AR	Augmented Reality	增强现实
ARW	Angle Random Walk	角度随机游走
ASIC	Application Specific Integrated Circuit	专用集成电路
BCB	Benzocyclobutene	苯并环丁烯
BGR	Bandgap Reference	带隙基准
CAD	Computer Aided Design	计算机辅助设计
CAE	Computer Aided Engineering	计算机辅助工程
CAM	Computer Aided Manufacturing	计算机辅助制造
CD - SEM	Critical Dimension Scanning Electronic Microscope	关键尺寸扫描电子显微镜
CMOS	Complementary Metal Oxide Semiconductor	互补金属氧化物半导体
CMP	Chemical Mechanical Polishing	化学机械抛光
CT	Continuous Time	连续时间
CVD	Chemical Vapor Deposition	化学气相沉积
DAC	Digital - to - Analog Convertor	数模转换器
DARPA	Defense Advanced Research Projects Agency	国防高级研究计划局
DCO	Digitally Controlled Oscillator	数字控制振荡器
DDS	Direct Digital Synthesis	直接数字频率合成
DETF	Double Ended Tuning Fork	双端音叉
DFT	Discrete Fourier Transform	离散傅里叶变换

DRIE	Deep Reactive Ion Etching	深反应离子刻蚀
DSP	Digital Signal Processor	数字信号处理器
DT	Discrete Time	离散时间
EDA	Electronic Design Automatic	电子设计自动化
EDP	Ethylenediamine Pyrocatechol	乙二胺邻苯二酚
EDS	Energy Dispersive X – Ray Spectroscopy	能量色散 X 射线光谱
FFT	Fast Fourier Transform	快速傅里叶变换
FPGA	Field Programmable Gate Array	现场可编程门阵列
GNC	Guidance，Navigation and Control	导航、制导与控制
GPS	Global Positioning System	全球定位系统
HARPSS	High Aspect Ratio combined Poly and Single crystal Silicon	多晶硅-单晶硅复合的高深宽比工艺
IA	Input Axis	输入轴
IC	Integrated Circuit	集成电路
IMU	Inertial Measurement Unit	惯性测量单元
JPL	Jet Propulsion Laboratory	喷气推进实验室
LCC	Leadless Chip Carrier	无引线芯片载体
LGA	Land Grid Array	栅格阵列
LIGA	Lithographie – Galvanoformung – Abformung	光刻-电铸-注塑
LPCVD	Low Pressure Chemical Vapor Deposition	低压化学气相沉积
LPF	Low Pass Filter	低通滤波器
MCM	Multi Chip Module	多芯片模组
MCU	Micro Controller Unit	微控制器
MEMS	Micro – Electro – Mechanical System	微机电系统
Micro PNT	Micro Position，Navigation and Timing	微型定位、导航和授时
MIMU	Miniature Inertial Measurement Unit	微型惯性测量单元
MR	Mixed Reality	混合现实
MRIG	Micro scale Rate Integrating Gyroscopes	微速率积分陀螺
NEAD	Noise Equivalent Acceleration Density	噪声等效加速度密度
NEMS	Nano – Electro – Mechanical System	纳机电系统

NMOS	N – Metal Oxide Semiconductor	N 型金属氧化物半导体
NMP	N – methylpyrrolidone	N – 甲基吡咯烷酮
OA	Output Axis	输出轴
OTP	One Time Programmable memory	一次可编程存储器
PA	Pendulous Axis	摆轴
PCB	Print Circuit Board	印刷线路
PCM	Process Control Monitor	工艺控制监控
PECVD	Plasma Enhanced Chemical Vapor Deposition	等离子体增强化学气相沉积
PI	Proportional – Integral	比例-积分
PID	Proportional – Integral – Derivative	比例-积分-微分
PLL	Phase Locked Loop	锁相环
PMMA	Polymethyl Methacrylate	聚甲基丙烯酸甲酯
PMOS	P – Metal Oxide Semiconductor	P 型金属氧化物半导体
PRIGM	Precise Robust Inertial Guidence for Munitions	弹用精确鲁棒惯性制导
PSD	Power Spectral Density	功率谱密度
PSG	Phosphosilicate Glass	磷硅玻璃
PSPICE	Personal Simulation Program with Integrated Circuit Emphasis	用于 PC 机的集成电路分析程序
PVD	Physical Vapor Deposition	物理气相沉积
QDR	Quick Dump Rinse	快排冲水
QFN	Quad Flat No – lead package	方形无引脚封装
QNTF	Quantum Noise Transfer Function	量化噪声传递函数
QVBA	Quartz Vibrating Beam Acceleromter	石英振梁加速度计
RCA	Radio Corporation of America	美国广播唱片公司
RIE	Reactive Ion Etching	反应离子刻蚀
RMS	Root Mean Square	均方根
rpm	round per minute	转每分
SEM	Scanning Electron Microscopy	扫描电子显微镜
SERF	Spin Exchange Relaxation Free	无自旋交换弛豫
SIP	System In Package	系统级封装

SNR	Signal to Noise Ratio	信噪比
SOC	System on Chip	片上系统
SOG	Silicon on Glass	玻璃体上硅
SOI	Silicon On Insulator	绝缘体上硅
SPI	Serial Peripheral Interface	串行外设接口
TMAH	Tetramethylammonium Hydroxide	四甲基氢氧化铵
TSV	Through Silicon Via	硅通孔
TTV	Total Thickness Variation	总厚度变化
VCO	Voltage Controlled Oscillator	压控振荡器
VHD	Voltage Harmonic Distortion	电压谐波畸变
VR	Virtual Reality	虚拟现实
WLP	Wafer Level Packaging	晶圆级封装
WLVP	Wafer Level Vacuum Packaging	晶圆级真空封装
XPS	X - ray Photoelectron Spectroscopy	X 射线光电子能谱
μ - HRG	micro Hemispherical Resonator Gyroscope	微半球谐振陀螺仪
$\Sigma\Delta$ ADC	Sigma - Delta Modulator Analog - to - Digital Converter	基于 $\Sigma\Delta$ 调制器原理的模数转换器

参 考 文 献

［1］ 王巍. 新型惯性技术发展及在宇航领域的应用［J］. 红外与激光工程，2016，45（03）：11－16.

［2］ 王巍. 惯性技术研究现状及发展趋势［J］. 自动化学报，2013，39（06）：723－729.

［3］ Langfelder G，Bestetti M，Gadola M. Silicon MEMS inertial sensors evolution over a quarter century ［J］. Journal of Micromechanics and Microengineering，2021，31（8）：084002.

［4］ 王巍，何胜. MEMS 惯性仪表技术发展趋势［J］. 导弹与航天运载技术，2009（03）：23－28.

［5］ Miller D C，Boyce B L，Dugger M T，et al. Characteristics of a commercially available silicon－on－insulator MEMS material［J］. Sensors and Actuators A：Physical，2007，138（1）：130－144.

［6］ Witvrouw A，Tilmans H，Wolf D I. Materials issues in the processing，the operation and the reliability of MEMS［J］. Microelectron Eng. 2004，76：245－257.

［7］ Spearing S. Materials issues in microelectromechanical systems（MEMS）［J］. Acta Mater.，2000，48：179－19.

［8］ Boxenhorn B，Greiff P. A vibratory micromechanical gyroscope［C］//Guidance，Navigation and Control Conference. 1988：4177.

［9］ Greiff P，Boxenhorn B，King T. Siliconmonolithic micromechanical gyroscope［C］. San Francisco CA. Transducers'91，1991：966－968.

［10］ Geiger W，Folkmer B，Sobe U，et al. New designs of micromachined vibrating rate gyroscopes with decoupled oscillation modes［J］. Sensors and Actuators A，1998（66）：118－24.

［11］ Geiger W，Folkmer B，J. Merz H，et al. A new silicon rate gyroscope［J］. Sensors and Actuators A，1999，（73）：45－51.

［12］ Neul R，Gómez U M，Kehr K，et al. Micromachined angular rate sensors for automotive applications［J］. IEEE Sensors Journal，2007，7（2）：302－309.

［13］ Thomae A，Schellin R，Lang M，et al. A low cost angular rate sensor in Si－surface micromaching technology for automotive application［R］. SAE Technical Paper，1999.

［14］ J Berstein，Cho S，King A T，et al. A micromachined comb－drive tuning fork rate gyroscope ［C］. In Micro Electro Mechanical Systems，MEMS'93，Proceedings An Investigation of Micro Structures，Sensors，Actuators，Machines and Systems. IEEE，1993，143－148.

［15］ Weinberg M，Bernstein J，Cho S，et al. Micromechanical tuning fork gyroscope test results［C］. AIAA Guidance，Navigation and Control Conference. Scottsdale，AZ. Aug. 1994，1298－1303.

［16］ Sharma A，Zaman M F，Amini B V，et al. A high－Q in－plane SOI tuning fork gyroscope［C］. Sensors，2004 Proceedings of IEEE. 2004：467－470.

［17］ Zaman M F，Sharma A，Ayazi F. High Performance Matched－Mode Tuning Fork Gyroscope. In

Proceedings of the IEEE Conference on MEMS [C]. IEEE Press，2006：66 – 69.

[18] Sharma A，Zaman M F，Ayazi F. A 0.2°/hr micro – gyroscope with automatic CMOS mode matching [C]. Proceedings of the IEEE International Solid – State Circuits Conference，F，2007：386 – 610.

[19] Hanse J G. Honeywell MEMS inertial technology & product status [C]. Proceedings of the Position Location and Navigation Symposium，F，2004：43 – 48.

[20] Endean D，Christ K，Duffy P，et al. Near – navigation grade tuning fork MEMS gyroscope [C] //2019 IEEE International Symposium on Inertia Sensors and Systems（INERTIAL）. IEEE，2019：1 – 4.

[21] Zhao Y，Zhao J，Xia G M，et al. A 0.57°/h bias instability 0.067°/$\sqrt{h}$ angle random walk MEMS gyroscope with CMOS readout circuit. IEEE Asian Solid State Conf. 2015：1 – 4.

[22] Zhao Y，Zhao J，Wang X，et al. A sub – 0.1°/h bias – instability split – mode MEMS gyroscope with CMOS readout circuit，IEEE J. Solid – State Circuits，2018，53：2636 – 2650.

[23] Trusov A，Rozelle D，Atikyan G，et al. Non – axisymmetric coriolis vibratory gyroscope with whole angle，force rebalance，and self – calibration [C]. In Solid – State Sensors，Actuators and Microsystems Workshop（Hilton Head 2014）. Hilton Head Island，SC，USA，June 2014：419 – 422.

[24] Askari S，Asadian M，KakavandK，et al. Near – navigation grade quad mass gyroscope with Q – factor limited by thermo – elastic damping [C]. In Solid – State Sensors，Actuators and Microsystems Workshop（Hilton Head 2016）. Hilton Head Island，SC，USA，June 2016：254 – 257.

[25] Koenig S，Rombach S，Gutmann W，et al. Towards an avigation grade Si – MEMS gyroscope [C]. Proc. DGON Inertial Sensors Syst. （ISS），Braunschweig，Germany，Sep. 2019，pp. 1 – 18.

[26] Neul R，Gomez U，Kehr K，et al. Micromachined gyros for automotive applications [C] // SENSORS，IEEE，2005：527 – 530.

[27] Alper S E，Akin T. A Single – Crystal Silicon Symmetrical and Decoupled MEMS Gyroscope on an Insulating Substrate [J]. Journal of Microelectromechanical Systems，2005，14（4）：707 – 717.

[28] Ding H，Liu X，Lin L，et al. A high – resolution silicon – on – glass Z axis gyroscope perating at atmospheric pressure [J]. IEEE Sensors Journal，2010，10（6）：1066 – 1074.

[29] 曹慧亮，李宏生，申冲，等. 双质量硅微机械陀螺仪正交校正系统设计及测试 [J]. 中国惯性技术学报，2015，23（4）：544 – 549.

[30] Gadola M，Buffoli A，Sansa M，et al. 1.3 mm² nav – grade NEMS – based gyroscope [J]. Journal of Microelectromechanical Systems，2021，30（4）：513 – 520.

[31] Buffoli A，Gadola M，Sansa M，et al. 0.02°/h，0.004°/$\sqrt{h}$，6.3 – mA NEMS gyroscope with integrated circuit [J]. IEEE Transactions on Instrumentation and Measurement，2023，72：1 – 8.

[32] Putty M W，Najafi K. A micromachined vibrating ring gyroscope [C]. Solid – State Sensor and Actuator Work – shop SC，June，1994：213 – 220.

[33] Challoner A D. Isolated resonator gyroscope [P]. U. S：6，629，460. 2003 – 10 – 7.

[34] Challoner A D，Howard H G，Liu J Y. Boeing disc resonator gyroscope [C]，in Proc. IEEE/ION Position，Location Navigat. Symp. （PLANS），Monterey，CA，USA，May 2014，pp. 504 – 514.

[35] 于得川，何汉辉，周鑫，等. 嵌套环式 MEMS 振动陀螺的静电修调算法 [J]. 传感器与微系统，

2017，36（7）：134 – 137.

[36] 李青松，李微，张勇猛，等．嵌套环 MEMS 陀螺研究综述［J］．导航与控制，2019，18（4）：11 – 18.

[37] Johari H，Ayazi F. Capacitive bulk acoustic wave silicon disk gyroscopes，2006 International Electron Devices Meeting. IEEE，2006：1 – 4.

[38] Serrano D E，Rahafrooz A，Lipka R，et al. 0. 25deg/h closed – loop bulk acoustic wave gyroscope ［C］//2022 IEEE International Symposium on Inertial sensors and Systems（INERTIAL），IEEE，2022：1 – 4.

[39] Shearwood C，Williams C B . Levitation of a micromachined rotor for application in a rotating gyroscope ［J］．Electronics Letters，1995，31（21）：1845 – 1846.

[40] Shearwood C，Ho K Y，Williams C B，et al. Development of a levitated micromotor for application as a gyroscope ［J］．Sensors and Actuators A：Physical，2000，83（1 – 3）：85 – 92.

[41] 张卫平，陈文元，吴校生，等．磁悬浮转子微陀螺的设计技术 ［J］．光学精密工程，2004，12（z1）：1 – 5.

[42] Wu X S，Chen W Y，Zhao X L，et al. Micromachined rotating gyroscope with electromagnetically levitated rotor ［J］．Electronics Letters，2006，42（16）：912 – 913.

[43] 张卫平，陈文元，赵小林，等．悬浮转子式微陀螺技术关键、创新设计和最新进展 ［J］．功能材料与器件学报，2008，14（3）：721 – 728.

[44] Liu K，Zhang W P，Liu W，et al. An innovative micro – diamagnetic levitation system with coils applied in micro – gyroscope ［J］．Microsyst. Technol.，2010，16（3）：43 – 439.

[45] Kraft M，Farooqui M M，Evans A G R. Modelling and design of an electrostatically levitated disc for inertial sensing applications ［J］．Journal of Micromechanics & Microengineering，2001，11（4）：423 – 427.

[46] Damrongsak B，Kraft M . A micromachined electrostatically suspended gyroscope with digital force feedback ［C］．Proceedings of 2005 IEEE Sensors，Irvine，CA，USA，IEEE，2005：401 – 404.

[47] Damrongsak B，Kraft M . Design and Simulation of a Micromachined Electrostatically Suspended Gyroscope ［J］．2006，222（1）：267 – 272.

[48] Ma G Y，Chen W Y，Cui F，et al. Adaptive levitation control using single neuron for micromachined electrostatically suspended gyroscope ［J］．Electron Lett，2010，46（6）：406 – 408.

[49] Fukatsu K，Murakoshi T，Esashi M. Evaluation experiment of electrostatically levitating inertia measurement system. Technical Digest of the 18th Sensor Symposium，Kawasaki，2001：285.

[50] Esashi M. Saving energy and natural resource by micro – nanomachining ［C］．Proceedings of The Fifteenth IEEE International Conference on MICRO Electro Mechanical Systems，Las Vegas，NV，USA，2002：220 – 227.

[51] Murakoshi T，Endo Y，Fukatsu K，et al. Electrostatically levitated ring – shaped rotational – gyro/accelerometer ［J］．Japanese Journal of Applied Physics，2003，42（4）：2468 – 2472.

[52] Terasawa T，Watanabe T，Murakoshi T . Electrostatically levitated ring – shaped rotational – gyro/accelerometer using all – digital OFDM detection with TAD ［C］//Sensors，2012 IEEE . 2012：1 – 4.

[53] 韩丰田，吴秋平，吴黎明，等．基于静电悬浮转子的硅微陀螺技术 ［J］．中国惯性技术学报，2008，16（3）：339 – 342.

［54］ Han F，WU Q，Zhang R，et al. Modeling and analysis of a micromotor with an electrostatically levitated rotor［J］. Chinese Journal of Mechanical Engineering，2009，22（1）：1-8.

［55］ 王嫘，韩丰田，董景新，等．微静电陀螺仪的结构设计与工艺实现［J］. 纳米技术与精密工程，2011，09（3）：265-269.

［56］ Han F T，Liu Y F，Wang L，et al. Micromachined electrostatically suspended gyroscope with a spinning ring-shaped rotor［J］. Journal of Micromechanics & Microengineering，2012，22（10）：430-435.

［57］ Sun B，Han F，Li L，et al. Rotation control and characterization of high-speed variable-capacitance micromotor supported on electrostatic bearing［J］. IEEE Transactions on Industrial Electronics，2016，63（7）：1-1.

［58］ 朴林华．CJSYS-A5 型压电射流角速度传感器的研制［D］. 延吉：延边大学，2001.

［59］ Shiozawa T，Dau V T，Dao D V，et al. A dual axis thermal convective silicon gyroscope［C］// Micro-Nanomechatronics and Human Science，2004 and The Fourth Symposium Micro-Nanomechatronics for Information-Based Society，2004. IEEE，2004：277-282.

［60］ Dao D V，Shiozawa T，Kumagai H，et al. Development of a dual-axis thermal convective gas gyroscope［J］. Journal of Micromechanics and Microengineering，2006，16（7）：1301.

［61］ Liu S，Zhu R. Micromachined fluid inertial sensors［J］. Sensors，2017，17（2）：367.

［62］ Nie B，Wang S S，Ye F，et al. A micromachined three-axis gasinertial sensor based on bidirectional thermal expansion flow［C］//IEEE International Conference on Micro Electro Mechanical Systems. NY，USA：IEEE，2017：1091-1094.

［63］ Madni A M，Wan L A，Hammons S. A microelectromechanical quartz rotational rate sensor for inertial applications［C］//1996 IEEE Aerospace Applications Conference. Proceedings. IEEE，1996，2：315-332.

［64］ Descharles M，Guérard J，Kokabi H，et al. Closed-loop compensation of the cross-coupling error in a quartz Coriolis Vibrating Gyro［J］. Sensors and Actuators A：Physical，2012，181：25-32.

［65］ Zotov S，Srivastava A，Kwon K，et al. In-run navigation grade quartz MEMS-based IMU［C］//2020 IEEE International Symposium on Inertial Sensors and Systems（INERTIAL）. IEEE，2020：1-4.

［66］ Perrier T，Le Traon O，Levy R，et al. Gytrix，a novel axisymmetric quartz MEMS gyroscope for navigation purpose［C］//2022 IEEE International Symposium on Inertial Sensors and Systems（INERTIAL）. IEEE，2022：1-4.

［67］ Zhuang X Y，Chen B G，Wang X L，et al. Microscale polysilicon hemispherical shell resonating gyroscope with integrated three-dimensional curved electrodes［J］. Journal of Physics Conference Series，2018，986（1）：012022.

［68］ Cho J Y，Najafi K. A high-Q all-fused Silica solid-stem wineglass hemispherical resonator formed using micro blow torching and welding［C］. Proceedings of the 28th IEEE International Conference on Micro Electro Mechanical Systems，2015：821-824.

［69］ Bernstein J. Bancu M G，Bauer J M，et al. High Q diamond hemispherical resonators：fabrication and energy loss mechanisms［J］. Journal of Micromechanics and Microengineering，2015，25（8）：085006.

［70］ Saito D，Yang C，Heidari A，et al. Batch-fabricated high Q-factor microcrystalline diamond cylindrical resonator [C] //2015 28th IEEE International Conference on Micro Electro Mechanical Systems (MEMS) . IEEE, 2015: 801 – 804.

[71] Eklund E J, Shkel A M. Glass blowing on a wafer level [J]. Journal of Microelectromechanical Systems, 2007, 16 (2): 232 – 239.

[72] Shao P, Mayberry C L, Gao X, et al. A polysilicon microhemispherical resonating gyroscope [J]. Journal of Microelectromechanical Systems, 2014, 23 (4): 762 – 764.

[73] Saito D, Yang C, Heidari A, et al. Microcrystalline diamond cylindrical resonators with quality – factor up to 0. 5 million [J]. Applied Physics Letters, 2016, 108 (5): 051904.

[74] Cho J Y, Singh S, Woo J K, et al. 0. 00016 deg/$\sqrt{hr}$ angle random walk (ARW) and 0. 0014 deg/hr bias instability (BI) from a 5. 2M – Q and 1 – cm precision shell integrating (PSI) gyroscope [C] //Proceedings of 7th IEEE International Symposium on Inertial Sensors & Systems. Hiroshima, Japan, 2020: 1 – 4.

[75] Li W, Hou Z Q, Shi Y, et al. Application of micro blowtorching process with whirling paltform for enhancing frequency symmetry of microshell structure [J]. Journal of Micromechanics and Microengineering, 2018, 28 (11): 103597.

[76] Luo B, Shang J T, Zhang Y Z. Hemispherical glass shell resonators fabricated using chemical foaming process [C]. Proceedings of the 65th IEEE Conference on Electronic Components and Technology, 2015: 2217 – 2221.

[77] Wang R X, Bai B, Feng H Z, et al. Design and fabrication of micro hemispheric shell resonator with annular electrodes [J]. Sensors, 2019, 16 (12): 1991.

[78] Xiao D B, Li Q S, Hou Z Q, et al. A novel sandwich differential capacitive accelerometer with symmetrical double – sided serpentine beam – mass structure [J]. Journal of Micromechanics & Microengineering, 2016, 26 (2) : 025005.

[79] Liu Y, Zhao Y, Tian B, et al. Analysis and design for piezoresistive accelerometer geometry considering sensitivity, resonant frequency and cross – axis sensitivity [J]. Microsystem Technologies, 2014, 20 (3): 463 – 470.

[80] Garraud A, Giani A, Combette P, et al. A dual axis CMOS micromachined convective thermal accelerometer [J]. Sensors and Actuators A: Physical, 2011, 170 (1) : 44 – 50.

[81] Le Traon O, Janiaud D, Muller S, et al. The VIA vibrating beam accelerometer: concept and performance [C] //IEEE 1998 Position Location and Navigation Symposium (Cat. No. 98CH36153). IEEE, 1996: 25 – 29.

[82] Judy M W. Evolution of integrated inertial MEMS technology [C] //Tech. Digest Solid – State Sensor, Actuator and Microsystems Workshop, Hilton Head Island, USA, 2004: 27 – 32.

[83] https: //www. colibrys. com/product/ms9000 – mems – accelerometer/.

[84] Dias R A, Alves F S, Costa M, et al. Real – time operation and characterization of a high performance time – based accelerometer [J]. Journal of Microelectromechanical Systems, vol. 24 (2015), pp. 1703 – 1711.

[85] Tsuchiya T, Matsui Y, Hirai Y, et al. Thermomechanical noise of arrayed capacitive accelerometers with 300 – nm – gap sensing electrodes. 19th international conference on solid – state sensors, actuators and microsystems (transducers) [C]. IEEE, 2017: 1002 – 1005.

[86] Edalatfar F，Azimi S，Qureshi AQA，et al. Wideband，low‑noise accelerometer with open loop dynamic range of better than 135dB. 19th international conference on solid‑state sensors，actuators and microsystems（transducers）[C]. IEEE 2017：1187‑1190.

[87] Utz A，Walk C，Stanitzki A，et al. A high precision MEMS based capacitive accelerometer for seismic measurements [J]. 2017 IEEE SENSORS，2017：343‑345.

[88] Rao K，Wei X，Zhang S，et al. A MEMS micro‑g capacitive accelerometer based on through‑silicon‑wafer‑etching process [J]. Micromachines，2019，10（6）：380.

[89] Aydemir A，Akin T. Self‑packaged three axis capacitive mems accelerometer [C] //2020 IEEE 33rd International Conference on Micro Electro Mechanical Systems（MEMS）. IEEE，2020：777‑780.

[90] Burns D W，Horning R D，Herb W R，et al. Sealed‑cavity resonant microbeam accelerometer [J]. Sensors and Acutuators A：Physical，1996，53（1‑3）：249‑255.

[91] Roessig T A，Howe R T，Pisano A P，et al. Surface‑micromachined resonant accelerometer [C] //Proceedings of International Solid State Sensors and Actuators Conference（Transducers'97）. IEEE，1997，2：859‑862.

[92] Hopkins R E，Borenstein J T，Antkowiak B M，et al. The silicon oscillating accelerometer [C] // AIAA Missile Sciences Conference. 2000：44‑51.

[93] Hopkins R，Miola J，Sawyer W，et al. The silicon oscillating accelerometer：A high‑performance MEMS accelerometer for precision navigation and strategic guidance applications. Proceedings of the National Technical Meeting of the Institute of Navigation. 2005：970‑979.

[94] Lefort O，Thomas I，Jaud S. To the production of a robust and highly accurate MEMS vibrationg accelerometer [C]. 2017 DGON Inertial Sensors and Systems，2017：1‑19.

[95] Johnson B，Albrecht C，Braman T，et al. Development of a navigation‑grade MEMS IMU [C] // 2021 IEEE International Syposium on Inertial Sensors and Systems（INERTIAL）. IEEE，2021：1‑4.

[96] Le Traon O，Guérard J，Pernice M，et al. The NG DIVA：A navigation grade differential inertial vibrating beam accelerometer [C] //2018 IEEE/ION Position，Location and Navigation Symposium（PLANS）. IEEE，2018：24‑30.

[97] Stout P J，Yang H Q，Dionne P，et al. CFD‑ACE＋：A CAD system for simulation and modeling of MEMS [C]. Design，Test，and Microfabrication of MEMS and MOEMS，SPIE，1999，3680：328‑339.

[98] Liateni K L，Lee H J，Perez‑Maher M A，et al. Moving from analysis to design：A MEMS CAD tool evolution [C] //Design，Test，Integration，and Packaging of MEMS/MOEMS. SPIE，2000，4019：188‑192.

[99] 熊斌. 栅结构微机械振动式陀螺 [D]. 上海：中国科学院上海微系统与信息技术研究所，2001.

[100] 黄庆安. 硅微机械加工技术 [M]. 北京：科学出版社，1996.

[101] Bustillo J，et al. Surface micromachining for microelectro‑machanical systems [J]. Proc IEEE，1998，86：1552‑1574.

[102] Vercesi F，Corso L，Allegato G，et al. Thelma‑Double：a new technology platform for manufacturing of high‑performance MEMS inertial sensors [C] //2022 IEEE 35th International Conference on Micro

Electro Mechanical Systems（MEMS）. IEEE 2022：778 – 781.

[103] Kovacs G T A. Micromachined transducers sourcebook ［M］. McGraw – Hill, Inc.：New York, 1998.

[104] 刘福民，张乐民，张树伟，等. MEMS 陀螺芯片的晶圆级真空封装 ［J］，传感器与微系统，2022，41 (1)：15 – 18.

[105] Becker E W，Ehrfeld W，Hagmann P，et al. Fabrication of microstructures with high aspect ratios and great structural heights by synchrotron radiation lithography，galvanoforming，and plastic moulding（LIGA process）［J］. Microelectronic engineering，1986，4 (1)：35 – 56.

[106] 刘晓明，朱钟淦. 微机电系统设计与制造 ［M］. 北京：国防工业出版社，2006.

[107] Bloomstein T M，Ehrlich D J. Laser – chemical three – dimensonal writing of multimaterial structures for microelectromechanics ［C］// ［1991］ Proceedings. IEEE Micro Electro Mechanical Systems. IEEE，1991：202 – 203.

[108] 王浩. MEMS 陀螺仪传感器专用 ASIC 简介及设计 ［J］. 中国集成电路，2019，28 (06)：44 – 50.

[109] 何胜，王巍. 高性能对称解耦结构的线振动陀螺 ［J］. 中国惯性技术学报，2009，17 (05)：577 – 581.

[110] Geiger W，Butt W U，Gaisser A，et al. Decoupled Microgyros and the Design Principle DAVED ［J］，Sensors and Actuators A：Physical，2002：95 (2 – 3)：239 – 249.

[111] Clark W A，Howe R T，Horowitz R. Surface micromachined Z – axis vibratory rate gyroscope. Tech. Dig. Solid – State sensor and Actuator Workshop ［C］. IOP Publishing Ltd，1996：283 – 287.

[112] Park K Y，Lee C W，Oh Y S，et al. Laterally oscillated and force – balanced micro vibratory rate gyroscope supported by fish hook shape springs. Proc. IEEE Micro Electro Mechanical Systems Workshop（MEMS' 97）［C］. IEEE Press，1997：494 – 499.

[113] Park K Y，Lee C W，Oh Y S，et al. Laterally oscillated and force – balanced micro vibratory rate gyroscope supported by fish hook shape springs ［J］. Sensors and Actuators A，1998，64：69 – 76.

[114] Palaniapan M，Howe R T，Yasaitis J 2003 Performance comparison of integrated z – axis frame micro – gyroscopes. The 16th IEEE International Conference on Micro Electro Mechanical Systems ［C］. IEEE Press，2003：482 – 485.

[115] Kim J，Park S，Kwak D，et al. A planar，X – axis，single – crystalline silicon gyroscope fabricated using the extended SBM process. The 17th IEEE International Conference on Micro Electro Mechanical Systems ［C］. IEEE Press，2004：556 – 559.

[116] Choi B，Lee S，Kim T，et al. Dynamic characteristics of vertically coupled structures and the design of a decoupled micro gyroscope ［J］. Sensors 2008，8：3706 – 3718.

[117] 郑旭东. 基于新型梳状栅电容结构的微机械惯性传感器研究 ［D］. 杭州：浙江大学，2009.

[118] 施芹. 提高硅微机械陀螺性能若干关键技术研究 ［D］. 南京：东南大学，2005.

[119] 李明辉. MEMS 微机械陀螺的动态特性分析 ［D］. 北京：北京理工大学，2007.

[120] 李锦明. 高信噪比电容式微机械陀螺的研究 ［D］. 太原：中北大学，2005.

[121] Alper S E，Akin T. A symmetric surface micromachined gyroscope with decoupled oscillation modes ［C］. The 11th Internation Conference on Solid – State Sensors and Actuators，2001：456 – 459.

[122] Alper S E，Akin T. Symmetrical and decoupled nickel microgyroscope on insulating substrate ［J］. Sensors and Actuators：A，2004，115，336 – 350.

[123] Alper S E，Azgin K，Akin T. High – performance SOI – MEMS Gyroscope with Decoupled Oscillation

Modes. In Proceedings of the 19th IEEE International Conference on MEMS，（MEMS 2006）［C］. IEEE Press，2006：70－73.

［124］ Alper S E，Azgin K，Akin T. A high－performance silicon－on－insulator MEMS gyroscope operating at atmospheric pressure ［J］. Sensors and Actuators A，2007，135，34－42.

［125］ Alper S E，Azgin K，Akin T. A compact angular rate sensor system using a fully decoupled silicon－on－glass MEMS gyroscope ［J］. Journal of Microelectromechanical Systems，2008，17，1418－1429.

［126］ Zhao X G，Zhou B，Zhang R，et al. Research on Laser Trimming of Silicon MEMS Vibratory Gyroscopes ［J］. Integrated Ferroelectrics，2011，129 （1），37－44.

［127］ Braxmaier M，Gai Ber A，Link T，et al. Cross－Coupling of the Oscillation Modes of Vibratory Gyroscopes. In Proceedings of the 12th International Conference on Solid－State Sensors，Actuators and Microsystems （TRANSDUCERS' 03） ［C］. IEEE Press，2003：167－170.

［128］ Acar C，Shkel A M. Structurally decoupled micromachined gyroscopes with post－release capacitance enhancement ［J］. Journal of Micromechanics and Microengineering，2005，15：1092－1101.

［129］ Liu X，Yang Z，Cui X Z，et al. A doubly decoupled lateral axis micromachined gyroscope ［J］. Sensors and Actuators A，2009，154：218－223.

［130］ 陈宏. 全对称双级解耦微机械振动式陀螺研究 ［D］. 哈尔滨：哈尔滨工业大学，2008.

［131］ 陈宏，陈伟平，郭玉刚，等. 一种全对称微机械陀螺的双级解耦特性 ［J］. 纳米技术与精密工程，2009，7 （3）：239－244.

［132］ 刘梅，周百令，夏敦柱. 对称解耦硅微陀螺仪结构设计研究 ［J］. 传感技术学报，2008，21 （3）：435－438.

［133］ Liang X J，Gao S Q，Gao F，et al. Design and Simulation of a Micro Gyroscope with Decoupled and High Linearity Structure. Proc. of the International Conference on Electronic Measurement & Instruments ［C］. IEEE Press，2009，3：975－979.

［134］ Xie J B，Shen Q，Hao Y C，et al. Design，fabrication and characterization of a low noise Z axis micromachined gyroscope ［J］. Microsyst Technol，2015，21 （3），625－630.

［135］ 管延伟. 音叉式微机械陀螺的动力学耦合特征及振动灵敏度研究 ［D］. 北京：北京理工大学，2017.

［136］ Schofield A R，Trusov A A，Shkel A A. Multi－degree of freedom tuning fork gyroscope demonstrating shock rejection. IEEE Sensors Conference ［C］. IEEE Press，2007：120－123.

［137］ Schofield A R. Design algorithms and trade－offs for micromachined vibratory gyroscopes with multi－degree of freedom sense modes ［D］. America：University of California，Irvine，2009.

［138］ Trusov A A，Schofield A R，Shkel A A. Gyroscope architecture with structurally forced anti－phase drive－mode and linearly coupled anti－phase sense－mode. In Proceedings of the 12th International Conference on Solid－State Sensors，Actuators and Microsystems （TRANSDUCERS' 09） ［C］. IEEE Press，2009：660－663.

［139］ Trusov A A，Schofield A R，Shkel A A. Micromachined rate gyroscope architecture with ultra－high quality factor and improved mode ordering ［J］. Sensors and Actuators A，2011，165：26－34.

［140］ Trusov A A，Prikhodko I P，Zotov S A. Low－dissipation silicon tuning fork gyroscopes for rate and whole angle measurements [J]. IEEE Sensors Journal，2011，11（11）：2763 - 2770.

[141] 殷勇，王寿荣，王存超，等. 结构解耦的双质量微陀螺仪结构方案设计与仿真 [J]. 东南大学学报，2008，38（5）：918 - 922.

[142] 戴波. 新型对称全解耦的双质量硅微陀螺仪结构设计与优化 [D]. 南京：东南大学，2015.

[143] 杨波，吴磊，周浩，等. 双质量解耦硅微陀螺仪的非理想解耦特性研究和性能测试 [J]. 中国惯性技术学报，2015，23（6）：794 - 799.

[144] Yang B，Wang X J，Hu D，et al. Research on the non - ideal dynamics of a dual - mass silicon micro - gyroscope [J]. Microsyst Technol，2015：1 - 12.

[145] Yang B，Wang X J，Deng Y P，et al. Mechanical coupling error suppression technology for an improved decoupled dual - mass micro - gyroscope [J]. Sensors，2016，16（4）：503.

[146] Bernsein J，Cho S，King A T，et al. A micromachined comb - drive tuning fork rate gyroscope. Proc. IEEE Micro Electro Mechanical Systems Workshop（MEMS'93）[C]. IEEE Press，1993：143 - 148.

[147] Weinberg M，Bernstein J，Cho S，et al. A micromachined comb - drive tuning fork gyroscope for commercial applications. Proc. Sensor Expo [C]. Cleveland，1994：187 - 193.

[148] Barbour N，Connelly J，Gilmore J，et al. Micromechanical silicon instrument and system development at Draper laboratory [C] //Guidance Navigation and Control Conference，1996：3709.

[149] Geen J A，Sherman S J，Chang J F. Single - chip surface micromachined integrated gyroscope with 50°/h Allan deviation [J]. IEEE Journal of Solid - State Circuits，2012，37（12），1860 - 1866.

[150] Geen J A. Progress in integrated gyroscopes. in：Dig. Tech. Papers，Position Location and Navigation Symposium（PLANS）[C]. IEEE Press，2004：1 - 6.

[151] Lutz M，Golderer W，Gerstenmeier J. A precision yaw rate sensor in silicon micromachining. International Conference on Solid - State Sensors，Actuators（Transducer'97 ）[C]. IEEE Press，1997，2：847 - 850.

[152] Zaman M F，Sharma A，Amini B，et al. Towards inertial grade vibratory microgyros：a high - Q in - plane silicon - on - insulator tuning fork device. In Proceedings of Solid - State Sensor，Actuator and Microsystems Workshop [C]. IEEE Press，2004：384 - 385.

[153] Hao Z，Zaman M，Sharma A，et al. Energy loss mechanisms in a bulk - micromachined tuning fork gyroscope. In Proceedings of the 5th IEEE Conference on Sensors [C]. IEEE Press，2006：1333 - 1336.

[154] Sharma A，Zaman M，Zucher M，et al. 0. 1°/hr bias drift electronically matched tuning fork microgyroscope. In Proceedings of the 21st IEEE International Conference on MEMS [C]. IEEE Press，2008：6 - 9.

[155] Sharma A，Zaman M F，Ayazi F. A Sub - 0. 2°/hr bias drift micromechanical silicon gyroscope with automatic CMOS mode - matching [J]. IEEE Journal of Solid - State Circuits，2009，44（5）：1593 - 1608.

[156] 陈永. 基于滑膜阻尼效应的音叉式微机械陀螺研究 [D]. 上海：中国科学院上海微系统与信息技术研究所，2004.

[157] Chen Y，Jiao J，Xiong B，et al. A novel tuning fork gyroscope with high Q - factors working at

atmospheric pressure ［J］. Microsyst Technol. 2005，11：111－116.

［158］ Che L F，Xiong B，Li Y F，et al. A novel electrostatic－driven tuning fork micromachined gyroscope with a bar structure operating at atmospheric pressure ［J］. Journal of Micromechanics and Microengineering，2010，20：1－6.

［159］ 司朝伟，韩国威，宁瑾，等. 高性能音叉结构 MEMS 陀螺的抗冲击设计 ［J］. MEMS 与传感器，2014，51（5）：302－307.

［160］ Guo Z Y，Yang Z C，Zhao Q C，et al. A lateral－axis micromachined tuning fork gyroscope with torsional Z－sensing and electrostatic force－balanced driving ［J］. Journal of Micromechanics and Microengineering，2010，20：1－7.

［161］ Guo Z Y，Zhao Q C，Lin L T，et al. A lateral－axis tuning fork gyroscope with combined sensing capacitors and decoupled comb drive. IEEE Sensors Conference ［C］. IEEE Press，2010：627－630.

［162］ Guo Z Y，Lin L T，Zhao Q C，et al. A lateral－axis microelectromechanical tuning－fork gyroscope with decoupled comb drive operating at atmospheric pressure ［J］. Journal of Microelectromechanical Systems，2010，19（3）：458－468.

［163］ Guo Z Y，Yang Z C，Lin L T，et al. Decoupled comb capacitors for microelectromechanical tuning－fork gyroscopes ［J］. IEEE Electron Device Letters，2010，31：26－28.

［164］ He C H，Zhao Q C，Cui J，et al. A research of the bandwidth of a mode－matching MEMS vibratory gyroscope. IEEE International Conference on Nano/Micro Engineered & Molecular Systems ［C］. IEEE Press，2012：738－741.

［165］ 张正福. 音叉振动式微机械陀螺结构动态性能解析与健壮性设计 ［D］. 上海：上海交通大学，2007.

［166］ 刘广军. 音叉振动式微机械陀螺结构拓扑自组织设计方法的研究 ［D］. 上海：上海交通大学，2007.

［167］ Zhou J，Jiang T，Jiao J W，et al. Design and fabrication of a micromachined gyroscope with high shock resistance ［J］. Microsyst Technol. 2014，20：137－144.

［168］ 贾方秀，裴安萍，施芹，等. 硅微振动陀螺仪设计与性能测试 ［J］. 光学精密工程，2013，21（5）：1272－1281.

［169］ Geen J A，Kuang J. Cross－quad and vertically coupled inertial sensors ［P］. US7421897，2005－09－09.

［170］ Geen J A. Very low cost gyroscopes. IEEE SENSORS Conference ［C］. IEEE Press，2005：537－540.

［171］ Prikhodko I P，Zotov S A，Trusov A A. Foucault pendulum on a chip：angle measuring silicon mems gyroscope. In Proceedings of the 24th IEEE International Conference on MEMS ［C］. IEEE Press，2011：161－164.

［172］ Prikhodko I P，Zotov S A，Trusov A A，et al. Foucault pendulum on a chip：Rate integrating silicon MEMS gyroscope ［J］. Sensors and Actuators：A，2012，177：67－78.

［173］ Trusov A A，Atikyan G，Rozelle D M，et al. Flat is not dead：current and future performance of Si－MEMS Quad Mass Gyro（QMG）system. In IEEE/ION Position Location and Navigation Symposium（PLANS）［C］. IEEE Press，2014：252－258.

［174］ Simon B R，Khan S，Trusov A A，et al. Mode ordering in tuning fork structures with negative structural coupling for mitigation of common - mode g - sensitivity. In Proceedings of the IEEE Conference on Sensors [C]. IEEE Press, 2015: 1 - 4.

[175] Cho J Y. High - performance micromachined vibratory rate - and rate - integrating gyroscopes [D]. America: University of Michigan, 2012.

[176] Zhou B, Zhang T, Yin P, et al. Innovation of flat gyro: center support quadruple mass gyroscope. IEEE International Symposium on Inertial Sensors and Systems [C]. IEEE Press, 2016: 1 - 4.

[177] Zhou B, Zhang T, Yin P, et al. Optimal design of a center support quadruple mass gyroscope (CSQMG) [J]. Sensors, 2016, 16 (5): 613.

[178] Tang T K, Gutierrez R C, Wilcox J Z, et al. Silicon bulk micromachined vibratory gyroscope. Tech. Dig. Solid - State Sensor and Actuator Workshop [C]. SPIE Press, 1996: 288 - 293.

[179] Tang T K, Gutierrez R C, Stell C B, et al. A packaged silicon MEMS vibratory gyroscope for microspacecraft. Proc. IEEE Micro Electro Mechanical Systems Workshop (MEMS' 97) [C]. IEEE Press, 1997: 500 - 505.

[180] Ansari M, Esmailzadeh E, Jalili N. Coupled vibration and parameter sensitivity analysis of rocking - mass vibrating gyroscopes [J]. Journal of Sound and Vibration, 2009, 327: 564 - 583.

[181] Wang X, Xu X B, Zhu T, et al. Vibration sensitivity analytical analysis for rocking mass microgyroscope [J]. Microsyst Technol, 2015, 21 (7): 1401 - 1409.

[182] 陈志勇. 振动轮式微机械陀螺改进设计与实验研究 [D]. 北京: 清华大学, 2001.

[183] Grigorie T L. The Matlab/Simulink modeling and numerical simulation of an analogue capacitive micro - accelerometer. Part 1: Open loop [C] //2008 International Conference on Perspective Technologies and Methods in MEMS Design. IEEE, 2008, 105 - 114.

[184] 寇志伟, 曹慧亮, 石云波, 等. 电容式环形微机电振动陀螺的设计 [J]. 光学精密工程, 2019, 27 (04): 842 - 848.

[185] Putty M W. A micromachined vibrating ring gyroscope [D]. American: University of Michigan, 1995.

[186] Ayazi F, Najafi K. A HARPSS polysilicon vibrating ring gyroscope [J]. Journal of Microelec - tromechanical Systems, 2001, 10 (2): 169 - 179.

[187] He G, Najafi K. A single - crystal silicon vibrating ring gyroscope. 15th IEEE International Conference on Micro Electro Mechanical Systems [C]. IEEE Press, 2002: 718 - 721.

[188] Zaman M F, Sharma A, Amini B V, et al. The resonating star gyroscope. 18th IEEE International Conference on Micro Electro Mechanical Systems [C]. IEEE Press, 2005: 355 - 358.

[189] Zaman M F, Sharma A, Ayazi F. The resonating star gyroscope: a novel multiple - shell silicon gyroscope with sub - 5 deg/hr allan deviation bias instability [J]. IEEE Sensors Journal, 2009, 9 (6): 616 - 624.

[190] Wang J, Chen L, Zhang M, et al. A micromachined vibrating ring gyroscope with highly symmetric structure for harsh environment. In Proceedings of the 5th IEEE International Conference on Nano/Micro Engineered & Molecular Systems [C]. IEEE Press, 2010: 1180 - 1183.

[191] Liu J, Chen D, Wang J. Regulating parameters of electromagnetic micromachined vibrating ring gyroscope by feedback control [J]. Micro & Nano Letters, 2012, 7 (12): 1234 - 1236.

[192] Chen D, Zhang M, Wang J. An electrostatically actuated micromachined vibrating ring gyroscope

with highly symmetric support beams. In Proceedings of the IEEE Conference on Sensors ［C］. IEEE Press，2010：860－863.

[193] Traechtler M，Link T，Dehnert J，et al. Novel 3－axis gyroscope on a single chip using SOI－technology ［C］//SENSORS，2007 IEEE. IEEE，2007：124－127.

[194] Sun H，Jia K，Ding Y，et al. A monolithic inertial measurement unit fabricated with improved DRIE post－CMOS process ［C］//SENSORS，2010 IEEE. IEEE，2010：1198－1202.

[195] Wu G，Han B，Cheam D D，et al. Development of six－degree－of－freedom inertial sensors with an 8－in advanced MEMS fabrication platform ［J］. IEEE Transactions on Industrial Electronics，2018，66（5）：3835－3842.

[196] Oliver A D，Tco Y L，Geisberger A，et al. A new three axis low power MEMS gyroscope for consumer and industrial applications ［C］//2015 Transducers－2015 18th International Conference on Solid－State Sensors，Actuators and Microsystems（TRANSDUCERS）. IEEE，2015：31－34.

[197] Sung W K，Dalal M，Ayazi F. A mode－matched 0. 9 MHz single proof－mass dual－axis gyroscope ［C］//2011 16th International Solid－State Sensors，Actuators and Microsystems Conference. IEEE，2011：2821－2824.

[198] Acar C. High－performance 6－Axis MEMS inertial sensor based on Through－Silicon Via technology ［C］//2016 IEEE International Symposium on Inertial Sensors and Systems. IEEE，2016：62－65.

[199] Wisher S，Shao P，Norouzpour－Shirazi A，et al. A high－frequency epitaxially encapsulated single－drive quad－mass tri－axial resonant tuning fork gyroscope ［C］//2016 IEEE 29th International Conference on Micro Electro Mechanical Systems（MEMS）. IEEE，2016：930－933.

[200] Efimovskaya A，Yang Y，Ng E，et al. Compact roll－pitch－yaw gyroscope implemented in wafer－level epitaxial silicon encapsulation process ［C］//2017 IEEE International Symposium on Inertial Sensors and Systems（INERTIAL）. IEEE，2017：1－2.

[201] Tsai N C，Sue C Y. Design and analysis of a tri－axis gyroscope micromachined by surface fabrication ［J］. IEEE Sensors Journal，2008，8（12）：1933－1940.

[202] Jeon Y，Kwon H，Kim H C，et al. Design and development of a 3－axis micro gyroscope with vibratory ring springs ［J］. Procedia Engineering，2014，87：975－978.

[203] Xu Y，Wang S，Wang Y，et al. A monolithic triaxial micromachined silicon capacitive gyroscope ［C］//2006 1st IEEE International Conference on Nano/Micro Engineered and Molecular Systems. IEEE，2006：213－217.

[204] Yuzawa A，Gando R，Masunishi K，et al. A 3－axis catch－and－release gyroscope with pantograph vibration for low－power and fast start－up applications ［C］//2019 20th International Conference on Solid－State Sensors，Actuators and Microsystems & Eurosensors XXXIII（TRANSDUCERS & EUROSENSORS XXXIII）. IEEE，2019：430－433.

[205] Shah M A，Iqbal F，Shah I A，et al. Modal analysis of a single－structure multiaxis MEMS gyroscope ［J］. Journal of Sensors，2016，2016（1）：4615389.

[206] Prandi L，Caminada C，Coronato L，et al. A low－power 3－axis digital－output MEMS gyroscope with single drive and multiplexed angular rate readout ［C］//2011 IEEE International Solid－State Circuits Conference. IEEE，2011：104－106.

[207] 聂伟豪，焦娟，刘梦祥，等. MEMS 陀螺仪噪声理论与模型综述 ［J］. 飞控与探测，2023，5

(6):1-13.

[208] Gonzalez R，Dabove P. Performance assessment of an ultra low-cost inertial measurement unit for ground vehicle navigation [J]. Sensors，2019，19（19）：3865-3879.

[209] Gabrielson T B. Mechanical-thermal noise in micromachined acoustic and vibration sensors [J]. IEEE Transactions on Electron Devices，1993，40（5）：903-909.

[210] 施芹，裘安萍，苏岩，等. 硅微陀螺仪的机械耦合误差分析 [J]，光学精密工程，2008，16（5）：894-898.

[211] 陈湾湾，陈智刚，马林，等. MEMS 微机械陀螺温度特性分析与建模 [J]. 传感技术学报，2014，27（2）：194-197.

[212] 赵旭，苏中，马晓飞，等. 大温差应用环境下的 MEMS 陀螺零偏补偿研究 [J]. 传感技术学报，2012，25（8）：1079-1083.

[213] 孙慧. 抗冲击硅微机械陀螺仪结构设计技术研究 [D]. 南京：东南大学，2017.

[214] Yazdi N，Ayazi F，Najafi K. Micromachined inertial sensors [J]. Proceedings of the IEEE，1998，86（8）：1640-1659.

[215] Trusov A A，Schofield A R，Shkel A M. Performance characterization of a new temperature-robust gain-bandwidth improved MEMS gyroscope operated in air [J]. Sensors and Actuators A：Physical，2009，155（1）：16-22.

[216] Melamud R，Kim B，Hopcroft M A，et al. Composite flexural-mode resonator with controllable turnover temperature [C]//2007 IEEE 20th International Conference on Micro Electro Mechanical Systems（MEMS）. IEEE，2007：199-202.

[217] 何胜，王巍. MEMS 振动陀螺驱动模态稳幅特性与控制 [J]. 中国惯性技术学报，2009，17（04）：469-473.

[218] Zarabadi S R，Castillo-Borelly P E，Johnson J D. An angular rate sensor interface IC [C]//Custom Integrated Circuits Conference，1996.，Proceedings of the IEEE 1996. IEEE，1996：311-314.

[219] Palaniapan M. Integrated surface micromachined frame microgyroscopes [D]. University of California，Berkeley，2002.

[220] Sung W T，Lee J Y，Lee J G，et al. Design and fabrication of anautomatic mode controlled vibratory gyroscope [C]//Micro Electro Mechanical Systems，2006. MEMS 2006 Istanbul. 19th IEEE International Conference on. IEEE，2006：674-677.

[221] Sharma A，Zaman M F，Ayazi F. A 104-dB dynamic range transimpedance-based CMOS ASIC for tuning fork microgyroscopes [J]. IEEE Journal of Solid-State Circuits，2007，42（8）：1790-1802.

[222] Omar A，Elshennawy A，AbdelAzim M，et al. Analyzing the impact of phase errors in quadrature cancellation techniques for MEMS capacitive gyroscopes [C]//2018 IEEE SENSORS. IEEE，2018：1-4.

[223] Saukoski M，Aaltonen L，Halonen K A I. Zero-rate output and quadrature compensation in vibratory MEMS gyroscopes [J]. IEEE Sensors Journal，2007，7（12）：1639-1652.

[224] Antonello R，Oboe R，Prandi L，et al. Open loop compensation of the quadrature error in MEMS vibrating gyroscopes [C]//2009 35th Annual Conference of IEEE Industrial Electronics. IEEE，

2009：4034 - 4039.

[225] 周斌，高钟毓，陈怀，等 . 微机械陀螺数字读出系统及其解调算法 ［J］. 清华大学学报（自然科学版），2004，（05）：637 - 640.

[226] Xia D，Yu C，Wang Y. A digitalized silicon microgyroscope based on embedded FPGA ［J］. Sensors，2012，12 (10)：13150 - 13166.

[227] 杨成，李宏生，陈建元，等 . 基于傅里叶解调算法的硅微陀螺仪控制系统设计与试验 ［J］. 东南大学学报（自然科学版），2014，44 (03)：550 - 555.

[228] 杨成 . 硅微机械陀螺仪数字化静电补偿与调谐技术研究和实验 ［D］. 南京：东南大学，2017.

[229] Sonmezoglu S，Alper S E，Akin T. An automatically mode - matched MEMS gyroscope with 50 Hz bandwidth ［C］//2012 IEEE 25th International Conference on Micro Electro Mechanical Systems (MEMS) . IEEE，2012：523 - 526.

[230] Sonmezoglu S，Alper S E，Akin T. An automatically mode - matched MEMS gyroscope with wide and tunable bandwidth ［J］. Journal of microelectromechanical systems，2014，23 (2)：284 - 297.

[231] Marx M，Cuignet X，Nessler S，et al. An automatic MEMS gyroscope mode matching circuit based on noise observation ［J］. IEEE Transactions on Circuits and Systems II：Express Briefs，2019，66 (5)：743 - 747.

[232] 杨成，李宏生，徐露，等 . 基于低频调制激励的硅微陀螺仪自动模态匹配技术 ［J］. 中国惯性技术学报，2016，24 (04)：542 - 547.

[233] Aaltonen L，Halonen K A I. An analog drive loop for a capacitive MEMS gyroscope ［J］. Analog Integrated Circuits and Signal Processing，2010，63：465 - 476.

[234] Zhang H，Chen W，Yin L，et al. An interface ASIC design of MEMS gyroscope with analog closed loop driving ［J］. Sensors，2023，23 (5)：2615.

[235] Zhang H，Yin L，Chen W，et al. Monolithic integrated interface ASIC with quadrature error correction for MEMS dual - mass vibration gyroscope ［J］. IEEE Sensors Journal，2024.

[236] Fang C，Li X，Kraft M. Electromechanical sigma - delta modulators force feedback interfaces for capacitive MEMS inertial sensors：a review ［J］. IEEE Sensors Journal，2016，16 (17)：6476 - 6495.

[237] Jiang X，Seeger J I，Kraft M，et al. A monolithic surface micromachined Z - axis gyroscope with digital output ［C］//2000 Symposium on VLSI Circuits. Digest of Technical Papers (Cat. No.00CH37103) . IEEE，2000：16 - 19.

[238] Raman J，Cretu E，Rombouts P，et al. A closed - loop digitally controlled MEMS gyroscope with unconstrained sigma - delta force - feedback ［J］. IEEE Sensors journal，2009，9 (3)：297 - 305.

[239] Rombach S，Northemann T，Maurer M，et al. Moduated electro - mechanical continuous - time lowpass sigma - delta - modulator for micromachined gyroscopes ［C］. 16th International Solid - State Sensors，Actuators and Microsystems Conference，Beijing，2011：1092 - 1095.

[240] Ezekwe C D，Boser B E. A mode - matching $\Sigma\Delta$ closed loop vibratory gyroscope readout interface with a $0.004°/s/\sqrt{Hz}$ Noise floor over a 50Hz band ［J］. IEEE Journal of Solid - State Circuits，2009，43 (12)：3039 - 3048.

[241] Northemann T，Maurer M，Rombach S，et al. A digital interface for gyroscopes controlling the primary and secondary mode using bandpass sigma - delta modulation ［J］. Sensors and Actuators

A：Physical，2010，162（2）：388 - 393.

[242] IsmailA，A high performance MEMS based digital - output gyroscope［C］．Proc. 17th Conf. Solid - State Sens.，Actuators Microsyst.（Transducers），Barcelona，Spain，2013：2523 - 2526.

[243] Palumbo G，Pappalardo D. Charge pump circuits：An overview on design strategies and topologies ［J］．IEEE Circuits and Systems Magazine，2010，10（1）：31 - 45.

[244] 李雨佳，杨拥军，任臣，等．用于 MEMS 器件的 ASIC 集成温度传感器设计［J］．微纳电子技术，2016，53（04）：242 - 248.

[245] Shi M，He J，Zhang L，et al. Zero - mask contact fuse for one - time - programmable memory in standard CMOS processes［J］．IEEE electron device letters，2011，32（7）：955 - 957.

[246] 郭刚强，柴波，王云爽，等．基于神经网络的 MEMS 陀螺仪温漂补偿方法研究［J］．微电子学与计算机，2023，40（01）：147 - 155.

[247] 刘福民，高乃坤，张乐民，等．硅 MEMS 陀螺仪温度滞环特性［J］．微纳电子技术，2022，59（12）：1337 - 1342.

[248] 吴英，蒋博，邸克，等．基于 MAA 全温滞后模型的 MEMS 陀螺仪零偏补偿技术［J］．压电与声光，2020，42（3）：409 - 412.

[249] 李凯，罗怡，王晓东，等．胶层热传递对挠性摆式微加速度计温度滞环的影响［J］．传感器技术学报，2018，31（7）：981 - 986.

[250] Wang J，Yang G，Zhou Y，et al. An in - run automatic demodulation phase error compensation method for MEMS gyroscope in full temperature range［J］．Micromachines，2024，15（7）：825.

[251] 马越，王越刚．过载振动复合环境下惯性仪表误差建模方法研究［J］．电光与控制，2005，12（3）：60 - 62.

[252] 姚勤，潘鹤斌，孙鹏，等．大量程 MEMS 陀螺仪在高速旋转导弹上的应用［J］．导航与控制，2017，16（02）：52 - 57.

[253] 蔡毅．光电精确制导武器［M］．北京：兵器工艺出版社，2013.

[254] 斯维特洛夫 B T，戈卢别夫 N C．防空导弹射击［M］．中国宇航出版社，2004.

[255] 黄自强．单通道旋转弹高精度控制方法的研究［J］．现代防御技术，1997（6）：51 - 60.

[256] 王巍，庄海涵，邢朝洋．大载荷下线振动微机械陀螺谐振频率漂移特性［J］．中国惯性技术学报，2013，21（02）：231 - 234.

[257] 余建军，闫桂荣，徐君，等．离心力-振动复合动力学环境的仿真［J］．系统仿真雪豹，2001，13（6）：726 - 729.

[258] 吴立锋，严庆文，徐鸿卓，等．无驱动结构微机械陀螺理论分析［J］．传感技术学报，2010.23（2）：196 - 200.

[259] Stauffer J M，Dietrich O，Dutoit B. RS9000，a novel MEMS accelerometer family for Mil/ Aerospace and safety critical applications［C］//IEEE/ION Position，Location and Navigation Symposium. IEEE，2010：1 - 5.

[260] Dong Y，Zwahlen P，Nguyen A M，et al. High performance inertial navigation grade sigma - delta MEMS accelerometer［C］//IEEE/ION Position，Location and Navigation Symposium. IEEE，2010：32 - 36.

[261] Greiff P，Hopkins R，Lawson R. Silicon accelerometers［C］//Proceedings of the 52nd Annual Meeting of The Institute of Navigation（1996）．1996：713 - 718.

[262] Omura Y，Nonomura Y，Tabata O. New resonant accelerator based on rigidity change［C］. International Conference on Solid – State Sensors and Acetuators，IEEE，Chicago，1997：855 – 858.

[263] Kim I，Seok S，Kim H C，et al. Wafer level vacuum packaged out – of – plane and in – plane differential resonant silicon accelerometers. Journal of Semiconductor Technology and Science，2005：58 – 66.

[264] 刘恒，刘清惓，孟瑞丽. 静电刚度谐振式微加速度计及其接口电路分析［J］. 传感技术学报，2011，24（11）：1556 – 1560.

[265] 吴天准，董景新，刘云峰. 电容式微机械加速度计闭环系统的零偏. 清华大学学报（自然科学版），2005，45（2）：201 – 204.

[266] 陈德勇，陈健，毋正伟，等. 一种硅梁谐振加速度计结构设计与模拟分析［J］. 微纳电子技术，2007，7/8：282 – 284.

[267] 张晶. 硅微谐振式加速度计温度耦合非线性问题研究与敏感结构的优化设计［D］. 南京：南京理工大学，2019.

[268] Xia G，Shi Q，Qiu A，et al. An on – chip thermal stress evaluation method for silicon resonant accelerometer［C］//2016 IEEE SENSORS. IEEE，2016：1 – 3.

[269] 陈卫卫，黄丽斌，杨波. 不等基频硅微谐振式加速度计［J］. 传感技术学报，2011，24（11）：1538 – 1541.

[270] Paavola M，Kamarainen M，Jarvinen J A M，et al. A micropower interface ASIC for a capacitive 3 – axis micro – accelerometer［J］. IEEE Journal of Solid – State Circuits，2007，42（12）：2651 – 2665.

[271] 刘义东，刘杰，朱辉杰. 基于谐振频率的微机械加速度计温度补偿方法［J］. 天津大学学报，2015，48（7）：658 – 662.

[272] Shiau J K，Huang C X，Chang M Y. Noise characteristics of MEMS gyro's null drift and temperature compensation［J］. Applied Science and Engineering，2012，15（3）：239 – 246.

[273] 刘一兵. 基于 MEMS 加速度计的易集成温度补偿技术研究与设计［D］. 成都：电子科技大学，2018.

[274] 董景新. 微惯性仪表——微机械加速度计［M］. 北京：清华大学出版社. 2002.

[275] Myers D R，Azevedo R G，Li Chen. Passive substrate temperature compensation of doubly anchored doubleended tuning forks［C］//2012 IEEE Journal of Microelectromechanical Systems. 2012：1321 – 1328.

[276] 王超，胡启方，王岩，等. 硅微谐振式加速度计结构设计与仿真优化［J］. 导航与控制，2016，15（1）：41 – 46.

[277] 王岩，张玲，邢朝洋. 硅微谐振加速度计高精度相位闭环控制系统设计与实现［J］. 中国惯性技术学报，2014，20（1）：255 – 258.

[278] 王岩，张玲，邢朝洋，等. 基于 FPGA 的高精度硅微谐振加速度计数据采集与参数补偿系统设计与实现［J］. 中国惯性技术学报，2015，23（3）：394 – 398.

[279] 刘国文，刘宇，李兆涵，等. MEMS 加速度计全温性能优化方法［J］. 中国惯性技术学报，2024，32（1）：64 – 70.

[280] 马智康. 一种阵列式扭摆加速度计的关键技术研究［D］. 中国航天科技集团公司第一研究院，2023.

[281] 邢朝洋. 高性能 MEMS 惯性器件工程化关键技术研究［D］. 中国航天科技集团公司第一研究

院，2017.

［282］ Kulah H，Chae J，Yazdi N，et al. Noise analysis and characterization of a sigma – delta capacitive microaccelerometer ［J］. IEEE Journal of Solid – State Circuits，2006，41（2）：352 – 361.

［283］ Chen D L，Liu X W，Yin L，et al. A sigma delta closed – loop interface for a MEMS accelerometer with digital built – in self – test function ［J］. Micromachines. 2018，9（9）：444.

［284］ Kraft M，Wilcock R，Almutairi B. Innovative control systems for MEMS inertial sensors ［C］// 2012 IEEE Intrnational Frequency control Symposium Proceedings. IEEE，2012：1 – 6.

［285］ Almutairi B，Kraft M. Comparative study of multi stage noise shaping and single loop sigma delta modulators for MEMS accelerometers ［J］. Procedia Engineering，2010，5：512 – 515.

［286］ Almutairi B，Kraft M. Experimental study of single loop sigma – delta and multi stage noise shaping （MASH）modulators for MEMS accelerometer ［C］//SENSORS，IEEE，2011：520 – 523.

［287］ Liu G，Liu Y，Ma X，et al. Research on a method to improve the temperature performance of an all – silicon accelerometer ［J］. Micromachines 2023，14，869.

［288］ 王增跃，李孟伟，刘国文. 硅微加速度计温度特性分析与误差补偿 ［J］. 传感器与微系统，2016，35（1）：25 – 28.

［289］ 刘国文. 电容式 MEMS 加速度计全温性能优化关键技术研究 ［D］. 杭州：浙江大学，2024.

［290］ Kamada Y，Isobe A，Oshima T，et al. Capacitive MEMS accelerometer with perforated and electrically separated mass structure for low noise and low power. Journal of Microelectrome – chanical Systems. 2019，28，401.

［291］ Hilbiber D F. A new semiconductor voltage standard ［C］. In Proceedings of the IEEE International Conference on Solid – State Circuits （ISSCC），Philadelphia，PA，USA，19 – 21 February 1964：32 – 33.

［292］ Kuijk K E. A precision reference voltage source. IEEE Journal Solid – Circuits 1973，8：222 – 226.

［293］ Liu G，Liu Y，Li H，et al. Combined temperature compensation method for closed – loop microelectromechanical system capacitive accelerometer ［J］. Micromachines，2023，14，1623.

［294］ 万蔡辛，李丹东，张春京. 浅谈微加速度计的整流误差 ［J］，导航与控制，2010，9（4）：46 – 49.

［295］ Christel L A，Bernstein M，Craddock R，et al. Vibration rectification in silicon micromachined accelerometers ［C］//TRANSDUCERS' 91：1991 International Conference on Solid – State Sensos and Actuators. Digest of Technical Papers. IEEE，1991：89 – 92.

［296］ Zaiss C. IMU Design for high vibration enviroments for special consideration for vibration rectification ［D］. University of Calgary，2012.

［297］ Elwenspoek M，Elwenspoek M，Jansen H V. Silicon micromaching ［M］. Cambridge university press，2004.

［298］ 阮勇，尤政. 硅 MEMS 工艺与设备基础 ［M］. 北京：国防工业出版社，2018.

［299］ Laermer F，Schilp A. Method for anisotropically etching silicon，german patent：DE – 4241045，US Patent 5.501.893.

［300］ Laermer F，Urban A. Challenges，developments and applications of silicon deep reactive ion etching ［J］. Microelectronic Engineering，2003，67：349 – 355.

［301］ Bartha J W，Greschner J，Puech M，et al. Low temperature etching of Si in high density plasma using SF_6/O_2 ［J］. Microelectronic Engineering，1995，27（1 – 4）：453 – 456.

［302］ 卢德江，蒋庄德，等．离子体低温刻蚀单晶硅高深宽比结构［J］．真空科学与技术学报，2007
（1）：25－30.

［303］ 梁德春，庄海涵，李新坤，等．高垂直度和低沉积的 MEMS 陀螺梳齿结构释放工艺［J］，飞控与
探测［J］，2019，2（1）56－60.

［304］ 於广军，闻永祥，方佼，等．SOI 深槽刻蚀 Notching 效应的研究［J］．中国集成电路，2015，24
（10）：61－64.

［305］ Wasiik M W，Pisano A P. Low frequency process for silicon on insulator deep reactive ion etching
［J］．Proc. SPIE，2011：462－472.

［306］ 丁海涛，杨振川，闫桂珍．反应离子刻蚀中加强热传递和抑制 Notching 效应的方法［J］．电子学
报，2010，38（5）：1201－1204.

［307］ Burggraf J，Bravin J，Wiesbauer H，et al. Low emperature wafer bonding for 3D applications，ECS
Trans. 2014，58（17）：67－73.

［308］ 肖滢滢．硅-硅直接键合的理论及工艺研究［D］．合肥：合肥工业大学，2005.

［309］ 孙佳媛．硅片低温直接键合方法研究［D］．哈尔滨：哈尔滨工业大学，2015.

［310］ 云世昌．应用于 CMOS－MEMS 集成工艺的低温熔融键合技术研究［D］．北京：中国科学院大学，
2016.

［311］ Tong Q Y，Gösele U. Semiconductor wafer bonding：science and technology［M］．John Wiley and
Sons，Inc，1999.

［312］ Dragoi V，Farrens S，Lindner P，et al. Low temperature wafer bonding for microsystems
applications［C］//2004 International Semiconductor Conference. CAS 2004 Proceedings（IEEE
Cat. No. 04TH8748）．IEEE，2004，1：199－202.

［313］ Reinert W，Kulkarni A，Vuorinen V，et al. Metallic alloy seal bonding［M］//Handbook of silicon
based MEMS materials and technologies. Elsevier，2020：609－625.

［314］ Knechtel R，Dempwolf S，Schikowski M. Glass frit bonding［M］//Handbook of silicon based
MEMS materials and technologies. Elsevier，2020：593－608.

［315］ Hilton A，Temple D S. Wafer level vacuum packaging of smart sensors［J］．Sesors，2016，16
（11）：1819.

［316］ Esashi M. Wafer level packaging of MEMS［J］．Journal of Micromechanics and Microengineering，
2008，18（7）：073001.

［317］ 刘国文，薛旭，张承亮，等．一种"三明治"式加速度传感器研究［C］．惯性技术发展动态发展
方向研讨会论文集，2011，21－215.

［318］ 刘宇，刘福民，张乐民，等．一种全硅"三明治"式微加速度计制作方法，专利 201911329259. X.

［319］ 刘福民，张乐民，梁德春，等．基于晶圆键合工艺的圆片级封装 MEMS 芯片结构及其加工方法
［P］．北京市：CN201810401013. 8，2019－12－20.

［320］ Hilton A，Temple D S. Wafer－level vacuum packaging of smart sensors［J］．Sensors，2016，16
（11）：1819.

［321］ Ramesham R，Kullberg R C. Review of vacuum packaging and maintenance of MEMS and the use of
getters therein［J］．Journal of Micro/Nanolithography，MEMS and MOEMS，2009，8
（3）：031307.

［322］ 刘福民．晶圆级封装 MEMS 陀螺仪工程化制造关键技术研究［D］．北京：中国运载火箭技术研究

院，2022.

[323] Noworolski J M，Klaassen E，Logan J，et al. Fabrication of SOI wafers with buried cavities using silicon fusion bonding and electrochemical etchback［J］. Sensors and Actuators A：Physical，1996，54（1－3）：709－713.

[324] Luoto H，Henttinen K，Suni T，et al. MEMS on cavity－SOI wafers［J］. Solid－State Electronics，2007，51（2）：328－332.

[325] Suni T，Henttinen K，Dekker J，et al. Silicon－on－insulator wafers with buried cavities［J］. Journal of the Electrochemical Society，2006，153（4）：G299－G303.

[326] Liu C，Froemel J，Chen J，et al. Laterally vibrating MEMS resonant vacuum sensor based on cavity－SOI process for evaluation of wide range of sealed cavity pressure［J］. Microsystem Technologies，2019，25（2）：487－497.

[327] Wu G，Xu D，Xiong B，et al. A high－performance bulk mode single crystal silicon microresonator based on a cavity－SOI wafer［J］. Journal of Micromechanics and Microengineering，2012，22（2）：025020.

[328] Suni T，Henttinen K，Suni I，et al. Effects of plasma activation on hydrophilic bonding of Si and SiO₂［J］. Journal of the Electrochemical Society，2002，149（6）：G348－G351.

[329] Matsui S. An experimental study on the grinding of silicon wafers－the wafer rotation grinding method（1st report）［J］. Bulletin of the Japan Society of Precision Engineering，1988，22（4）：295－300.

[330] Bagdahn J，Plößl A，Wiemer M，et al. Measurement of the local strength distribution of directly bondedsilicon wafers using the micro－chevron－test［A］. 5th Int. Sytm. onSemicond Wafer Bonding［C］. Hawaii：1999，17（22）.

[331] Lin T W，Elkhatib O，Makinen J，et al. Residual stresses at cavity corners in silicon－on－insulator bonded wafers［J］. Journal of Micromechanics and Microengineering，2013，23（9）：095004.

[332] Gösele U，Tong Q Y. Semiconductor wafer bonding［J］. Annual review of mterials Science，1998，28（1）：215－241.

[333] 刘福民，杨静，梁德春，等. MEMS 器件用 Cavity－SOI 制备中的晶圆键合工艺研究［J］. 传感器与微系统，2022，41（03）：58－61.

[334] Yu H H，Suo Z. A model of wafer bonding by elastic accommodation［J］. Journal of the Mechanics and Physics of Solids，1998，46（5）：829－844.

[335] 马子文，廖广兰，史铁林，等. 表面翘曲度对晶圆直接键合的影响［J］. 半导体技术，2006，31（10）：729－732.

[336] 田民波. 薄膜技术与薄膜材料［M］. 北京：清华大学出版社，2006.

[337] TenchineL，Baillin X，Faure C. et al. NEG thin films for under controlled atmosphere MEMS packaging［J］. Sensors and Acturators A：Physical，2011，172（7）：233－239.

[338] 卜继国. Zr－Co－RE 薄膜的制备和吸气性能研究［D］. 北京：北京有色金属研究总院，2012.

[339] 徐瑶华，Zr 基吸气剂薄膜的制备与性能研究［D］. 北京：北京有色金属研究总院，2016.

[340] 张树伟，刘福民，张乐民，等. 一种薄膜图形化夹具工装及其应用方法：CN112048707A［P］. 2020.

[341] GB/T 6618—2009，硅片厚度和总厚度变化测试方法［S］.

［342］刘耀，陈曦，张小祥，等 . 薄膜晶体管液晶显示器阵列工艺最终关键尺寸测试方法研究［J］. 液晶与显示，2015，30（05）：784－789.

［343］秦垚，王伯雄，罗秀芝 . 基于 Zernike 正交矩的亚像素图像线宽测量算法［J］. 光学技术，2012，38（06）：729－733.

［344］Dellea S，Rey P，Langfelder G . MEMS Gyroscopes Based on Piezoresistive NEMS Detection of Drive and Sense Motion［J］. Journal of Microelectromechanical Systems，2017，PP（6）：1－11.

［345］李霖，贾亚飞，张云鹏，等 . 光刻机双面对准精度测量系统［J］. 电子工业专用设备，2015，44（03）：42－45.

［346］刘福民，刘宇，张乐民，等 . 一种晶片键合过程中对准检测方法［P］. 北京市：CN112158797B，2023－08－01.

［347］陈俊，王学毅，谭琦，等 . 键合 SOI 材料应力的控制技术［J］. 微纳电子技术，2017，54（5）：304－310.

［348］Witvrouw A，Mehta A. The use of functionally graded poly－SiGe layers for MEMS applications［C］//Materials science forum. Trans Tech Publications Ltd，2005，492：255－260.

［349］Monajemi P，Joseph P J，Kohl P A，et al. Wafer－level MEMS packaging via thermally released metal－organic membranes［J］. Journal of micromechanics and microengineering，2006，16（4）：742.